HAMILTON

Handbuch für die Feuerwehr

21., neu bearbeitete Auflage, 2012,
369.–388. Tausend

begründet von

Brandoberamtmann a. D. **Walter Hamilton** †
ehem. Leiter der Feuerwehrschule in Loy

neu bearbeitet von

Dipl.-Ing. **Ulrich Kortt**
Landesbranddirektor a. D.

Dipl.-Ing. **Rolf Schmid**
Branddirektor im Innenministerium
Baden-Württemberg

Dipl.-Ing. **Hermann Schröder**
Landesbranddirektor im Innenministerium
Baden-Württemberg

BOORBERG

Bibliografische Information der Deutschen Nationalbibliothek | Die Deutsche Nationalbibliothek verzeichnet diese Publikation in der Deutschen Nationalbibliografie; detaillierte bibliografische Daten sind im Internet über www.dnb.de abrufbar.

21. Auflage, 2012
ISBN 978-3-415-04560-6

Satz: Dörr + Schiller GmbH, Stuttgart |
Druck und Verarbeitung: Kösel GmbH & Co. KG, Am Buchweg 1, 87452 Altusried-Krugzell

Richard Boorberg Verlag GmbH & Co KG | Scharrstraße 2 | 70563 Stuttgart
Stuttgart | München | Hannover | Berlin | Weimar | Dresden
www.boorberg.de

Vorwort zur 21. Auflage

Schon in der 21. Auflage erscheint nun das wiederum überarbeitete und aktualisierte Handbuch für die Feuerwehr. Das Buch beschreibt in kurzer und kompakter Form alle wesentlichen Aspekte, die ein Feuerwehrangehöriger zu den angesprochenen Themen wissen sollte.

Wegen der bisherigen guten Erfahrungen wurde die bewährte Form der „Frage- und Antwortbehandlung" beibehalten. Die Feuerwehrangehörigen können sich damit schnell und effizient das notwendige Wissen aneignen. Für die noch „lernenden Feuerwehrangehörigen" bietet es eine ideale Lernplattform. Für die lehrenden Ausbilder ist es das kompakte Kompendium der zu vermittelnden Lerninhalte. Den erfahrenen Feuerwehrangehörigen dient es als handliches Nachschlagewerk.

Die Bearbeiter hoffen, dass dieses Handbuch auch weiterhin seinen Platz als „das Nachschlagewerk" für die Praxis und die Ausbildung einnimmt. Für Anregungen zur Gestaltung und zum Inhalt sind wir dankbar.

Im Juli 2012

Ulrich Kortt
Rolf Schmid
Hermann Schröder

www.ecomed-storck.de
FEUERWEHR
KNOW-HOW PUR!
EINSATZPRAXIS
AUSBILDUNGSFOLIEN
SUCHEN UND RETTEN
BEI BRANDEINSÄTZEN
Wasser marsch!
JUGEND FEUERWEHR
... richtig gut ausbilden!
EINSATZPRAXIS
ATEMSCHUTZ-
NOTFALLMANAGEMENT
E-Mail: kundenbetreuung@hjr-verlag.de
Service-Telefon: 089/ 21 83 – 79 28
by ecomed
SICHERHEIT

Inhalt

Abkürzungen der Feuerwehr

AA	Arbeitsausschüsse in der Normungsarbeit
AB	Abrollbehälter
ABC	atomare, biologische, chemische Gefahr
ABC	Löschpulver (siehe unter PG)
Abt.	Abteilung
AC	Alternating Current (Wechselstrom)
ADR	Europäisches Übereinkommen über die internationale Beförderung gefährlicher Güter auf der Straße (Accord européen relatif au transport international des marchandises Dangereuses par Route)
AFFF	flüssigkeitsfilmbildendes Schaummittel (Aqueous Film Forming Foam, s. U 16)
AFKzV	Ausschuss Feuerwehrangelegenheiten, Katastrophenschutz und zivile Verteidigung
AGBB	Arbeitsgemeinschaft betrieblicher Brandschutz
AGBF	Arbeitsgemeinschaft der Leiter der Berufsfeuerwehren
AGIuK	Arbeitsgruppe Information und Kommunikation
AL	Anhängeleiter
amtl.	amtlich
ASB	Arbeiter-Samariter-Bund
AU	Abgasuntersuchung
A-Tr	Angriffs-Trupp
A-TrFü	Angriffs-Truppführer
A-TrM	Angriffs-Truppmann
BA	Brandamtmann
BAR	Brandamtsrat
BAss	Brandassessor
BBI	Bezirksbrandinspektor/Bezirksbrandinspekteur
BBK	Bundesamt für Bevölkerungsschutz und Katastrophenhilfe
Bbl	Beiblatt
BBM	Bezirksbrandmeister

BD	Branddirektor
BDBOS	Bundesanstalt für den Digitalfunk der BOS
BeFü	Bereichsführer
BF	Berufsfeuerwehr
BFI	Bezirksfeuerwehrinspekteur
BFV	Bezirksfeuerwehrverband
BG	Behältergerät mit Druckluft (Pressluftatmer)
Bgm.	Bürgermeister
BI	Brandinspektor
BIA	Brandinspektoranwärter
Bln	Berlin
BM	Brandmeister/Mehrzweckstrahlrohr Größe B
BNetzA	Bundesnetzagentur
BOA	Brandoberamtmann
BOAR	Brandoberamtsrat
BOI	Brandoberinspektor
BOIzA	Brandoberinspektor zur Anstellung
BOR	Brandoberrat
BOS	Behörden und Organisationen mit Sicherheitsaufgaben
Bq	Becquerel (Maß für Strahlenaktivität, s. R 5)
BR	Brandrat
Br	Bremen
Brb	Brandenburg
BRef	Brandrefendar
BRH	Bundesverband für das Rettungshundewesen e. V.
BRzA	Brandrat zur Anstellung
BtF	Betriebsfeuerwehr
BuK	Brand unter Kontrolle
BUK	Bundesunfallkasse
BW	Baden-Württemberg
By	Bayern
CAFS	Compressed Air Foam System (s. U 17)
Castor	cask for storage and transport of radioactive material (Behälter für Lagerung und Transport von radioaktivem Material)

CEFIC	Verband der Europäischen chemischen Industrie (European Chemical Industry Council, Conseil Européen de l'Industrie Chimique; www.cefig.org)
CEN	Europäisches Komitee für Normung (Comité Européen de Normalisation)
CEN ELEC	Europäisches Komitee für elektrotechnische Normung (Comité Européen de Normalisation électrotechnique)
CM	Mehrzweckstrahlrohr Größe C
CMS	Chip-Mess-System
CSA	Chemikalienschutzanzug
CTIF	Internationales technisches Komitee für vorbeugenden Brandschutz und Feuerlöschwesen (Comité Technique International du Feu)

D	Deutschland
d	dienstlich
DC	Direct Current (Gleichstrom)
Dez.	Dezernat
DFV	Deutscher Feuerwehrverband
D-GPS	differenzierendes globales Positionierungssystem mit erhöhter Genauigkeit durch externe Fehlerkorrektur (Differential Global Positioning System)
DIN	Deutsches Institut für Normung/Deutsche Norm
DIN EN	Europäische Norm mit dem Status einer deutschen Norm
Dipl.-Chem.	Diplom-Chemiker
Dipl.-Ing.	Diplom-Ingenieur
Dipl.-Phys.	Diplom-Physiker
Dir.	Direktor
DirBeFü	Direktionsbereichsführer
DJF	Deutsche Jugendfeuerwehr
DL	Drehleiter
DLK	Drehleiter mit Korb
DLRG	Deutsche Lebens-Rettungs-Gesellschaft
DM	Mehrzweckstrahlrohr Größe D
DN	Nenn-Durchmesser

DRK	Deutsches Rotes Kreuz
DVFG	Deutscher Verband Flüssiggas e. V.
DVGW	Deutsche Vereinigung des Gas- und Wasserfaches e. V.
E	Entwurf (einer Norm)
EG	Europäische Gemeinschaft
EL	Einsatzleitung
ELW	Einsatzleitwagen
EN	Europanorm
ERI	Emergency Response Intervention (ERI-Card System) des CEFIC
ErkKW	Erkundungswagen
EStuK	Einsatzstelle unter Kontrolle
ETK	Einheits-Temperaturzeit-Kurve
ETSI	europäisches Standardisierungsinstitut für Telekommunikation, Sitz Nizza (European Telecommunication Standard Institute)
EU	Europäische Union
eV	Elektronenvolt
F	Feuerwiderstandsklasse (z. B. F 30) / Feuerwehr
FA	Feuerwehrassistentin
FAA	Feuerwehrassistentin-Anwärter
FF	Freiwillige Feuerwehr
FH	Fachhochschule
FM	Feuerwehrmann
FMA	Feuerwehrmann-Anwärter
FMS	Funk-Melde-System
FMzA	Feuerwehrmann zur Anstellung
FNFW	Fachnormenausschuss Feuerwehrwesen
FP	Feuerlösch-Kreiselpumpe
FS	Fernschreiben
FSD	Feuerwehrschlüsseldepot
FSp	Fernspruch
FuG	Sprechfunkgerät
FuMe	Funkmeldeempfänger
FuSp	Funkspruch

FW	Feuerwache
Fw	Feuerwehr
FwA	Feuerwehranhänger
FwDV	Feuerwehr-Dienstvorschrift
FwH	Feuerwehrhaus
FwK	Feuerwehrkran
FwLts	Feuerwehr-Leitstelle
FwSP	Feuerwehrstützpunkt
FZ	Fanfarenzug
GefStoffV	Gefahrstoffverordnung
GemBM	Gemeindebrandmeister
GemWeFü	Gemeindewehrführer
GG	Gefahrengruppe nach FwDV 9/1/Gefahrgut
GGVS	Gefahrgutverordnung Straße
GKTW	Großraum-Krankentransportwagen
GM	Gelenkmast mit Bühne
GPS	Global Positioning System
Gr	Gruppe
GrFü, GF	Gruppenführer
GRTW	Großraum-Rettungswagen
GSF	Gesellschaft für Strahlen- und Umweltforschung
GSG	Gefährliche Stoffe und Güter
GUP	Gefahrgutumfüllpumpe
GUV	Gemeindeunfallversicherung
GW	Gerätewagen
GW-A	Gerätewagen-Atemschutz
GW-Dekon	Gerätewagen-Dekontamination
GW-G	Gerätewagen-Gefahrgutbeseitigung
GW-L	Gerätewagen-Logistik (Variante 1 oder 2)
GW-Li	Gerätewagen-Licht
GW-Mess	Gerätewagen-Messtechnik
GW-Öl	Gerätewagen-Ölbeseitigung
GW-Rüst	Gerätewagen-Rüstmaterial
GW-Str	Gerätewagen-Strahlenschutz
GW-W	Gerätewagen-Wasserrettung

H	Holz / Hydrant
h	Stunde
HBM	Hauptbrandmeister
Hmb	Hamburg
He	Hessen
HFA	Hauptfeuerwehrassistentin
HFM	Hauptfeuerwehrmann
HFuG	Handsprechfunkgerät
HLM	Hauptlöschmeister
Hz	Hertz
IMS	Ionen Mobilitäts Spektrometer
ISO	Internationale Normierungsorganitsation (International Organisation for Standardization)
JF	Jugendfeuerwehr
JFM	Jungfeuerwehrmann
JFW	Jungendfeuerwehrwart
JGrl	Jugendgruppenleiter
JUH	Johanniter-Unfall-Hilfe
K	Kohlenstoffdioxid (Löschmittel); Kalium (Elementsymbol)
Kat.	Katastrophe
KatS	Katastrophenschutz
KBI	Kreisbrandinspektor/Kreisbrandinspekteur
KBM	Kreisbrandmeister
KBR	Kreisbrandrat
KdoW	Kommandowagen
Kdt	Kommandant
KFI	Kreisfeuerwehrinspekteur
KFV	Kreisfeuerwehrverband
KTW	Krankentransportwagen
KW	Kalenderwoche
KWeFü	Kreiswehrführer

LB	Löschboot
LBD	Landesbranddirektor
LBeFü	Landesbereichsführer
LBI	Landesbrandinspektor
LBM	Landesbrandmeister
LF	Löschgruppenfahrzeug
LFI	Landesfeuerwehrinspekteur
LFS	Landesfeuerwehrschule
LFV	Landesfeuerwehrverband
LG	Leichtschaumgenerator
LJFW	Landesjugendfeuerwehrwart
LK	Löschkreuzer
LM	Löschmeister/Leichtmetall
LP	Lenz-Kreiselpumpe
LSA	Land Sachsen-Anhalt
Ltd.	Leitender
LtS	Leitstelle
LZ	Löschzug
LZ-R	Löschzug-Rettung
LZ-W	Löschzug-Wasserversorgung
Ma	Maschinist
MAK	Maximale Arbeitsplatz Konzentration
Me	Melder
MHD	Malteser-Hilfsdienst
min	Minute
mob.	Mobil(telefon)
MTF	Mannschaftstransportfahrzeug
MTW	Mannschaftstransportwagen
MV	Mecklenburg-Vorpommern
MZ	Musikzug
MZB	Mehrzweckboot
N	Stickstoff (Elementsymbol für Nitrogenium)
NAW	Notarztwagen
NBR	Natural-Background-Rejection (s. Q 3)

Nds	Niedersachsen
NEF	Notarzt-Einsatzfahrzeug
NMC	Netzmanagementcenter
N. N.	nicht bekannt (bei Personen; nomen nescio, lat.)
NRW	Nordrhein-Westfalen
OB	Oberbürgermeister
OBD	Oberbranddirektor
OBI	Oberbrandinspektor
OBM	Oberbrandmeister
OBR	Oberbrandrat
OEG	oberen Explosions- oder Zündgrenze
OFA	Oberfeuerwehrassistentin
OFM	Oberfeuerwehrmann
OLM	Oberlöschmeister
OrtsBM	Ortsbrandmeister
OrtsWeFü	Ortswehrführer
OStD	Oberstadtdirektor
P	BC-Pulver (Löschmittel für Brandklassen B und C); Phosphor (Elementsymbol)
PA	Pressluftatmer
PC	Personalcomputer
PDV/DV	(Polizei)Dienstvorschrift
PE	Polyethylen
PF	Pflichtfeuerwehr
PG	ABC-Pulver (Löschmittel für Brandklassen A, B u. C)/ Projektgruppe
pH	siehe Q 17
PID	Photo Ionisations Detektor
PM	D-Pulver (Löschmittel für Brandklasse D)
pN	Normaldruck (Pressure Normal)
ppb	ein Milliardstel (parts per billion)
ppm	ein Millionstel (parts per million)
prEN	vorläufige Europäische Norm (projet de Norme Européenne; provisional European Norm)
PSA	persönliche Schutzausrüstung

Ref.	Referat
RetLts	Rettungs-Leitstelle
RetW	Rettungswache
RG	Regenerationsgerät (Sauerstoffgerät)
RegTP	Regulierungsbehörde für Telekommunikation und Post
RKL	Rundumkennleuchte
RP	Rheinland-Pfalz
RTB	Rettungsboot
RTW	Rettungswagen
RW	Rüstwagen
RWA	Rauch- und Wärmeabzugsanlage
S	formstabiler Druckschlauch / Segeltuch / Saugschlauch / Schaum (Löschmittel) / Seite
s.	siehe
Sa	Saarland
Sac	Sachsen
SH	Schleswig-Holstein
SI	Internationales Maßeinheitensystem (Système International de Unités)
SMF	Schaummittelfahrzeug
SP	Sprungpolster
SpZ	Spielmannszug
Sv	Sievert, Maß für Dosisleistung bei Strahlungsmessung
ST	Sprungtuch
St	Staffel
StBD	Stadtbranddirektor
StBI	Standbrandinspektor
StBM	Stadtbrandmeister
StBR	Stadtbrandrat
StD	Stadtdirektor
StFI	Stadtfeuerwehrinspekteur
StFü	Staffelführer
StFV	Stadtfeuerwehrverband
StOBR	Stadtoberbrandrat
stellv.	stellvertretend

S-Tr	Schlauch-Trupp
S-TrFü	Schlauch-Truppführer
S-TrM	Schlauch-Truppmann
StVO	Straßenverkehrsordnung
StVZO	Straßenverkehrszulassungsordnung
StWeFü	Stadtwehrführer
SW	Schlauchwagen
Sv	Sievert (Maß für Strahlendosis, s. R 5)
T	Teil einer Norm/Tiefpumpe
TaV	Taktischer Verband
TC	Technisches Komitee (Technical Committees) im Bereich der Normung
TG	Projektgruppe innerhalb eines Arbeitsausschusses (WG) innerhalb eines Technischen Komitees (TC) im Bereich der Normung
TH	Technische Hochschule/Technische Hilfeleistung
Th	Thüringen
THW	Bundesanstalt Technisches Hilfswerk
TLF	Tanklöschfahrzeug
TM	Teleskopmast mit Bühne
TP	Tauchpumpe
Tr	Trupp
TR BOS	Technische Richtlinien für Behörden und Organisationen mit Sicherheitsaufgaben
TRF	Technische Regeln zur Verwendung von Flüssiggas
TrFü	Truppführer
TRK	Technische Richtkonzentration
TrM	Truppmann
TroLF	Trockenlöschfahrzeug
TroTLF	Trockentanklöschfahrzeug
TS	Tragkraftspritze
TSA	Tragkraftspritzenanhänger
TSF	Tragkraftspritzenfahrzeug
TÜV	Technischer Überwachungsverein

TUIS	Transport-Unfall-Informations- und Hilfeleistungs-system
TUP	Tragbare Umfüllpumpe
UA	Unterausschuss
UBM	Unterbrandmeister
UEG	untere Explosions- oder Zündungsgrenze
UV	Ultraviolet (Strahlung)
UVV	Unfallverhütungsvorschriften
V	Vornorm, Volt
VB	Vorbeugender Brandschutz
VbF	Verordnung über Lagerung, Umgang und den Transport brennbarer Flüssigkeiten
VCI	Verband der Chemischen Industrie e. V.
VdE	Verband deutscher Elektrotechniker
VdS	Verband der Sachversicherer
Verw.	Verwaltung
vfdb	Vereinigung zur Förderung des Deutschen Brand-schutzes e. V.
VGW	Vorausgerätewagen
Vol	Volumen
VRW	Vorausrüstwagen
W	Wasser oder wässrige Lösung
WeFü	Wehrführer
WF	Werkfeuerwehr
WFV	Werkfeuerwehrverband
WG	Arbeitsausschuss (Arbeitsgruppe; Working Group) innerhalb eines Technischen Komitees (TC) im Bereich der Normung
WGK	Wassergefährdungsklassen
WHG	Wasserhaushaltsgesetz
WLF	Wechselladerfahrzeug
W-Tr	Wasser-Trupp
W-TrFü	Wasser-Truppführer
W-TrM	Wasser-Truppmann

Z	Zug/Zentrale
ZFü	Zugführer
Ziff.	Ziffer
ZSKG	Zivilschutz- und Katastrophenhilfegesetz
ZW-A	Zentralwerkstatt-Atemschutz
ZW-F	Zentralwerkstatt-Funk
ZW-S	Zentralwerkstatt-Schlauch

A

Maßeinheiten, Tabellen, Feuerwehr-Dienstvorschriften, Normung

Maßeinheiten

1. Warum wurden neue Maßeinheiten eingeführt?

Diese neuen Maßeinheiten, die mit dem Gesetz über Einheiten im Messwesen vom 2.7.1969 eingeführt wurden, sind Einheiten des international vereinbarten Maßsystems (Système International d'Unités, daher SI-Einheiten, aus dem Jahr 1960). Sie ersparen bei der weltweiten wirtschaftlichen, technischen und wissenschaftlichen Verflechtung Umrechnungen und Kosten und erleichtern die internationale Normung. Sie sind auf Basiseinheiten sowie atomphysikalischen Einheiten aufgebaut, von denen sich die andern ableiten lassen. Deshalb bedarf es dann auch zwischen mechanischen, elektrischen und thermischen Maßen keiner Umrechnung mehr. Die alten Maßeinheiten traten zum 31.12.1977 außer Kraft.

2. Welches sind die Basiseinheiten im Sinne des Gesetzes?

Basisgröße	Basiseinheit	Kurzzeichen
Länge	Meter	m
Masse	Kilogramm	kg
Zeit	Sekunde	s
elektr. Stromstärke	Ampere	A
thermodynamische Temperatur (Beziehung Wärme-Kraft)	Kelvin	K
Lichtstärke	Candela	cd
Stoffmenge	Mol	mol

3. Welche abgeleiteten Einheiten sind für die Feuerwehr von Bedeutung?

Größe	Formelzeichen	Ableitung	gesetzliche Einheit
Masse	m	Basis	kg
Kraft	F	Masse x Beschleunigung	kgm/s² = N (Newton)
Druck	p	Kraft pro Fläche	N/m² = Pa (Pascal) 100 000 Pa = 1 bar
Energie Arbeit Wärmemenge	W	Kraft x Weg	N × m = J (Joule) 1 kcal = 4186,8 J
Leistung	P	Energie in Zeiteinheit	J/s = W (Watt) 1 kcal/h = 1,16 W

4. Wie verhält es sich mit der Temperatur?

Null Kelvin (0 K), ohne das Gradzeichen, entspricht der absolut möglichen Tiefsttemperatur von minus 273 °C, 0 °C sind 273 K, 100 °C entsprechen 373 K.

5. Welche Maßeinheiten sind für den Feuerwehrmann besonders wichtig?

alt	neu	Umrechnung
Kilopond (kp)	Newton (N)	1 kp = 9,81 N ≈ 10 N
Meter-Wassersäule (mWS) Atmosphäre (atm)	bar	1 mWS = 0,1 atm = 0,1 bar 10 mWS = 1 atm = 1 bar
PS	Watt (W) oder Kilowatt (kW)	1 PS = 75 kpm/s = 736 W ≈ 0,74 kW
kcal	Joule (J) oder Kilojoule (kJ)	1 kcal = 4186,8 J ≈ 4,2 kJ

6. Einheiten-Umrechnungstabelle

	Pa	bar	kp/m²	kp/cm² (at)	atm	Torr
1 Pa = (= 1 N/m²)	1	10^{-5}	0,102	$1{,}02 \times 10^{-5}$	$9{,}87 \times 10^{-5}$	$0{,}75 \times 10^{-2}$
1 bar	105	1	$1{,}02 \times 10^{-4}$	1,02	0,987	750
1 kp/m² =	9,81	$9{,}81 \times 10^{-5}$	1	10^{-4}	$9{,}68 \times 10^{-5}$	$0{,}736 \times 10^{-1}$
1 kp/cm² =	$9{,}81 \times 10^{4}$	0,981	10^{-4}	1	0,968	736
1 atm =	$1{,}013 \times 10^{5}$	1,013	$1{,}013 \times 10^{-4}$	1,033	1	760
1 Torr =	$1{,}33 \times 10^{-2}$	$1{,}33 \times 10^{-3}$	1,36	$1{,}36 \times 10^{-3}$	$1{,}32 \times 10^{-3}$	1

Einheiten der Energie, Arbeit, Wärmemenge

1 J = 1 Joule 1 J = 1 Nm = 1 Ws 1 J = 0,102 kpm

	J	kJ	kWh	kcal	PSh	kpm
1 J = (= 1 Nm = 1 Ws)	1	0,001	$2{,}78 \times 10^{-7}$	$2{,}39 \times 10^{-4}$	$3{,}77 \times 10^{-7}$	0,102
1 kJ =	1000	1	$2{,}78 \times 10^{-4}$	0,239	$3{,}77 \times 10^{-4}$	102
1 kWh =	3600000	3600	1	860	1,36	367000
1 kcal =	4200	4,2	0,00116	1	0,00158	427
1 PSh =	2650000	2650	0,736	632	1	270000
1 kpm =	9,81	0,00981	$2{,}72 \times 10^{-6}$	0,00234	$3{,}70 \times 10^{-6}$	1

Einheiten der Leistung, Energiestrom, Wärmestrom
1 W = 1 Watt 1 W = 1 N m/s = 1 J/s 1 W = 0,102 kpm/s

	W	kW	kcal/s	kcal/h	kpm/s	PS
1 W = (= 1 Nm/s = 1 J/s)	1	0,001	$2{,}39 \times 10^{-4}$	0,860	0,102	0,00136
1 kW =	1 000	1	0,239	860	102	1,36
1 kcal/s =	4 190	4,19	1	3 600	427	5,69
1 kcal/h =	1,16	0,00116	$2{,}777 \times 10^{-4}$	1	0,119	0,00158
1 kpm/s =	9,81	0,00981	0,00234	8,43	1	0,0133
1 PS =	736	0,736	0,176	633	75	1

7. Welche Worte werden beim Fernsprech- und Funkbetrieb beim Buchstabieren verwendet?

Buchstabiertafel für Fernsprech- und Funkbetrieb

	National	International	*Aussprache*
A	– Anton	– Alfa	*[al-fa]*
Ä	– Ärger		
B	– Berta	– Bravo	*[bra-wo]*
C	– Cäsar	– Charlie	*[tschar-lie]*
CH	– Charlotte		
D	– Dora	– Delta	*[del-ta]*
E	– Emil	– Echo	*[e-ko]*
F	– Friedrich	– Foxtrott	*[fox-trott]*
G	– Gustav	– Golf	*[golf]*
H	– Heinrich	– Hotel	*[ho-tell]*
I	– Ida	– India	*[in-di-ah]*
J	– Julius	– Juliett	*[dju-li-ett]*
K	– Konrad (oder: Kaufmann)	– Kilo	*[ki-loh]*
L	– Ludwig	– Lima	*[li-mah]*
M	– Marta	– Mike	*[maik]*
N	– Nordpol	– November	*[no-vem-ber]*

	National	International	Aussprache
O	– Otto	– Oscar	*[oss-kar]*
Ö	– Ödipus (oder: Ökonom)		
P	– Paula	– Papa	*[pah-pah]*
Q	– Quelle	– Quebec	*[kwi-beck]*
R	– Richard	– Romeo	*[roh-mi-oh]*
S	– Siegfried (oder: Samuel)	– Sierra	*[si-äh-rah]*
Sch	– Schule		
T	– Theodor	– Tango	*[täng-go]*
U	– Ulrich	– Uniform	*[ju-ni-form]*
Ü	– Übel (oder: Übermut)		
V	– Viktor	– Victor	*[wik-tor]*
W	– Wilhelm	– Whisky	*[wis-kih]*
X	– Xanthippe	– X-ray	*[icks-räh]*
Y	– Ypsilon	– Yankee	*[jän-kih]*
Z	– Zeppelin (oder: Zacharias)	– Zulu	*[suh-luh]*

Feuerwehr-Dienstvorschriften

8. Was wird mit den Feuerwehr-Dienstvorschriften insbesondere bezweckt?

Einheitliche Ausbildung
Einheitliches Arbeiten bei Übungen und Einsätzen
Unfallverhütung

9. Welche Dienstvorschriften gibt es derzeit für den Feuerwehrbereich?

FwDV 1	Grundtätigkeiten – Lösch- und Hilfeleistungseinsatz
FwDV 2	Ausbildung der Freiwilligen Feuerwehren
FwDV 3	Einheiten im Lösch- und Hilfeleistungseinsatz

FwDV 7	Atemschutz
FwDV 8	Tauchen
FwDV 10	Die tragbaren Leitern
FwDV 100	Führung und Leitung im Einsatz – Führungssysteme
FwDV 500	Einheiten im ABC-Einsatz
FwDV 810.3	Sprechfunkdienst

Normung

10. Warum sind Feuerlöschgeräte genormt?

Vor allem, um ein Zusammenarbeiten der Feuerwehren untereinander zu ermöglichen. Darüberhinaus, um volkswirtschaftlich kostengünstige Produkte durch Serienfertigung zu erhalten, um Anforderungen und Prüfungen zu beschreiben, um taktische Einsatzwerte zu beschreiben und eine einheitliche Ausbildung zu ermöglichen.

11. Wer führt die Normung durch?

Das Deutsche Institut für Normung (DIN), innerhalb des DIN die einzelnen Fachnormenausschüsse. Für das Feuerwehrwesen: Der Fachnormenausschuss Feuerwehrwesen (FNFW), 10787 Berlin, Burggrafenstraße 4–7, mit seinen Arbeitsausschüssen (AA). Wie alle Fachnormenausschüsse ist der FNFW in Arbeitsausschüsse unterteilt.

Der FNFW arbeitet in folgenden internationalen Normen-Gremien mit:

a) Weltweit in der „International Organization for Standardization (ISO)“, und zwar im Technischen Komitee ISO/TC 21 „Ausrüstung für Brandschutz und Brandbekämpfung“;
b) auf europäischer Ebene im Europäischen Komitee für Normung (CEN).

Im Zuge der EG-Harmonisierung werden künftig vermehrt europäische Normen (EN) Gültigkeit haben.

12. Was sind die Aufgaben des FNFW?

Der FNFW hat die Aufgabe, die im Feuerwehrwesen notwendigen Normungsarbeiten im Rahmen seines Fachgebietes durchzuführen.

13. Aus welchen Organen besteht der FNFW?

Organe des FNFW sind

a) der Mitarbeiterkreis,
b) der Lenkungsausschuss,
c) der Vorstand,
d) der Geschäftsführer,
e) die Fachbereichsausschüsse,
f) die Arbeitsausschüsse der Fachbereiche.

14. Wie geht eine Normung vor sich?

Für jeden genormten Gegenstand gibt es ein Normblatt, kurz Norm genannt. In der Norm sind Gegenstand, Maße, Herstellungsverfahren, Werkstoff, Anforderungen, Prüfverfahren usw. festgelegt.

Die Erstellung einer Norm erfolgt in folgenden Stadien:

- Normungsantrag
- Norm-Vorlage
- Norm-Entwurf (Gelbdruck) mit Frist für Stellungnahmen
- Beratung der Stellungnahmen und Einsprüche
- Veröffentlichung der Norm (Weißdruck).

15. Was sind Norm-Entwürfe?

Norm-Entwürfe sind zur Kritik gestellte vorgesehene Normen.

Die Bezeichnungen lauten

E DIN … für deutsche Normentwürfe
pr EN … für europäische Normentwürfe

16. Was heißt DIN?

Das Wort DIN gilt als Name und Kennzeichen für die Gemeinschaftsarbeit des Deutschen Instituts für Normung.

17. Welche Abkürzungen werden im Bereich der europäischen Normung verwendet?

CEN	Comité Européen de Normalisation (franz.) = Europäisches Komitee für Normung
CEN-ELEC	Comité Européen de Normalisation Électrotechnique (franz.) = Europäisches Komitee für elektrotechnische Normung
DIN	Deutsches Institut für Normung
DIN EN	Europäische Norm mit dem Status einer Deutschen Norm
EN	Europäische Norm
ETSI	European Telecommunications Standards Institute (engl.) = Europäisches Institut für Telekommunikationsnormen
EU	Europäische Union
FNFW	Fachnormenausschuss Feuerwehrwesen
PG	Project Group (engl.) = Projektgruppe innerhalb einer WG
prEN	Projet de norme européenne (franz.) = Entwurf einer Europäischen Norm
TC	Technical Committees (engl.) = Technisches Komitee
TG	Task Group (engl.) = Projektgruppe innerhalb einer WG
WG	Working Group (engl.) = Arbeitsausschuss (Arbeitsgruppe) innerhalb eines TC

18. Welche Normblatt-Nummern stehen für die deutschen Feuerwehrnormen zur Verfügung?

Vornehmlich 14000–14999.

19. Beispiel für eine Feuerwehrnorm:

DIN 14302 = C-Druckkupplung
DIN 14345 = Verteiler PN 16

20. In welchen Gremien wird derzeit vor allem die Normungsarbeit für Feuerwehrausrüstung geleistet?

In den Fachbereichsausschüssen (FBR):

- FBR Handbetätigte Geräte für die Brandbekämpfung NA 031-01
- FBR Brandmelde- und Feueralarmanlagen und elektr. Betriebsmittel NA 031-02
- FBR Ortsfeste Brandbekämpfungsanlagen NA 031-03
- FBR Ausrüstung für die Feuerwehr NA 031-04
- FBR Sicherheit und Schutz des Gemeinwesens NA 031-05

Zusammenstellung wichtiger Normen für das Feuerwehrwesen

Abkürzungen:	Bbl	Beiblatt
	T	Teil
	DVGW	Deutsche Vereinigung des Gas- und Wasserfaches
	E	Entwurf
	V	Vornorm
	EN	Europäische Norm
	pr EN	Entwurf Europäische Norm
	DIN	Deutsche Norm
	DIN EN	Europäische Norm mit dem Status einer Deutschen Norm
	ISO	Deutsche Norm, in die eine internationale Norm der ISO unverändert übernommen wurde.

1. Normen des Feuerwehrwesens

DIN	Titel
	1.1 Begriffsbestimmungen, Kennzeichen, Sinnbilder
13050	Rettungswesen – Begriffe
14010	Angaben zur statistischen Erfassung von Bränden
14011	Begriffe aus dem Feuerwehrwesen

DIN	Titel
14033	Kurzzeichen für die Feuerwehr
14034-3	Graphische Symbole für das Feuerwehrwesen; Bedienvorgänge
14034-5	Graphische Symbole für das Feuerwehrwesen; Geräte
14034-6	Graphische Symbole für das Feuerwehrwesen; Bauliche Einrichtungen
14035	Dachkennzeichnung für Feuerwehrfahrzeuge; Ausführung
EN 2	Brandklassen; Deutsche Fassung

1.2 Sanitäts- und Rettungsgeräte

1.2.1 Sanitätsgeräte

14142	Erste-Hilfe-Material – Verbandkasten für Feuerwehrfahrzeuge
13164	Erste-Hilfe-Material, Verbandkasten B

1.2.2 Rettungsgeräte

14151-1	Sprungrettungsgeräte – Teil 1: Allgemeine Anforderungen, Prüfung
14151-2	Sprungrettungsgeräte – Teil 2: Sprungtuch 8; Anforderungen, Prüfung
14151-3	Sprungrettungsgeräte – Teil 3: Sprungpolster 16, Anforderungen, Prüfung

1.3 Löschmittel, Löschverfahren, Löschanlagen

1.3.1 Zahlentafeln

14200	Wasserdurchfluss von Strahlrohrmundstücken oder -düsen

1.3.2 Löschwasserbevorratung

14210	Löschwasserteiche
14220	Löschwasserbrunnen
14230	Unterirdische Löschwasserbehälter

DIN	Titel
14244	Löschwasser-Sauganschlüsse; Überflur und Unterflur
	1.3.3 Löschanlagen, Löschmittel
EN 615	Brandschutz – Löschmittel-Anforderungen an Löschpulver
DIN EN 1568-1	Feuerlöschmittel – Schaummittel – Teil 1: Anforderungen an Schaummittel zur Erzeugung von Mittelschaum zum Aufgeben auf nicht-polare Flüssigkeiten
DIN EN 1568-2	Feuerlöschmittel – Schaummittel – Teil 2: Anforderungen an Schaummittel zur Erzeugung von Leichtschaum zum Aufgeben auf nicht-polare Flüssigkeiten
DIN EN 1568-3	Feuerlöschmittel – Schaummittel – Teil 3: Anforderungen an Schaummittel zur Erzeugung von Schwerschaum zum Aufgeben auf nicht-polare Flüssigkeiten
DIN EN 1568-4	Feuerlöschmittel – Schaummittel – Teil 4: Anforderungen an Schaummittel zur Erzeugung von Schwerschaum zum Aufgeben auf polare Flüssigkeiten
EN 12094	Ortsfeste Brandbekämpfungsanlagen – Bauteile für Löschanlagen mit gasförmigen Löschmitteln
EN 12259	Ortsfeste Löschanlagen – Bauteile für Sprinkler- und Sprühwasseranlagen
EN 12416-1	Ortsfeste Brandbekämpfungsanlagen – Pulver-löschanlagen – Teil 1: Anforderungen und Prüfverfahren für Bauteile
EN 12416-2	Ortsfeste Brandbekämpfungsanlagen – Pulver-löschanlagen – Teil 2: Planung, Einbau und Wartung
14475	Pulverlöschanlagen für den Einbau in Lösch-fahrzeuge
14489	Sprinkleranlagen; Allgemeine Grundlagen

DIN	Titel
EN 12845	Ortsfeste Brandbekämpfungsanlagen – Automatische Sprinkleranlagen – Planung, Installation und Instandhaltung
EN 13565	Ortsfeste Brandbekämpfungsanlagen – Schaumlöschanlagen
CEN/TS 14972	Ortsfeste Brandbekämpfungsanlagen – Feinsprüh-Löschanlagen
EN 15004	Ortsfeste Brandbekämpfungsanlagen – Löschanlagen mit gasförmigen Löschmitteln
14494	Sprühwasser-Löschanlagen; ortsfest, mit offenen Düsen
14495	Berieselung von oberirdischen Behältern zur Lagerung brennbarer Flüssigkeiten im Brandfall
14497	Kleinlöschanlagen; Anforderungen, Prüfung

1.4 Wasserführende Armaturen

1.4.1 Kupplungen

DIN	Titel
14301	D-Druck-Saugkupplung PN 16 aus Aluminiumlegierung
14302	C-Druckkupplung PN 16 aus Aluminiumlegierung
14303	B-Druckkupplung PN 16 aus Aluminiumlegierung
14306	D-Festkupplung PN 16 aus Aluminiumlegierung für Druck- und Saugbetrieb
14307-1	C-Festkupplung PN 16 aus Aluminiumlegierung mit Dichtring für Druckbetrieb
14307-2	C-Festkupplung PN 16 aus Aluminiumlegierung mit Dichtring für Saugbetrieb
14308-1	B-Festkupplung PN 16 aus Aluminiumlegierung mit Dichtring für Druckbetrieb
14308-2	B-Festkupplung PN 16 aus Aluminiumlegierung mit Dichtring für Saugbetrieb
14309	A-Festkupplung PN 16 aus Aluminiumlegierung mit Dichtring für Druck- und Saugbetrieb

DIN	Titel
14310	D-Blindkupplung PN 16 aus Aluminiumlegierung für Druck- und Saugbetrieb
14311	C-Blindkupplung PN 16 aus Aluminiumlegierung für Druck- und Saugbetrieb
14312	B-Blindkupplung PN 16 aus Aluminiumlegierung für Druck- und Saugbetrieb
14313	A-Blindkupplung PN 16 aus Aluminiumlegierung für Druck- und Saugbetrieb
14317	C-Festkupplung mit metallischer Dichtfläche PN 16 aus Aluminiumlegierung und C-Deckkapsel, aus Grauguss oder Aluminiumlegierung
14318	B-Festkupplung mit metallischer Dichtfläche PN 16 aus Aluminiumlegierung und B-Deckkapsel, aus Grauguss oder Aluminiumlegierung
14319	A-Festkupplung mit metallischer Dichtfläche PN 16 aus Aluminiumlegierung und A-Deckkapsel, aus Grauguss oder Aluminiumlegierung
14321	C-Saugkupplung PN 16 aus Aluminiumlegierung
14322	B-Saugkupplung PN 16 aus Aluminiumlegierung
14323	A-Druck-Saugkupplung PN 16 aus Aluminiumlegierung
14330	C-Druckkupplung PN 16 aus Aluminiumlegierung für formstabile Druckschläuche
14332	C-Druckkupplung PN 16 aus Aluminiumlegierung für Druckschlauch C 42

1.4.2 Sonstige Armaturen

DIN	Titel
14341	C-D-Übergangsstück PN 16 aus Aluminiumlegierung
14342	B-C-Übergangsstück PN 16 aus Aluminiumlegierung
14343	A-B-Übergangsstück PN 16 aus Aluminiumlegierung
14345	Verteiler C-DCD, B-CBC und BB-CBC, PN 16
14355	Sammelstück PN 16

DIN	Titel
14362-1	Saugkörbe
EN 15182-1	Strahlrohre für die Brandbekämpfung – Teil 1: Allgemeine Anforderungen
EN 15182-2	Strahlrohre für die Brandbekämpfung – Teil 2: Hohlstrahlrohre PN 16
14366	Tragbare Schaumstrahlrohre PN 16
14368	Stützkrümmer PN 16
14375-1	Standrohr PN 16; Standrohr 2B
14380	Druckbegrenzungsventil PN 16
14381	B-Druckventil, PN 16 selbstschließend
14384	Schaummittelzumischer, selbstansaugend

1.5 Pumpen, Spritzen, Sonderlöschgeräte

1.5.1 Kleinlöschgeräte

DIN EN 1869	Löschdecken
14405	Kübelspritzen
EN 3-1	Tragbare Feuerlöscher – Teil 1: Benennung, Funktionsdauer, Prüfobjekte der Brandklassen A und B
EN 3-2	Tragbare Feuerlöscher – Teil 2: Dichtheitsprüfung, Prüfung der elektr. Leitfähigkeit, Verdichtungsprüfung, besondere Anforderungen
EN 3-4	Tragbare Feuerlöscher – Teil 4: Füllmengen, Mindestanforderungen an das Löschvermögen
14406-4	Tragbare Feuerlöscher; Instandhaltung;
Bbl 1	Informationen zur Anwendung
EN 3-5	Tragbare Feuerlöscher – Teil 5: Zusätzliche Anforderungen und Prüfungen
EN 3-6	Tragbare Feuerlöscher – Teil 6: Festlegungen für die Bestätigung der Konformität tragbarer Feuerlöscher nach EN 3-1 bis EN 3-5
DIN EN 3-7	Tragbare Feuerlöscher – Teil 7: Eigenschaften, Löschleistung, Anforderungen und Prüfungen

DIN	Titel
	1.5.2 Tragkraftspritze
EN 14466	Feuerlöschpumpen – Tragkraftspritzen – Sicherheits- und Leistungsanforderungen, Prüfungen
	1.5.3 Pumpen
DIN EN 1028-1	Feuerlöschpumpen – Feuerlöschkreiselpumpen mit Entlüftungseinrichtung – Teil 1: Klassifizierung – Allgemeine und Sicherheitsanforderungen
DIN EN 1028-2	Feuerlöschpumpen – Feuerlöschkreiselpumpen mit Entlüftungseinrichtung – Teil 2: Feststellung der Übereinstimmung mit den allgemeinen und Sicherheitsanforderungen
14420	Feuerlöschpumpen – Feuerlöschkreiselpumpen – Anforderungen an die saug- und druckseitige Bestückung, Prüfung nach Einbau im Feuerwehrfahrzeug
14421	Druckmessgeräte (Manometer) für Feuerwehrpumpen
14423	Siebe für Pumpen und Löschwasserbehälter
14424	Feuerwehrwesen; Explosionsgeschützte tragbare Umfüllpumpe mit Elektromotor; Anforderungen, Typ- und Abnahmeprüfung
14425	Feuerwehrwesen – Tragbare Tauchmotorpumpe mit Elektroantrieb
14427	Feuerwehrwesen – Explosionsgeschützte tragbare Gefahrgut-Umfüllpumpe mit Elektromotor; Anforderungen, Prüfung
14430	Feuerwehrwesen – Druckzumischanlagen und Druckluftschaumanlagen
EN 14710	Feuerlöschpumpen – Feuerlöschkreiselpumpen ohne Entlüftungseinrichtung

DIN	Titel
	1.5.4 Sonderlöschgeräte und Einrichtungen
DIN EN 671-1	Ortsfeste Löschanlagen – Wandhydranten – Teil 1: Schlauchhaspeln mit formstabilem Schlauch
DIN EN 671-2	Ortsfeste Löschanlagen – Wandhydranten – Teil 2: Wandhydranten mit Flachschläuchen
EN 671-3	Ortsfeste Löschanlagen – Wandhydranten – Teil 3: Instandhaltung von Schlauchhaspeln
DIN EN 694	Feuerwehrschläuche – Formstabile Schläuche für Wandhydranten
DIN EN 1866	Fahrbare Feuerlöscher
14452	Schaummittelbehälter, tragbar
14461-1	Feuerlösch-Schlauchanschlusseinrichtungen – Teil 1: Wandhydrant mit formstabilem Schlauch
14461-2	Feuerlösch-Schlauchanschlusseinrichtungen – Teil 2: Einspeiseeinrichtung und Entnahmeeinrichtung für Löschwasserleitungen „trocken“
14461-3	Feuerlösch-Schlauchanschlusseinrichtungen – Teil 3: Schlauchanschluss-Ventile PN 16
14461-4	Feuerlösch-Schlauchanschlusseinrichtungen – Teil 4: Einspeisearmatur PN 16 für Löschwasserleitungen
14461-5	Feuerlösch-Schlauchanschlusseinrichtungen – Teil 5: Entnahmearmatur PN 16 für Löschwasserleitungen
14461-6	Feuerlösch-Schlauchanschlusseinrichtungen – Teil 6: Schrankmaße und Einbau von Wandhydranten mit Flachschlauch nach DIN EN 671-2
14462	Löschwassereinrichtungen – Planung und Einbau von Wandhydrantenanlagen und Löschwasserleitungen

DIN		Titel
14463-1		Löschwasseranlagen; Fernbetätigte Füll- und Entleerungsstationen – Teil 1: Für Wandhydrantenanlagen
14497		Kleinlöschanlagen – Anforderungen, Prüfung
		1.6 Feuerwehrfahrzeuge
EN 1846-1		Feuerwehrfahrzeuge – Teil 1: Nomenklatur und Bezeichnung
EN 1846-2		Feuerwehrfahrzeuge – Teil 2: Allgemeine Anforderungen – Sicherheit und Leistung
EN 1846-3		Feuerwehrfahrzeuge – Teil 3: Fest eingebaute Ausrüstung – Sicherheits- und Leistungsanforderungen
14502-2		Feuerwehrfahrzeuge – Teil 2: Zusätzliche Festlegungen zu DIN EN 1846-2 und DIN EN 1846-3
14502-3		Feuerwehrfahrzeuge – Teil 3: Farbgebung und besondere Kennzeichnung
		1.6.1 Einsatzleitwagen, Löschfahrzeuge und Anhänger
14505		Feuerwehrfahrzeuge; Wechselladerfahrzeuge mit Abrollbehälter – Allgemeine Anforderungen
14507-2		Einsatzleitfahrzeuge – Teil 2: Einsatzleitwagen ELW 1
14507-3		Einsatzleitfahrzeuge – Teil 3: Einsatzleitwagen ELW 2
14507-5		Einsatzleitfahrzeuge – Teil 5: Kommandowagen KdoW
14521		Feuerwehrwesen – Anhänger mit Schaum-Wasserwerfer
14530	T1	Löschfahrzeuge; Typen, Anforderungen an löschtechnische Einrichtungen

DIN	Titel
14530-5	Löschfahrzeuge – Teil 5: Löschgruppenfahrzeug LF 10
14530-8	Löschfahrzeuge – Teil 8: Löschgruppenfahrzeug LF 20 KatS für den Katastrophenschutz
14530-11	Löschfahrzeuge – Teil 11: Löschgruppenfahrzeug LF 20
14530-16	Löschfahrzeuge – Teil 16: Tragkraftspritzenfahrzeug TSF
14530-17	Löschfahrzeuge – Teil 17: Tragkraftspritzenfahrzeug TSF-W
14530-18	Löschfahrzeuge – Teil 18: Tanklöschfahrzeug TLF 2000
14530-21	Löschfahrzeuge – Teil 21: Tanklöschfahrzeug TLF 4000
14530-22	Löschfahrzeuge – Teil 22: Tanklöschfahrzeug TLF 2000
14530-25	Löschfahrzeuge – Teil 25: Staffellöschfahrzeug StLF 10/6
14530-26	Löschfahrzeuge – Teil 26: Hilfeleistungs-Löschgruppenfahrzeug HLF 10
14530-27	Löschfahrzeuge – Teil 27: Hilfeleistungs-Löschgruppenfahrzeug HLF 20

1.6.2 Rüst- und Gerätewagen, Schlauchwagen, Rettungswagen, Boote

14555-1	Rüstwagen und Gerätewagen – Teil 1: Allgemeine Anforderungen
14555-3	Rüstwagen und Gerätewagen – Teil 3: Rüstwagen RW
14555-12	Rüstwagen und Gerätewagen – Teil 12: Gerätewagen Gefahrgut GW-G
14555-21	Rüstwagen und Gerätewagen – Teil 21: Gerätewagen Logistik GW-L1
14555-22	Rüstwagen und Gerätewagen – Teil 22: Gerätewagen Logistik GW-L2

DIN	Titel
14961	Boote für die Feuerwehr
14962	Feuerwehrwesen- Bootsanhänger
75079	Notarzt-Einsatzfahrzeuge (NEF); Begriffe, Anforderungen, Prüfung
EN 1789	Rettungsdienstfahrzeuge und deren Ausrüstung – Krankenkraftwagen
	1.6.3 Hubrettungsfahrzeuge
EN 1777	Hubrettungsfahrzeuge für die Feuerwehr und Rettungsdienste; Hubarbeitsbühnen – Sicherheitstechnische Anforderungen und Prüfung
EN 14043	Hubrettungsfahrzeuge für die Feuerwehr – Drehleitern mit kombinierten Bewegungen (Automatik-Drehleitern) – Sicherheits- und Leistungsanforderungen sowie Prüfverfahren
EN 14044	Hubrettungsfahrzeuge für die Feuerwehr – Drehleitern mit aufeinander folgenden (sequenziellen) Bewegungen – Sicherheits- und Leistungsanforderungen sowie Prüfverfahren
	1.6.4 Fahrzeugzubehör
14572	Abgasschläuche und Abgasschlauchanschlüsse
14584	Feuerwehrfahrzeuge – Zugeinrichtungen mit maschinellem Antrieb – Anforderungen, Prüfung
	1.6.5 Feuerwehrtechnische Ausrüstung für Feuerwehrfahrzeuge
14800-4	Feuerwehrtechnische Ausrüstung für Feuerwehrfahrzeuge – Teil 4: Schornstein-Werkzeugkasten
14800-5	Feuerwehrtechnische Ausrüstung für Feuerwehrfahrzeuge – Teil 5: Mehrzweckzüge

DIN	Titel
14800-6	Feuerwehrtechnische Ausrüstung für Feuerwehrfahrzeuge – Teil 6: Hebesatz mit einfach wirkenden Hydraulikzylindern
14800-7	Feuerwehrtechnische Ausrüstung für Feuerwehrfahrzeuge – Teil 7: Brennschneidgerät, tragbar
14800-9	Feuerwehrtechnische Ausrüstung für Feuerwehrfahrzeuge – Teil 9: Werkzeugkästen für Metall- und Holzbearbeitung
14800-10	Feuerwehrtechnische Ausrüstung für Feuerwehrfahrzeuge – Teil 10: Dichtungskasten
14800-11	Feuerwehrtechnische Ausrüstung für Feuerwehrfahrzeuge – Teil 11: Hebekissen-Zubehörkasten
14800-12	Feuerwehrtechnische Ausrüstung für Feuerwehrfahrzeuge – Teil 12: Sperrwerkzeugkasten
14800-13	Feuerwehrtechnische Ausrüstung für Feuerwehrfahrzeuge – Teil 13: Verkehrsunfallkasten
14800-14	Feuerwehrtechnische Ausrüstung für Feuerwehrfahrzeuge – Teil 14: Verbrauchsmaterialkasten
14800-15	Feuerwehrtechnische Ausrüstung für Feuerwehrfahrzeuge – Teil 15: Umweltschadenkasten
14800-16	Feuerwehrtechnische Ausrüstung für Feuerwehrfahrzeuge – Teil 16: Gerätesatz Auf- und Abseilgerät für die einfache Rettung aus Höhen und Tiefen bis 30 m
14800-17	Feuerwehrtechnische Ausrüstung für Feuerwehrfahrzeuge – Teil 17: Gerätesatz Absturzsicherung
14800-18	Feuerwehrtechnische Ausrüstung für Feuerwehrfahrzeuge – Teil 18: Zusatzbeladungssätze für Löschfahrzeuge

DIN	Titel
	1.7 Nachrichtenmittel, Beleuchtungsgeräte, Elektrische Anlagen
DIN VDE 0132	Brandbekämpfung und technische Hilfeleistung im Bereich elektrischer Anlagen
	1.7.1 Akustische Signale
14610	Akustische Warneinrichtungen für bevorrechtigte Wegebenutzer
	1.7.2 Optische Signale
14620	Kennleuchten, Kennsignaleinheiten und Kennleuchtensysteme für blaues und gelbes Blinklicht
14630	Akustische Warngeräte und Kennleuchten für bevorrechtigte Wegebenutzer; Anforderungen und Funktionsprinzip
	1.7.3 Beleuchtungsgeräte
14640	Scheinwerferbefestigung; Aufsteckbohrung, Aufsteckzapfen, Gelenkstück
14642	Handscheinwerfer mit Fahrzeughalterung – explosionsgeschützt
14644	Arbeitsstellenscheinwerfer für Kleinspannung
14646	Handscheinwerfer mit Warnleuchte, explosionsgeschützt mit Fahrzeughalterung
14649	Explosionsgeschützte Leuchten für Einsatzkräfte
	1.7.4 Meldeanlagen
14623	Orientierungsschilder für automatische Brandmelder
14661	Feuerwehrwesen – Feuerwehr-Bedienfeld für Brandmeldeanlagen
14662	Feuerwehrwesen – Feuerwehr-Anzeigetableau für Brandmeldeanlagen

DIN		Titel
14663		Feuerwehrwesen – Feuerwehr-Gebäudefunkbedienfeld
14674		Brandmeldeanlagen – Anlagenübergreifende Vernetzung
14675		Brandmeldeanlagen; Aufbau und Betrieb
EN 14604		Rauchwarnmelder
14676		Rauchwarnmelder für Wohnhäuser, Wohnungen und Räume mit wohnungsähnlicher Nutzung – Einbau, Betrieb und Instandhaltung
14678		Handfeuermelder (Bauart K) zur Anwendung in durch Gase oder Stäube explosionsgefährdeten Betriebsstätten
EN 54-1		Brandmeldeanlagen – Teil 1: Einteilung
EN 54–2		Brandmeldeanlagen – Teil 2: Brandmelderzentralen
DIN EN 54-3		Brandmeldeanlagen – Teil 3: Feueralarmeinrichtungen – Akustische Signalgeber
EN 54-4		Brandmeldeanlagen – Teil 4: Energieversorgungseinrichtungen
EN 54-5		Brandmeldeanlagen – Teil 5: Wärmemelder – Punktförmige Melder
EN 54	T6	Bestandteile automatischer Brandmeldeanlagen; Wärmemelder; Punktförmige Differentialmelder ohne Element mit statischer Ansprechschwelle
EN 54-7		Brandmeldeanlagen – Teil 7: Rauchmelder – Punktförmige Melder nach dem Streulicht-, Durchlicht- und dem Ionisationsprinzip
EN 54	T8	Bestandteile automatischer Brandmeldeanlagen; Wärmemelder mit hohen Ansprechtemperaturen
EN 54	T9	Bestandteile automatischer Brandmeldeanlagen; Erprobungstest

DIN	Titel
EN 54-10	Brandmeldeanlagen – Teil 10: Flammenmelder – Punktförmige Melder
EN 54-11	Brandmeldeanlagen – Teil 11: Handfeuermelder
EN 54-12	Brandmeldeanlagen – Teil 12: Rauchmelder – Linienförmiger Melder nach dem Durchlichtprinzip
	1.7.5 Sonstige Geräte
14679	Feuerwehrwesen – Ladegeräte zur Erhaltungsladung von Starterbatterien und Zusatzbatterien für Sonderanwendungen
14680	Handbetätigte Leitungsroller – Wechselstrom, Drehstrom und Gleichstrom
14683	Stativ, ausziehbar mit festen Aufsteckzapfen
14685-1	Tragbare Stromerzeuger ≥ 5 kVA
14686	Schaltschränke für in Feuerwehrfahrzeuge fest eingebaute Stromerzeuger mit einer Leistung größer 12 kVA
14687	Feuerwehrwesen – Fest eingebaute Stromerzeuger kleiner 12 kVA für den Einsatz in Feuerwehrfahrzeugen
14690-1	Zweipolige Steckvorrichtung 16 A, 42 V; Steckdose, Kupplungsdose
14690-2	Zweipolige Steckvorrichtung 16 A, 42 V; Stecker
	1.8 Leitern
14702	Drehleiter DL 16-4 mit Handantrieb
DIN EN 1147	Tragbare Leitern für die Verwendung bei der Feuerwehr
DIN EN 1147 Bbl. 1	Tragbare Leitern für die Feuerwehr nach DIN EN 1147 – Klappleiter, Hakenleiter, Schiebleiter, Steckleiter, Einsteckteil

DIN	Titel
	1.9 Feuerwehrtechnische Ausrüstung und Geräte
	1.9.1 Schläuche
DIN EN 1947	Feuerlöschschläuche – Formstabile Druckschläuche und Einbände für Pumpen und Feuerwehrfahrzeuge
14811	Feuerlöschschläuche – Druckschläuche und Einbände für Pumpen und Feuerwehrfahrzeuge
EN 14540	Feuerlöschschläuche – Flachschläuche für Wandhydranten
14819	D-Ansaugschlauch für Löschmittelzusätze; Anforderungen, Prüfung, Behandlung
EN 15889	Feuerlöschschläuche – Prüfverfahren
	1.9.2 Schlauchzubehör
14820-1	Schlauchbrücken – Teil 1: Schlauchbrücken aus Holz
14822-1	Kupplungsschlüssel für Feuerwehrarmaturen; Kupplungsschlüssel BC
14822-2	Kupplungsschlüssel für Feuerwehrarmaturen; Kupplungsschlüssel ABC
14826-2	Fahrbare Schlauchhaspel – Teil 2: Einpersonen-Haspel, Anschlussmaße, Anforderungen
14827-1	Schlauchtragekörbe – Teil 1: für Druckschläuche B, C oder D
14827-2	Schlauchtragekörbe – Teil 2: für Druckschläuche C und D für den Schnellangriff
14828	Seilschlauchhalter
	1.9.3 Zusatzgeräte
14060	Feuerwehrwesen; Mulde
14830	Rettungsplattform für die Feuerwehr
14851	Einreißhaken
14853	Brechstange
14854	Auffahrbohle

DIN	Titel
	1.9.4 Kästen
14880	Kästen für Feuerwehrgeräte; Kästen aus Holz, Leichtmetall und Leichtmetall/Holz
14881	Feuerwehr-Werkzeugkasten
14885	Feuerwehr-Elektrowerkzeugkasten mit bis 1000 Volt isolierten Werkzeugen
	1.10 Persönliche Ausrüstung und Geräte
	1.10.1 Persönliche Ausrüstung
14900	Feuerwehraxt mit Schutztasche
14920	Feuerwehrleine – Anforderungen, Prüfung, Behandlung
14921	Feuerwehrleinenbeutel
14922	Feuerwehrmehrzweckbeutel
14924	Feuerwehrbeil mit Schutztasche
14925	Feuerwehrwesen; Verschlusseinrichtung
14927	Feuerwehr-Haltegurt mit Zweidornschnalle und Karabinerhaken mit Multifunktionsöse – Anforderungen, Prüfung
	1.10.2 Bekleidung
EN 15090	Schuhe für die Feuerwehr
EN 443	Feuerwehrhelme für die Brandbekämpfung in Gebäuden
EN 469	Schutzkleidung für die Feuerwehr – Leistungsanforderungen für Schutzkleidung für die Brandbekämpfung
EN 471	Warnkleidung – Prüfverfahren und Anforderungen
EN 659	Feuerwehrschutzhandschuhe
EN 1486	Schutzkleidung für die Feuerwehr (Hitzeschutzkleidung)

DIN	Titel
EN 13911	Schutzkleidung für die Feuerwehr – Flammschutzhauben – Anforderungen und Prüfverfahren
14941	Feuerwehrkleidung; Knöpfe
	1.11 Bauliche Anlagen und Einrichtungen
14090	Flächen für die Feuerwehr auf Grundstücken
14092-1	Feuerwehrhäuser – Teil 1: Planungsgrundlagen
14092-3	Feuerwehrhäuser – Teil 3: Feuerwehrturm
14092-7	Feuerwehrhäuser – Teil 7: Werkstätten
14093-1	Atemschutz-Übungsanlagen – Teil 1: Planungsgrundlagen
14094-1	Feuerwehrwesen – Notleiteranlagen – Teil 1: Notleiter mit und ohne Rückenschutz, Haltevorrichtung, Podeste
14094-2	Feuerwehrwesen – Notleiteranlagen – Teil 2: Rettungswege auf flachen und geneigten Dächern
14095	Feuerwehrpläne für bauliche Anlagen
14096-1	Brandschutzordnung – Teil 1: Allgemeines und Teil A (Aushang); Regeln für das Erstellen und das Aushängen
14096-2	Brandschutzordnung – Teil 2: Teil B; Regeln für das Erstellen
14096-3	Brandschutzordnung – Teil 3: Teil C; Regeln für das Erstellen
14097-1	Brandübungsanlagen – Teil 1: Allgemeine Anforderungen
14097-2	Brandübungsanlagen – Teil 2: Gasbetriebene Darstellungsgeräte
14097-3	Brandübungsanlagen – Teil 3: Holzbefeuerte Brandübungsanlagen
14097-4	Brandübungsanlagen – Teil 4: Feuerwehr-Übungshäuser

2. Bauwesen und vorbeugender Brandschutz

– Auszug –

DIN		Titel
4102-1		Brandverhalten von Baustoffen und Bauteilen – Teil 1: Baustoffe; Begriffe, Anforderungen und Prüfungen
4102-2		Brandverhalten von Baustoffen und Bauteilen – Teil 2: Bauteile; Begriffe, Anforderungen und Prüfungen
4102-3		Brandverhalten von Baustoffen und Bauteilen – Teil 3: Brandwände und nichttragende Außenwände; Begriffe, Anforderungen und Prüfungen
4102-4		Brandverhalten von Baustoffen und Bauteilen – Teil 4: Zusammenstellung und Anwendung klassifizierter Baustoffe, Bauteile und Sonderbauteile
4102-6		Brandverhalten von Baustoffen und Bauteilen – Teil 6: Lüftungsleitungen; Begriffe, Anforderungen und Prüfungen
4102-9		Brandverhalten von Baustoffen und Bauteilen – Teil 9: Kabelabschottungen; Begriffe, Anforderungen, Prüfungen
4102-11		Brandverhalten von Baustoffen und Bauteilen – Teil 11: Rohrummantelungen, Rohrabschottungen, Installationsschächte und -kanäle
4102-12		Brandverhalten von Baustoffen und Bauteilen – Teil 12: Funktionserhalt von elektrischen Kabelanlagen; Anforderungen und Prüfungen
18082	T1	Feuerschutzabschlüsse; Stahltüren T 30-1, Bauart A
18082	T3	Feuerschutzabschlüsse; Stahltüren T 30-1, Bauart B
18090		Aufzüge; Fahrschacht – Dreh- und Falttüren für Fahrschächte mit Wänden der Feuerwiderstandsklasse F 90

DIN		Titel
18091		Aufzüge; Horizontal- und Vertikal-Schiebetüren für Fahrschächte mit feuerbeständigen Wänden
18095	T1	Türen; Rauchschutztüren; Begriffe und Anforderungen
18095	T2	Türen; Rauchschutztüren; Bauartprüfung der Dauerfunktionstüchtigkeit und Dichtheit
18230-1		Baulicher Brandschutz im Industriebau – Teil 1: Rechnerisch erforderliche Feuerwiderstandsdauer
18230	T2	Baulicher Brandschutz im Industriebau; Ermittlung des Abbrandfaktors
18232-1		Rauch- und Wärmefreihaltung – Teil 1: Begriffe, Aufgabenstellung

3. Kennzeichen, Sinnbilder, Schilder

– Auszug –

DIN	Titel
2403	Kennzeichnung von Rohrleitungen nach dem Durchflussstoff
4063	Hinweisschilder, Hinweiszeichen für den Zivilschutz
4065	Gasfernleitungen; Hinweisschilder
4066	Hinweisschilder für die Feuerwehr
4067	Wasser; Hinweisschilder, Ortswasserleitungen und Wasserfernleitungen
4069	Ortsgasverteilungsleitungen; Hinweisschilder
4844-3	Sicherheitskennzeichnung – Teil 3: Flucht- und Rettungspläne
25400	Zeichen für ionisierende Strahlen

4. Gas- und Wasserversorgung

– Auszug –

DIN	Titel
1988-6	Technische Regeln für Trinkwasser-Installationen – Teil 6: Feuerlösch- und Brandschutzanlagen, Techn. Regel des DVGW
EN 14339	Unterflurhydranten
EN 14384	Überflurhydranten
DVGW-W 405	Bereitstellung von Löschwasser durch die öffentliche Trinkwasserversorgung

5. Schutzausrüstungen, Atem- und Strahlenschutz

– Auszug –

EN-Nr.	Benennung
132	Atemschutzgeräte; Definitionen von Begriffen und Piktogramme
136	Atemschutzgeräte – Vollmasken – Anforderungen, Prüfung, Kennzeichnung
137	Atemschutzgeräte – Behältergeräte mit Druckluft (Pressluftatmer mit Vollmaske); Anforderungen, Prüfung, Kennzeichnung
14387	Atemschutzgeräte; Gasfilter und Kombinationsfilter; Anforderungen, Prüfung, Kennzeichnung
148-1	Atemschutzgeräte; Gewinde für Atemanschlüsse; Rundgewindeanschluss
149	Atemschutzgeräte; Filtrierende Halbmasken zum Schutz gegen Partikel; Anforderungen, Prüfung, Kennzeichnung
270	Atemschutzgeräte; Druckluft-Schlauchgeräte in Verbindung mit Haube; Anforderungen, Prüfung, Kennzeichnung

EN-Nr.	Benennung
271	Atemschutzgeräte; Druckluft-Schlauchgeräte oder Frischluft-Schlauchgeräte mit Luftförderer mit Haube für Strahlarbeiten; Anforderungen, Prüfung, Kennzeichnung
371	Atemschutzgeräte; AX Gasfilter und Kombinationsfilter – gegen niedrigsiedende organische Verbindungen; Anforderungen, Prüfung, Kennzeichnung
372	Atemschutzgeräte; SX Gasfilter und Kombinationsfilter – gegen speziell genannte Verbindungen; Anforderungen, Prüfung, Kennzeichnung
400	Atemschutzgeräte für Selbstrettung; Regenerationsgeräte; Drucksauerstoffselbstretter; Anforderungen, Prüfung, Kennzeichnung
401	Atemschutzgeräte für Selbstrettung; Regenerationsgeräte; Chemikalsauerstoff-(KO_2-)Selbstretter; Anforderungen, Prüfung, Kennzeichnung
402	Atemschutzgeräte für Selbstrettung; Behältergeräte mit Druckluft (Pressluftatmer) mit Vollmaske oder Mundstückgarnitur; Anforderungen, Prüfung, Kennzeichnung
403	Atemschutzgeräte für Selbstrettung; Filtergeräte mit Haube zur Selbstrettung bei Bränden; Anforderungen, Prüfung, Kennzeichnung
404	Atemschutzgeräte für Selbstrettung; Filterselbstretter; Anforderungen, Prüfung, Kennzeichnung
405	Atemschutzgeräte; Filtrierende Halbmasken mit Ventilen zum Schutz gegen Gase oder Gase und Partikel; Anforderungen, Prüfung, Kennzeichnung

EN-Nr.	Benennung
1061	Atemschutzgeräte für Selbstrettung – Isoliergeräte – Chemikalsauerstoff ($NaClO_3$) Selbstretter – Anforderungen, Prüfung, Kennzeichnung
1146	Atemschutzgeräte für Selbstrettung – Behältergeräte mit Druckluft mit Haube (Druckluftselbstretter mit Haube) – Anforderungen, Prüfung, Kennzeichnung
58600	Atemschutzgeräte – Steckverbindung zwischen Lungenautomat für PA in Überdruck-Ausführung und Atemanschluss für die deutschen Feuerwehren
1835	Atemschutzgeräte – Druckluftschlauchgeräte für leichte Einsätze mit Helm oder Haube – Anforderungen, Prüfung, Kennzeichnung
12021	Atemschutzgeräte – Druckluft für Atemschutzgeräte

B

Rechtsgrundlagen und Organisation

Achtung!

Je nach Ausgestaltung der Landesgesetze haben manche Antworten nur für einen Teil der Länder Gültigkeit!

1. Warum gibt es eine Feuerwehr?

Die Sicherheit der Bevölkerung und des Einzelnen gegen die Gefährdung durch Brand, Naturereignisse und die Gefahren der Zivilisation (Verkehr, Industrie) machen eine Einrichtung wie die Feuerwehr erforderlich.

2. Wie ist die Feuerwehr entstanden?

Die Bekämpfung der Gefahren, die durch Brände entstehen, ist schon frühzeitig als notwendig erkannt worden. Aber erst das Streben der Bürger, sich nicht nur allein auf die Obrigkeit zu verlassen, sondern selbst ihre Geschicke bestimmen zu wollen, hat zur Bildung der ersten Freiwilligen Feuerwehren geführt. Hauptamtliche Brandbekämpfungsdienste gibt es in sehr großen Städten schon seit rund 300 Jahren (Wien 1686).

3. Wodurch zeichnen sich die Freiwilligen Feuerwehren aus?

In Freiwilligen Feuerwehren sind Bürger organisiert, die unentgeltlich zu jeder Zeit bereit sind, Schadensfälle zu bekämpfen. Dadurch ist die Feuerwehr in der Lage, schnell mit ausreichend Personal und Gerät auf einer Einsatzstelle tätig zu werden. Dadurch wird schnellste Hilfe geleistet, die auch eine Gemeinde relativ wenig kostet (im Durchschnitt 1 % des gesamten Haushaltvolumens einer Gemeinde).

4. Seit wann gibt es Feuerwehren?

Die Abwendung vom Obrigkeitsstaat zum Staat mit demokratischer Mitwirkung der Bevölkerung hat die Voraussetzung geschaffen, um zweckbestimmte Bürgergemeinschaften wie die Feuerwehr einzurichten. In Deutschland waren hierfür die Voraussetzungen seit der Bürgerlichen Revolution (1848) gegeben. Daraus erklären sich auch die vielen Aktivitäten in der Gründung von Freiwilligen Feuerwehren in den darauffolgenden Jahren.

5. Warum sind Freiwillige Feuerwehren notwendig?

Die Bekämpfung der Gefahren, die durch ein Schadenfeuer (Brand) entstehen, muss schnell aufgenommen werden. Diese Forderung kann nur erfüllt werden, wenn einsatzbereite und ausgebildete Helfer unmittelbar an jedem Wohnplatz, in jeder Gemeinde und in jeder Stadt – also flächendeckend – verfügbar sind. Aus finanziellen Gründen kommen hierfür nur freiwillige Einsatzkräfte in Frage.

6. Durch welche gesetzliche Grundlagen ist das Feuerwehrwesen heute geregelt?

Durch das Grundgesetz (Artikel 30, 70, 74) ist festgelegt, dass das Feuerwehrwesen grundsätzlich durch die Länder geregelt wird. Daher hat jedes Land ein Gesetz über die Organisation und den Einsatz der Feuerwehren geschaffen (Feuerwehr- oder Brandschutzgesetz).

7. Welche Arten von Feuerwehren gibt es?

Die Feuerwehrgesetze der Länder unterscheiden Gemeindefeuerwehren als Freiwillige oder Berufsfeuerwehren und anerkannte Werkfeuerwehren.

Sollten nicht genügend Bürger für eine Mitarbeit in der Feuerwehr freiwillig bereit sein, so kann der Bürgermeister Bürger zum Dienst verpflichten, womit eine Pflichtfeuerwehr entsteht. In Bayern ist die Feuerwehr eine Einrichtung der Gemeinde, durch die aber nur Ausstattung, Gerät und Fahrzeuge bereitgestellt werden. Die notwendige Einsatzmannschaft wird von einem Feuerwehrverein gestellt, der den Namen Freiwillige Feuerwehr trägt.

8. Welche Aufgaben werden den Feuerwehren gesetzlich zugewiesen?

Sie haben Schadenfeuer (Brände) zu bekämpfen. Diese Aufgabe wird auch als abwehrender Brandschutz bezeichnet.

Sie müssen bei öffentlichen Notständen, die durch Naturereignisse, Einstürze und Unglücksfälle hervorgerufen werden, Hilfe leisten und sie müssen Einzelne und das Gemeinwesen vor hierbei drohenden Gefahren schützen. Zur Rettung von Menschen und Tieren aus lebensbedrohlichen Lagen leisten sie Technische Hilfe.

Diese beiden Bereiche bezeichnet man als Pflichtaufgaben.

Neben den Pflichtaufgaben kann die Gemeindefeuerwehr auch noch sog. Kannaufgaben, wie z. B. Maßnahmen der Brandverhütung oder den Feuerwehrsicherheitswachdienst, durchführen. Diese Kannaufgaben können je nach den gesetzlichen Vorgaben für den Verursacher auch kostenpflichtig sein. Bezüglich der Kannaufgaben gibt es in den einzelnen Bundesländern unterschiedliche Regelungen.

9. Wer ist gegenüber der Feuerwehr weisungsberechtigt?

Als Einrichtung der Gemeinde untersteht die Feuerwehr dem Bürgermeister als dem organisatorischen Leiter. Ansonsten sind der Leiter/Kommandant der Feuerwehr und bestellte Führungskräfte weisungsberechtigt.

10. Welche Gliederungen schreiben die Feuerwehrgesetze für die Feuerwehr vor?

Die Feuerwehr besteht in der Regel aus dem Leiter/Kommandant der Feuerwehr, den Führungskräften und den aktiven Feuerwehrangehörigen, die den Einsatz durchführen (Einsatzabteilung). Daneben können noch eine Abteilung Jugendfeuerwehr, eine Musikabteilung und eine Altersabteilung als integrale Bestandteile der Feuerwehr vorhanden sein.

11. Welches Wesenselement bestimmt den Dienst in der Freiwilligen Feuerwehr?

Der Dienst in der Feuerwehr ist freiwillig und ehrenamtlich. Die Führungskräfte werden von den aktiven Feuerwehrangehörigen gewählt, wodurch sich ein besonderes Vertrauensverhältnis zwischen den Führungs- und Einsatzkräften begründet. Die Führungskräfte werden für eine begrenzte Zeit gewählt und von den Gemeindeorganen (Bürgermeister, Gemeinderat) bestellt.

12. Welche Aufgaben weisen die Landesgesetze den Gemeinden, den Landkreisen und dem Land zu?

Die Gemeinden haben für die Aufstellung und den Betrieb einer Feuerwehr in dem für die örtlichen Verhältnisse notwendigen Umfang zu sorgen. Sie haben den organisatorischen Rahmen zu schaffen. Hierzu zählt insbesondere die Einhaltung der geforderten Hilfsfrist (8–10 Minuten nach der Alarmierung mit einer Gruppe auf der Einsatzstelle). Sie stellen die persönliche Schutzausrüstung, die technische Ausrüstung und die Fahrzeuge sowie ein Feuerwehrhaus zur Verfügung. Eine ausreichende Personalstärke ist von ihnen vorzuhalten, und sie haben für die Ausbildung aller Einsatzkräfte zu sorgen. Daneben müssen sie noch Löschmittel sowie Alarmeinrichtungen und alle sonstigen für einen erfolgreichen Einsatz benötigten Mittel bereitstellen. Sie kommen auch für die Kosten der Einsätze auf.

Die Landkreise haben für überörtliche Einrichtungen (Leitstelle, Fernmeldeinfrastruktur) und die Durchführung der notwendigen Ausbildung auf überörtlicher Ebene zu sorgen. Ferner haben sie für die

Bereitstellung von solchen Fahrzeugen, Geräten und Ausrüstungsteilen zu sorgen, deren Vorhaltung nur überörtlich sinnvoll ist.

Die Länder haben die Gemeinden bei der Durchführung des gesetzlichen Auftrages, eine Feuerwehr zu betreiben, durch die Bereitstellung landesweit notwendiger Infrastruktur, von Ausbildungs- und Fortbildungseinrichtungen (Landesfeuerwehrschule) sowie durch finanzielle Zuwendungen zu unterstützen. Ferner sorgen sie durch entsprechende zusätzliche finanzielle Leistungen dafür, dass die Angehörigen der Feuerwehr für einsatzbedingt erlittene Schäden entschädigt werden.

13. Was sind Aufsichtsbehörden?

Die Feuerwehr- oder Brandschutzgesetze legen in der Regel drei Aufsichtsebenen fest. Für die Gemeinden die Landkreise, für die Land- und Stadtkreise die Regierungsbezirke/-präsidien, für ein Bundesland das Innenministerium.

14. Wer hat bei einem Feuerwehreinsatz die Einsatzleitung?

Es gilt das Prinzip der örtlichen Zuständigkeit. Also hat der für das Schadensgebiet örtlich zuständige Leiter/Kommandant der Feuerwehr die Einsatzleitung. Vertreter der Aufsichtsbehörden können durch ausdrückliche Willenserklärung die Leitung des Einsatzes und damit auch die Verantwortung übernehmen. Einige Feuerwehrgesetze geben auch Angehörigen von Berufsfeuerwehren die Möglichkeit, die Einsatzleitung zu übernehmen, sofern sie mit eigenen Einsatzkräften zur Unterstützung herangezogen werden.

15. Sind Feuerwehren untereinander zur Hilfe verpflichtet?

Die Feuerwehr ist eine der Nächstenhilfe dienende Einrichtung, die ihre Aufgabe nicht nur als einzelne Gemeindefeuerwehr zu erfüllen hat. Daher ist gesetzlich festgelegt, dass sich Feuerwehren gegenseitig zu helfen haben. Um einen möglichst hohen Sicherheitsgrad für die gesamte Bevölkerung zu erreichen und wegen der Unmöglichkeit, dass jede Gemeinde für alle Schadenfälle, die auf ihrem Gebiet geschehen können, sich gerätetechnisch ausreichend ausstattet, wird durch die Hilfeleistungspflicht sichergestellt, dass ausreichend Einsatzkräfte in möglichst kurzer Zeit mit optimalen technischen Mitteln auf jeder Einsatzstelle tätig werden.

16. Gibt es eine Interessenvertretung der Feuerwehren?

Die Feuerwehrgesetze sehen vor, dass die einzelnen Gemeindefeuerwehren Mitglieder in sogenannten Feuerwehrverbänden werden können. Diesen Feuerwehrverbänden wird durch gesetzliche Regelung Anhörungsrecht bzw. Mitwirkungsrecht bei der Lösung von allen Problemen, die die Feuerwehr betreffen, eingeräumt.

Die Mitgliedschaft in den Verbänden ist vollkommen getrennt von der gesetzlichen Aufgabenerfüllung der Feuerwehr zu sehen.

17. Wie wird man Mitglied in einer Gemeindefeuerwehr?

Jeder Bürger einer Gemeine ist verpflichtet, Feuerwehrdienst zu leisten, sobald er 18 Jahre alt ist. Seine Dienstpflicht endet gemeinhin mit vollendetem 50. oder 60. Lebensjahr. Aktiven Dienst darf nur leisten, wer hierfür körperlich, charakterlich und geistig geeignet ist. Daher gibt es in der Regel ein Gremium in der Feuerwehr, das über die Aufnahme entscheidet. Ein Rechtsanspruch auf Aufnahme besteht nicht.

18. Welche Pflichten hat ein Angehöriger der Feuerwehr zu erfüllen?

Mit dem Eintritt in die Feuerwehr muss der neue Feuerwehrangehörige bereit sein, die sich aus dem Feuerwehrdienst ergebenden Pflichten, wie Durchlaufen der erforderlichen Ausbildungen, Befolgen der Weisungen von Führungskräften, Pünktlichkeit bei Alarmen und Übungen, zu erfüllen. Ferner muss er bereit sein, durch kameradschaftliches Verhalten den inneren Zusammenhalt der Feuerwehr zu stärken, um damit die notwendigen Voraussetzungen für einen gemeinsamen, erfolgreichen Einsatz zu schaffen.

19. Welche Rechte hat ein Angerhöriger der Feuerwehr?

Ein Angehöriger der Feuerwehr hat Anspruch auf Absicherung gegen die Folgen von im Einsatz und in der Ausbildung erlittenen Körper- oder Sachschäden. Er hat Anspruch auf Entschädigung für Aufwendungen, die im Rahmen des Feuerwehrdienstes entstanden sind, entsprechend den bestehenden Satzungen. Er ist von seinem Arbeitgeber für Einsätze und Ausbildung, wenn irgend möglich, freizustellen.

20. Welche fachlichen Voraussetzungen muss ein Angehöriger der Feuerwehr erfüllen?

Die Unfallverhütungsvorschrift (UVV) „Feuerwehren" verlangt von jeder Einsatzkraft die fachliche Eignung. Die Feuerwehr-Dienstvorschrift FwDV 2 (Ausgabe 2003) regelt die Ausbildung der Feuerwehrangehörigen.

Bei Eintritt in die Feuerwehr muss zunächst die Grundausbildung Teil 1 (70-stündiger Lehrgang) erfolgreich abgeschlossen werden. Anschließend empfiehlt sich die Ausbildung zum Atemschutzgeräteträger (FwDV 7), sofern körperlich möglich, und zum Sprechfunker (DV/FwDV 810). Erst danach bestehen die Voraussetzungen, um bei Einsätzen und Übungen mitzuwirken. An die Grundausbildung Teil 1 schließt sich die Grundausbildung Teil 2 an, die innerhalb von zwei Jahren in zweimal 40 Stunden durch Unterricht und Übungen das in der Grundausbildung gelernte Fachwissen festigen und die Verfahrensweisen in der praktischen Zusammenarbeit einüben soll. Während der Grundausbildung Teil 2 sollte auch eine Ausbildung in einer Übungseinrichtung für Brandbekämpfung erfolgen (s. Richtlinie der BUK). Mit dieser umfassenden Ausbildung hat der Feuerwehrangehörige dann das Rüstzeug, um Einsätze durchführen zu können. Er besitzt damit auch die Voraussetzungen für weitere Ausbildungsgänge zur Wahrnehmung von weiteren Funktionen in der Feuerwehr. Diese Ausbildungen werden überwiegend an Landesfeuerwehrschulen durchgeführt.

21. Welche Leistungen erbringen die Feuerwehren für die Allgemeinheit?

Die Berufsfeuerwehren und die Freiwilligen Feuerwehren leisten jährlich (2008) bei 428 000 Brandeinsätzen, 714 000 Technischen Hilfeleistungen und 1 990 000 Rettungseinsätzen Hilfe für den Einzelnen und die Allgemeinheit. Beachtenswert ist, dass mehr als die Hälfte aller Einsätze im Bereich Brand- und Technische Hilfeleistung ausschließlich von Freiwilligen Feuerwehren geleistet werden. Geht man davon aus, dass etwa das Dreifache der jährlich durch Brände verursachten Schadensumme an Sachwerten durch den Einsatz der Feuerwehren vor der Vernichtung gerettet wird, dann beträgt die finanzielle Leistung der Feuerwehren für die Allgemeinheit allein im Bereich der Brandeinsätze ca. 20 Milliarden Euro an gerettetem Volksvermögen. Für den Bereich der Technischen Hilfeleistungen und der Rettungseinsätze kann jeweils noch einmal mit mindestens der gleich hohen Summe gerechnet werden.

22. Darf ein Angehöriger der Feuerwehr im Einsatz ohne den erforderlichen Führerschein ein Feuerwehrfahrzeug fahren?

Ohne den erforderlichen Führerschein (entweder EU-Klasse B oder EU-Klasse C oder C1, je nach Fahrzeuggewicht) darf kein Feuerwehrfahrzeug gefahren werden. Es gibt keinen rechtfertigenden Notstand, der dies erlauben würde. Es darf auch von keinem Weisungsbefugten eine solche Weisung erteilt bzw. eine solche Forderung gestellt werden. Der sog. Feuerwehrführerschein bietet derzeit keine belastbare Möglichkeit, von diesem Grundsatz abzuweichen.

23. Wie wirkt die Feuerwehr im Katastrophenschutz mit?

Die Feuerwehr ist in ihrer Gesamtheit Teil des Katastrophenschutzes. Sie kann von den zuständigen Behörden im Falle einer Katastrophe zur Bekämpfung der Schäden herangezogen werden. Ein Teil der Feuerwehrangehörigen kann als zusätzliche Aufgabe für den Dienst im erweiterten Katastrophenschutz bestimmt und dafür auch besonders ausgebildet und ausgestattet werden. Die Kosten hierfür werden vom Bund getragen. Damit ist auch erklärt, warum Feuerwehren auch Vorgaben des Bundesministeriums des Innern befolgen müssen.

C

Verhalten im Einsatz

1. Was hat im Einsatz und in der Ausbildung oberste Priorität?

Die Sicherheit der Einsatzkräfte.

Die Feuerwehrangehörigen müssen bei jeder Tätigkeit im Einsatz und in der Ausbildung alles tun, um Unfälle zu vermeiden. Sie müssen sich dabei bewusst sein, dass der Feuerwehreinsatz aufgrund der Unwägbarkeit der Lage von sich aus gefährlicher ist als andere bestimmungsgemäß durchgeführte Arbeitsabläufe.

2. Warum ist der Feuerwehreinsatz besonders gefährlich?

Der Feuerwehreinsatz ist besonders gefährlich, weil im Gegensatz zur täglichen Arbeitswelt den Einsatzkräften ihr Arbeitsplatz (die Einsatzstelle) unbekannt ist, dieser sich aufgrund des Schadens oft in einem ungewöhnlichen Zustand befindet, ihr Arbeitsauftrag (die Lage und der Auftrag) sich ständig ändert, die Baulichkeiten oder das Schadenobjekt ihre Standfestigkeit beziehungsweise Funktionalität eventuell bereits eingebüßt haben und die Kommunikation untereinander erschwert ist.

Die Gefährdung und die Unfallgefahr sind auch deswegen besonders hoch, weil dringende Eile geboten ist und Feuerwehrangehörige immer wieder der irrigen Meinung unterliegen, dass Schnelligkeit das Gebot der Stunde sei.

3. Wie sollte man sich zu seinem eigenen Schutz richtig und sicher verhalten?

Die Feuerwehrangehörigen sollten den Grundsatz „Sicherheit geht vor Schnelligkeit" beachten.

In der praktischen Umsetzung bedeutet dies beispielsweise:

- Bei der Fahrt ins Feuerwehrhaus nach einer Alarmierung ruhig und unter Beachtung der Straßenverkehrsordnung fahren; es gibt keinen Grund die Geschwindigkeitsbegrenzung zu missachten. Auch das Überfahren einer roten Ampel muss nicht sein.
- Bei der Einsatzfahrt mit dem Feuerwehrfahrzeug sollten die Geschwindigkeitsbegrenzungen ebenfalls beachtet werden; überschnelles Fahren bringt keinen wesentlichen Zeitgewinn; wer zügig und gleichmäßig fährt kommt ebenso schnell ans Ziel.
- An der Einsatzstelle ist zügiges Gehen und Handeln allemal besser als überfordernde Sprints und konfuses Durcheinanderlaufen. Denken Sie daran: Ihre Muskulatur ist gerade zu Einsatzbeginn noch kalt und ungedehnt – also besonders verletzungsanfällig. Schon der Sprung aus dem Einsatzfahrzeug kann Ihren Einsatz beenden.
- Und lassen Sie sich vor allem nicht dazu verleiten, die eingeübten Abläufe und die Maßnahmen der Unfallverhütung außer Acht zu lassen.

4. Wo ist das richtige und sichere Verhalten der Feuerwehrangehörigen für den Einsatz und für die Ausbildung grundsätzlich geregelt?

In den Feuerwehr-Dienstvorschriften (FwDV) ist das richtige Verhalten der Feuerwehrangehörigen für den Einsatz- und Übungsdienst grundsätzlich geregelt. Ergänzend sind in den entsprechenden Unfallverhütungsvorschriften (UVV) und in den zugehörigen Durchführungsanweisungen klare Festlegungen getroffen.

5. Welche Feuerwehr-Dienstvorschriften gibt es?

FwDV 1	Grundtätigkeiten – Lösch- und Hilfeleistungseinsatz
FwDV 2	Ausbildung der Freiwilligen Feuerwehren
FwDV 3	Einheiten im Lösch- und Hilfeleistungseinsatz
FwDV 7	Atemschutz
FwDV 8	Tauchen
FwDV 10	Die tragbaren Leitern
FwDV 100	Führung und Leitung im Einsatz – Führungssystem
FwDV 500	Einheiten im ABC-Einsatz
PDV/DV 810	Sprechfunkdienst

In diesen Dienstvorschriften ist das Zusammenspiel der Feuerwehrangehörigen im Einsatz geregelt. Wer diese Vorschriften kennt und anwenden kann, weiß, was er nach Erteilung des Einsatzbefehls tun muss.

6. Welche Unfallverhütungsvorschriften sind von der Feuerwehr zu beachten?

Für den Feuerwehrdienst gibt es die UVV Feuerwehren sowie die zugehörige Durchführungsanweisung. Darin ist das sichere Verhalten für die besondere Situation des Feuerwehreinsatzes geregelt. Daneben gibt es für viele Tätigkeiten und für den Umgang mit Geräten allgemein gültige Unfallverhütungsvorschriften.

7. Wer entscheidet im Einsatz, was getan werden muss und wer was ausführt?

Zuständig und verantwortlich für den Einsatzablauf ist der Einheitsführer; also der Gruppenführer, der Staffelführer oder der Truppführer eines Selbstständigen Trupps.

Beim Einsatz mehrerer Einheiten gibt es über den drei genannten Einheitsführern einen Zugführer, eventuell einen Einsatzabschnittsleiter und den Einsatzleiter.

Einsatzleiter ist beim Einsatz nur einer Einheit in der Regel der Einheitsführer. Beim Einsatz eines Zuges ist es der Zugführer.

8. Was ist eine Gruppe, eine Staffel, ein Selbstständiger Trupp und ein Zug?

Die Gruppe, die Staffel und der Selbstständige Trupp sind die – nach FwDV 3 auf der unteren Führungsebene gegliederten – taktischen Einheiten zur Erfüllung eines Einsatzauftrages.

Die Gruppe ist die kleinste taktische Einheit zur selbstständigen Erfüllung des Einsatzauftrages. Die Staffel und der Trupp agieren meist nicht eigenständig, sondern gemeinsam mit anderen Einheiten.

Die Gruppe besteht aus dem Gruppenführer und acht weiteren Einsatzkräften (1/8/9).

Die Staffel besteht aus dem Staffelführer und fünf weiteren Einsatzkräften (1/5/6).

Der Selbstständige Trupp besteht aus dem Truppführer und zwei weiteren Einsatzkräften (1/2/3).

Man spricht in der Taktik vom Einsatzgleichwert: Die Gruppe hat mit 1/8/9 einen Einsatzgleichwert von 1, die Staffel (1/5/6) von 2/3 und der Selbstständige Trupp (1/2/3) von 1/3.

Der Zug setzt sich üblicherweise aus einer Gruppe, einer Staffel und als Führungseinheit einem Zugtrupp (1/1/2/4) zusammen.

9. Wie gliedert sich die Gruppe?

Die Gruppe gliedert sich in den Gruppenführer, den Maschinisten (gleichzeitig Fahrer), den Melder und den jeweils aus Truppführer und Truppmann bestehenden Angriffstrupp, Wassertrupp und Schlauchtrupp (siehe Bild 1).

10. Was beinhaltet der Befehl?

Der Befehl enthält immer die „Einheit“ und den „Auftrag“; je nach Situation enthält der Befehl weitere Angaben zu „Wasserentnahmestelle“, zu dem einzusetzenden „Mittel“, dem örtlichen „Ziel“ und dem „Weg“ auf dem man zum Ziel gelangen soll; das Befehlsschema kann z. B. bei länger dauernden Einsätzen erweitert werden mit Angaben zu Lage, Auftrag, Durchführung, Versorgung und Führung.

Mit dem Befehl teilt der Gruppenführer mit, was mit den Einsatzmaßnahmen erreichen werden soll (Auftrag), z. B. Menschenrettung, Brandbekämpfung, Abriegeln. Er gibt in jedem Fall auch an, welcher Trupp die Maßnahme durchführen soll (Einheit). Nach eigenem Ermessen entscheidet er, inwieweit er die Einsatzmaßnahmen genauer festlegen will oder festlegen muss. Er kann hierzu festlegen, womit die Einsatzmaßnahme aufgeführt werden soll (Mittel), wo sie genau durchzuführen ist (Ziel) und über welchen Weg die beauftragte Einheit dort hingelangt.

Der Gruppenführer legt somit fest, was ein Trupp tun muss. Die Tätigkeiten aller anderen Angehörigen der Gruppe orientieren sich an den Festlegungen in den oben genannten Feuerwehr-Dienstvorschriften.

Bei einem Löscheinsatz gibt der Gruppenführer zu Beginn seines ersten Befehls zusätzlich die Wasserentnahmestelle und die Lage des Verteilers an.

Der Befehl endet mit dem Kommando „Vor“ oder „Fertig“. Das Kommando „Fertig“ wird beim Einsatz mit Bereitstellung verwendet.

Schema des Befehls	**Beispiel eines Befehls**
Wasserentnahmestelle	*Wasserentnahme Hydrant vor Haus 10*
Lage des Verteilers	*Verteiler 5 m vor Hauseingang*
Einheit	*Angriffstrupp*
Auftrag	*zur Brandbekämpfung*
Mittel	*mit 1. Rohr unter PA*
Ziel	*ins Dachgeschoss*
Weg	*über Haupttreppenraum*
	Vor!

11. Warum muss jeder Befehl wiederholt werden?

Jeder Befehl muss von dem Einheitsführer oder dem Truppführer, der den Befehl erhält, zur Kontrolle wiederholt werden; der Befehlende überprüft dabei, dass der Befehl richtig verstanden worden ist.

12. Wie hat sich der Feuerwehrangehörige nach einem Alarm zu verhalten?

Er hat sich mit der gebotenen Eile, aber der Straßenverkehrsordnung (StVO) entsprechend, am Feuerwehrhaus einzufinden. Er braucht und soll hierbei keine Sonderrechte in Anspruch nehmen!

13. Wie verhält man sich bei einem Alarm im Feuerwehrhaus?

Ruhe bewahren, persönliche Ausrüstung vollständig anlegen, den Anordnungen der Führungskräfte Folge leisten, das angeordnete Fahrzeug besetzen. Nicht auf abrückende Fahrzeuge aufspringen!

14. Wie ist die Antreteordnung der Gruppe?

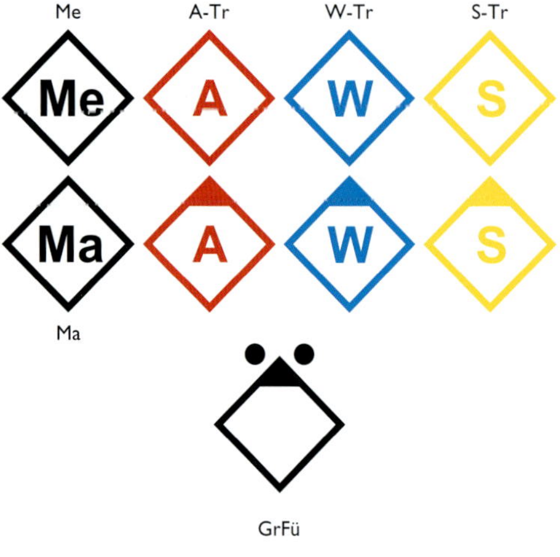

Me = Melder
Ma = Maschinist
A-Tr = Angriffstrupp
W-Tr = Wassertrupp
S-Tr = Schlauchtrupp
GrFü = Gruppenführer

Bild 1: Antreteordnung

15. Wie ist die Sitzordnung nach FwDV 3 im Löschgruppenfahrzeug?

Werden Pressluftatmer (PA) im Mannschaftsraum mitgeführt, so sitzt der Angriffstrupp bei diesen Geräten mit Rücken zur Fahrtrichtung.

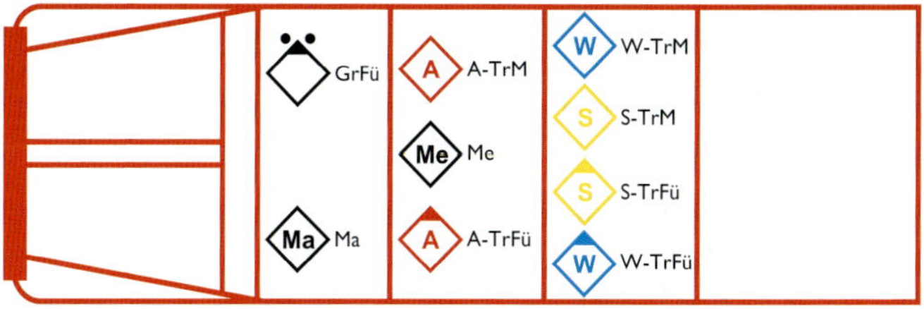

Bild 2: Sitzordnung Löschgruppenfahrzeug mit PA im Mannschaftsraum

16. Wie ist die Sitzordnung im Staffelfahrzeug?

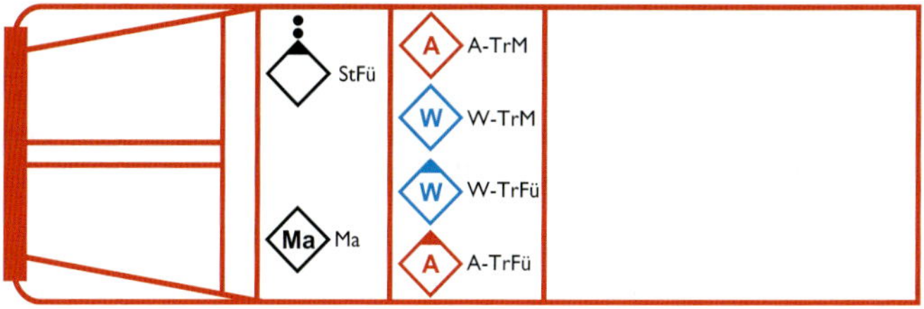

Bild 3: Sitzordnung Staffelfahrzeug

17. Wer ist für das Fahrzeug während der Fahrt verantwortlich?

Der Fahrer, nicht der Gruppenführer.

18. Wie muss sich der Fahrer auf der Fahrt zur Einsatzstelle verhalten?

Sicherheit geht vor Schnelligkeit!

Der Fahrer muss Mannschaft und Gerät sicher an die Einsatzstelle bringen.

Bei mehreren gleichzeitig ausrückenden Fahrzeugen darf kein Wettrennen entstehen, die Reihenfolge der Fahrzeuge wird durch das Alarmierungsstichwort und die dazugehörige Ausrückeordnung festgelegt.

19. Mit welcher Geschwindigkeit soll zum Einsatz gefahren werden?

Die Geschwindigkeit richtet sich nach der Witterung, nach dem Gelände, nach dem Straßenzustand und dem herrschenden Verkehr. Die Vorgaben der Straßenverkehrsordnung sollen möglichst auch bei einer Einsatzfahrt eingehalten werden. Bei Frost, Glatteis, Nebel, abschüssigem und unübersichtlichem Gelände muss langsam gefahren werden.

Besser etwas später ankommen, aber ankommen!

Bei Fahrten im geschlossenen Verband darf kein Wettrennen einsetzen und ein Fahrzeug das andere überholen wollen. Überholt wird ein Feuerwehrfahrzeug im Verband nur, wenn es ausscheiden muss und dies durch Zeichen oder über Funk kundtut.

20. Wie groß ist der Abstand der Fahrzeuge untereinander?

Abstand entsprechend der Geschwindigkeit. Mindestens 25 m, jedoch nicht über 50 m.

21. Was bedeutet es, Sonderrechte zu beanspruchen?

Aufgrund des § 35 StVO sind die Feuerwehren bei der Wahrnehmung ihrer Aufgaben berechtigt, im Straßenverkehr Sonderrechte in Anspruch zu nehmen. Die Sonderrechte dürfen nur zur Erfüllung hoheitlicher Aufgaben in Anspruch genommen werden, wenn Eile geboten ist;

und auch nur dann, wenn der Einsatzerfolg ohne diese Sonderrechte nicht oder nur teilweise möglich wäre.

Zu den Sonderrechten gehören zum Beispiel:

Überschreiten von Geschwindigkeitsbegrenzungen, Befahren von Sperrflächen, Befahren gesperrter Straßen, Halten im Haltverbot oder an unübersichtlichen Stellen, Überqueren von Kreuzungen bei Rot, Missachten von vorgeschriebenen Fahrtrichtungen, …

Auch bei Inanspruchnahme von Sonderrechten darf man beispielsweise nicht Gewichtsbeschränkungen bei Brückenbauwerken, Stegen, Tiefgaragen überschreiten oder ohne entsprechenden Führerschein fahren.

§ 38 StVO beschreibt das Wegerecht. Wegerecht bedeutet, dass die anderen Verkehrsteilnehmer dem Feuerwehrfahrzeug freie Bahn schaffen müssen, wenn dieses seine Absicht, Sonderrechte in Anspruch zu nehmen, mit blauer Rundumkennleuchte (Blaulicht) und Einsatzhorn anzeigt.

Einsatzfahrzeuge müssen mit Blaulicht und Einsatzhorn ausgerüstet sein. Nur beide zusammen dienen dazu, die anderen Verkehrsteilnehmer darauf aufmerksam zu machen, dass das Einsatzfahrzeug Sonderrechte nach § 35 StVO in Anspruch nehmen will.

Der Einsatzfahrer muss sich vergewissern, dass ihm die anderen freie Bahn gewähren. Er darf sich das Sonderrecht nicht erzwingen.

Blaulicht allein warnt die anderen Teilnehmer an Einsatzstellen vor besonderen Gefahren. Das Blaulicht allein bedeutet für die anderen Verkehrsteilnehmer nicht, dass sie freie Bahn schaffen müssen.

Die Abweichung von den Regelungen der Straßenverkehrsordnung ist mit einem hohen Risiko verbunden und sollte daher die Ausnahme sein.

22. Was ist bei Inanspruchnahme der Sonderrechte zu beachten?

Der begünstigte Fahrer darf von den Sonderrechten (Vorfahrt, entgegengesetzte Fahrtrichtung in Einbahnstraßen usw.) nur unter Anwendung größtmöglicher Sorgfalt und größter Vorsicht Gebrauch machen, da der nach der allgemeinen Regelung Vorfahrtsberechtigte sein Vorfahrtsrecht grundsätzlich behält, es wird lediglich zu Gunsten des Sonderrechtsfahrzeugs eingeschränkt.

23. Welche besonderen Signale darf die Feuerwehr einsetzen?

Das Einsatzhorn (Mehrtonfolgehorn) und die Rundumkennleuchte (DIN 14620) für blaues Blinklicht (Blaulicht).

24. Dürfen die Sonderrechte auch bei der Rückfahrt von der Einsatzstelle zum Feuerwehrhaus in Anspruch genommen werden?

Nein. Die schnellere Wiederherstellung der Einsatzbereitschaft rechtfertigt nicht die Inanspruchnahme von Sonderrechten.

25. Wer bedient das Einsatzhorn?

Der Fahrer.

26. Wie muss das Einsatzhorn im Fahrzeug geschaltet sein?

Es darf sich nur nach Einschalten der Rundumkennleuchte betätigen lassen.

27. Wie bereitet sich der Gruppenführer auf der Fahrt zur Einsatzstelle auf seine Aufgabe vor?

Er kann sich anhand von Hydrantenverzeichnissen, ggf. vorhandenen Feuerwehr- oder Einsatzplänen orientieren. Er kann ferner während der Fahrt seine Gruppe überprüfen und diese evtl. auch bereits bzgl. der Einsatzmaßnahmen einteilen. Das ist besonders wichtig, wenn die Gruppe nicht vollzählig ist. (Damit jeder Feuerwehrangehörige an jedem Platz, an den er gestellt wird, seine Aufgabe erfüllen kann, ist es wichtig, ihn nach den Feuerwehr-Dienstvorschriften in allen Gruppenfunktionen auszubilden.)

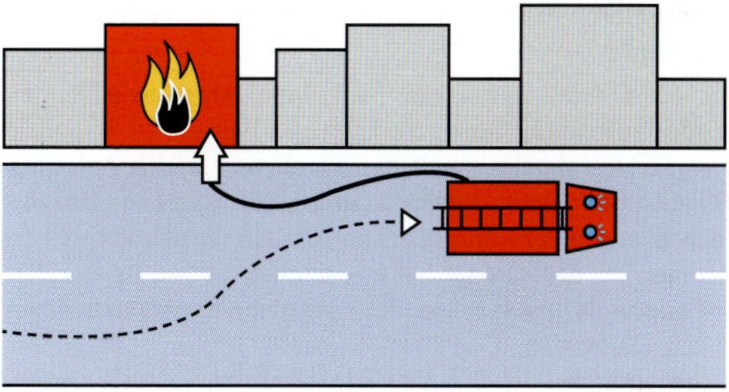

Bild 4: Fahrzeugaufstellung des zuerst eintreffenden Löschfahrzeuges

28. Wie werden Feuerwehrfahrzeuge an der Einsatzstelle aufgestellt?

Beim Aufstellen der Fahrzeuge ist darauf zu achten, dass die Fahrzeuge nicht im Gefahrenbereich stehen. Nur so kann die Mannschaft gefahrlos absitzen, und das Fahrzeug bleibt ungefährdet. Die Aufstellung hat so zu erfolgen, dass sich der Einsatz ungehindert entwickeln kann. Der Zugang und die Abfahrt zur und von der Einsatzstelle müssen auch für weitere Fahrzeuge (z. B. Drehleitern, Rettungswagen) frei bleiben. Üblicherweise fährt das erste Fahrzeug ca. 15 m (eine B-Schlauchlänge) über die Einsatzstelle hinaus, um nachrückenden Kräften Platz zu lassen, und stellt sich grundsätzlich auf der Einsatzstellenseite auf.

29. Was ist bei starkem Frost zu beachten?

Fahrweise den Straßenverhältnissen anpassen.

Beim Löscheinsatz sind nicht mehr benötigte Pumpen und Leitungen sofort zu entleeren, dabei auf mögliche Eisbildungen auf der Straße achten; Wasser aus Schläuchen und Pumpen möglichst nicht auf Verkehrsflächen auslaufen lassen. Bei kurzfristigem „Wasser halt“ Strahlrohre leicht geöffnet lassen, um Wasser in Fluss zu halten. Siehe Z.

Bei längeren Einsätzen für die Mannschaft Wärmeraum und warme Getränke vorhalten. Rechtzeitig für Ablösung sorgen.

30. Wer ist bei Feuerwehreinsätzen der Einsatzleiter?

Grundsätzlich der örtliche Leiter der Feuerwehr. Deshalb ist für ihn eine umfassende Ausbildung nötig. Er kann die Einsatzleitung ggf. an andere Führungskräfte abgeben (z. B. feuerwehrtechnische Aufsichtsbeamte wie Kreisbrandmeister, Bezirksbrandmeister und Landesbranddirektor), wenn es das Feuerwehrgesetz so vorsieht. Arbeiten mehrere Hilfsorganisationen an der Einsatzstelle zusammen, so muss der Einsatzleiter der Feuerwehr unter seiner Führung einen Einsatzstab bilden.

31. Wodurch soll sich der Einsatzleiter auszeichnen?

Durch überlegene Ruhe, volle Übersicht über die Lage, Entschlusskraft, klare Befehle. Dann wird seine Arbeit immer von Erfolg gekrönt sein. Sinnloses Draufgängertum und Kopflosigkeit führen niemals zum Erfolg! Ist der Einsatzleiter unsicher, so überträgt sich dies stets auch auf die Mannschaft.

32. Was muss der Einsatzleiter an der Einsatzstelle zuerst tun?

Er muss sich so schnell wie möglich einen Überblick über die Lage verschaffen. D. h., er muss erkunden.

33. Was muss der Einsatzleiter erkunden?

Der Einsatzleiter muss Gefahren für Menschen, Tiere, die Umwelt und Sachen erkunden. Siehe D.

34. Was schließt sich der Erkundung an der Einsatzstelle an?

Der Einsatzleiter beurteilt nun die einzelnen Gefahren (Beurteilung). Er legt fest, welche Gefahr zuerst, wie (Beurteilung) und von wem bekämpft werden muss (Entschluss). Dabei geht Menschenrettung immer der Brandbekämpfung vor, das heißt, dass zuerst die Gefahren für die Menschen beseitigt werden müssen.

Dem Entschluss folgt der Befehl. Durch den Befehl werden die Gedanken des Einsatzleiters in Taten der Mannschaft umgesetzt. Dabei dürfen aber für die Einsatzkräfte keine Gefahren entstehen. Sie sind mit geeigneter Ausrüstung (persönliche Ausrüstung, Angriffsgeräte, Atemschutzgeräte usw.) auszustatten, um sich wirkungsvoll schützen zu können.

35. Welche Aufgaben hat der Einsatzleiter nach der Erteilung seines Befehls?

Er muss kontrollieren, ob der Befehl auch richtig ausgeführt wird und ob die beabsichtigte Wirkung erzielt wird. Er muss weiterhin kontrollieren, ob sich die Lage ändert, was u. U. zu einer neuen Gefahrenanalyse, zu einer neuen Beurteilung, zu einem neuen Entschluss und damit zu einem neuen Befehl führen kann.

36. Wie wird die Führungstätigkeit des Einsatzleiters dargestellt?

Die Tätigkeit des Einsatzleiters gemäß den vorhergehenden Fragen wird als Führungsvorgang bezeichnet. In der FwDV 100 „Führung und Leitung im Einsatz" (siehe C 5) ist der Führungsvorgang durch ein grafisches Modell dargestellt: das Kreisschema des Führungsvorgangs.

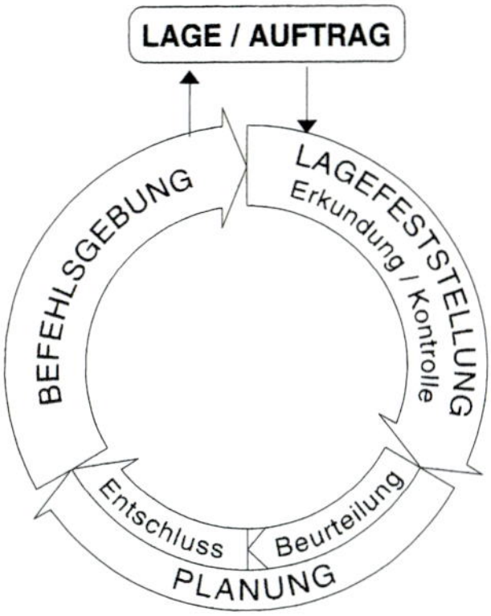

Bild 5: Kreisschema als Modell des Führungsvorganges nach FwDV 100

37. Wie ist der Einsatzleiter an der Einsatzstelle erreichbar?

Bei Einsätzen unter Beteiligung einer Gruppe bis hin zu einem Löschzug hält sich der Einsatzleiter an unterschiedlichen Stellen im Bereich der Einsatzstelle auf. Er ist durch eine Kennzeichnungsweste (siehe C 73) oder durch einen entsprechend gekennzeichneten Helm (siehe C 72) zu erkennen und in der Regel über Funk zu erreichen.

Bei größeren, großflächigen und komplexen Einsatzstellen bildet der Einsatzleiter zu seiner Unterstützung eine Führungseinheit. In diesen Fällen hält er sich in der Befehlsstelle der Führungseinheit auf oder ist von dort aus erreichbar. Die Befehlsstelle der Führungseinheit soll gut erkennbar und leicht erreichbar sein. Sie muss als solche gekennzeichnet (ELW o. Ä.) und ständig besetzt sein. Sie hat ständig Kontakt zum Einsatzleiter.

38. Wann sollen Kräfte nachgefordert werden?

Sofort, wenn beim Eintreffen an der Einsatzstelle feststeht, dass die eigenen Kräfte nicht ausreichen.

Nicht erst versuchen, es mit den eigenen Kräften allein zu schaffen. Werden zu spät weitere Kräfte angefordert, so kann der Einsatzerfolg gefährdet werden.

Deshalb: Lieber einmal Kräfte anfordern, die nicht mehr zum Einsatz kommen, als Kräfte zu spät anfordern. Falls die angeforderten Kräfte ortsunkundig sind, einen Lotsen am Ortseingang bzw. an der Zufahrt zur Einsatzstelle aufstellen, der sie an die Einsatzstelle leitet.

Reservekräfte geschlossen bereithalten, damit jederzeit eine Verstärkung oder Ablösung eingesetzter Kräfte möglich ist.

39. Was ist bei Brandbekämpfung zur Erhaltung der Einsatzfähigkeit der Einsatzkräfte zu berücksichtigen?

Zu berücksichtigen sind die Tageszeit (Tag bzw. Nacht) und die Jahreszeit. Reservekräfte zur Ablösung bereithalten. Im Winter für die abgelösten Kräfte möglichst einen warmen Raum vorhalten. Warme Getränke reichen.

Einsatzkräfte, insbesondere Atemschutzgeräteträger, rechtzeitig mit Flüssigkeit (z. B. Mineralwasser) versorgen.

Im Sommer, besonders bei Waldbränden, Reservekräfte bereitstellen und für Getränke sorgen.

Keinen Alkohol! Ungeeignet sind auch Kaffee und Schwarztee. Geeignet sind beispielsweise Mineralwasser oder Apfelsaftschorle.

40. Wie wird die Rettung von Personen durchgeführt?

Die Rettungsaktion muss sehr rasch, aber überlegt und sicher vonstattengehen. Gegebenenfalls sollen zwei Rettungswege gewählt werden. Dies erfordert zwar einen massiven Personaleinsatz, aber die Erfolgschance ist erheblich größer.

Rettungswege über Treppenräume sind für die zu Rettenden leichter zu begehen als Leitern.

Über Leitern absteigende Personen durch eine Leine sichern. Immer daran denken, dass der Leiter der Rettungsaktion für die zu Rettenden verantwortlich ist. Die absteigende Person kann auf der Leiter von Schwindel befallen werden oder infolge psychischer Erregung, starker Einatmung von Rauch usw. zusammenbrechen. Ist sie von oben durch eine Feuerwehrleine gesichert, kann sie nicht abstürzen. Der mit absteigende Feuerwehrangehörige soll das seitliche Wegkippen der zu rettenden Person verhindern. Eine wesentliche Hilfe bringt der Rettungskorb (Bild 6) einer Drehleiter.

Wenn keine Möglichkeit besteht, an die zu rettenden Personen heranzukommen und alle anderen Versuche zur Rettung fehlgeschlagen sind, bleibt das Sprungrettungsgerät als letzter Ausweg (siehe I).

Nach DIN 14151 Teil 2 kann das Sprungtuch für Sprunghöhen bis 8 m eingesetzt werden. Bei Sprunghöhen über 8 m und bis etwa 16 m steht das Sprungpolster nach DIN 14151 Teil 3 zur Verfügung. Zum Instellungbringen werden zwei Personen benötigt. Zum Auffangen der zu rettenden Person ist kein Personal erforderlich (siehe I).

Klammern sich beim Eintreffen der Feuerwehr bereits Personen an Fensterkreuzen, Dachrinnen usw. fest, so kann sofort entweder das

Bild 6: Rettung über Drehleiter mit Rettungskorb

Sprungtuch oder das Sprungpolster in Stellung gebracht werden. Parallel dazu muss die Feuerwehr aber versuchen, über Treppen oder Leitern an die zu rettenden Personen heranzukommen.

41. In welcher Reihenfolge werden gefährdete Menschen gerettet?

Als erstes muss diejenige Person gerettet werden, die am stärksten gefährdet ist. Sind mehrere Personen gleich stark gefährdet, gilt als Grundsatz:

1. Verletzte
2. Kinder und Frauen
3. Männer

Je nach Situation, z. B. in Abhängigkeit vom psychischen Zustand der Gefährdeten, kann aber auch eine andere Reihenfolge sinnvoll und zweckmäßig sein.

42. Was ist bei der Menschenrettung noch zu beachten?

Personen, deren Kleider Feuer gefangen haben, in Decken hüllen und die Flammen damit ersticken, oder die Personen mit einem Feuerlöscher ablöschen. Auch der Sprühstrahl oder die Kübelspritze können angewendet werden, weil damit gekühlt wird und die Brandwunden nicht zusätzlich belastet werden.

Räume, Treppenräume, Dachstühle usw. nach bewusstlosen Personen absuchen.

Sich nicht auf Aussagen der Bewohner ungeprüft verlassen. Sie sind meist aufgeregt.

Kinder verkriechen sich in Ecken, unter Betten usw.

43. Wie verhalten wir uns bei der Rettung von Vieh?

Die Rettung des Viehs ist nicht immer einfach. Es versucht beispielsweise oft, wieder in den Stall zurückzuflüchten.

Möglichst den Tierpfleger oder den Besitzer des Viehs hinzuziehen, da deren Stimmen den Tieren bekannt sind. Dem Großvieh Augen verbinden und einzeln herausführen. Pferde und Kühe werden versuchen, sich loszureißen. Pferde evtl. rückwärts herausführen oder Geschirr auflegen. Bei Schafen den Leithammel herausführen, alle anderen folgen größtenteils. Sonst alle einzeln herausschaffen.

Schweine und Kälber evtl. binden oder heraustragen. Federvieh kann man in Säcke stecken oder ebenfalls heraustragen.

Bei Bienenkörben Fluglöcher verstopfen, ins Freie schaffen und Fluglöcher sofort wieder öffnen.

Da Vieh gegen Rauch äußerst empfindlich ist, für Rauchabzug sorgen.

44. Worauf ist beim Auslegen der Schlauchleitung zu achten?

a) Schlauchleitungen sollen möglichst nicht den Verkehr behindern.
b) Sie sind so zu verlegen, dass sie von herabfallendem Brandschutt und Trümmern nicht getroffen und beschädigt werden können.
c) Nicht über scharfe Kanten ziehen!
d) Schläuche keiner Temperaturbelastung aussetzen. D. h. keine direkte Flammeneinwirkung, keine Wärmestrahlung, keine Umströmung mit Wärme und keine Verlegung in Brandschutt oder über warme Flächen (z. B. Blechdächer). Über 250 °C besteht die Gefahr des Platzens.
e) Wenn erforderlich, müssen Schlauchbrücken oder Schlauchüberführungen (behelfsmäßig evtl. mit Steckleitern) eingesetzt werden. Posten bei Schlauchbrücken aufstellen, damit ankommende Fahrzeuge gewarnt werden, nicht zu schnell und nicht neben den Schlauchbrücken über die Schläuche fahren. Bei Dunkelheit für Beleuchtung sorgen.

45. Wann wird Wasser gegeben?

Nur wenn der Brandherd erkannt ist. Nicht in den Rauch spritzen.

46. Warum nicht in den Rauch spritzen?

Dringt der vorgehende Feuerwehrangehörige in einen verqualmten Raum ein, so kann er wegen der Verqualmung den Brandherd oft nicht erkennen. Eine Wasserabgabe wäre also falsch, denn es würde nur Wasserschaden angerichtet. Ausgenommen ist hiervon die Sprühwasserabgabe in einen stark verrauchten Raum zur Vermeidung einer schlagartigen Rauchdurchzündung.

47. Was tut der Feuerwehrangehörige bei verqualmten Räumen?

Der Feuerwehrangehörige geht unter umluftunabhängigem Atemschutz (in der Regel Pressluftatmer) vor. Er sorgt für Belüftung, das heißt für Rauchabzug.

48. Wo löscht man das Feuer bei der Brandbekämpfung zuerst?

Man löscht von unten nach oben. Nicht hinter dem Feuer herlaufen, sondern dem Feuer den Weg abschneiden, es in die Zange nehmen.

49. Wie soll man mit Wasser umgehen?

Sparsam. Der Strahlrohrführer soll damit umgehen, als wenn er jeden Liter Wasser selbst bezahlen müsste.

Um Wasserschaden zu vermeiden und die Menge kontaminierten Löschwassers gering zu halten, Mundstücke der Strahlrohre möglichst klein wählen. Sprühstrahl anwenden. Immer daran denken: „Wir wollen erhalten und nicht vernichten.“

50. Warum soll man nicht von außen durch die Fenster spritzen?

Weil man den Brandherd dabei meist nicht erreicht. Spritzt man von außen in ein höher gelegenes Stockwerk oder in den Dachstuhl, so wird man in der Regel nur Wasserschaden anrichten.

51. Wie verhalten wir uns, um Wasserschaden möglichst gering zu halten?

Wir lassen die von Wasserschäden betroffenen Räume sofort möglichst von Gegenständen räumen und die darin befindlichen Möbel und Maschinen abdecken.

Nasse Stellen an der Decke werden mit einem spitzen Gegenstand angestoßen, sodass das Wasser ablaufen kann. Das ablaufende Wasser wird in einem Gefäß aufgefangen.

Wasser auf dem Boden muss mit einem Wassersauger sofort aufgenommen werden, um eine Durchnässung des Gebäudes zu vermeiden.

Diese Maßnahmen sollten schon während der Löscharbeiten durchgeführt werden, um Wasserschäden zu vermeiden.

52. Wie verhalten wir uns bei Einsturzgefahr?

Die gefährdeten Trupps müssen sofort zurückgehen.

Gefahrenpunkte sind:

- Geschleifte Schornsteine
- Ungeschützte Stahlkonstruktionen
- Freistehende Giebel und Mauern, die sich nach außen neigen
- Teilzerstörte Dachkonstruktionen
- Auf Mauern aufliegende Stahlträger insbesondere auch während Nachlöscharbeiten.

Bei langen Einsatzzeiten die Standsicherheit durch einen Fachmann prüfen lassen.

Der Einsatzleiter sollte bei besonderen Gebäuden, wie Hallen, bewusst auf Rissbildungen an den Wänden oder auf Verschiebungen achten.

53. Wann dürfen Mauern und Wände eingerissen werden?

Nur wenn unbedingt erforderlich. Sonst abstützen. Der Einsatzleiter kann ggf. für die Kosten in Regress genommen werden, wenn ihm nachgewiesen wird, er habe über das für die öffentliche Sicherheit notwendige Maß hinaus Maßnahmen angeordnet. Deshalb unüberlegtes oder vorsätzliches Einreißen von Mauern und Wänden unterlassen.

Wichtig für die Brandursachenermittlung: Möglichst wenig an der Brandstelle verändern.

54. Wo findet man am besten Schutz bei Einsturzgefahr?

Man vergewissert sich ständig über den Rückzugsweg. Kann man sich nicht mehr zurückziehen, so sucht man Schutz unter besonders standfesten Gebäudeteilen wie Tür- oder Fensterstürzen und Stahlbetontreppen.

55. Wie schützen wir uns gegen Stichflammen?

Grundsätzlich geduckte Haltung einnehmen.

Türen unter Beachtung der Vorsichtsmaßregeln öffnen. Beim Öffnen geduckt hinter der Türe stehen, sodass man durch diese geschützt ist. Hinter Mauern stehen oder sich auf den Fußboden legen.

56. Wie schützen wir uns gegen extreme Wärmestrahlung?

Wir suchen Deckung hinter Bauteilen, Geräten oder Fahrzeugen und wir schützen uns durch Wärmeschutzkleidung (siehe dazu E 17 ff.). Sie wird dann eingesetzt, wenn erkennbar ist, dass der Einsatzerfolg nur möglich sein wird, wenn man längere Zeit möglichst nahe am Feuer ist oder wenn Stichflammen zu erwarten sind.

57. Wie verhalten wir uns, wenn Gasgeruch festgestellt wird?

Gaskonzentration mit Explosionsmessgerät feststellen (vgl. Q). Pressluftatmer anlegen und alle freien Hautoberflächen durch Schutzkleidung schützen. Mitgeführte elektrische Geräte stets **vor** dem Betreten der eventuell vergasten Räume einschalten.

Jede Funkenbildung vermeiden. Elektrische Einrichtungen nicht schalten, nach Möglichkeit von außerhalb der gefährdeten Räume stromlos schalten. Funkenbildung bei Betätigung der Sicherungen beachten.

Absperren, damit nicht durch unbefugtes Betreten der vergasten Räume ein Unfall herbeigeführt wird.

Energieversorgungsunternehmen sofort verständigen.

Gebäude räumen.

58. Was ist bei Bränden von Gasleitungen zu beachten?

Brände von Gasleitungen nicht durch Löschmitteleinsatz bekämpfen. Bei Verlöschen der Flamme herrscht Explosionsgefahr durch nachströmendes Gas, daher darf ein Gasleitungsbrand nur durch Abschiebern gelöscht werden. Umgebung mit Löschwasser durch Kühlen sichern, Energieversorgungsunternehmen alarmieren. Umgebung der Brandstelle kühlen. Warten, bis Energieversorgungsunternehmen Leitung abgeschiebert hat. Siehe auch D 30 bis D 33.

59. Wie verhalten wir uns bei verschlossenen Türen?

Bei gewaltsamem Öffnen von Türen möglichst wenige Zerstörungen anrichten. Sperrzeug verwenden oder Schlüssel herbeischaffen. Wenn beides nicht vorhanden ist, vorsichtig mit Brechwerkzeug das Schloss öffnen.

Immer daran denken: „Es ist unsere Aufgabe, zu erhalten und nicht zu zerstören."

60. Worauf muss der vorgehende Trupp beim Brandeinsatz achten?

Der vorgehende Trupp muss seinen Rückzugsweg sichern. Dies heißt, dass er genau wissen muss, wie er das Gebäude im Gefahrenfall schnell verlassen kann.

Folgende Punkte sind hierzu zu beachten:

- In brennende Gebäude nur vorgehen, wenn ein Sicherheitstrupp außerhalb bereitsteht.
- Rückzugsweg möglichst durch Vornahme eines Rohres oder ausnahmsweise einer Sicherungs- und Signalleine sichern.
- Beim Vorgehen markante Punkte im Gebäude gut einprägen.
- Beim Vorgehen im Gebäude jeden Ortswechsel im Gebäudeinneren über Funk dem Einheitsführer melden. Während des Vorgehens zum Einsatzziel dem Einheitsführer jeweils melden, wenn das nächste Geschoss erreicht ist.
- Beim Vorgehen jede Möglichkeit zur Lüftung des Gebäudes nutzen. Insbesondere sind in Treppenräumen Fenster und Rauchabzugsvorrichtungen sofort zu öffnen. In Räumen sind Fenster und Rollläden zu öffnen.
- Zur Unterstützung der Entrauchung soll der Gruppenführer den Einsatz von Belüftungsgeräten prüfen.

61. Was bedeutet Überdruckbelüftung?

Das Prinzip der Überdruckbelüftung dient der schnellen Entrauchung von Gebäuden. Der Überdruck wird mittels transportabler Belüftungsgeräte erzeugt. Die Belüftungsgeräte werden im Eingangsbereich aufgestellt und umschließen mit ihrem Luftkegel den gesamten Türbereich.

Innerhalb des Gebäudes entsteht ein Überdruck, der den Rauch bei Vorhandensein einer Austrittsöffnung aus dem Gebäude drückt.

Die Geräte werden z. B. vom Sicherheitstrupp aufgestellt (Bild 7).

Neben der raschen Entrauchung bringt die Überdruckbelüftung weitere Vorteile:

- Der Frischluftstrom verringert die Wärmebeaufschlagung der Einsatzkräfte.
- Bei einer Rauchdurchzündung werden die sich bildenden Flammen in Richtung Fenster bzw. Auftrittsöffnung gelenkt. D. h., sie werden von den Angriffstrupps weg gelenkt. Für Trupps, die über Leitern von außen einsteigen, kann dies jedoch zu einer Gefährdung führen. Der Gruppenführer muss es daher in seiner Planung berücksichtigen.

Vorsicht: Wenn nach einem Austritt von gefährlichen Gasen eine Überdruckbelüftung des Gebäudes vorgenommen wird, muss sichergestellt sein, dass die gefährlichen Gase durch den Überdruck nicht in benachbarte Räume bzw. Bereiche gedrückt werden.

Bild 7: Belüftungsgeräte zur Überdruckbelüftung (System „Tempest“) werden vom Sicherheitstrupp in Einsatz gebracht (Ziegler)

62. Wie verhalten wir uns in Betrieben, in denen viel Staub vorhanden ist?

Viel Staub haben wir in Mühlen, Sägewerken, Schreinereien, Holzbearbeitungsbetrieben usw.

Vorsichtig vorgehen. Der Staub kann durch einen Vollstrahl aufgewirbelt und durch die Brandwärme entzündet werden, was zu Verpuffungen bzw. Staubexplosionen führen kann. Deshalb stets Sprühstrahl verwenden, da dann der Staub niedergeschlagen wird. Siehe auch D 39.

63. Was ist bei Metallbränden zu beachten?

Kein Wasser verwenden. Dieses wird infolge der hohen Temperaturen chemisch „zersetzt" und führt zu Explosionen durch Knallgasbildung.

Metallbrandpulver einsetzen (siehe L 28). Steht Metallbrandpulver nicht zur Verfügung, mit trockenem Sand abdecken, Magnesium auch mit Graugussspänen.

64. Was müssen wir bei den Aufräumungsarbeiten beachten?

Wegen der Brandursachenermittlung an der Einsatzstelle grundsätzlich so wenig wie möglich verändern. Brandnester freilegen und ablöschen. Besonderheiten, die für die Brandursachenermittlung wichtig sein können, genau einprägen und anschließend die Brandursachenermittler darüber informieren. Brandstelle und umgebenden Gefahrenbereich durch Polizei absperren lassen. Die Feuerwehr ist kein Abbruchunternehmen. Auf mangelnde Standsicherheit der verbleibenden Gebäudeteile hinweisen.

65. Wann darf die Brandstelle verlassen werden?

Die Brandstelle wird erst verlassen, wenn die Gewissheit besteht, dass der Brand restlos gelöscht ist und sich nirgendwo Glutnester befinden. Ansonsten muss eine Brandwache gestellt werden.

Die Brandstelle muss vor dem Abrücken dem Besitzer oder dem Eigentümer übergeben werden. Auf festgestellte Mängel hinweisen.

66. Wann muss der Besitzer der Brandstelle die Kosten der Brandwache bezahlen?

Wenn der Einsatzleiter eine Brandwache nicht mehr für erforderlich hält, der Besitzer aber trotzdem auf einer Brandwache besteht. Der Besitzer ist auf die Kostenpflicht hinzuweisen.

67. Wie verhalten wir uns, wenn wir bei der Brandbekämpfung Spuren von Brandstiftung feststellen?

Spuren sichern; nicht durch Wegräumen, Löschwasser usw. vernichten. Den Einsatzleiter in Kenntnis setzen, damit er sofort die Polizei informieren kann.

68. Was sind Hinweise auf Brandstiftung?

Hinweise auf Brandstiftung sind beispielsweise Einbruchspuren an Fenstern und Türen, Kanister mit brennbaren Flüssigkeiten, ungewöhnliche Flammenfärbung, nutzungsuntypische Gegenstände und aus der Wanddose herausgeschleuderte Lichtschalter und Steckdosen.

Interessant für die Brandursachenermittler sind auch die Schalterstellungen von Elektrogeräten und der Schaltzustand von Sicherungen.

69. Was sind Einsatzpläne?

Es sind Pläne, die umfassend geplante Maßnahmen für ein mögliches Vorgehen in gefährdeten Objekten beinhalten. Feuerwehrpläne können Bestandteil eines Einsatzplanes sein. In den Einsatzplänen sind von der Ausrückeordnung über Verkehrshindernisse, mögliche Anfahrtswege, Anleitermöglichkeiten, Wasserentnahmestellen usw. möglichst alle Informationen enthalten, die den Einsatz beeinflussen können. Die Pläne müssen laufend überprüft und aktualisiert werden. Siehe auch DIN 14095.

70. Was sind Feuerwehrpläne?

Feuerwehrpläne dienen der schnellen Orientierung in einem größeren Objekt oder einer baulichen Anlage (vgl. Beispiel Bild 8). Form und Inhalt sind in DIN 14095 festgelegt. Sie können auch Angaben für das taktische Vorgehen (Einsatzpläne) enthalten. Der Feuerwehrplan soll

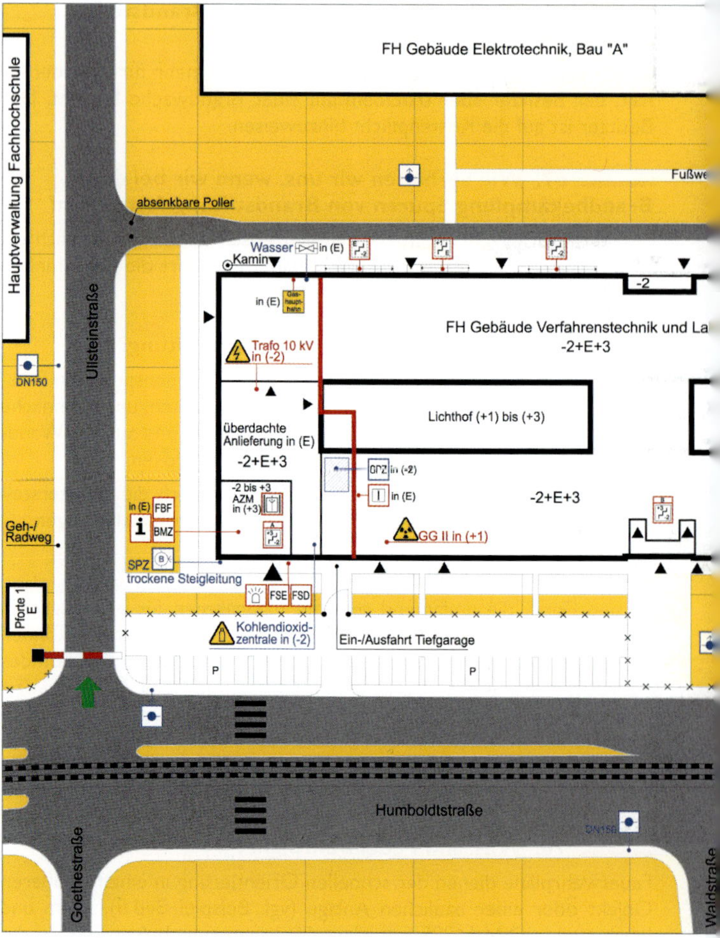

Bild 8: Beispiel eines Feuerwehrplans (F-Plan)

1/234
Legende
Befahrbare Flächen nach DIN 14090
Nichtbefahrbare Fläche
Besonderheiten, Gefahren
Hauptzufahrt
Nebenzufahrt
Hauptzugang Feuerwehr
Gebäudeeingang
Blitzleuchte
FSE Freischaltelement
FSD Feuerwehr-Schlüsseldepot
Information für die Feuerwehr
BMZ Brandmelderzentrale
FBF Feuerwehr-Bedienfeld
Brandwand
Treppenraum; mit Feuerwiderstand, erreichbare Geschosse, mit Treppenraumbezeichnung
Treppenraum; ohne Feuerwiderstand, erreichbare Geschosse
Feuerwehr-Aufzug
Absperreinrichtung, Rohrleitung
Hinweis auf Gashaupthahn
SPZ Sprinklerzentrale
Löschwasser-Einspeiseeinrichtung, B-Anschluss
Unterflur-Hydrant
Überflur-Hydrant
Warnung vor radioaktiven Stoffen oder ionisierenden Strahlen
Warnung vor gefährlicher elektrischer Spannung
Warnung vor Gasflaschen
Sammelstelle
Norden
20m
20m
(+1) bis (+3)
DN150
Fachhochschule
Gebäude Verfahrenstechnik und Labor
Humboldtstraße 1, 12345 Musterstadt
Feuerwehrplan
Übersichtsplan
FPlan www.f-plan.de
Stand: 01/2011
Plot: 27.01.11
Fa
Seite 1

u. a. enthalten: Bezeichnung des Objekts, Art der Nutzung, Geschossangaben und -bezeichnung, Trennwände, Brandabschnitte, Öffnungen in Decken und Wänden, Treppenräume mit Laufrichtung der Treppen, erreichbare Geschosse, besondere Angriffs- und Rettungswege, Feuerwehraufzüge, Bedienstellen für Rauch- und Wärmeabzugsanlagen, ortsfeste und teilbewegliche Löschanlagen, Art und Menge vorhandener Löschmittel, feuergefährliche Stoffe, Giftstoffe, radioaktive Stoffe, Hinweise auf Löschmittel, brandschutztechnische Hinweise und Hinweise über Maßnahmen zur Löschwasserrückhaltung.

71. Wie kann sich die Feuerwehr bei großen oder besonders gefährdeten Anlagen und Betrieben auf einen Einsatz vorbereiten?

Durch Einsatzpläne und Übungen. Dies gilt vor allem auch für Objekte, bei denen Wasserförderung über lange Strecken erforderlich ist oder besondere Gefahren eine besondere Einsatztaktik oder Ausrüstung erfordern.

72. Wie sind die Helme der Führungskräfte gekennzeichnet?

Um die Funktion einzelner Personen auf der Einsatzstelle für jedermann erkennbar zu machen, werden Helme entsprechend der Ausbildung oder der Funktion innerhalb der Feuerwehr gekennzeichnet.

Kennzeichnung mit roter Bestreifung	Freiwillige Feuerwehr	Berufsfeuerwehr
1 Streifen jeweils seitlich	Gruppenführer	Fahrzeugführer
2 Streifen jeweils seitlich	Zugführer	Wachabteilungsführer, Zugführer
1 umlaufender Ring	Kommandant	Beamter des gehobenen feuerwehrtechnischen Dienstes, Wachführer
2 umlaufende Ringe	Kommandant in kreisfreier Stadt, Kreisbrandmeister	Beamter des höheren Dienstes (Einsatzleiter)

Bei dieser Kennzeichnung ist nicht zu erkennen, wer tatsächlich eine Führungsfunktion beim jeweiligen Einsatz ausübt; man erkennt eigentlich nur den Ausbildungsstand.

73. Wie werden Führungskräfte entsprechend ihrer Funktion im Einsatz gekennzeichnet?

Um im Einsatz erkennen zu können, wer welche Funktion ausübt, werden die Einheitsführer entsprechend der Führungsebene mit farbigen Überzieh-Westen oder Helmbändern gekennzeichnet. Die Farben für die einzelnen Funktionen sind nach Landesregelung festgelegt.

Der Deutsche Feuerwehrverband (DFV) hat folgende Empfehlung gegeben:

Gelb = Einsatzleiter
Weiß = Einsatzabschnittsleiter
Rot = Zugführer
Grün = Pressebeauftragter/Fachberater.

In Ländern, die vor der Empfehlung des DFV bereits Festlegungen getroffen hatten, kann die Kennzeichnung hiervon abweichen.

D

Gefahren der Einsatzstelle

1. Weshalb muss der Feuerwehrangehörige die Gefahren der Einsatzstelle genau kennen?

Der Feuerwehrangehörige ist im Einsatz und im Übungsdienst einer Vielzahl von Gefahren ausgesetzt. Um sich sicher und rechtzeitig vor ihnen schützen zu können, muss er die Gefahren erkennen und bewerten können.

Der Einsatzleiter muss darüber hinaus auch die Gefahren für fremde Personen sicher erkennen, um die richtigen Einsatzmaßnahmen schnell anordnen zu können.

2. Welche Gefahren gibt es im Feuerwehreinsatz?

Bei jedem Einsatz gibt es verschiedenartige Gefahren. Das denkbare Gefahrenspektrum ist ebenso groß wie die Vielfalt technologischer Entwicklungen.

Um im Einsatz dennoch den Anforderungen gerecht werden zu können, muss man die Vielzahl denkbarer Gefahren in einem leicht erlernbaren Merkschema zusammenfassen.

Dieses Merkschema lautet:
vier A – ein C – vier E

Die Buchstaben A, C und E stehen für die Anfangsbuchstaben von neun Gefahrengruppen. Diese sind:

A – Atemgifte
A – Angstreaktion
A – Ausbreitung
A – Atomare Strahlung
C – Chemische Stoffe
E – Erkrankung/Verletzung
E – Explosion
E – Elektrizität
E – Einsturz.

3. Was muss der Feuerwehrangehörige aus diesem Schema ableiten können?

Er muss sich in der Kürze der im Einsatz verfügbaren Zeit überlegen, welche Gefahren derzeit vorhanden sind.

4. Für wen können oben genannte Gefahren bestehen?

Die neun Gefahrengruppen bestehen sowohl für Mannschaft und Gerät als auch für fremde Personen, Tiere, die Umwelt und Sachwerte. Sie zeigen uns, wovor sich Einsatzkräfte einschließlich ihres Geräts schützen müssen und vor welchen Gefahren gefährdete Menschen, Sachen oder die Umwelt geschützt werden müssen.

5. Wie gefährden uns Atemgifte?

Atemgifte wirken auf Menschen und Tiere, indem sie über die Atemwege aufgenommen werden und den menschlichen Körper schädigen. Nach dem Schädigungsmechanismus werden die Atemgifte eingeteilt in:

- Atemgifte mit erstickender Wirkung
- Atemgifte mit Wirkung auf Blut, Nerven und Zellen
- Atemgifte mit Reiz- und Ätzwirkung

(siehe F 8).

6. Wie erkennen wir das Vorhandensein von Atemgiften?

Bei jedem Einsatz mit Rauchentwicklung, gleich ob im Freien oder in geschlossenen Räumen, müssen wir vom Vorhandensein der Atemgifte ausgehen. Gleiches gilt bei Gefahrstoffeinsätzen mit frei werdenden Flüssigkeiten, Gasen und Stäuben.

Vom Vorhandensein der Atemgifte ist auch immer auszugehen, wenn bewusstlose Personen ohne erkennbaren Grund in Schächten, Silos oder Kellerräumen liegen.

7. Wie schützen sich Einsatzkräfte vor Atemgiften?

Immer wenn der Verdacht auf Atemgifte besteht, schützen sich die Einsatzkräfte mit umluftunabhängigen Atemschutzgeräten. Dies sind in aller Regel Pressluftatmer. Bei Einsätzen mit langen An- und Abmarschwegen (Tunnel, Tiefgarage, Bergbau) werden auch Regenerationsgeräte eingesetzt. Beim Vorgehen unter Regenerationsgeräten müssen sich die Einsatzkräfte bewusst sein, dass der unter diesen Geräten lang andauernde Einsatz eine enorme physische Belastung mit sich bringt.

8. Wie schützen wir fremde Personen vor Atemgiften?

Immer wenn sich fremde Personen in Räumen aufhalten, die mit Brandrauch beaufschlagt sind, müssen diese Personen unverzüglich ins Freie (rauchfreier Bereich) gebracht werden. Sie werden über den Treppenraum oder über Leitern gerettet.

Da der Treppenraum der erste Rettungsweg für Personen ist, muss der erste über diesen Treppenraum vorgehende Trupp sofort mit Lüftungsmaßnahmen beginnen. Hierzu besteht die Möglichkeit, die Treppenraumfenster zu öffnen und – soweit vorhanden – die Rauchabzugsvorrichtung zu betätigen.

Bewusstlose Personen, die aus verrauchten Bereichen gerettet wurden, müssen nach der Rettung mit Sauerstoff behandelt werden. Daraus folgt, dass bei Einsätzen, bei denen mit Personen innerhalb des Gebäudes gerechnet werden muss, sofort ein Notarztwagen anzufordern ist. Die Verwendung von Brandfluchthauben ist nur sinnvoll, wenn Personen bei ihrer Rettung aus nicht verrauchten Bereichen über verrauchte Bereiche geführt werden müssen. Eine solche Situation sollte aber möglichst vermieden werden. Besser ist dann eine Rettung über Leitern, um eine Rauchbeaufschlagung zu vermeiden.

9. Was bedeutet die Gefahr „Angstreaktion“?

Die Angstreaktion steht für Fehlhandlungen von Einzelpersonen infolge Schreck- bzw. Angsteinwirkungen. Der Begriff steht auch für Panikreaktionen von Menschenmassen.

10. Wann muss der Feuerwehrangehörige mit Angstreaktion fremder Personen rechnen?

Bei jeder gefährdeten Person, die noch bei Bewusstsein ist, muss mit Angstreaktion und einem sich daraus ergebenden Fehlverhalten (Springen, Zurücklaufen in brennende Räume) gerechnet werden.

11. Wie kann man der Gefahr der „Angstreaktion“ begegnen?

Personen, die durch Angstreaktion gefährdet sind, muss das Gefühl des Bedrohtseins genommen werden. Sie müssen spüren, dass man ihnen hilft. Beste und schnellste Möglichkeit ist, mit den Personen zu sprechen bzw. durch Zuruf auf sie beruhigend einzuwirken.

12. Was versteht der Feuerwehrangehörige unter „Ausbreitung“ der Gefahr?

Unter dem Begriff „Ausbreitung“ sind die Gefahren zusammengefasst, die zu einer räumlichen Schadenausweitung beitragen. Dies können sein: Brandausbreitung, Rauchausbreitung, Auslaufen wassergefährdender Flüssigkeiten, Verschleppung gesundheitsgefährdender Stäube.

13. Wie kann sich ein Brand ausbreiten?

Ein Brand kann sich ausbreiten durch

- Wärmeübertragung
- Flugfeuer.

14. Welche Möglichkeiten der Wärmeübertragung gibt es?

- Wärmeleitung
- Wärmestrahlung
- Wärmemitführung (Konvektion).

Die Begriffe sind in DIN 14011 T1 definiert (vgl. D 15 bis D 19).

15. Was ist Wärmeleitung?

Wärmeleitung ist die Übertragung von Wärme in einem festen, flüssigen oder gasförmigen Stoff zu unmittelbar benachbarten Gegenständen.

Wird ein Gegenstand, z. B. ein Stahlträger, im Brandraum erwärmt, so wird in diesem Gegenstand die Wärme weitergeleitet. Führt dieser Stahlträger in andere Räume, so wird auch die Wärme in diese anderen Räume geleitet. In Extremfällen können dort lagernde Gegenstände oder Bauteile, die mit dem Stahlträger in Berührung stehen, sich wiederum entzünden und zu einer Brandausbreitung führen.

Gleiches passiert bei Kaminbränden, wenn Möbelstücke direkt am brennenden Kamin stehen.

16. Was tut die Feuerwehr, um eine Brandausbreitung infolge Wärmeleitung zu verhindern?

Alle an den Brandraum angrenzenden Räume sind auf durchlaufende Rohrleitungen, Stahlträger, andere wärmeleitende Bauteile bzw. Einrichtungen oder auf Erwärmung der Wände zu überprüfen.

Ggf. sind die erwärmten Teile mit Wasser zu kühlen und brennbare Materialien sind zu entfernen.

17. Was ist Wärmestrahlung?

Wärmestrahlung ist eine elektromagnetische Strahlung, die ein Stoff infolge seiner Temperatur unter Abgabe eines Teils seines Wärmeinhaltes an die Umgebung aussendet. Diese abgegebene Wärmemenge wird von anderen Gegenständen aufgenommen. Sie erwärmen sich dadurch.

Wärmestrahlung kann dazu führen, dass auch weiter vom Brandherd entfernte Materialien sich aufheizen. Eine Entzündung, eine Druckerhöhung in Druckbehältern und deren Festigkeitsverlust können Folgen hiervon sein.

18. Was tun wir, um die Gefahr der Brandausbreitung durch Wärmestrahlung zu verhindern?

Die Feuerwehr verhindert die Gefahr der Brandausbreitung, indem sie die die Wärmestrahlung aufnehmenden Stoffe mit Wasser kühlt. Das heißt, die sich erwärmenden Stoffe werden mit Wasser besprüht. Das an der Oberfläche ablaufende Wasser nimmt die absorbierte Wärme auf und führt sie ab. Eine Erwärmung findet somit nicht statt.

Die Feuerwehrangehörigen müssen wissen, dass Wärmestrahlung durch Glas und auch durch Wassernebel nahezu ungehindert durchgeht.

19. Was ist „Wärmemitführung" (Konvektion)?

Wärmemitführung ist die Übertragung von Wärme in Gasen oder Flüssigkeiten durch deren Strömung (DIN 14011 Teil 1). Wärmemitführung wird oft auch als Wärmeströmung bezeichnet.

Wärmemitführung bewirkt bei Bränden infolge der geringeren Dichte der erwärmten Luft grundsätzlich eine Wärmemitführung vertikal nach oben.

Wenn die Wärme ins Freie abgeführt werden kann, besteht keine Gefahr. Anders verhält es sich allerdings, wenn die Wärmemitführung innerhalb von Räumen oder Gebäuden stattfindet, ohne dass die Möglichkeit der Wärmeabführung ins Freie besteht. In diesem Fall besteht die Gefahr, dass sich die Wärme an der obersten Stelle des Raumes bzw. des Gebäudes staut (Wärmestau) und dass sich dort lagernde brennbare Stoffe erwärmen und schlagartig „durchzünden".

Die Situation des sich bildenden Wärmestaus tritt im Brandfalle häufig an der obersten Stelle von Treppenräumen und im Bereich der Dachkonstruktion von Produktions- und Lagerhallen auf. Befindet sich an der obersten Stelle von Treppenräumen ein Wohnungsabschluss, der Glaselemente enthält (baurechtlich heute nicht mehr zulässig, kann aber in Altbauten noch auftreten), so muss mit einem raschen Zerspringen dieser Glaselemente gerechnet werden. Feuer und Rauch können sich in diesem Fall besonders schnell auf die oberste Wohnung ausbreiten.

In Produktions- und Lagerhallen kann diese Wärme durch Rauch- und Wärmeabzugsöffnungen von Rauch- und Wärmeabzugsanlagen (RWA) abgeführt werden.

20. Wie kann die Brandausbreitung infolge „Wärmemitführung" verhindert werden?

Es müssen umgehend Lüftungsmaßnahmen durchgeführt werden. Hierzu gehört: Öffnen der Treppenraumfenster auch insbesondere oberhalb des Brandgeschosses. Soweit vorhanden, Auslösen der Rauchabzugsvorrichtung in Treppenräumen. Öffnen der Rauch- und Wärmeabzugsanlage (RWA) in Lager- und Produktionshallen.

21. Wie kann sich ein Brand noch ausbreiten?

Ein Brand breitet sich zunächst immer durch direkte Flammen- bzw. Wärmeeinwirkung von brennenden Stoffen auf direkt angrenzende Stoffe aus. Wenn die Vorgaben des vorbeugenden Brandschutzes erfüllt sind, kann sich der Brand nicht über die bereits brennende Nutzungseinheit (Wohnung, Büroetage, Werkstatt usw.) hinaus ausbreiten. Sehr oft sind jedoch durch Mängel in der Ausführung, nachträgliche Baumaßnahmen oder durch Nutzungsänderungen diese Vorgaben nicht erfüllt.

Gefahrenpunkte sind dann: Wanddurchbrüche, Rohrdurchführungen, Zwischenböden, abgehängte Decken, Installationsschächte usw.

Die Feuerwehr muss beim Brand auf diese Gefahrenpunkte achten und ggf. durch Vornahme von Rohren eine mögliche Brandausbreitung verhindern.

22. Was ist Flugfeuer?

Flugfeuer ist der durch Auftrieb oder Wind verursachte Flug größerer Teile von brennenden Stoffen.

Flugfeuer trägt zur Brandausbreitung bei, wenn die brennenden Teile auf leicht entflammbare Materialien auftreffen. Beispiele sind: Stroh, Heu, Kartonage, Abfallstoffe.

Die Feuerwehr muss hierauf achten und durch Kontrolle und rechtzeitige Vornahme von Rohren eine Brandausbreitung verhindern.

23. Was verstehen wir in der technischen Hilfe unter Ausbreitung?

Im technischen Hilfeleistungseinsatz verstehen wir unter Ausbreitung alles, was zu einer räumlichen Vergrößerung des Schadens führen kann. Insbesondere handelt es sich um das Auslaufen wassergefährdender Flüssigkeiten und den Austritt gefährlicher gasförmiger oder flüssiger Stoffe (siehe P).

24. Was verstehen wir unter der Gefahr „Atomare Strahlung"?

Die Gefahr „Atomare Strahlung" erfasst alle Gefahren, die von radioaktiven Stoffen und von Röntgenstrahlung ausgehen (siehe hierzu R).

25. Was verstehen wir unter der Gefahr durch „Chemische Stoffe"?

Die Gefahr durch „Chemische Stoffe" erfasst Schädigungen, die von Gefahrstoffen durch Reiz- und Ätzwirkung an Oberflächen entstehen. Es werden auch Schädigungen erfasst, die infolge Aufnahme über die Haut (Hautresorption) durch giftige Stoffe verursacht werden (siehe P).

26. Was heißt für die Feuerwehr die Gefahr „Erkrankung/Verletzung"?

Unter „Erkrankung/Verletzung" werden lebensbedrohliche bzw. gesundheitsgefährdende medizinische „Zustände" erfasst. Auslöser hierfür können mechanische Verletzungen, Vergiftungen oder psychische Ursachen sein. Aufgrund der Erkrankung/Verletzung kann sich die bedrohte Person meist selbst nicht aus ihrer Zwangslage befreien. Die Feuerwehr muss daher Verletzungen erkennen und bis zum Eintreffen oder zur Unterstützung des Rettungsdienstes Erste Hilfe leisten können. Hierzu ist eine ständig zu wiederholende Erste-Hilfe-Ausbildung notwendig.

27. Welche Verletzungen muss der Feuerwehrangehörige sofort erkennen und behandeln können?

Die vom Feuerwehrangehörigen durchzuführenden Maßnahmen der Ersten Hilfe reduzieren sich in der Mehrzahl aller Einsätze auf folgende Punkte.

Bedrohlicher Zustand	Maßnahme der Ersten Hilfe
Atemstillstand	Mund-zu-Mund/Mund-zu-Nase-Beatmung ggf. zuvor Brustraum von mechanischer Belastung befreien (z. B. Lenkrad, Schüttgut)
Blutung	Blutung sofort durch Verband bzw. Abdrücken stoppen; Druckverband anlegen
Bewusstlosigkeit	Seitenlage nach Überprüfung der Atem- und Kreislauffunktion
Schockgefahr	Beine hoch lagern und mit der Person beruhigend sprechen
Herz-Kreislaufstillstand	Herz-Lungen-Wiederbelebung durchführen

Diese Maßnahmen muss jeder Feuerwehrangehörige beherrschen.

28. Was verstehen wir unter der Gefahr der „Explosion“?

Explosion ist in der Gefahrenlehre der Oberbegriff für alle schnell verlaufenden exothermen Reaktionen mit plötzlich frei werdender Wärme- oder Druckwirkung. Der Feuerwehrangehörige ordnet unter „Explosion“ auch den Druckbehälterzerknall, den Fliehkraftzerknall und die Staubexplosion ein.

Wissenschaftlich wird unterschieden zwischen Explosion, Deflagration und Detonation.

Von Explosion wird bei exothermen Reaktionen in explosionsfähigen Gemischen bzw. in explosionsfähiger Atmosphäre gesprochen, bei denen die Flammenausbreitung infolge Wärmeübertragung erfolgt und die Ausbreitungsgeschwindigkeit unterhalb der Schallgeschwindigkeit bleibt.

Eine Deflagration ist eine Explosion mit geringem Druckanstieg.

Die Detonation unterscheidet sich von der Explosion dadurch, dass die Flammenausbreitung durch eine Stoßwelle ausgelöst wird und die Flammenausbreitungsgeschwindigkeit im Überschallbereich liegt.

29. Wann besteht im Feuerwehreinsatz „Explosionsgefahr"?

Explosionsgefahr besteht, wenn brennbare Gase austreten und insbesondere in Räumen ein explosionsfähiges Gemisch mit der Umgebungsluft bilden. Typische Einsatzfälle sind defekte Gasleitungen im Bereich der Erdgasversorgung oder Undichtigkeiten an Schläuchen oder Ventilen von Druckgasbehältern.

Explosionsgefahr besteht auch immer, wenn Druckgasbehälter der Brandwärme ausgesetzt sind.

In Betrieben können brennbare Gase auch aus stationär verlegten Rohrleitungen austreten.

Explosionsfähige Gemische können sich auch durch Verdampfen ausgelaufener brennbarer Flüssigkeiten bilden (z. B. Benzin).

30. Wie verhalten wir uns bei Explosionsgefahr?

Zündquellen, soweit möglich, beseitigen.

Bei Transportunfällen mit Gefahrguttransporten durch Betätigung des Batteriehauptschalters des Lkws Stromzufuhr unterbrechen.

Zündfähiges Gemisch von Zündquellen (auch heißen Oberflächen) wegdrängen (Sprühstrahl, Belüftungsgeräte, Schließen von Fenstern und Türen).

Alle Personen sofort aus Gefahrenbereich bringen. Bei Gebäuden betroffenes Gebäude und Nachbargebäude räumen lassen.

Einsatzkräfte, die in den explosionsgefährdeten Bereich vorgehen, müssen sich grundsätzlich mindestens mit Pressluftatmer schützen. Der Pressluftatmer verhindert im Falle der Durchzündung innere Verbrennungen im Bereich der Atemwege. Ungeschützte Hautpartien sind außerdem sorgfältig zu schützen; z. B. mit Flammschutzhauben.

Weiteres Austreten von Gas unterbinden.

Nur explosionsgeschützte Geräte benutzen.

Im Brandfalle dürfen brennende Gasleitungen nicht gelöscht werden. Die Gaszufuhr muss vorher unterbrochen werden. Ansonsten würde nach dem Löschen das Gas weiter austreten und eine explosionsfähige Atmosphäre schaffen.

Druckgasbehälter kühlen.

31. Woran kann man erkennen, dass ein Gebäude mit Erdgas versorgt wird?

An Gebäuden, die mit Erdgas versorgt werden, ist oft an der Hauswand in ca. ein Meter Höhe eine gelbe, runde Markierung von 3 bis 5 cm Durchmesser angebracht. Die gelbe Markierung zeigt an, an welcher Stelle des Gebäudes die Erdgasleitung im Untergeschoss ins Gebäude führt. Dort befindet sich auch der „Feuerhahn" (Gasabstellhahn).

Erdgas hat durch Zusatzstoffe einen scharfen knoblauchartigen Geruch.

32. Wie verhalten wir uns bei Verdacht auf Erdgasaustritt im Gebäude?

Wir beachten die unter Frage D 30 und C 57 beschriebenen Verhaltensregeln.

Außerdem fordern wir das zuständige Energieversorgungsunternehmen an. Falls Ex-Warngeräte vorhanden sind, schicken wir einen Trupp unter Pressluftatmer und Flammschutzhaube ins Kellergeschoss. Der Trupp erhält den Auftrag, den Feuerhahn zu schließen.

33. Wie verhalten wir uns, wenn Gas aus Druckbehältern austritt?

Wir versuchen durch Schließen der Absperrvorrichtung den Gasaustritt zu stoppen. Die vorgehenden Trupps tragen Pressluftatmer und Flammschutzhauben (siehe auch Frage D 30).

34. Wie erkennen wir bei Gasflaschen, welches Gas in den Flaschen ist?

Am Flaschenhals ist die genaue Bezeichnung des Gases eingeschlagen.

Die wesentliche Eigenschaft des Gases erkennen wir bereits an der Flaschenfarbe. Für die Flaschenkennzeichnung gilt seit Juli 1997 die DIN EN 1089-3. Diese schreibt folgende Farbkennzeichnung vor (die Farbkennzeichnung ist am Flaschenhals als Ring oder bei mehrfarbiger Kennzeichnung auch als Quadranten zulässig anzubringen):

gelb	=	giftig und/oder korrosiv (nach DIN ISO 10298 und ISO 13338)
rot	=	brennbar (nach EN 720-2)
hellblau	=	oxidierend (nach EN 720-2)
leuchtendes Grün	=	inert (ungiftig, nicht korrosiv, nicht brennbar, nicht oxidierend).

Besonders gekennzeichnet sind:

kastanienbraun	=	Acetylen
weiß/blau	=	Sauerstoff und Lachgas.

Für medizinische Gasgemische und sauerstoffhaltige Luft ist vorgeschrieben:

weiß und schwarz	=	Luft oder synthetische Luft
weiß und braun	=	Helium/Sauerstoff
weiß und grau	=	Sauerstoff/Kohlenstoffdioxid
weiß und blau	=	Sauerstoff/Lachgas.

Die Farbe des Flaschenbehälters ist in der Norm nicht festgelegt. Die Gase-Industrie hat sich auf folgende drei Möglichkeiten geeinigt:

- Flaschenfarbe gemäß alter Kennzeichnung bei bereits vorhandenen Flaschen;
- Flaschenfarbe grau;
- Flaschenfarbe gleich der Farbe auf der Flaschenschulter.

Die alte Kennzeichnung der Flaschen vor Juli 1997 war:

graue Flasche	=	nicht brennbare Gase; einschl. Ammoniak
rote Flasche	=	brennbare Gase.

Davon abweichend waren besonders gekennzeichnet:

blaue Flasche = Sauerstoff
gelbe Flasche = Acetylen
grüne Flasche = Stickstoff.

Bei Acetylengasflaschen beachten, dass sich diese durch eine im Behälterinneren ablaufende Acetylengaszersetzung immer wieder von neuem selbst erwärmen können. Acetylengasflaschen sind daher nach einer Wärmebeaufschlagung mindestens 24 Stunden ständig zu kühlen.

35. Kann man an der Farbe der Rohrleitungen erkennen, welches Medium darin gefördert wird?

Ja, DIN 2403 schreibt vor:

Durchflussstoff	**Farbkennzeichnung**
Wasser	grün
Wasserdampf	rot
Luft	grau
brennbare Gase	gelb
nichtbrennbare einschl. verflüssigte Gase	gelb mit weißen oder schwarzen Ringen
Säuren	orange
Laugen	violett
brennbare Flüssigkeiten	braun
nicht brennbare Flüssigkeiten	braun mit weißen oder schwarzen Ringen
Sauerstoff	blau

Pfeile auf den Rohrleitungen zeigen die Fließrichtung an.

36. Wovon hängt beim Verdampfen brennbarer Flüssigkeiten die Explosionsgefahr ab?

Die Explosionsgefahr hängt vom Dampfdruck der Flüssigkeit ab. Er bestimmt, wie viel Gas aus der Flüssigkeit bei einer gegebenen Temperatur entweicht.

In der Praxis orientieren wir uns aufgrund der Einteilung der brennbaren Flüssigkeiten nach der „Verordnung über Lagerung, Umgang und den Transport brennbarer Flüssigkeiten“ (VbF) am Flammpunkt. Je geringer der Flammpunkt, um so größer die Menge entstehender Gase und um so größer die Explosionsgefahr.

37. Wie werden die brennbaren Flüssigkeiten nach VbF eingeteilt?

Brennbare Flüssigkeiten im Sinne der „Verordnung über Lagerung, Umgang und den Transport brennbarer Flüssigkeiten“ (VbF) sind Stoffe mit Flammpunkt (vgl. Y 16 bis 18), die bei 35 °C weder fest noch salbenförmig sind, bei 50 °C einen Dampfdruck von 3 bar oder weniger haben und zu einer der nachstehenden Gruppen gehören:

1. Gruppe A:

Flüssigkeiten, die einen Flammpunkt nicht über 100 °C haben und hinsichtlich der Wasserlöslichkeit nicht die Eigenschaften der Gruppe B aufweisen, und zwar:

Gefahrklasse I: Flüssigkeiten mit einem Flammpunkt unter 21 °C, z. B. Rohpetroleum, Petroläther, Benzin, Gasolin (Leichtbenzin), Benzol usw.

Gefahrklasse II: Flüssigkeiten mit einem Flammpunkt von 21 °C bis 55 °C, z. B. Petroleum, Terpentinölersatz, Xylol, Kumol usw.

Gefahrklasse III: Flüssigkeiten mit einem Flammpunkt von über 55 °C bis 100 °C, z. B. Leuchtöle, Solaröle, Gasöle, Heizöle, Dieselkraftstoff usw.

2. Gruppe B:

Flüssigkeiten mit einem Flammpunkt unter 21 °C, die sich bei 15 °C in jedem beliebigen Verhältnis in Wasser lösen oder deren brennbare flüssige Bestandteile sich bei 15 °C in jedem beliebigen Verhältnis in Wasser lösen (Alkohole, Spiritus).

Die VbF regelt u. a. auch Art und Menge der Lagerungsmöglichkeit von brennbaren Flüssigkeiten.

Bei Flüssigkeitsbränden kann Wasser nicht verwendet werden, höchstens bei kleinen Bränden Sprühstrahl. In der Hauptsache wird Schaum oder Pulver zur Brandbekämpfung angewendet (siehe U 5).

38. Wie entstehen Staubexplosionen?

Staubexplosionen sind überall dort möglich, wo es Staubablagerungen gibt.

Im Einsatz kann der Staub durch falschen Einsatz der Strahlrohre (direkt auf Staub auftreffender Strahl) aufgewirbelt werden. Durch die damit erzielte Oberflächenvergrößerung kann es zum schlagartigen Entzünden des Staubes kommen.

39. Wie kann eine Staubexplosion vermieden werden?

Der Betreiber soll durch ständiges Absaugen des Staubes eine Ablagerung vermeiden. Die Feuerwehr muss im Einsatz durch vorsichtigen Umgang mit Strahlrohren jede Staubaufwirbelung vermeiden. Grundsätzlich nur Sprühstrahl anwenden.

40. Was verstehen wir unter Gefahren durch „Elektrizität"?

Unter „Elektrizität" verstehen wir alle Gefahren, die vom elektrischen Strom ausgehen, sowie die Gefahren durch statische Elektrizität.

41. Wo treten Gefahren durch „Elektrizität" während des Feuerwehreinsatzes auf?

Nahezu bei jedem Feuerwehreinsatz sind wir den Gefahren durch Elektrizität ausgesetzt. Die Gefahren ergeben sich vor allem aus dem Schadenereignis selbst. Wir müssen jedoch auch bedenken, dass die Gefahren z. T. erst beim Tätigwerden entstehen (z. B.: Einsatz eines Stromerzeugers, statische Elektrizität beim Umfüllen brennbarer Flüssigkeiten).

42. Gibt es Regelungen für den Feuerwehreinsatz, die die Gefahr durch Elektrizität berücksichtigen?

Ja, das richtige und sichere Verhalten der Feuerwehr ist in DIN VDE 0132 „Brandbekämpfung im Bereich elektrischer Anlagen" geregelt. In dieser Vorschrift sind Hinweise für vorbereitende Maßnahmen, für Maßnahmen bei Bränden, über die Eignung von Löschmitteln, über Maßnahmen nach dem Brand und über erste Maßnahmen bei Unfällen durch elektrischen Strom enthalten.

43. Welche Grundsatzregelungen sind in der DIN VDE 0132 enthalten?

Vor Tätigwerden der Feuerwehr in Bereichen mit stromführenden Teilen gilt:

- Spannungsführende Teile sind stromlos zu schalten und gegen Wiedereinschalten zu sichern. Die Spannungsfreiheit ist zu überprüfen.
- Herabgefallene Leitungen und angrenzende Metallteile niemals berühren und gegen Berührung sichern.
- Schalthandlungen dürfen nur durch Elektrofachkräfte vorgenommen werden. Hiervon ausgenommen sind Hausinstallationen.
- Kurzschließen und Durchtrennen von stromführenden Leitungen und Kabeln dürfen von Feuerwehrangehörigen auch als Notmaßnahme zur Menschenrettung nicht durchgeführt werden.

44. Welche zusätzlichen Regelungen gelten für Niederspannungsanlagen?

Niederspannungsanlagen sind Starkstromanlagen mit Nennspannungen bis 1000 Volt (1 kV).

- Bei Annäherung, z. B. beim Erkunden und Retten, an unter Spannung stehenden Niederspannungsanlagen ist ein Mindestabstand von einem Meter einzuhalten.
- Beim Einsatz eines CM-Strahlrohres (max. 12 mm Düsendurchmesser) dürfen als Abstand zwischen Strahlrohr und unter Spannung stehendem Anlagenteil (Niederspannung) folgende Richtwerte nicht unterschritten werden:
  Sprühstrahl mind. 1 m
  Vollstrahl mind. 5 m

45. Welche zusätzlichen Regelungen (bezogen auf Frage 43 und 44) gelten für Hochspannungsanlagen?

Hochspannungsanlagen sind Starkstromanlagen mit Nennspannungen über 1000 Volt (1 kV).

- Hochspannungsanlagen (z. B. Schalt- und Umspannanlagen) dürfen nur in Gegenwart der zuständigen Elektrofachkräfte betreten werden. Die Weisungen der Fachkräfte sind zu befolgen.

- Im unmittelbaren Einwirkungsbereich eines Brandes liegende Anlagenteile sind durch Fachpersonal vor Annäherung spannungsfrei zu machen.
- Bei Annäherung, beim Erkunden und Retten in der Nähe von spannungsführenden nicht abgeschlossenen Hochspannungsanlagen, z. B. Freileitungen, sind folgende Mindestabstände einzuhalten.

Spannung in Volt	Mindestabstand in Meter
über 1 000 bis 110 000	3
über 110 000 bis 220 000	4
über 220 000 bis 380 000	5

Da wir die Nennspannung i. d. R. nicht wissen, sollte sich die Feuerwehr am 5-Meter-Wert orientieren.

- Bei Rettungsarbeiten im Bereich elektrischer Bahnen (von 1 bis 25 kV) ist eine Annäherung bis auf 1,5 m an die Oberleitung möglich. Dies bedeutet, dass Einsatzmaßnahmen an Zügen, z. B. Menschenrettung aus Personenwaggons, und in der Nähe von Zügen gefahrlos auch bereits vor der Freischaltung der Oberleitung durchgeführt werden können, solange die Oberleitung nicht zerstört ist und herabhängt, niemand auf die Waggons steigen muss und keine langen Einsatzgeräte, wie Leitern oder Einreißhaken, verwendet werden.
- Am Boden liegende Freileitungen und Fahrleitungen bis 20 kV sind im Abstand von mind. 20 m zu meiden. Haben die Leitungen Berührung mit Metallteilen, wie Zäunen, Geländern, Schienen, so ist auch von diesen Teilen ein Abstand von mind. 20 m einzuhalten.
- Beim Einsatz eines CM-Strahlrohres (max. 12 mm Düsendurchmesser) dürfen als Abstand zwischen Strahlrohr und unter Spannung stehendem Anlagenteil (Hochspannung) folgende Richtwerte nicht unterschritten werden:
  Sprühstrahl mind. 5 m
  Vollstrahl mind. 10 m

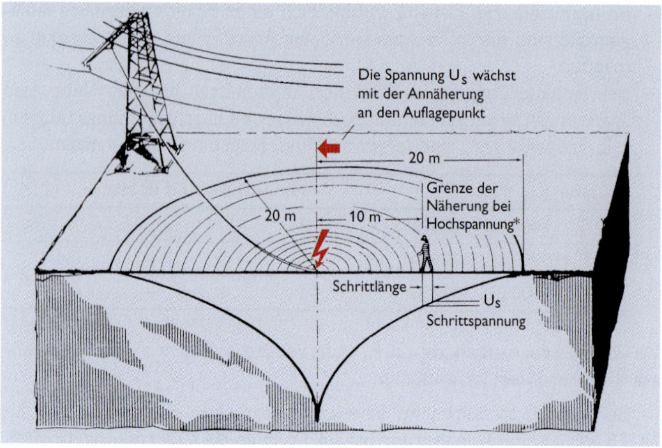

Bild 1: Spannungstrichter
* Die Grenze von 20 m darf nur bis auf einen Schutzabstand von mindestens 10 m unterschritten werden, nachdem die Fehlerstelle von einer Elektrofachkraft des betreffenden Energieversorgungsunternehmens beurteilt und eine solche Empfehlung ausgesprochen wurde.

46. Wo liegen die Gefahren durch Elektrizität bei Einsätzen in Gebäuden?

Bei einem Gebäudebrand treffen wir immer auf Elektroinstallationen.

In Wohngebäuden bereiten uns vor allem Brände in Untergeschossen Probleme, da die Elektroinstallation dort oft über Putz liegt. Auch bei nur geringer Brandintensität schmilzt die Ummantelung der Kabel ab und die stromführenden Kupferdrähte liegen frei.

Vorsicht ist immer auch bei Dachständern in Verbindung mit Dachstuhlbränden geboten. Die Dachständer können herabstürzen und Personen direkt treffen oder andere Teile unter Strom setzen. Selbst wenn nach dem Herabfallen des Dachständers alle „Lichter“ in der

Umgebung erlöschen, kann der Einsatzleiter nicht sicher sein, dass alle Leitungen am Dachständer stromlos sind.

Die Verbreitung der Photovoltaik konfrontiert die Einsatzkräfte auch bei Gebäudebränden immer häufiger mit den elektrischen Gefahren durch Photovoltaikanlagen. In diesen Anlagen treten gefährliche Gleichspannungen auf.

47. Wie verhält sich der bei Gebäudebränden in den Innenangriff vorgehende Trupp bzgl. der Gefahr durch Elektrizität?

Der Trupp schaltet in dem Geschoss, in das er zum Innenangriff vorgeht, die Hausinstallation am Sicherungskasten ab.

Bei Werkstätten findet er im Eingangsbereich in aller Regel einen Hauptschalter. Mit diesem Hauptschalter lassen sich alle Maschinen in der Werkstatt stromlos schalten.

Im Übrigen beachtet der vorgehende Trupp die nach DIN VDE 0132 vorgeschriebenen Annäherungs- und Strahlrohrabstände.

48. Wie gefährden Photovoltaikanlagen die Einsatzkräfte?

In Photovoltaikanlagen wird in meist auf dem Dach angebrachten Photovoltaikelementen ein Gleichstrom erzeugt. Der Gleichstrom kann bei Reihenschaltung eine Spannung bis etwa 900 Volt erreichen. Vom Photovoltaikelement wird der Gleichstrom über Stromleitungen bis zum Wechselrichter geführt, dort in Wechselstrom umgewandelt und von dort weiter ins Netz geleitet. Seit Juni 2006 sind Gleichstromhauptschalter (DC-Freischalter) zur Lasttrennung zwischen Photovoltaikelementen und Wechselrichter vorgeschrieben. Hierdurch kann ab diesem Freischalter eine Trennung der Gleichspannung führenden Teile zum Wechselrichter erreicht werden. Da die Photovoltaikelemente immer – auch bei Dunkelheit – Strom produzieren, liegt permanent eine hohe Spannung an, die die Einsatzkräfte gefährdet.

Bei älteren Anlagen ist der Wechselrichter oft im Keller untergebracht, so dass die stromführenden Leitungen durch das gesamte Gebäude führen. Neuerdings versucht man diese gefährliche Leitungsstrecke zu verringern, indem man den Wechselrichter bzw. den DC-Freischalter im Dachbereich unmittelbar in Nähe der Photovoltaikelemente einbaut.

Neben den Gefahren durch Elektrizität können im Brandfall die Photovoltaikelemente herunterfallen und die Einsatzkräfte gefährden.

49. Wie können sich die Einsatzkräfte vor den Gefahren durch Elektrizität bei Photovoltaikanlagen schützen?

Die Einsatzkräfte müssen folgende Mindestabstände nach DIN VDE 0132 einhalten:

Strahlrohrabstand mit CM-Rohr und Sprühstrahl:	1 m
Strahlrohrabstand mit CM-Rohr und Vollstrahl:	5 m

Die Anlage soll möglichst schnell – soweit möglich – stromlos geschaltet werden. Dies ist am DC-Freischalter möglich (vgl. Bild 2).

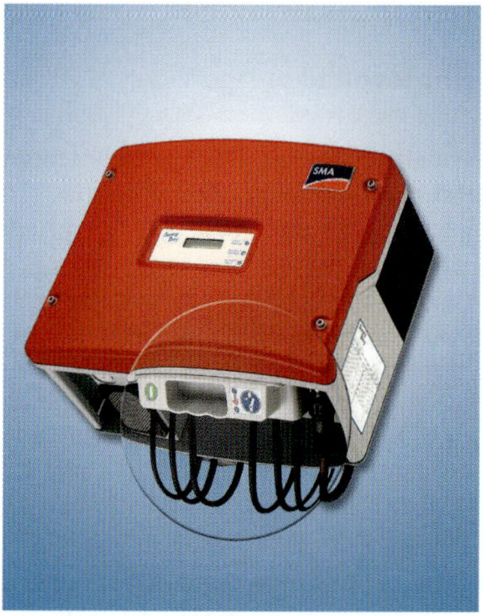

Bild 2: DC-Freischalter einer Photovoltaikanlage (SMA)

50. Was verstehen wir unter der Gefahr „Einsturz"?

Unter „Einsturz" verstehen wir jede Gefährdung als Folge fehlender Standsicherheit von Gebäuden, Gebäudeteilen oder Anlagen. Einsturz beinhaltet auch die Gefährdung durch herabstürzende Gegenstände und Bauteile.

51. Was sind Ursachen für einen Einsturz?

- Querschnittsminderung bei Holzbauteilen infolge Abbrand
- Querschnittsminderung bei Betonbauteilen infolge Abplatzung durch Wärmeeinwirkung
- Festigkeitsverlust bei Stahlbauteilen und freiliegender Betonbewehrung infolge Temperaturbeaufschlagung
- Zerspringen von Natursteinen infolge innerer Spannungen bei Temperaturbeaufschlagung
- Verschiebung von Auflagern bei Stahlträgern durch deren Längenausdehnung infolge Temperaturbeaufschlagung
- Überlastung von Bauteilen infolge Brandschutt und Löschwasser aufsaugender Stoffe (Stroh, Heu, Polstermöbel)
- Volumenvergrößerung stark quellender Stoffe nach Löschwasserbeaufschlagung (z. B. Quellen von Getreide in Silos) mit der Folge eines Auseinanderreißens der Behälter.

52. Wie erkennt man die Gefahr des Einsturzes?

Einsturzgefahr ist schwer zu erkennen. Am ehesten sind Veränderungen im Auflagerbereich festzustellen. Beispiele sind: Risse in Wänden, Verschiebungen von Mauerwerk, abgebrannte Knotenpunkte bei Holzkonstruktionen.

Einsturzgefährdet sind immer freistehende Wände, insbesondere Giebelwände und Schornsteine. Besonders hoch ist die Einsturzgefahr einzustufen, wenn herabgestürzte Träger die Wand einseitig belasten.

Bei Nachlösch- und Aufräumungsarbeiten stellen Stahlträger eine besondere Gefahr dar. Da sie sich bei Erwärmung ausdehnen, verschieben sie während eines Brandes ihre Auflager nach außen. Beim Abkühlen ist die Längenänderung dann wieder rückläufig, d. h. die Stahlträger ziehen sich wieder zusammen. Diese Längenänderung vollziehen die Auflagerpunkte sehr oft jedoch nicht mit, was zum Herabstürzen des Trägers während seiner Abkühlungsphase führt.

53. Wie schützen wir uns vor der Einsturzgefahr?

Die Einsatzkräfte müssen wissen, wo Einsturzgefahr bestehen kann. Beim Vorgehen müssen sie die Bauteile und die Konstruktion genau beobachten.

Vorgehende Trupps müssen ihren Rückzugsweg absichern und auf festen Stand achten, um sich schnell aus dem Gefahrenbereich entfernen zu können. Möglichst immer Standorte unter Türstürzen oder im Treppenraumbereich unter nach oben weiterführenden Stahlbetontreppen suchen.

Bei Holzkonstruktionen vordringlich Knotenpunkte ablöschen.

E

Persönliche Ausrüstung/ Schutzkleidung

1. Warum und für welche Bereiche müssen Schutzausrüstungen getragen werden?

Zum Schutz vor den Gefahren des Feuerwehrdienstes bei

- Ausbildung
- Übung
- Einsatz.

2. Welche Teile gehören nach UVV zur persönlichen Schutzausrüstung?

- Feuerwehrschutzanzug (nach DIN EN 469 und z. T. nach landesrechtlichen Vorschriften)
- Feuerwehrhelm mit Nackenschutz (nach DIN EN 443)
- Feuerwehrschutzhandschuhe (nach DIN EN 659)
- Feuerwehrschutzschuhwerk (nach DIN EN 15090 – Schuhe für die Feuerwehr)

Bild 1: Beispiel für persönliche Schutzausrüstung (BF Reutlingen)

3. Welche speziellen persönlichen Schutzausrüstungen können bei besonderen Gefahren notwendig werden?

- Flammschutzhaube oder Feuerschutzhaube (nach DIN EN 13911)
- Feuerwehrhaltegurt (nach DIN 14927)
- Feuerwehrleine mit Tragebeutel (nach DIN 14920)

- Warnweste (nach DIN EN 471), soweit der Feuerwehrschutzanzug die Warnwirkung nicht erfüllt
- Sonderschutzkleidung, z. B. Wathosen, Chemikalienschutzanzug, Hitzeschutzkleidung, Kontaminationsschutzkleidung
- Atemschutz (umluftabhängig oder -unabhängig)
- Augen- und Gesichtsschutz
- Auftriebsmittel (Schwimmwesten oder Rettungskragen)
- Gehörschutzmittel
- Schnittschutzausrüstung.

4. Welchem Zweck dient der Feuerwehrhelm?

- Schutz des Kopfes vor Verletzungen
- Schutz des Nackenbereiches vor Nässe und Glutteilen
- Anstrich und Reflexstreifen sollen Erkennbarkeit auch bei schlechten Sichtverhältnissen ermöglichen
- Kennzeichnung von Funktionen, z. B. Gruppenführer, Zugführer.

Bild 2: Feuerwehrhelm mit Nackenschutz (Ziegler)

5. Aus welchen wesentlichen Teilen besteht der Feuerwehrhelm?

- Nachleuchtende Helmschale
- Nackenschutz

- Innenausstattung
- Kinn-Nacken-Riemen.

Als Nackenschutz ist ein Nackenleder oder Helmtuch zulässig.

Am Helm kann zusätzlich ein Klappvisier angebracht sein.

Weiteres siehe DIN EN 443 – Feuerwehrhelme

6. Wozu werden Flammschutzhauben getragen?

Flammschutzhauben (oder auch Feuerschutzhauben) nach DIN EN 13911 sind Teil der persönlichen Ausrüstung beim Brandeinsatz, insbesondere in Kombination mit schwerem Atemschutz. Sie sollen die Einsatzkräfte im Bereich des Halses, Nackens und der Ohren vor Verbrennungen schützen. Die Hauben werden unter dem Helm, aber über der Atemschutzmaske getragen.

Die Hauben können im Winter auch als Kälteschutz getragen werden.

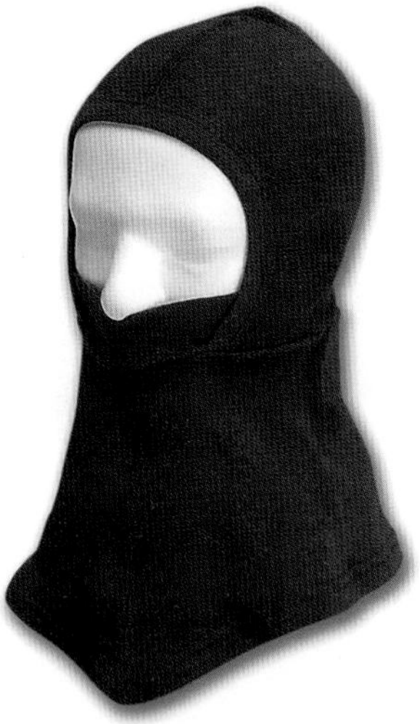

Bild 3: Flammschutzhaube (Ziegler)

7. Welchem Zweck dienen Schutzhandschuhe?

Schutzwirkung gegen:

- Schnitt- und Stichverletzungen
- Abschürfungen, Risswunden
- Verbrennungen
- geringe chemische Einwirkungen.

8. Wo werden die Anforderungen für Schutzhandschuhe beschrieben?

In DIN EN 659.

Bei der Kennzeichnung müssen neben der Kennzeichnung und Größe der Handschuhe zusätzlich in einem Piktogramm die Leistungsstufen für

- Scheuerfestigkeit
- Schnittfestigkeit
- Weiterreißfestigkeit
- Stichfestigkeit
- Brennverhalten
- Kontaktwärme
- Fingerfertigkeit

angegeben werden.

9. Wo sind die Anforderungen an Feuerwehr-Sicherheitsschuhwerk beschrieben?

In DIN EN 15090 – Schuhe für die Feuerwehr (früher auch DIN EN 345-2).

Die Anforderungen erfüllen Stiefel als Schnürstiefel oder Schaftstiefel mit Zehenschutzkappe, durchtrittsicherer Sohle, antistatischer Sohle, Anziehschlaufen, Profilierung der Sohle und Wasserdichtheit.

Bei der Kennzeichnung muss zusätzlich ein Piktogramm mit der Bezeichnung „F2A“ angegeben sein. Nur dann erfüllt ein solcher Stiefel die Anforderungen für Feuerwehr-Sicherheitsschuhwerk.

10. Wozu dient der Feuerwehr-Sicherheitsgurt bzw. der Feuerwehr-Haltegurt?

Der Sicherheitsgurt, bzw. der Haltegurt, soll den Feuerwehrmann in die Lage versetzen, sich mit dem Sicherungsseil auf Leitern und anderen ungesicherten Stellen gegen Abstürze zu sichern.

Der Gurt dient außerdem zum Retten von Personen und zum Selbstretten durch Abseilen unter Zuhilfenahme der Feuerwehrleine. Am Gurt wird das Feuerwehrbeil mit Schutztasche nach DIN 14924 getragen. Er ist ein 85 mm breiter Leibgurt mit Klemmschnallenverschluss oder Zweidornschnalle, an dem zwei Fangösen und ein Sicherungsseil mit Karabinerhaken und Multifunktionsöse befestigt sind.

Bild 4: Feuerwehr-Haltegurt (Ziegler)

11. Welche wiederkehrenden Prüfungen sind von den Feuerwehren durchzuführen?

Ein durch einen Absturz beanspruchter Gurt ist sofort zu prüfen. Außerdem hat jährlich eine Sichtprüfung zu erfolgen.

Bei diesen Prüfungen sind zu untersuchen:

- das Gurtband auf Abnutzung, Flecke, Risse oder Beschädigungen
- die Nähte auf Beschädigungen
- die Nieten auf Abnutzung, Einreißstellen und Beschädigungen
- die Beschläge auf einwandfreie Funktion (Zunge am Karabinerhaken muss federn) und Beschädigungen
- das Sicherungsseil auf Abnutzung, Flecke, zerrissene Fäden, ordnungsgemäße Beschaffenheit der Spleiße (Beschädigungen des Seiles liegen auch vor, wenn sich das Seil um einige Zentimeter gegenüber der Länge der Chromlederumhüllung gedehnt hat)
- die Sicherungsseilkauschen auf festen Sitz und Beschädigungen
- die Seilhülle aus Chromleder einschließlich deren Naht auf Abnutzung und Beschädigungen.

Feuerwehrsicherheitsgurte, die die Prüfbedingungen nicht erfüllen, sind entweder vom Hersteller instand setzen zu lassen oder auszumustern.

Ein Prüfnachweis ist zu führen.

12. Was ist bei der Reinigung der Sicherheitsgurte zu beachten?

Ein verschmutzter Sicherheitsgurt darf nur mit Seifenwasser (und nicht mit chemischen Reinigungsmitteln) gereinigt werden und muss ohne direkte Sonneneinwirkung zum Trocknen aufgehängt werden.

13. Wozu dient die Feuerwehrleine nach DIN 14920?

Die Feuerwehrleine dient zum Retten von Personen, zum Selbstretten, zur Sicherung von Einsatzkräften und anderen Personen bei Absturzgefahr, als Sicherungs- und Signalleine für vorgehende Einsatztrupps sowie zum Hochziehen und Ablassen von Gerät.

14. Welche wesentlichen Merkmale und Daten gelten für die Feuerwehrleine nach DIN 14920?

- Länge: 30 m
- Durchmesser: 10 mm (Toleranz: + 1 mm, – 0 mm)
- Material: Marken-Polyesterfasern
- Farbe: ungefärbt, nicht rot! (Rot nur für Mehrzweckleinen)
- Reißkraft: mind. 14 kN
- Gewicht: max. 2,5 kg
- Gebrauchsdauer: max. 20 Jahre.

Bild 5: Feuerwehrleine mit Tragebeutel (Ziegler)

15. Wie wird die Feuerwehrleine aufbewahrt, behandelt und gepflegt?

Leinen müssen in allen Fällen, in denen sie nicht der Abwehr dringender Gefahr dienen, schonend behandelt werden. Sie dürfen nicht mit Schmutz, Säuren und anderen ätzenden Flüssigkeiten oder mit Ölen und Putzmitteln, Brandstellenglut oder -schutt in Berührung kommen. Müssen Leinen über scharfe Kanten geführt werden, sind weiche Unterlagen zu verwenden.

Personen und Gegenstände müssen gleichmäßig und ohne Ruck abgeseilt werden. Besondere Vorsicht muss bei kurzen Gebrauchslängen der Leine angewendet werden, da ruckweise Belastung eine kurze Leine mehr beansprucht als eine längere.

Leinen sind nach jedem Gebrauch zu reinigen und zu trocknen. Nach dem Trocknen ist die Feuerwehrleine zu prüfen.

Die Feuerwehrleine ist in einem Beutel bereitzuhalten. Dient dieser Beutel als Tragebeutel, so ist ein Feuerwehrleinenbeutel nach DIN 14921 zu verwenden.

Leinen sind grundsätzlich an einem trockenen Ort aufzubewahren.

16. Wann muss Warnkleidung getragen werden?

Bei Tätigkeiten der Feuerwehr im Verkehrsbereich (Straßenraum).

Hinweis:
Warnkleidung verbessert auch die Erkennbarkeit der Feuerwehrangehörigen bei schlechten Sichtverhältnissen (z. B. Dunkelheit, Raucheinwirkung). Bei entsprechender Ausbildung des Feuerwehrschutzanzuges kann bereits mit diesem eine ausreichende Warnwirkung nach DIN EN 471 erreicht werden, so dass dann eine zusätzliche Warnkleidung (z. B. Warnweste) entfallen kann.

Bild 6: Warnkleidung (Warnweste) DIN EN 471 (Ziegler)

Bild 7: Feuerwehrschutzjacke mit integrierter Warnwirkung (Ziegler)

Sonderschutzkleidungen

17. Welche Sonderschutzkleidungen werden bei den Feuerwehren i.d.R. verwendet?

- Hitzeschutzkleidung (Wärmeschutzkleidung)
- Chemikalienschutzkleidung
- Kontaminationsschutzkleidung
- Schutzkleidung für Wasser- und Öleinsätze
- Schnittschutzausrüstung

18. Welche grundsätzliche Art von Schutzkleidung ist möglich?

- Teilschutzkleidung; sie schützt nur bestimmte Teile des Körpers. Beispiele: Gesichtsschutz, Schürze, Handschuhe, Stiefel, Gehörschutz, Schnittschutzhose, Wathose usw.
- Vollschutzkleidung; sie schützt die gesamte Körperoberfläche vor schädlichen Einflüssen.

Das Tragen von Vollschutzkleidung ist fast immer mit dem Tragen von umluftunabhängigem Atemschutzgerät verbunden.

Bild 8: Schnittschutzhose und Kopfschutz für Arbeiten mit Motorsäge (Ziegler/Stihl)

Bild 9: Wathose mit angearbeiteten Stiefeln für Wassereinsätze (Ziegler)

Hitzeschutzkleidung (Wärmeschutzkleidung)

19. Welchem Zweck dient die Hitzeschutzkleidung?

Sie schützt den Feuerwehrangehörigen in Zusammenwirken mit persönlicher Schutzausrüstung und ggf. Atemschutzausrüstung vor gefährlicher Wärmestrahlung.

Sie schützt nicht vor direkter Flammenbeaufschlagung!

20. Welche Arten von Hitzeschutzkleidung gibt es?

Form I, bestehend aus Kopfhaube mit Sichtgitter und Schulterschutz, sowie Fünffingerhandschuhen mit langen Stulpen

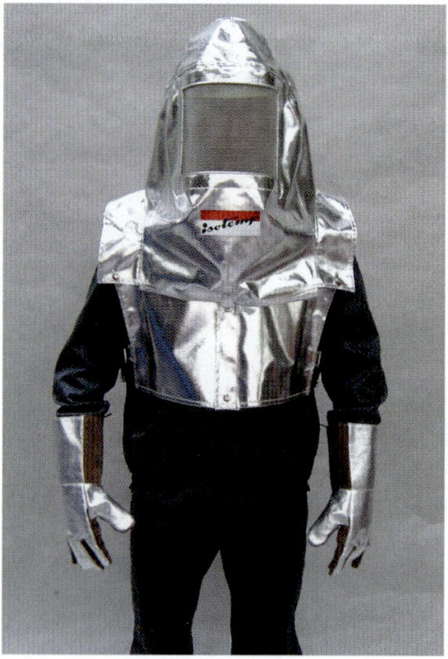

Bild 10: Hitzeschutzkleidung – Form I – (Isotemp)

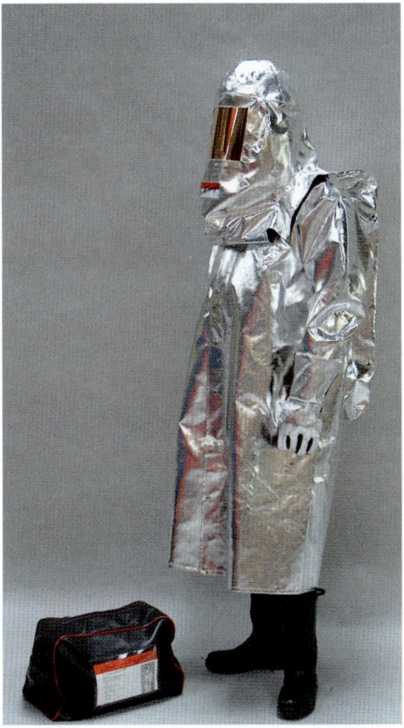

Bild 11: Hitzeschutzkleidung – Form II (Isotemp)

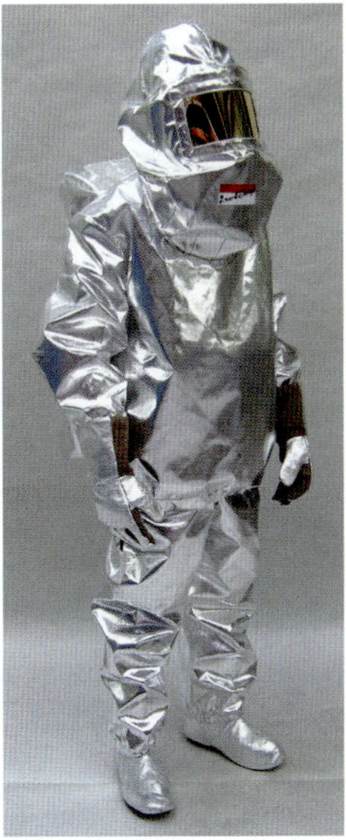

Bild 12: Hitzeschutzkleidung – Form III (Isotemp)

Form II, bestehend aus Mantel einschl. Kopfhaube mit Sichtscheibe, sowie Fünffingerhandschuhen mit langen Stulpen

Form III, bestehend aus Vollschutzanzug einschl. Kopfhaube mit Sichtscheibe und Hitzeschutzstiefel sowie Fünffingerhandschuhen mit langen Stulpen. Der Vollschutzanzug darf aus mehreren Teilen bestehen.

21. Welche wesentlichen Anforderungen ergeben sich für Hitzeschutzkleidung nach DIN 1486?

- Kopfhaube, Mantel, Anzug, Stiefel aus glanzverspiegeltem Gewebe oder Gewirke mit nach innen wirkender Dampfsperre und flüssigkeitsabweisender Oberfläche
- Sichtscheibe, z. B. goldbedampftes Verbundglas
- Tragen eines Pressluftatmers muss unter der Hitzeschutzkleidung möglich sein.

Hinweis:
Anforderungen waren früher in DIN 14942 geregelt.

Chemikalienschutzkleidung

22. Welchem Zweck dient der Chemikalienschutzanzug?

Er schützt den Träger des Anzuges bei direktem Kontakt mit Gefahrstoffen für eine begrenzte Zeitdauer (ca. 30 Minuten).

23. Nach welchem Regelwerk wird derzeit Chemikalienschutzkleidung für die Feuerwehr hergestellt und geprüft?

Nach der „Richtlinie 0801 – Chemikalienschutzanzüge" der vfdb (Vereinigung zur Förderung des Deutschen Brandschutzes).

Erläuterung:
In Ermangelung von für die Feuerwehr brauchbaren Regelungen (z. B. Normen) wurde die Richtlinie 0801 gemeinsam von den Anwendern (Feuerwehren) und der Industrie erarbeitet. Die meisten Bundesländer haben mittlerweile Regelungen derart getroffen, dass für den Feuerwehrbereich nur noch solche Chemikalienschutzkleidung beschafft wird, die die Anforderungen nach der Richtlinie 0801 der vfdb erfüllt. Damit ist ein vergleichbares Mindestschutzziel für Anwender und Hersteller erreicht.

Bild 13: Chemikalienschutzanzug (Vollschutz) (Tesimax)

24. Welche wesentlichen Anforderungen ergeben sich nach der „Richtlinie 0801 der vfdb" für Chemikalienschutzanzüge?

- Anzüge mit Sichtscheibe oder fest eingebauter Vollmaske
- Schutzhandschuhe und Stiefel müssen mit Anzug verbunden sein
- Feuerwehrhelm und Pressluftatmer müssen unter dem Anzug getragen werden können
- Anforderungen hinsichtlich Höchstzugkraft, Weiterreißkraft und Knickverhaltens des beschichteten Gewebes

- Anforderungen hinsichtlich Dichtheit insgesamt und Dichtheit gegen das Durchdringen von Chemikalien
- besondere Kennzeichnung der Schutzanzüge.

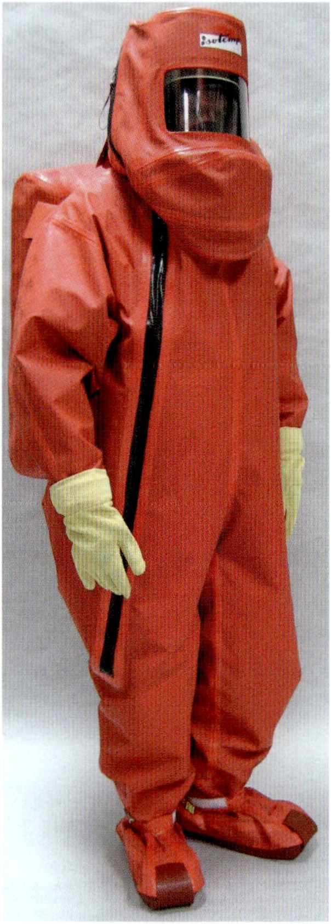

Bild 14: Chemikalienschutzkleidung (Isotemp)

Kontaminationsschutzkleidung

25. Welchem Zweck dient die Kontaminationsschutzkleidung?

Sie soll die Verschmutzung der Körperoberfläche (Haut, Haare) durch radioaktive Stoffe verhindern.

Hinweis:
Die Inkorporation (Aufnahme radioaktiver Stoffe über die Atemwege) muss mittels Atemschutzgeräten verhindert werden.

26. Welche Arten von Kontaminationsschutzkleidung werden im Feuerwehrdienst getragen?

- Kontaminationsschutzhaube und -handschuhe in Verbindung mit Feuerwehrschutzanzug, Helm, Stiefel und Atemschutzgerät
- Kontaminationsschutzanzug in Verbindung mit Helm, Stiefel und Atemschutzgerät
- Chemikalienschutzanzug (Vollschutz) mit Atemschutzgerät.

27. Wann wird die Kontaminationsschutzhaube getragen?

Bei Einsätzen in Verbindung mit radioaktiven Stoffen dient sie dem ersten vorgehenden Trupp als schnell anzulegender Kontaminationsschutz (Ersteinsatz). Sie wird i.d.R. bereits auf dem Anfahrtsweg im Einsatzfahrzeug angelegt. Sobald Kontaminationsschutzanzüge an der Einsatzstelle verfügbar sind, soll das nur mit Kontaminationsschutzhauben ausgerüstete Personal herausgelöst werden.

28. Aus welchem Material besteht Kontaminationsschutzkleidung?

Aus atmungsaktivem, dichtmaschigem Textilgewebe. Durch zusätzliche Imprägnierung wird flammwidriges, nachglimmsicheres, wasser- und ölabweisendes Verhalten erreicht.

Als Alternative kann Material wie für Chemikalienschutzkleidung verwendet werden.

Bild 15: Kontaminationsschutzkleidung für den *Ersteinsatz*, bestehend aus Kontaminationsschutzhaube und -handschuhen in Verbindung mit üblicher Einsatzkleidung und Atemschutzgerät (BF Heilbronn)

29. Aus welchen wesentlichen Teilen besteht der Kontaminationsschutzanzug?

- Einteiliger Anzug mit Kapuze
- Elastischer Dichtrahmen an Kapuze (Abschluss zur Atemschutzmaske)
- Elastische Dichtmanschetten an Ärmeln und Hosenbeinen.

Bild 16: Kontaminations-schutzanzug (BF Heilbronn)

30. Wie ist die Tragweise des Kontaminationsschutzanzuges aus Textilgewebe?

- Über Atemschutzmaske
- Unter Atemschutzgerät
- Über Feuerwehrschutzschuhwerk
- Unter Feuerwehrhelm.

31. Welche Vorteile hat das Tragen eines Chemikalienschutzanzuges als Kontaminationsschutzkleidung?

- Relativ leichte Dekontamination des Anzuges im Falle einer radioaktiven Verschmutzung
- Atemschutzgerät wird durch Anzug ebenfalls geschützt
- Am Kontaminationsnachweisplatz kein Wechsel am Atemanschluss vom Pressluftatmer zum Filter notwendig.

Bild 17: Kontaminationsschutz mittels Chemikalienschutzkleidung; Trageweise PA außen dargestellt (BF Heilbronn)

Wasser- und Eisrettung

32. Welche Schutzkleidung wird bei Wassereinsätzen getragen?

Mindestens Schwimmwesten und bei besonderen Wasser- und Eisrettungen zusätzlich Retteranzüge

Bild 18: Retteranzug zur Wasser- und Eisrettung (Isotemp)

F

Atemschutz

Allgemeines

1. Warum brauchen wir Atemschutz bei der Feuerwehr?

Zur Aufrechterhaltung des Lebens benötigt der Mensch Sauerstoff.

Dieser Sauerstoff gelangt durch die Atmung in den Körper und den Kreislauf des Menschen bis hin zu den Zellen, in denen der Sauerstoff benötigt wird.

Bei Einsätzen der Feuerwehr, insbesondere bei Brandeinsätzen, arbeiten die Feuerwehrangehörigen in Bereichen, in denen entweder zu wenig Sauerstoff zur Verfügung steht oder in denen die Feuerwehrangehörigen durch das Vorhandensein von Atemgiften gefährdet werden.

Ohne Atemschutzgeräte würden sie schwere, unter Umständen tödliche gesundheitliche Schädigungen erleiden.

Um dieser Gefährdung entgegenzuwirken und die Feuerwehrangehörigen zu schützen werden Atemschutzgeräte verwendet. Hierbei gilt, wenn Zweifel über das Vorhandensein von Sauerstoffmangel oder Atemgiften besteht, wird grundsätzlich Atemschutz verwendet.

Einsatzhinweise

Die Unversehrtheit der Einsatzkräfte hat erste Priorität. Daher ist im Zweifel stets umluftunabhängiges Atemschutzgerät anzulegen.

Bei geringerer Gefährdung, z. B. Aufräumen der Einsatzstelle, ist der Gebrauch von umluftabhängigen Atemschutzgeräten, z. B. Filtergeräten, auch wegen der geringeren körperlichen Belastung einsatztaktisch richtig.

2. Wie funktioniert der Atemvorgang?

Ohne zu atmen können wir nicht leben. Dieser Grundsatz beruht darauf, dass beim Atemvorgang Sauerstoff in den Körper geführt wird, der für die Energiegewinnung notwendig ist. Das „Abfallprodukt" Kohlendioxid wird durch den Atemvorgang ausgeschieden.

Warum die Atmung im Verhältnis zu anderen lebensnotwendigen Maßnahmen eine so große Rolle spielt, zeigt das folgende Bild:

Bild 1: Atmung ist der lebensbegrenzende Faktor (Quelle: Neckar Verlag)

Wie aus dem Bild ersichtlich, ist der Zeitraum, in dem die lebensnotwendige Atmung wiederholt werden muss, erheblich kürzer als beispielsweise die Flüssigkeitszufuhr oder gar die Nährstoffzufuhr. Deshalb wird der Atmung eine besondere Bedeutung zuteil.

Hierbei wird in zwei Arten der Atmung unterschieden:

- Äußere Atmung (Gasaustausch in der Lunge)
- Innere Atmung (Gasaustausch in den Zellen)

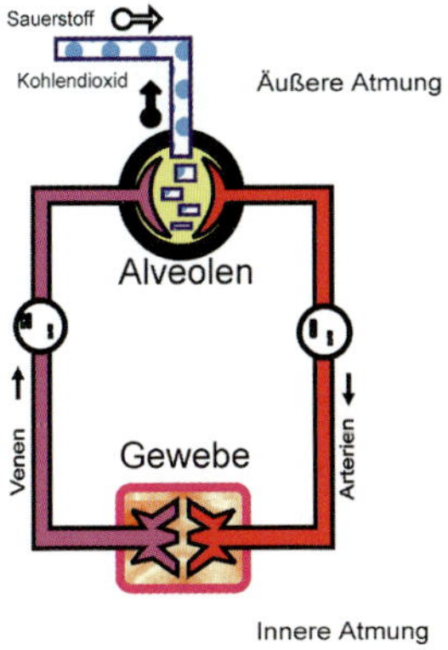

Bild 2: Innere und äußere Atmung (Quelle: Neckar Verlag)

Im unteren Bild werden die einzelnen Atmungsorgane dargestellt.

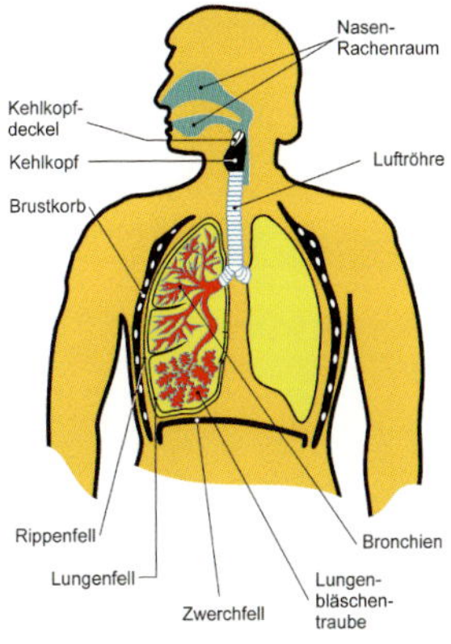

Bild 3: Atmungsorgane (Quelle: Neckar Verlag)

In den einzelnen Lungenbläschen findet der eigentliche Austausch statt. Es wird Sauerstoff an das Blut abgegeben und das Kohlendioxid aus dem Blut in die Ausatemluft abgeführt.

3. Wieviel Atemluft braucht der Mensch?

Der Sauerstoffbedarf und somit der Bedarf an Luft ist von der körperlichen und seelischen Belastung (Angst, Aufregung) abhängig.

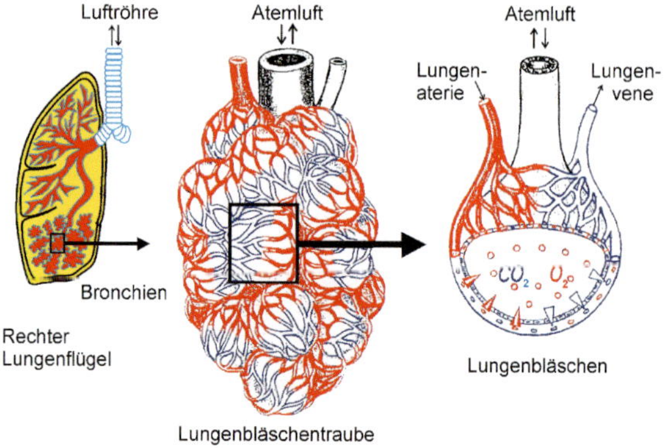

Bild 4: Die Lunge im Detail (Quelle: Neckar Verlag)

In der Minute benötigt der Mensch:

in Ruhe	8–10 l Luft
bei mäßiger Arbeit	15–30 l Luft
bei starker Anstrengung	40–80 l Luft.

Das entspricht einem Sauerstoffbedarf von:

in Ruhe	etwa 0,25 l
bei leichter Arbeit	etwa 0,80 l
bei schwerer Arbeit	etwa 2,00 l
bei schwerster Arbeit	etwa 3,00 l und mehr.

Erhöhter Sauerstoffbedarf wird durch Erhöhung der Atemfrequenz und Volumenvergrößerung der Atemzüge ausgeglichen.

4. Wie setzt sich die Atemluft zusammen?

Einatemluft:		*Ausatemluft:*	
Sauerstoff	21 %	Sauerstoff	17 %
Kohlendioxid	0,04 %	Kohlendioxid	4,04 %
Stickstoff	78 %	Stickstoff	78 %
Edelgase	0,96 %	Edelgase	0,96 %

Die einzige Veränderung in der Zusammensetzung zwischen der Ein- und der Ausatemluft besteht darin, dass bei der Ausatemluft der Kohlendioxidanteil um rund 4 % ansteigt. Das bedeutet, dass der Körper rund 4 % Sauerstoff der Einatemluft aufnimmt und dafür beim Ausatmen rund 4 % Kohlendioxid wieder über die Ausatemluft abgibt. Alle anderen Bestandteile bleiben gleich.

5. Was ist die Folge, wenn der Sauerstoffgehalt der Atemluft sinkt?

Wenn der Sauerstoffgehalt in der Luft auf etwa 17 % sinkt, sind noch keine merklichen Probleme feststellbar. Sinkt jedoch der Sauerstoffgehalt weiter ab, so ist zunächst mit einer merklich sinkenden Leistungsfähigkeit zu rechnen. Ab etwa 15 % Sauerstoffanteil in der Einatemluft ist mit einer plötzlichen Ohnmacht und mit lebensbedrohlichen Folgen zu rechnen.

6. Wird Sauerstoffmangel durch Sinnesorgane wahrgenommen?

Sauerstoffmangel kann durch Sinnesorgane nicht wahrgenommen werden und ist deshalb so gefährlich.

7. Was sind Atemgifte?

Atemgifte sind in der Luft befindliche Gase, Dämpfe oder Schwebstoffe, die über die Atemwege und/oder die Haut in den Körper gelangen und dort schädigend wirken können. Die Schädigung durch Atemgifte sind je

- nach Wirkungsart des Giftes

- nach Höhe der eingeatmeten Konzentration und
- nach ihrer Einwirkungsdauer

unterschiedlich.

8. Wie werden die Atemgifte hinsichtlich ihrer Wirkung auf den menschlichen Körper unterschieden?

Sie werden wie folgt unterschieden:

- Atemgifte mit erstickender Wirkung. Sie sind in aller Regel selbst ungiftig, verdrängen aber den in der Luft befindlichen Sauerstoff.
- Blut, Nerven und Zellen schädigende Atemgifte. Bei Blutgiften wird das Hämoglobin gehindert, Sauerstoff aufzunehmen oder an den Körper abzugeben. Nerven- und Zellgifte gelangen über die Blutbahn zu den Nervenzellen und können dadurch das Nervensystem empfindlich stören.
- Atemgifte mit Reiz- und Ätzwirkung: Sie reizen die Atemwege und schädigen das Lungengewebe. Sie sind wasserlöslich und können durch den Geruchssinn wahrgenommen werden, was ihre Gefährlichkeit nicht mindert. Zwischen der Einatemphase und der Wirkungsphase kann eine Latenzzeit von mehreren Stunden liegen.

Einsatzhinweis

Der Feuerwehrmann schützt sich gegen Atemgifte durch Atemschutzgeräte.

9. Wozu dienen Atemschutzgeräte?

Atemschutzgeräte dienen dazu, es dem Träger zu ermöglichen, sich unter Aufrechterhaltung seiner Atmung in gesundheitsschädigender Umgebungsluft aufzuhalten. Entsprechend ihrer Schutzwirkung, werden diese in Filter- (abhängig von der Umgebungsatmosphäre) und Isoliergeräte (unabhängig von der Umgebungsatmosphäre) eingeteilt.

10. Welche Filtergeräte werden bei den Feuerwehren eingesetzt?

Die EN 133 unterteilt die Filtergeräte in drei Gruppen:

1. Filtergeräte gegen Partikel
   - Atemanschluss mit Partikelfilter
   - Filtrierender Atemanschluss gegen Partikel
2. Filtergeräte gegen Gase und Dämpfe
   - Atemanschluss mit Gasfilter
   - Filtrierender Atemanschluss gegen Gase und Dämpfe
3. Filtergeräte gegen Partikel, Gase und Dämpfe
   - Atemanschluss mit Kombinationsfilter
   - Filtrierender Atemanschluss gegen Partikel, Gase und Dämpfe

Bei den Feuerwehren werden in der Regel nur Filter gegen Partikel, Gase und Dämpfe, also sogenannte Kombinationsfilter in Verbindung mit einer Vollmaske eingesetzt.

11. Was sind Umluft unabhängige Atemschutzgeräte (Isoliergeräte)?

Umluft unabhängige Atemschutzgeräte sind von der Umgebungsatmosphäre unabhängig.

Die EN 133 unterteilt in folgende Haupttypen:

1. Nicht frei zu tragende Isoliergeräte
   - 1.1 Frischluft-Schlauchgeräte
     - Frischluft-Saugschlauchgeräte
     - Frischluft-Druckschlauchgeräte mit Handgebläse
     - Frischluft-Druckschlauchgeräte mit Motorgebläse
   - 1.2 Druckluft-Schlauchgeräte
     - Druckluft-Schlauchgeräte mit Regelventil
     - Druckluft-Schlauchgeräte mit Lungenautomat
     - Druckluft-Schlauchgeräte mit Lungenautomat und mit Überdruck
2. Frei zu tragende Isoliergeräte
   - 2.1 Behältergeräte
     - Behältergeräte mit Druckluft (Atemanschluss mit Normaldruck)

- Behältergeräte mit Druckluft (Atemanschluss mit Überdruck)

2.2 Regenerationsgeräte
- Regenerationsgeräte mit Drucksauerstoff
- Regenerationsgeräte mit Flüssigsauerstoff
- Regenerationsgeräte mit Chemikalsauerstoff

Bei den Feuerwehren kommen bis auf ganz wenige Ausnahmen nur frei tragbare Isoliergeräte zur Anwendung.

12. Welche Atemschutzgeräte sollen bei den Feuerwehren eingesetzt werden?

Bei den Feuerwehren sollen nach erfolgter Gefährdungsbeurteilung durch den Leiter der Feuerwehr Geräte nach den vfdb-Richtlinien 0801 bis 0803 eingesetzt werden.

Atemanschluss (Atemschutzmaske)

13. Welche Atemanschlüsse dürfen bei der Feuerwehr verwendet werden?

Bei der Feuerwehr dürfen nur Atemanschlüsse verwendet werden, die geprüft sind. Das sind nur Vollmasken oder eine Helm-Maskenkombination.

Die Vollmaske dient dazu, das Gesicht und hier insbesondere die Nase und den Mund, als Einatmungsorgane des Geräteträgers gegenüber der Umgebungsatmosphäre zu schützen, um das Einatmen eventuell vorhandener Atemgifte zu vermeiden. Daneben schützt sie gegen Strahlungswärme und vor mechanischen Einflüssen.

Die Verbindung zwischen dem Atemanschluss und dem Atemschutzgerät muss einer der folgenden Anforderungen entsprechen:

EN 148–1 für Geräte ohne Überdruck (Rundgewindeanschluss)
EN 148–2 für Regenerationsgeräte (Zentralgewindeanschluss)
EN 148–3 für Geräte mit Überdruck (Gewindeanschluss M 45 × 3)
DIN 58 600 für Geräte mit Überdruck und Steckverbindung.

Außerdem ist zu beachten, dass Vollbartträger und Personen mit starken Koteletten wegen mangelhafter Dichtwirkung der Atemschutzmaske als Geräteträger nicht geeignet sind (siehe einschlägige Regelungen der Länder).

14. Woraus besteht der Atemanschluss (Vollmaske)?

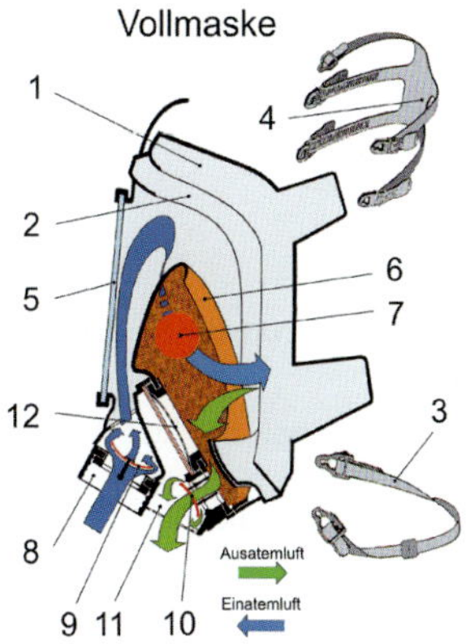

1. Maskenkörper
2. Dichtrahmen
3. Trageband
4. Bebänderung
5. Sichtscheibe
6. Innenmaske
7. Steuerventile
8. Anschlussstück
9. Einatemventil
10. Ausatemventil
11. Vorkammer
12. Sprechmembran

Bild 5: Wege der Atemluft in der Vollmaske (Quelle: Neckar Verlag)

Der Maskenkörper besteht aus einer Gummimischung. Der Dichtrahmen und die Kinnstütze bzw. Kinntasche müssen dicht schließen. Das Anschlussstück enthält beim Normaldruckgerät ein Rundgewinde und beim Überdruckgerät ein Spitzgewinde zum Anschließen an das Atemschutzgerät. Im Anschlussstück befindet sich das Einatemventil. Das Ausatemventil ist eine Gummimembrane mit großem Querschnitt, die ein leichtes Ausatmen ermöglicht.

Die Bebänderung besteht aus Stirnband, Schläfenband und Nackenband, sie sind stufenlos verstellbar und halten die Vollmaske am Kopf fest.

Um den Atemlufttotraum möglichst gering zu halten, ist eine Innenmaske mit 2 Steuerventilen eingebaut.

Die Sprechmembrane im Anschlussstück sorgt für gute sprachliche Verständigung.

15. Worin besteht der Unterschied zwischen einem Atemanschluss mit Normaldruck gegenüber einem mit Überdruck?

Normaldruck

- Rundgewindeanschluss
- unbelastetes Ausatemventil

Überdruck

- Spitzgewindeanschluss
- federbelastetes Ausatemventil

16. Was ist der Totraum eines Atemanschlusses und welche Bedeutung hat er?

Wie bereits erwähnt, findet der eigentliche Austausch der Luft (Sauerstoff) in den Lungenbläschen (Alveolen) statt. Jedoch verbleibt ein Teil der Einatemluft in den Atemwegen, die sich oberhalb der Lungenbläschen befinden (Mund, Rachen, Kehlkopf, etc). Dies ist der sogenannte anatomische Totraum. In diesem wird die Luft nur „hin – und hergeschoben".

Wenn der Atemschutzgeräteträger nun einen Atemanschluss anlegt, so wird durch die Innenmaske dieser anatomische Totraum noch vergrößert. Durch eine kurze flache Atmung des Atemschutzgeräteträgers gelangt dann nicht mehr genügend Sauerstoff in die Lunge und es kommt zu einer so genannten Atemkrise.

Um einer Atemkrise vorzubeugen sollten immer tiefe gleichmäßige Atemzüge gemacht werden.

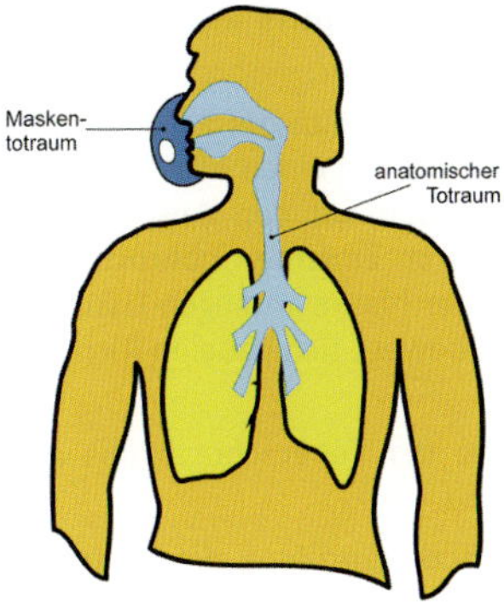

Bild 6: Totraum (Quelle: Neckar Verlag)

17. Wie ist der Weg der Atemluft in dem Atemanschluss?

Die eingeatmete Luft bestreicht die Sichtscheibe und nimmt die kondensierende Feuchtigkeit auf. Dadurch kann die Sichtscheibe nicht beschlagen. Durch die zwei Steuerventile gelangt die Luft in die Innenmaske und wird eingeatmet. Die feuchte Ausatemluft wird aus der Innenmaske über das Ausatemventil direkt ins Freie geführt.

18. Wie wird die Vollmaske richtig an- und abgelegt?

Anlegen:

- Vollmaske aus dem Behälter entnehmen und Kontrolle der Bebänderung und eventuell nach Bedarf den Sitz der Maskenbrille.
- Vollmaske am Nackentrageband umhängen.
- Vollmaske über den Kopf ziehen und anlegen.
- Haare aus dem Dichtrahmen entfernen.
- Bebänderung von unten beginnend jeweils beidseitig nach hinten anziehen. Nicht zu fest anziehen – Kopfschmerzen
- Maskendichtprobe (wie unter F 19 beschrieben)

Ablegen:
Das Ablegen der Atemschutzmaske erfolgt in umgekehrter Reihenfolge.

19. Wie prüft man den Atemanschluss auf Dichtigkeit?

Nach dem Anlegen des Atemanschlusses wird nun die Maskendichtprobe durchgeführt. Hierbei fixiert man mit der einen Hand das Anschlussstück und legt die andere Hand leicht auf den Anschluss im Bereich des Einatemventils. Nun wird durch Einatmen überprüft, ob sich an irgendeiner Stelle Luft ins Innere der Maske ansaugen lässt. Die Maske, insbesondere der Maskenkörper, bewegt sich dabei in Richtung Gesicht.

Dieser Vorgang wird nach dem Anlegen der Feuerschutzhaube und nach dem Anlegen des Helmes wiederholt.

Die Dichtprüfung ist Bestandteil der Einsatzkurzprüfung, die vor jedem Atemschutzeinsatz durchzuführen ist.

Bild 7: Dichtigkeitsprüfung beim Atemanschluss (Quelle: Neckar Verlag)

20. Was ist beim Tragen einer Vollmaske von einem Brillenträger zu beachten?

Es dürfen nur entsprechend passende Maskenbrillen verwendet werden. Diese haben keine Brillenbügel, die durch den Bereich des Dichtrahmens der Maske führen. Sie werden an der Atemschutzmaske direkt befestigt. Andere Brillen (Sportbrillen, etc) dürfen nicht verwendet werden, da diese einen Bügel oder ein Band haben, das durch den Dichtrahmen der Maske führt und wodurch eine Undichtigkeit nicht auszuschließen ist.

21. Welche Wartung ist erforderlich?

Nach jedem Gebrauch ist die Maske dem Atemschutzgerätewart zu übergeben. Dieser reinigt, desinfiziert und prüft die Maske nach Herstellerangaben bzw. den Vorgaben der FwDV 7 bzw. vfdb-Richtlinie 0804.

Filtergeräte

22. Welche Grundsätze bestehen hinsichtlich des Einsatzes von Filtergeräten?

Filtergeräte können bei der Feuerwehr nur eingesetzt werden, wenn dem Geräteträger ausreichend Sauerstoff zur Verfügung steht und die Schadstoffe in der Umgebungsatmosphäre bekannt sind, da die Filtergeräte abhängig von der Umluft sind.

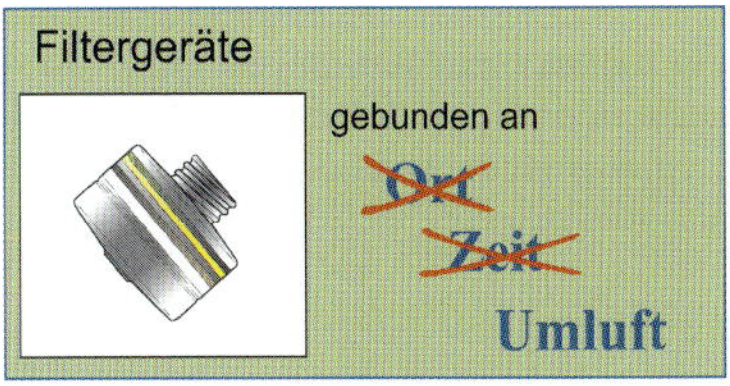

Bild 8: Filtergeräte sind an die Umluft gebunden (Quelle: Neckar Verlag)

Daher gibt die FwDV 7"Atemschutz"entsprechende Einsatzgrundsätze vor:

- Filtergeräte dürfen nur eingesetzt werden, wenn Luftsauerstoff in ausreichendem Maße vorhanden ist. Das bedeutet, dass mindestens 17 Vol.% vorhanden sein muss.
  - Filtergeräte dürfen nicht eingesetzt werden, wenn Art und Eigenschaft der vorhandenen Atemgifte unbekannt sind, wenn Atemgifte vorhanden sind, gegen deren Art oder Konzentration das Filter nicht schützt oder wenn starke Flocken- oder Staubbildung vorliegt.
  - Die Einsatzgrenzen der Atemfilter sind zu beachten. In Zweifelsfällen sind Isoliergeräte zu verwenden.

Einsatzhinweis

Die Verwendung von Filtergeräten gewinnt zunehmend an Bedeutung, da zur Erhöhung des Schutzes der Einsatzkräfte auch bei Nachlösch- und Aufräumungsarbeiten umluftabhängige Atemschutzgeräte verwendet werden sollten.

  - Gasfilter dürfen grundsätzlich nur gegen solche Gase und Dämpfe eingesetzt werden, die der Atemschutzgeräteträger bei Filterdurchbruch riechen oder schmecken kann. Die Möglichkeit einer Beeinträchtigung oder Lähmung des Geruchssinns durch den Schadstoff ist zu berücksichtigen. Die Herstellerangaben sind zu beachten.
- Bei Verwendung von Atemfiltern ist auf Funkenflug (zum Beispiel Trennschleifen, Brennschneiden) oder offenes Feuer zu achten (Brandgefahr).
  - Atemfilter, die geöffnet und benutzt wurden, müssen nach dem Einsatz unbrauchbar gemacht und entsorgt werden. Geöffnete, unbenutzte Filter können zu Ausbildungs- und Übungszwecken verwendet werden.

Bild 9: Grenzen für den Einsatz von Filtergeräten (Quelle: Neckar Verlag)

23. Welche Arten von Filtergeräten finden Verwendung?

Filtergeräte gegen Gase und Dämpfe (Gasfilter)

Diese Filter bestehen aus einem Gehäuse, das mit Aktivkohle gefüllt ist. Durch das Einatmen von Gasen oder Dämpfen werden die Schadstoffe von der Aktivkohle aus der Einatemluft entfernt.

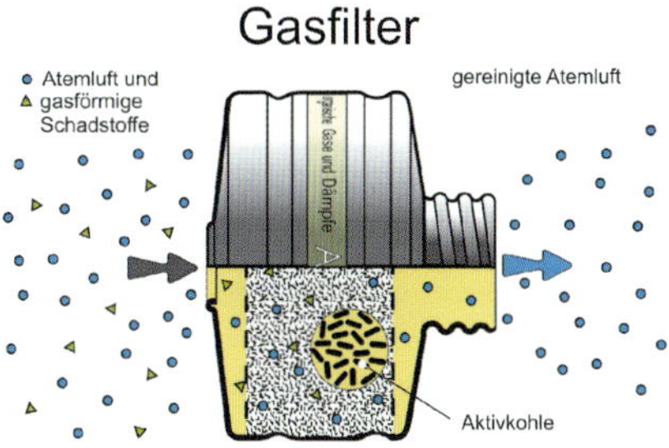

Bild 10: Gasfilter (Quelle: Neckar Verlag)

Filtergeräte gegen Partikel (Partikelfilter)

Partikelfilter sind mit einer Art Filterpapier gefüllt, an dem die unerwünschten Partikel der Umgebungsatmosphäre hängen bleiben.

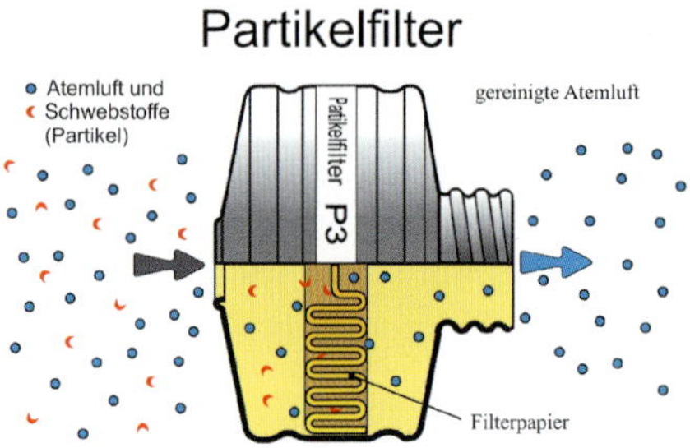

Bild 11: Partikelfilter (Quelle: Neckar Verlag)

Filtergeräte gegen Partikel, Gase und Dämpfe (Kombinationsfilter)

Diese Filter enthalten sowohl Filterpapier als auch Aktivkohle. Sie werden Kombinationsfilter genannt, weil sie unterschiedliche Schadstoffe aus der Atemluft entfernen. Sie filtern sowohl Partikel als auch Gase und Dämpfe aus der Umgebungsatmosphäre.

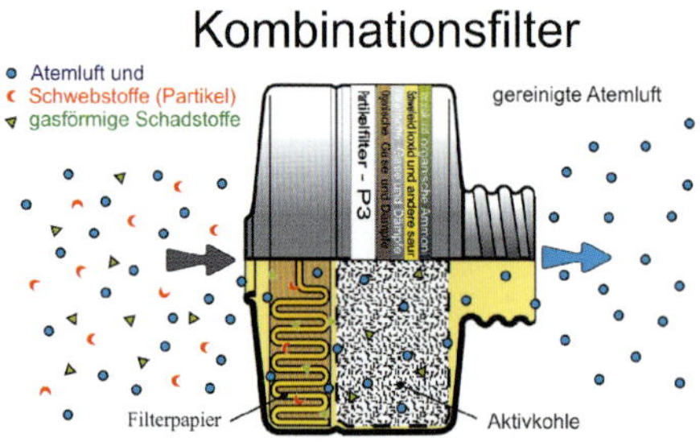

Bild 12: Kombinationsfilter (Quelle: Neckar Verlag)

Bei der Feuerwehr kommen in der Regel, wenn die Umgebungsatmosphäre dies zulässt, Kombinationsfilter zum Einsatz.

24. Welche Filtertypen oder Kombinationen davon kennt die DIN 3181 und die EN 141 bzw. EN 143?

Filtertyp	Kennfarbe	Hauptanwendungsbereich
A	Braun	Organische Gase und Dämpfe, Siedepunkt > 65 °C z. B. Tetrachlormethan
B	Grau	Anorganische Gase und Dämpfe z. B. Schwefelwasserstoff
E	Gelb	Schwefeldioxid und andere saure Gase und Dämpfe
K	Grün	Ammoniak
P	Weiß	Partikel
	oder Kombinationen davon (Spezialfilter)	
NO-P3	Blau/Weiß	Stickoxide (z. B. NO, NO_x)
Hg-P3	Rot/Weiß	Quecksilberdampf

25. Was ist eine Brandfluchthaube?

Brandfluchthauben sind spezielle Filtergeräte mit Kombinationsfiltern, die verwendet werden, um Personen aus rauchfreien Bereichen durch verrauchte Bereiche im Rahmen einer Rettung nach außen zu führen.

Sie müssen entsprechend der Bedienungsanleitung angelegt werden, ansonsten bieten sie keinen oder nur wenig Schutz für den zu Rettenden.

Schlauchgeräte

26. Welche Arten von Schlauchgeräten gibt es?

1. Frischluft-Saugschlauchgeräte
2. Frischluft-Druckschlauchgeräte
3. Druckluft-Schlauchgeräte

27. Woraus besteht ein Frischluft-Saugschlauchgerät und wie arbeitet es?

Es besteht aus: Atemschutzmaske, Atemschlauch mit den Schlauchanschlussstücken, Luftzuführungsschlauch, Staubfilter, Leibgurt mit dem Anschlussstück.

Beim Saugschlauchgerät saugt der Geräteträger mit eigener Lungenkraft Luft aus giftfreier Außenluft an. Die Ausatemluft entweicht durch das Ausatemventil.

Während der Ausatmung ist das Einatemventil geschlossen, so dass die Ausatemluft nicht in den Luftschlauch zurücktreten kann.

28. Woraus besteht das Frischluft-Druckschlauchgerät und das Druckluft-Schlauchgerät?

Der Aufbau ist gleich wie beim Frischluft-Saugschlauchgerät, nur wird die Luft dem Geräteträger mittels eines Blasebalgs, eines Gebläses oder eines Druckluftinjektors zugeführt. Beim Druckluftinjektor wird der Inhalt einer Druckluftflasche als Luftförderer benutzt. Das Druckgas strömt über einen Druckminderer in die Düse des Injektors, der Frischluft ansaugt und sie zum Geräteträger fördert. Am Gurt des Geräteträgers ist ein kleiner Atembeutel aus gummiertem Stoff befestigt, um die auch während der Ausatmung nachströmende Frischluft zu speichern.

Beim Druckluft-Schlauchgerät wird die Luft aus einer Druckluftflasche mit Druckminderer oder mit einem Niederdruckkompressor über ein Rohrleitungsnetz zugeführt, wobei man bei der Luftzuführung zwischen der Ausführung mit Regelventil oder Lungenautomat unterscheidet.

29. Welche Vorteile und Nachteile haben Schlauchgeräte?

Vorteile: Einfacher Aufbau. Zufuhr stets frischer, kühler Luft (geeignet beim Befahren von Tanks).

Nachteile: Der lange Zuführungsschlauch muss nachgezogen werden; er behindert den Geräteträger in seiner Bewegungsfreiheit, Gefahr der Beschädigung des Zuführungsschlauches. Sie dürfen nicht eingesetzt werden, wenn der Rückzug gefährdet ist, womit der Einsatz auf Brandstellen praktisch ausgeschlossen ist.

Schlauchgeräte finden daher bei den öffentlichen Feuerwehren keine Verwendung da man hierbei an den Ort gebunden ist.

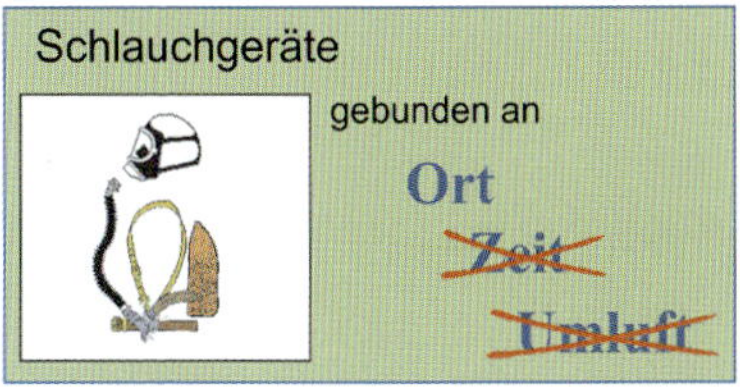

Bild 13: Schlauchgeräte sind an den Ort gebunden (Quelle: Neckar Verlag)

Isoliergeräte

30. Welche frei zu tragenden Isoliergeräte werden von der Feuerwehr eingesetzt?

Bei der Feuerwehr werden folgende Behältergeräte verwendet:

Hierbei wird unterschieden in:

1. Behältergeräte mit Druckluft (Pressluftatmer) und einem Atemanschluss mit Normaldruck
2. Behältergeräte mit Druckluft (Überdruckpressluftatmer) und einem Atemanschluss mit Überdruck

31. Was sind Behältergeräte mit Druckluft?

Behältergeräte mit Druckluft (Pressluftatmer), nach DIN 58 645 T1 und T10 und der EN 137 werden von den Feuerwehren im Einsatz verwendet. Der Pressluftatmer ist ein lungenautomatisches Atemschutzgerät ohne Rückgewinnung der Ausatemluft. Die Einatemluft wird den Atemluftflaschen durch eine atemgesteuerte Dosierungseinrichtung (Lungenautomat) entnommen, die selbsttätig die erforderliche Luftmenge liefert. Die Ausatemluft entweicht durch das Ausatemventil der Atemschutzmaske ins Freie. In den Atemluftflaschen befindet sich von Öl, Staub und Feuchtigkeit befreite komprimierte Luft nach DIN EN 12021. Der Pressluftatmer gehört zur Gruppe der Isoliergeräte, die ihren Benutzer von der Umgebungsluft unabhängig macht.

Durch den begrenzten Druckluftvorrat ist der Geräteträger hier an die Zeit gebunden.

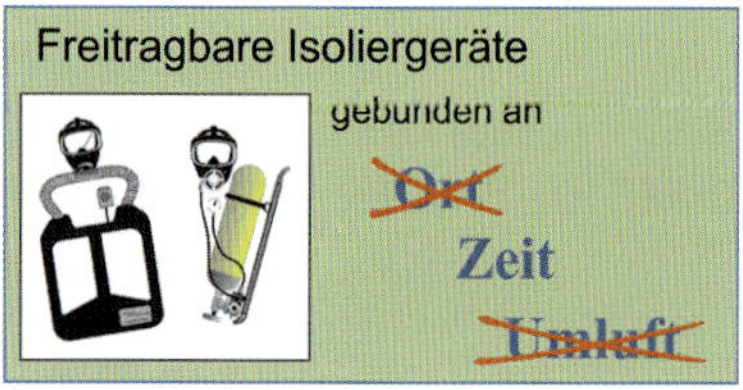

Bild 14: Freitragbare Isoliergeräte sind an die Zeit gebunden (Quelle: Neckar Verlag)

Die Atemanschlüsse für den Feuerwehreinsatz müssen zugelassene Vollmasken sein.

32. Welche Arten von Pressluftatmern gibt es?

1. Gerät mit 1 Druckluftflasche von 6 bzw. 6,8 l Inhalt und 300 bar Nennfülldruck.
2. Gerät mit 2 Druckluftflaschen zu je 4 l Inhalt mit 200 bar Nennfülldruck.
3. Gerät mit 2 Druckluftflaschen zu je 6,8 l Inhalt mit 300 bar Nennfülldruck.

33. Wie sind der Aufbau und die Wirkungsweise des Pressluftatmers?

Die am Tragegestell befestigten Vorratsflaschen sind mit Druckluft von 300 bar gefüllt.

Bei geöffneten Flaschenventilen strömt die Druckluft zum Druckminderer, der den Hochdruck auf einen gleichbleibenden Mitteldruck – etwa 4,5 bis 9 bar – entspannt. Unter diesem Druck gelangt die Druckluft durch den geschmeidigen Druckschlauch zum Lungenautomaten. Der Lungenautomat wird unmittelbar mit der Maske verbunden. Der beim Einatmen entstehende geringe Unterdruck öffnet das lungenautomatische Ventil. Dieses gibt die zum Füllen der Lunge erforderliche Luftmenge ab und schließt sich danach selbsttätig.

Das akustische Warnsignal warnt durch einen schrillen Pfeifton spätestens bei einem Restdruck von 55 bar ± 5bar. Es ertönt ständig bis zum völligen Verbrauch des Druckluftvorrats.

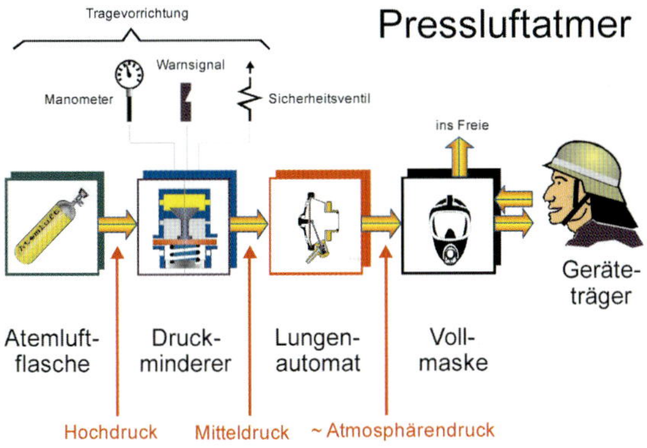

Bild 15: Blockschaltbild eines Pressluftatmers (Quelle: Neckar Verlag)

34. Welche Gebrauchsdauer hat der Pressluftatmer?

Der Luftvorrat einer Pressluftflasche mit 6 l Volumen beträgt bei 300 bar Druck theoretisch 1800 l. Praktisch steht jedoch ein geringerer Luftvorrat zur Verfügung, da bei Drücken ab ca. 230 bar die Kompressibilität der Luft nicht mehr linear verläuft. Der Luftbedarf beträgt bei normaler mittelschwerer Arbeit ca. 30 l/min, bei schwerer Arbeit erheblich mehr. Die Einsatzzeit beträgt daher 20–30 Minuten und umfasst die Dauer des Anmarsch- und Rückzugsweges und der durchzuführenden Tätigkeit.

35. Wie wird der Pressluftatmer in Betrieb genommen?

Einsatzhinweis

Beim Anlegen der Geräte unterstützen sich die Geräteträger gegenseitig und kontrollieren die Funktionen der Geräte.

Bevor der Pressluftatmer in den Gebrauch kommt, muss eine Einsatzkurzprüfung durchgeführt werden.

⇨ Flaschendruck
  - Flasche öffnen – (Betriebsdruck – 10 %) Das bedeutet, dass z. B. bei 200 bar mindestens 180 bar bzw. bei 300 bar mindestens 270 bar vorhanden sein müssen. Ist dies nicht der Fall, muss eine neue montiert werden.
  - Blick auf Manometer
  - Flasche schließen

⇨ Hochdruckdichtprüfung
  - Wartezeit 1 Minute – Druckverlust max. 10 bar

Diese beiden ersten Komponenten der Einsatzkurzprüfung können bereits im Fahrzeug auf der Anfahrt vor dem Ausrüsten des Trupps eingeleitet werden, damit nach dem Ausrüsten keine weitere Wartezeit mehr entsteht. Die weiteren Dinge werden dann im Anschluss durchgeführt.

⇨ Funktion Lungenautomat
  - Betätigen des Knopfes im Bereich der Lungenautomaten-Schutzkappe – Luft muss hörbar abströmen.

⇨ Warnsignal
  - Hierbei wird gleichzeitig überprüft ob die Restluftwarneinrichtung zwischen 60 und 50 bar ertönt.
  - Flasche ganz aufdrehen.

Beim Anlegen der Geräte unterstützen sich die Geräteträger gegenseitig und kontrollieren die Funktionen der Geräte.

36. Was ist nach dem Gebrauch eines Pressluftatmers zu tun?

Das Gerät wird inklusive dem Lungenautomat dem Atemschutzgerätewart zur Reinigung, Desinfektion und Prüfung nach Vorgaben der Hersteller sowie der vfdb-Richtlinie 0804 übergeben.

Regenerationsgeräte

37. Welche Regenerationsgeräte gibt es nach DIN EN 133?

1. Regenerationsgeräte mit Drucksauerstoff
2. Regenerationsgeräte mit Chemikalsauerstoff

Bei den Feuerwehren sind in aller Regel nur Regenerationsgeräte mit Drucksauerstoff, sog. Sauerstoff-Schutzgeräte, bzw. Chemikalsauerstoff im Einsatz. Als Fluchtgeräte werden Regenerationsgeräte mit chemisch gebundenem Sauerstoff verwendet.

38. Was ist ein Regenerationsgerät mit Drucksauerstoff

Ein auf dem Rücken zu tragendes Atemschutzgerät, das den Benutzer von der Umgebungsluft unabhängig macht (Isoliergerät), ein Gerät mit

Sauerstoffvorrat im Druckbehälter und Regeneration der Ausatemluft mittels Regenerationspatrone.

Die Atemluft strömt, bewegt durch die Lungenkraft und durch Ventile gesteuert, in einem geschlossenen Kreislauf durch das Gerät. Die Ausatemluft wird in der Regenerationspatrone von Kohlendioxid und Wasserdampf befreit und in einen Atembeutel geleitet.

Diese gereinigte Luft wird im Einatemzug wieder aus dem Atembeutel entnommen. Der für die Atmung benötigte Sauerstoff wird aus dem Sauerstoffvorrat durch konstante Dosierung von 1,5 l/min und bei Mehrverbrauch zusätzlich durch eine lungenautomatische Dosierung zugesetzt. Beim Öffnen der Sauerstoff-Flasche wird das Gerät mit 6 Liter Sauerstoff vorgespült.

39. Welche Atemschutzmaske kann für Regenerationsgeräte verwendet werden?

Für Sauerstoff-Schutzgeräte dürfen grundsätzlich nur ventillose Masken verwendet werden.

40. Welche Gebrauchsdauer hat das Regenerationsgerät?

Der übliche Sauerstoffvorrat (2-l-Flasche bei 200 bar Druck) gestattet eine Gebrauchsdauer von 180 Minuten. Die maximale Gerätegebrauchsdauer liegt etwa bei 240 Minuten.

41. Woraus besteht die Regenerationspatrone?

Sie ist beim Sauerstoff-Schutzgerät eine wiederfüllbare Kalkpatrone, deren Mantel aus nichtrostendem Stahl oder Kunststoff besteht. Sie enthält den Atemkalk.

Beim Wiederfüllen ist die Betriebsanleitung zu beachten. Eine gleichmäßige Packung des Atemkalks ist wichtig.

Die Kalkpatrone muss sofort nach jedem Einsatz entleert werden, damit sie nicht mit frisch gefüllten Patronen verwechselt werden kann.

Richtlinien und Hinweise für den Atemschutzeinsatz

42. Welche Dienstvorschrift ist beim Atemschutzeinsatz zu beachten?

Die Feuerwehrdienstvorschrift FwDV 7 „Atemschutz", Stand 2002 mit Änderungen durch den AFKzV aus 2005.

43. Welche grundsätzlichen Anforderungen nach FwDV 7 werden an Atemschutzgeräteträger gestellt?

Einsatzkräfte, die unter Atemschutz eingesetzt werden, müssen

- Das 18. Lebensjahr vollendet haben.
- Körperlich geeignet sein (die körperliche Eignung ist nach den berufsgenossenschaftlichen Grundsätzen für arbeitsmedizinische Vorsorgeuntersuchungen, Grundsatz G 26 „Atemschutzgeräte", in regelmäßigen Abständen festzustellen).
- Erneut nach dem Grundsatz G 26 untersucht werden, wenn vermutet wird, dass sie den Anforderungen für das Tragen von Atemschutzgeräten nicht mehr genügen; dies gilt insbesondere nach schwerer Erkrankung oder wenn sie selbst vermuten, den Anforderungen nicht mehr gewachsen zu sein.
- Die Ausbildung zum Atemschutzgeräteträger erfolgreich absolviert haben.
- Regelmäßig an Fortbildungsveranstaltungen und an Wiederholungsübungen teilnehmen.
- Zum Zeitpunkt der Übung oder des Einsatzes gesund sein und sich einsatzfähig fühlen.

Einsatzkräfte, die diese Anforderungen nicht erfüllen, dürfen nicht unter Atemschutz eingesetzt werden.

44. Was gehört nach der Feuerwehrdienstvorschrift 7 „Atemschutz“ zum Verantwortungsbereich eines Atemschutzgeräteträgers?

- Gerätesichtprüfung, Einsatzkurzprüfung vor dem Einsatz
- Regelmäßige Prüfung des Luftvorrates während des Einsatzes
- Beginn und Ende des Atemschutzeinsatzes bei der verantwortlichen Führungskraft melden
- Veranlassen der Wartung des Atemschutzgerätes (einschließlich des Atemanschlusses) nach Gebrauch in Abstimmung mit dem Fahrzeugführer
- Melden festgestellter Mängel.

45. Welche Fortbildung und welche Übungen sind jährlich von einem Atemschutzgeräteträger durchzuführen?

- Unterweisung im Atemschutz
- Eine Belastungsübung
- Eine Einsatzübung in einer taktischen Einheit

46. Welche Einsatzgrundsätze sind im Atemschutzeinsatz nach FwDV 7 zu beachten?

- Unter Atemschutzgeräten wird immer truppweise (ein Truppführer und mindestens ein Truppmann) vorgegangen. Die Einsatzkräfte innerhalb eines Trupps unterstützen sich insbesondere beim Anschließen des Atemanschlusses und kontrollieren gegenseitig den sicheren Sitz der Atemschutzgeräte sowie die richtige Lage der Anschlussleitungen und der Begurtung. Der Trupp bleibt im Einsatz eine Einheit und tritt auch gemeinsam den Rückweg an. Vom Grundsatz des truppweisen Vorgehens darf nur bei besonderen Lagen, beispielsweise beim Einstieg in Behälter und in enge Schächte, unter Beachtung zusätzlicher Sicherungsmaßnahmen abgewichen werden. Innerhalb eines Trupps sollen nur gleiche Atemschutzgerätetypen verwendet werden.
- An jeder Einsatzstelle muss für die eingesetzten Atemschutztrupps mindestens ein Sicherheitstrupp (Mindeststärke: 2) zum Einsatz bereit stehen. Je nach Risiko und personeller Stärke des eingesetzten

Atemschutztrupps wird die Stärke des Sicherheitstrupps erhöht. Dies gilt insbesondere bei Einsätzen in ausgedehnten Objekten, beispielsweise in Tunnelanlagen und in Tiefgaragen. Der Sicherheitstrupp muss ein für die zu erwartenden Notfalllagen entsprechend geeignetes Atemschutzgerät tragen.

- An Einsatzstellen, an denen eine Gefährdung von Atemschutztrupps weitestgehend auszuschließen oder die Rettung durch einen Sicherheitstrupp auch ohne Atemschutz möglich ist, beispielsweise bei Brandeinsätzen im Freien, kann auf die Bereitstellung von Sicherheitstrupps verzichtet werden.
- Gehen Atemschutztrupps über verschiedene Angriffswege in von außen nicht einsehbare Bereiche vor, soll für jeden dieser Angriffswege mindestens ein Sicherheitstrupp zum Einsatz bereitstehen. Die Anzahl der Sicherheitstrupps richtet sich nach der Beurteilung der Lage durch den Einsatzleiter.
- Jeder Angehörige eines Sicherheitstrupps muss ein Atemschutzgerät mit Atemanschluss angelegt, die Einsatzkurzprüfung durchgeführt sowie nach Lage weitere Hilfsmittel (zum Beispiel Rettungstuch) zum sofortigen Einsatz bereitgelegt haben. Es kann angeordnet werden, dass der Atemanschluss noch nicht angelegt, sondern nur griffbereit ist.
- Werden die Atemschutzgeräte auf der Anfahrt im Mannschaftsraum angelegt, darf die Gerätearretierung erst nach Stillstand des Feuerwehrfahrzeugs an der Einsatzstelle gelöst werden.
- Atemschutzgeräte mit Druckbehälter, die bei Einsatzbeginn weniger als 90 % des Nenn-Fülldruckes aufweisen, dürfen nicht eingesetzt werden.
- Der Truppführer muss vor und während des Einsatzes die Einsatzbereitschaft des Trupps überwachen, insbesondere den Behälterdruck kontrollieren.
- Für den Rückweg ist in der Regel die doppelte Atemluftmenge wie für den Hinweg einzuplanen.
- Die Einsatzdauer eines Atemschutztrupps wird von der Einsatzkraft innerhalb des Trupps mit dem größten Atemluftverbrauch bestimmt.

- Jeder Atemschutztrupp muss grundsätzlich mit einem Handsprechfunkgerät ausgestattet sein. An Einsatzstellen, auf denen der Gruppenführer die Geräteträger ständig im Auge behalten kann, kann auf die Verwendung von Handsprechfunkgeräten verzichtet werden.
- Nach Anschluss des Atemanschlusses an das Luftversorgungssystem, bei Erreichen des Einsatzzieles und bei Antritt des Rückweges muss sich der Atemschutztrupp über Funk bei der Atemschutzüberwachung melden. Weitere Meldungen müssen lagebedingt abgegeben werden.
- Die Erreichbarkeit der vorgehenden Trupps ist wegen der begrenzten Reichweite von Sprechfunkgeräten zu überprüfen und sicherzustellen. Bricht die Funkverbindung ab, muss der Sicherheitstrupp so weit vorgehen, bis wieder eine Sprechfunkverbindung besteht oder er den Atemschutztrupp erreicht hat. Es ist sofort ein neuer Sicherheitstrupp bereitzustellen.
- Hat der vorgehende Trupp keine Schlauchleitung vorgenommen, so ist das Auffinden des Rückweges beziehungsweise des vorgegangenen Trupps auf andere Weise sicherzustellen (beispielsweise durch eine Feuerwehrleine oder durch ein Leinensicherungssystem). Eine Funkverbindung oder die Verwendung einer Wärmebildkamera ist kein geeignetes Mittel zur Sicherung des Rückweges.
- Falls mit einem Atemschutzgerät ein Unfall passiert, ist der Öffnungszustand des Ventils zu kennzeichnen und schriftlich festzuhalten (auch Anzahl der Umdrehungen bis zum Schließen des Ventils). Der Behälterdruck ist ebenfalls schriftlich festzuhalten. Das Atemschutzgerät (einschließlich des Atemanschlusses) ist sicherzustellen. Unfälle oder Beinaheunfälle sind dem Leiter der Feuerwehr zu melden.

47. Was gehört zur persönlichen Mindestschutzausrüstung eines Atemschutzgeräteträgers beim Löscheinsatz?

1. Feuerwehrschutzanzug
2. Feuerwehrhelm mit Nackenschutz
3. Feuerwehrschutzhandschuhe
4. Feuerwehrschutzschuhwerk
5. Feuerwehrhelm

Bild 16: Mindestschutzausrüstung von Atemschutzgeräteträgern

Ergänzend:
Feuerschutzhaube
Feuerwehrhaltegurt
Feuerwehrleine
Atemschutzgerät

48. Welche Einsatzausrüstung wird vom Atemschutztrupp beim Löscheinsatz zusätzlich mitgeführt?

Beleuchtungsgerät
Feuerwehraxt
Seilschlauchhalter
Handsprechfunkgerät
Strahlrohr

Auf Weisung des Einheitsführers bzw. nach Regelungen innerhalb der Feuerwehr können zusätzliche Ausrüstungsgegenstände (Wärmebildkamera, Rettungstuch, Bandschlinge, Rettungsmesser, ...) mitgenommen werden.

49. Welche grundsätzlichen Tätigkeiten führt ein Atemschutztrupp vor dem Betreten des Gebäudes bzw. vor dem Passieren der Rauchgrenze durch?

Das Objekt von außen begutachten hinsichtlich Größe, Nutzung, ...
Die Anzahl der Schläuche für die Schlauchreserve bestimmen
Meldung an die Atemschutzüberwachung
Prüfen, ob die Funkverbindung steht
Überprüfen der Funktion des Strahlrohres.

50. Nach welcher Regel wird die Anzahl der Schläuche für die Schlauchreserve bestimmt?

- 1 C-Schlauchlänge zwischen Verteiler und Eingangsbereich
- 1 C-Schlauchlänge zur Überwindung eines Geschosses
- Mindestens 1 C-Schlauchlänge für die abzusuchende Nutzungseinheit (je nach Größe)

Bild 17: Schlauchreserve

51. Welche Möglichkeiten hat der Atemschutztrupp, eine gefüllte Schlauchleitung über den Treppenraum vorzunehmen und was ist dabei zu beachten?

Schlauchleitungen innerhalb von Gebäuden über mehrere Geschosse zu verlegen ist insbesondere dann sehr aufwendig, wenn die Leitungen schon befüllt sind und sie der vorgehende Trupp alleine verlegen muss. Zur Mitführung einer Schlauchreserve eignet sich eine Vorgehensweise, wie sie in nachfolgender Abbildung dargestellt ist. Je nach Kreisgröße kann so die Schlauchreserve (um 4–5 m) ohne großen Kraftaufwand zügig über mehrere Geschosse an die gewünschte Stelle transportiert werden.

Bild 18: Schlauchvornahme über Treppe

Ist der Schlauch nicht an einer geeigneten Stelle mit einem Schlauchhalter fixiert, wandert die Schlauchreserve während des Einsatzes oft wieder die Treppe hinunter. Dies gilt besonders dann, wenn Sprühstöße abgegeben werden. Hier hilft das Verlegen der Schlauchreserve auf eine über das Brandgeschoss hinausgehende Treppe (siehe nachfolgendes Bild rechts). So bildet die Schlauchreserve keine Stolperfalle und lässt sich wesentlich einfacher in den abzusuchenden Bereich nachziehen, da das Schlauchgewicht den Schlauch von selbst nachschiebt. Der Schlauch läuft so beim Betreten und Absuchen der Nutzungseinheit leichter hinterher. Die Kupplungen der Schlauchreserve sollten auf dem Treppenpodest des abzusuchenden Geschosses liegen. Dadurch wird das Verhaken der Kupplung an den Treppenstufen vermieden.

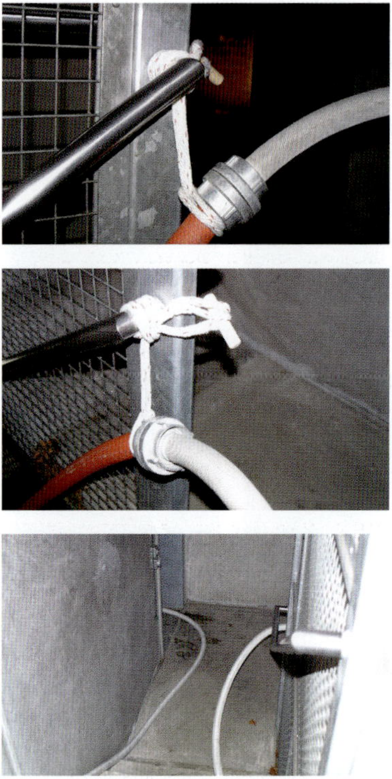

Bild 19: Schlauchbefestigung mit Schlauchhalter (oben und Mitte) und Schlauchreserve (unten)

52. Was ist beim Betreten von Brandräumen für den Atemschutztrupp zu beachten?

Ist eine Tür zu öffnen, muss auf Anzeichen einer möglichen Durchzündung geachtet werden. Hierzu sind beim Öffnen der Tür bestimmte Vorsichtsmaßnahmen zu ergreifen. Nachfolgend ist eine mögliche Vorgehensweise beschrieben:

Truppmann: Legt Schlauch in Buchten aus.

Truppführer: Unterstützt und kontrolliert die Tür, insbesondere den Anschlag, die Öffnungsrichtung, die Temperatur sowie eine mögliche Verformung und Verfärbung.

Truppmann: Stellt Strahlform (bewährt hat sich ein Mischstrahl zwischen Sprüh- und Vollstrahl) und Löschmittelmenge (maximal) am Strahlrohr ein, spritzt die Tür dabei im oberen Bereich kurz an und prüft, ob das Wasser verdampft. Geht vor der Tür in eine sichere Stellung.

Truppführer: Geht neben der Tür seitlich in Deckung. Öffnet die Tür einen Spalt breit (ca. 40 cm) und sichert die Tür dabei mit dem Fuß. Geht die Tür nach innen auf, kann sie mit einer Bandschlinge gesichert werden.

Truppmann: Gibt durch den geöffneten Spalt drei kurze Sprühstöße (je ca. 1 Sekunde) in die heißen Rauchgase an der Decke ab. Dabei ist zu beachten, dass die Sprühstöße den oberen Bereich der Tür mit abdecken.

Truppführer: Schließt die Tür und zählt langsam bis 10. Öffnet die Tür und entscheidet, ob erneut gekühlt oder in den Raum vorgedrungen wird.

Truppmann: Gibt erneute Sprühstöße in den Raum ab oder dringt in den Raum vor.

Truppmann: Betritt den Brandraum und gibt dabei kurze Sprühstöße in die heißen Rauchgase an der Decke ab und kontrolliert die Kühlwirkung.

Truppführer: Folgt und unterstützt bei der Vornahme der Schlauchleitung.

Mit diesem Vorgehen lässt sich das Rauchgas kühlen und damit zugleich die Gefahr einer Durchzündung minimieren. Das lässt sich am besten mit Hohlstrahlrohren erreichen. Wegen ihres Öffnungsmechanismusses und der produzierten Tröpfchengröße eignen sich herkömmliche CM-Strahlrohre dagegen nur unzureichend zur Rauchgaskühlung.

Der Trupp begibt sich hinter oder neben die Tür und öffnet sie aus der Deckung heraus. Mit einer Rauchgasdurchzündung muss in diesem Moment gerechnet werden. Schwierigkeiten bereiten Türen, die nach innen öffnen. Der Griff der Tür darf bei der Öffnungsprozedur nicht losgelassen werden, da ansonsten beim Auftreten einer Durchzündung keine Möglichkeit besteht, die Tür schnell wieder zu schließen. Dieses Problem kann mittels Seilschlauchhalter oder einer Bandschlinge, die am Türgriff befestigt wird, gelöst werden.

Die hier beschriebene Vorgehensweise ist nur dann anzuwenden, wenn Anzeichen einer bevorstehenden Durchzündung vorliegen.

Kenntnisse über Handhabung und Bedienung der Hohlstrahlrohre sind hierbei von entscheidender Bedeutung.

53. Was muss der eingesetzte Atemschutztrupp beim Absuchen von Räumen beachten?

Es gibt verschiedene Möglichkeiten der Absuche von Räumen. Welche angewandt wird, hängt von der jeweiligen räumlichen Situation ab.

Zum Absuchen von verrauchten Räumen sollte nach Möglichkeit die sicherste Fortbewegungsmöglichkeit gewählt werden. Ob sich der Trupp auf den Knien, im Seitenkriechgang oder entengangähnlich fortbewegt, hängt von der Einsatzlage, der abzusuchenden Fläche und der körperlichen Beweglichkeit der Truppleute ab. Die Fortbewegungsart muss der Trupp vor Betreten des abzusuchenden Raumes für sich klären. Werden keine Geräusche oder Hinweise auf das gesuchte Objekt wahrgenommen, legt der Trupp eine Absuchrichtung für die Nutzungseinheit fest. Üblich ist die Absuche durch den ersten Trupp nach rechts. In Absprache mit dem Einheitsführer kann der Trupp auch eine Suche linksherum beginnen. Dies ist vor allem dann der Fall, wenn mehrere Trupps gleichzeitig denselben Bereich absuchen müssen.

Der Truppführer des ersten Trupps ist für die Orientierung und das Absuchen im Wandbereich zuständig. Er begibt sich an die rechts vom Eingang befindliche Wand, hält ständigen Kontakt zur Wand und legt das weitere Vorgehen fest.

Es muss eine gründliche Suche in und unter Betten (auch Hochbetten), in Schränken, hinter Möbeln etc. stattfinden, da sich Kinder oft vor dem Brand und Rauch zu verstecken versuchen.

Werden Geräusche wahrgenommen, so entfällt die systematische Suche. Der Trupp verlässt sich auf sein Gehör und versucht die Person auf kürzestem Wege zu erreichen. Dabei ruft er immer wieder in den Raum, um sich zu orientieren.

Möbelstücke sollten in aller Regel nicht verschoben werden, denn durch ein Umstellen besteht für den Trupp die Gefahr, sich den Rückweg zu verstellen oder noch abzusuchende Flächen zu blockieren. Auch gehen dadurch wichtige Orientierungspunkte verloren.

Gibt es konkrete Hinweise auf den Aufenthaltsort einer vermissten Person (z. B. Kind im Kinderzimmer), so entfällt die systematische Suche. Es wird dann nach der Beschreibung der Raum gezielt aufgesucht und anschließend im Raum mit der Suche begonnen.

Besonders gründlich müssen die Bereiche um Türen und unterhalb von Fenstern abgesucht werden, da sich dort eingeschlossene Personen oft aufhalten, denen eine Flucht nicht gelungen ist. Weiterhin dienen sie den eingesetzten Trupps unter Umständen auch als Rettungsweg, sollte es zu Situationen kommen, in denen für den Trupp der Rückweg versperrt ist. Ist ein Hubrettungsfahrzeug an der Einsatzstelle verfügbar, so ist es vor dem abzusuchenden Gebäude so aufzustellen, dass der Ausleger auf das abzusuchende Geschoss gerichtet wird, ohne schon an einem bestimmten Punkt anzuleitern. In gefährlichen Situationen kann der betroffene Trupp dann schnell über ein Fenster in Sicherheit gebracht werden.

Verliert ein Trupp im Gebäude trotz ausgelegter Leine oder Schlauch die Orientierung, sollte er sich zunächst auf sein Gehör verlassen. Das Wiederfinden von Fenstern oder Ausgängen wird durch Geräusche der Feuerlöschkreiselpumpen, Überdrucklüfter, Fahrzeugmotoren oder die Geräusche anderer Trupps erleichtert. Der Funkkontakt ist unbedingt aufrechtzuerhalten. Durch eine kurze Rundumerkundung muss versucht werden, die Rückwegsicherung (Schlauch, Leine) wiederzufinden. **In keinem Fall darf sich der Trupp trennen, um „effektiver“ nach der Rückwegsicherung zu suchen.**

Bild 20: Absuchen von Räumen

In großen Räumen ist es möglich, dass ein Bereich in der Raummitte von der Suche ausgespart bleibt, weil die Körperreichweite oder die von Geräten nicht ausreicht. Stellt der Truppführer dies anhand der zurückgelegten Strecken fest, sollte er eine detaillierte Suche in der Raummitte veranlassen. Folgendes Schema hat sich hier bewährt:

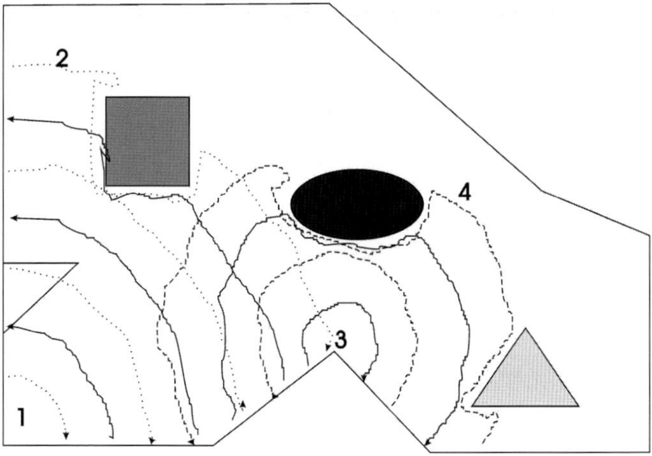

Bild 21: Fächerförmige Suche in ausgedehnten Räumen

54. Wie kann eine systematische Suche in großen Objekten optimiert werden?

Suchen mehrere Trupps größere Objekte mit vielen Räumen ab, ist es sinnvoll, die einzelnen Räume als abgesucht zu kennzeichnen.

Hierzu gibt es mehrere Möglichkeiten. Beispielsweise mit mitgeführten Bändern die Tür entsprechend zu kennzeichnen oder mit Kreide ein Zeichen am Zugangsbereich anzubringen.

55. Wie verhält sich ein Trupp beim Eintreten eines Atemschutznotfalles?

Wenn ein Feuerwehrangehöriger beim Innenangriff einen Unfall erleidet, besteht für ihn akute Lebensgefahr. Denn der mitgeführte Atemluftvorrat reicht nur noch für eine begrenzte Zeit und der Trupp kann seine Aufgabe, die Gefahren zu bekämpfen, nicht mehr erfüllen. Daher muss der Verunfallte schnellstens aus der Einsatzstelle gebracht werden. Dafür benötigt der zweite Truppangehörige Unterstützung. Der noch einsatzfähige Truppangehörige hat im Notfall Folgendes zu tun:

- Er übernimmt das Handsprechfunkgerät (falls der Verunfallte der Truppführer ist)
- Er kontrolliert sowohl den Druck des Atemschutzgeräts des Verunfallten als auch des eigenen
- Er meldet die Lage per Funk nach folgendem Schema:

Beispiel:

„Mayday, Mayday, Mayday“
„Hier Florentine Angriffstrupp 1/30“
„Standort im 1. OG, drittes Zimmer rechts“
„Truppführer ist verletzt und bewusstlos“
„Wir brauchen dringend Hilfe“
„Mayday kommen!“

Diese Meldung wird so lange wiederholt, bis geantwortet wird.

Der Truppmann soll den Verunfallten entlang der Rückwegsicherung zum Ausgang bringen. Dies lässt sich dadurch erreichen, dass er den Verunfallten an der Bebänderung des Pressluftatmers zurückzieht.

Das Absetzen von Notfallmeldungen muss immer wieder im Rahmen des Notfalltrainings geübt werden.

56. Welche Aufgaben hat der Sicherheitstrupp?

Die Ergänzungen in der persönlichen Schutzausrüstung des Sicherheitstrupps müssen in jedem Fall mindestens dem des vorgegangenen Trupps entsprechen. Die Einsatzausrüstung richtet sich nach der Einsatzlage, wobei der Sicherheitstrupp immer ein Strahlrohr in Bereitschaft hält. Zur weiteren Einsatzausrüstung können nachfolgende Geräte zählen:

- Rettungstuch
- Bandschlingen mit Karabiner
- Pressluftatmer
- Ein Atemanschluss mit Lungenautomat und verlängerter Lungenautomatenleitung (bei Verwendung von Pressluftatmern mit Zweitanschluss)
- Wärmebildkamera, etc.

Der Sicherheitstrupp rüstet sich vollständig aus und bereitet ggf. ein weiteres Rohr vor. Danach stellt er sich im Zugangsbereich des eingesetzten Atemschutztrupps bereit. Kommt es bei dem eingesetzten Atemschutztrupp zu einem Zwischenfall, so wird er auf Befehl des Gruppenführers sofort tätig. Die Entscheidung, ob auch das bereit gelegte Rohr zum Einsatz kommt, obliegt ebenfalls dem Gruppenführer.

Der Sicherheitstrupp geht an der Rückwegsicherung des eingesetzten Atemschutztrupps vor (Schlauchleitung oder Leine), bis er den Verunfallten oder in Not geratenen Trupp auffindet. Danach bringt der Sicherheitstrupp den Verunfallten schnellstmöglich ins Freie. Sollte der Verunfallte eingeklemmt sein (z. B. durch einen herabgestürzten Sparren bei einem Dachstuhlbrand), hat u. U. die Sicherstellung der Luftversorgung höchste Priorität.

Sicherheitstrupps können auch personell aufgestockt werden. Es können durchaus 3- oder 4-Mann-Sicherheitstrupps bereitgestellt werden.

57. Welche Rolle spielt beim Atemschutzeinsatz die Atemschutzüberwachung?

Die Atemschutzüberwachung ist die Gesamtheit aller Maßnahmen zur Kontrolle und zur Unterstützung

der unter Atemschutz vorgehenden Trupps; sie beinhaltet insbesondere die Registrierung

und die Zeitüberwachung des Atemschutzeinsatzes.

Für die Atemschutzüberwachung ist der Einheitsführer der taktischen Einheit verantwortlich. Es sollte derjenige Einheitsführer sein, der auch die Trupps direkt einsetzt (Staffel- oder Gruppenführer). Er muss jederzeit über die Einsatzsituation der eingesetzten Trupps Kenntnis haben.

Er kann andere geeignete Personen zur Unterstützung hinzuziehen.

Es ist festzuhalten, dass trotz Atemschutzüberwachung Atemschutztrupps grundsätzlich eigenverantwortlich arbeiten. Die Atemschutzüberwachung übernimmt nicht die Verantwortung für den Trupp. Sie hat ausschließlich kontrollierende Funktion, weshalb Druckkontrollen und Lagemeldungen vom Atemschutztrupp immer selbstständig abzugeben sind.

Einsatzhinweis

Wenn Atemschutzgeräte getragen werden, so muss eine Überwachung der mit Atemschutzgeräten ausgerüsteten Einsatzkräfte durch andere Personen erfolgen.

58. Was ist ein Atemschutzsammelplatz?

Größere Einsatzlagen lassen es notwendig werden, einen Atemschutzsammelplatz einzurichten. Von hier aus werden nach Bedarf weitere Atemschutzgeräteträger an die einzelnen Einheitsführer entsandt. Diese führen dann für den angeforderten Trupp die Überwachung für den in den Einsatz geschickten Trupp durch. Nach Beendigung des Atemschutzeinsatzes melden sich die Trupps am Atemschutzsammelplatz zurück.

Am Atemschutzsammelplatz darf nicht die Atemschutzüberwachung erfolgen. Dies hat seinen Grund darin, dass die Übersichtlichkeit über viele eingesetzte Trupps möglicherweise verloren geht und die Meldewege in Notfallsituationen zu lang werden. Eine Gesamterfassung aller Atemschutztrupps zu einer Einsatzbedarfsplanung ist jedoch zulässig. Das nachfolgende Schema soll hier eine mögliche Einsatzorganisation zeigen.

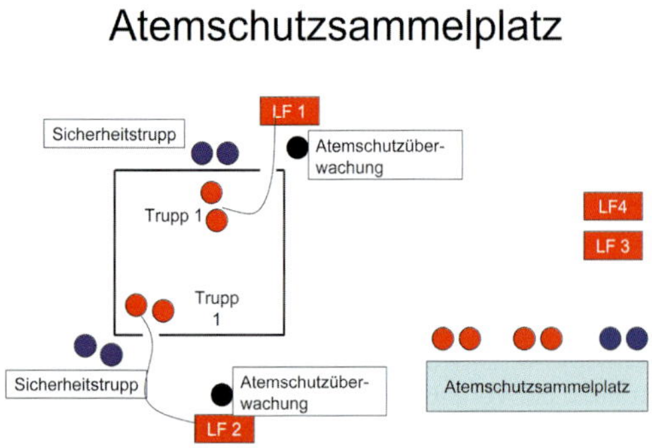

Bild 22: Einsatzorganisation

In dem oben gezeigten Beispiel ergibt sich folgender organisatorischer Aufbau:

Von LF 1 und LF 2 sind jeweils die Angriffstrupps über verschiedene Eingänge im Gebäude zur Brandbekämpfung vorgegangen. Vor jedem Eingang steht ein Sicherheitstrupp bereit.

Die Atemschutzgeräteträger des LF 3 und des LF 4 stehen am Atemschutzsammelplatz bereit. Hier erfolgt eine Erfassung, wie viele Atemschutzgeräteträger sich auf den beiden Löschfahrzeugen befinden und wie der voraussichtliche Bedarf an Geräteträgern auf der Einsatzstelle sein wird. Es wird auf einer Liste vermerkt, wer (Name, Feuerwehr, Abteilung), wann (Uhrzeit) und bei welchem Einheitsführer (Name oder Fahrzeug) in den Atemschutzeinsatz gegangen ist.

Werden nun von den Einheitsführern des LF 1 bzw. LF 2 noch weitere Atemschutzgeräteträger angefordert, so werden sie vom Atemschutzsammelplatz zu den einzelnen Einheitsführern geschickt. Sie übernehmen die Atemschutzüberwachung und -registrierung nach dem obigen Schema. Sobald die Trupps ihre Aufgabe beendet haben und von den Einheitsführern nicht mehr benötigt werden, melden sie sich wieder am Atemschutzsammelplatz zurück. Dessen Leiter überwacht die Ruhepause zwischen den Atemschutzeinsätzen und bietet geeignete Getränke an, um den Flüssigkeitsverlust, der bei den eingesetzten Kräften durch den Atemschutzeinsatz entstanden ist, auszugleichen.

59. Wie werden Atemluftflaschen transportiert?

Atemluftflaschen dürfen nur in geeigneten Transportbehältern und diese wiederum entsprechend gesichert im Fahrzeug transportiert werden.

60. Was ist ein Notsignalgeber?

Atemschutzgeräteträger können mit einem Notsignalgeber ausgestattet sein.

Ein Notsignalgeber ist ein Gerät, das das Auffinden von in Not geratenen Atemschutzgeräteträgern durch optische und/oder akustische Signale erleichtert.

G

Feuerwehrpumpen

1. Welche Pumpen werden bei der Feuerwehr verwendet?

1. Feuerlöschkreiselpumpen
2. Lenz-Kreiselpumpen
3. Tauchpumpen
4. Umfüllpumpen
5. Schwimmpumpen.

2. Nach welchen Funktionsprinzipien arbeiten die bei der Feuerwehr eingesetzten Pumpen?

1. als Kreiselpumpe
2. als Schlauchpumpe
3. als Exzenter-Schneckenpumpe
4. als Membranpumpe
5. als Kolbenpumpe

Feuerlöschkreiselpumpen

3. Was sind Feuerlöschkreiselpumpen?

Feuerlöschkreiselpumpen sind für die Einsatzaufgaben der Feuerwehr besonders gestaltete maschinell angetriebene Strömungsmaschinen, die zum Einbau in Löschfahrzeuge und in Tragkraftspritzen geeignet sind und vorwiegend zur Förderung von Löschwasser dienen. Sie haben DIN EN 1028 in Ergänzung mit DIN 14420 zu entsprechen.

4. Welche Konstruktionsmerkmale haben Feuerlöschkreiselpumpen?

Das Pumpengehäuse umschließt das Laufrad und das feste Leitrad. Die Kombination Laufrad und Leitrad wird als Stufe bezeichnet (Bild 1 und Bild 2). Ist die Feuerlösch-Kreiselpumpe nur einstufig, so befindet sich

Bild 1: Schnittmodell einer einstufigen Feuerlöschkreiselpumpe (Ziegler)

Bild 2: Stufe bestehend aus Laufrad und Leitrad

anstelle des Leitrads ein Spiralgehäuse, an dem die Druckausgänge angebracht sind. Das Laufrad ist auf der vom Motor angetriebenen und aus nichtrostendem Stahl hergestellten Pumpenwelle befestigt, die im Gehäuse gelagert ist und gegen den Antrieb hin abgedichtet ist. Es gibt neben einstufigen auch zweistufige Normaldruckpumpen. Hochdruckpumpen werden auch mehrstufig gebaut. Bei Löschfahrzeugen werden die Normaldruckpumpen üblicherweise als Heckpumpe (Bild 3) eingebaut.

5. Welche Bedeutung hat die Typbezeichnung einer Feuerlöschkreiselpumpe?

Die Typbezeichnung nach DIN EN 1028 – z. B. FPN 10-1500 – sagt aus, dass es sich um eine Feuerlöschkreiselpumpe handelt mit einem Nenndruck von 10 bar und einem Nennförderstrom von 1500 l/min. Der Buchstabe N bedeutet Normaldruck. Falls es sich um eine Hochdruckpumpe handeln würde, würde der Buchstabe H (FPH) verwendet werden.

Bei den älteren Feuerlösch-Kreiselpumpen nach DIN 14420 in der ehemaligen Fassung – z. B. FP 16/8 – gibt die erste Zahl mit 100

Bild 3: Heckpumpe FPN 20/10 eingebaut in HLF 10/6 (Rosenbauer)

multipliziert den Nennförderstrom (1600 l/min) und die zweite Zahl (8) den Nennförderdruck in bar an, wobei FP Feuerlösch-Kreiselpumpe bedeutet.

6. Wie arbeitet eine Feuerlöschkreiselpumpe?

Durch den in Richtung der Pumpenwelle angeordneten Saugeingang strömt das Wasser in die Pumpe ein, wird von den Schaufeln des sich drehenden Laufrades erfasst und nach außen geschleudert. Dadurch entsteht im Wasserstrom eine Geschwindigkeits- und Druckerhöhung. Nach Austritt aus dem Laufrad wird das Wasser umgelenkt und strömt in das Leitrad bzw. bei einstufigen Pumpen in das Spiralgehäuse ein. Durch Querschnittsveränderungen der durchströmten Kanäle kommt es in der Pumpe zu einer Verlangsamung der Fließgeschwindigkeit und infolgedessen zum Anstieg des Drucks.

Das aus dem letzten Laufrad austretende Wasser sammelt sich im Spiralgehäuse, wodurch das Wasser gestaut wird und sich der Ausgangsdruck einstellt. Nach dem Öffnen der am Spiralgehäuse angebrachten Ventile wird das Wasser den angekuppelten Druckschläuchen zugeführt. Durch die Saugwirkung des in der Kreiselpumpe erzeugten kontinuierlichen Wasserstroms fließt bei der Wasserentnahme aus einem offenen Gewässer stets Wasser entgegen der Schwerkraft durch den Augschlauch zur Pumpe nach.

7. Können die Kreiselpumpen das Wasser selbst ansaugen?

Kreiselpumpen können nicht selbst ansaugen. Mit ihnen kann Luft nicht gefördert werden, da bei den verhältnismäßig hohen Umdrehungszahlen, die bei Feuerlösch-Kreiselpumpen bis zu 6000 1/min betragen, ein luftdichter Abschluss zwischen dem Laufrad und dem Pumpengehäuse nicht möglich ist. Außerdem sind die Laufräder nicht zum Pumpen von Luft ausgelegt. Daher muss die Luft im Pumpengehäuse sowie in den angekuppelten Saugschläuchen mit Hilfe einer besonderen Pumpe, die zur Förderung von Luft geeignet ist, einer sogenannten Entlüftungseinrichtung, entfernt werden. Dieser Vorgang wird im Sprachgebrauch der Feuerwehr als „Entlüften“ bezeichnet.

8. Was versteht man unter geodätischer Saughöhe, Eingangsdruck, Förderdruck, Förderleistung, Grenzdruck und Schließdruck?

Geodätische Saughöhe:
Die senkrechte Höhe (gemessen in Meter) zwischen der Mitte der Pumpenwelle und der Oberfläche des saugseitigen Wasserspiegels wird als „Geodätische Saughöhe“, Formelzeichen: H_{sgeo} , bezeichnet.
An einer offenen Wasserentnahmestelle wird nach Inbetriebsetzung der Kreiselpumpe und während des Entlüftens das Wasser durch den auf dem Wasserspiegel lastenden Luftdruck in die Saugleitung hinein- und zur Pumpe hochgedrückt.

Theoretisch könnte die Wassersäule in einer restlos entlüfteten Leitung durch den Luftdruck ca. 10 m hochgedrückt werden.

Eingangsdruck:
Der vom Eingangsdruckmesser (Eingangsmanometer) am Saugeingang der Kreiselpumpe angezeigte Druck wird als Eingangsdruck bezeichnet (auch Druck im Eintrittsquerschnitt genannt). Der Eingangsdruck stellt sich so ein, wie es der geodätischen Saughöhe und den Druckverlusten in der Ansaugleitung entspricht. Beim Saugbetrieb zeigt das Eingangsmanometer negative Druckwerte an.

Förderdruck:
Der Förderdruck der Pumpe (p) ist der Unterschied zwischen dem Druck im Austrittsquerschnitt (p_a = Ausgangsdruck) und dem Druck im Eintrittsquerschnitt (p_e = Eingangsdruck) der Pumpe.

$p = p_a - p_e$

Beispiel: Ausgangsdruck 5 bar, Eingangsdruck –0,4 bar:

p = 5 bar – (–0,4 bar) = 5,4 bar.

Der Förderdruck beträgt 5,4 bar.

Förderstrom:
Der Förderstrom (Q) ist der geförderte Volumenstrom des Wassers, das durch die Feuerlöschkreiselpumpe fließt. Er wird in Liter je Minute (l/min) angegeben.

Förderleistung:
Die Förderleistung (P) ist die von der Pumpe auf den Förderstrom (Q) übertragene nutzbare Leistung. Sie hat die Einheit Kilowatt (kW).

Diese Leistung lässt sich vereinfacht über folgende Formel berechnen:

P = p x Q /600,

wobei P die Einheit kW trägt, wenn Q in l/min und p in bar eingesetzt werden.

Grenzdruck:
Der Grenzdruck $p_{a\ llm}$ ist der von der Pumpe erzeugte zulässige Maximaldruck.

Schließdruck:
Der Schließdruck (p_0) ist der Ausgangsdruck bei geschlossenen Druckausgängen bei der am Bedienungsstand der Pumpe einstellbaren Höchstdrehzahl.

9. In welcher Beziehung stehen geodätische Saughöhe und Eingangsdruck beim Saugen und welche Konsequenzen bringt dies mit sich?

Die maximal mögliche Saughöhe ist begrenzt, da der Luftdruck, der das Wasser in die Saugleitung zur Pumpe drückt, naturgegeben begrenzt ist. Ein Normalluftdruck von 1013 hPa entspricht einer Saughöhe von 10,33 m. Es kann beim praktischen Betrieb der Feuerlöschkreiselpumpe jedoch nur mit einer Saughöhe von etwa 8 m gerechnet werden, da auch die Höhenlage des Aufstellungsorts der Kreiselpumpe und die Wetterlage, damit also der tatsächliche Barometerstand, die Strömungsverluste in Saugkorb und der Saugleitung und der Dampfdruck des geförderten Wassers abhängig von der Wassertemperatur einen Einfluss auf die maximal mögliche Saughöhe haben. Diese Einflüsse machen sich alle im Eingangsdruck der Pumpe bemerkbar.

Konsequenz für die Praxis

Um den Luftdruck optimal auszunutzen, um so einen möglichst hohen Förderstrom erreichen zu können, soll der Aufstellplatz für die Feuerlöschkreiselpumpe so gewählt werden, dass die Saughöhe möglichst gering ist. Dies lässt sich mit einer Tragkraftspritze meist leichter erreichen als mit einem Löschfahrzeug.

Der maximale Förderstrom wird aufgrund eintretender Kavitation (siehe weitere Frage) begrenzt.

Tabelle 1

		Typ FP						Typ LP
		2/5	4/5	8/8	16/8	24/8	32/8	24/3
Geodätische Nennsaughöhe $H_{sgeo\,N}$	m	1,5	1,5	3,0	3,0	3,0	3,0	3,0
Nennförderstrom Q_N	l/min	200	400	800	1600	2400	3200	2400
Nennförderdruck p_N	bar	5	5	8	8	8	8	3
Nennungswirkungsgrad	% min.	40	40	50	55[1]	55	55	50
Förderstrom Q bei max 1,2 n_N	l/min	100	200	400	800	1200	1600	–
Förderdruck p bar		6	6	12	12	12	12	–
Schließdruck p_0 bei max. 1,4 n_N	bar max.	8	8	16	16	16	16	8
	bar mln	6	6	14	14	14	14	5
Geodätische Saughöhe H_{sgeo}	m	6	6	7,5	7,5	7,5	7,5	7,5
Förderstrom Q	l/min min	100	200	400[2]	800	1200	1600	2400
Förderdruck p	bar	5	5	8	8	8	8	3
Zeitspanne für 3maliges Entlüften t_3	s max.	360	360	240	240	240	360	240
Prüfdruck bei stillstehender Pumpe p_{ps}	bar	8	8	16	16	16	16	12
Prüfdruck bei laufender Pumpe p_{pl}	bar	12	12	24	24	24	24	15
Anzahl der Anschlüsse für Saugschläuche nach DIN 14810		1 × C	1 × B	1 × A	1 × A	1 × A	2 × A	1 × A
Anzahl der Anschlüsse für Druckschläuche nach DIN 14811 Teil 1	min	1 × C	1 × B	1 × B	2 × B	3 × B	4 × B	2 × B

[1] Bei baugleichen Pumpen, die als FP 16/8 und FP 24/8 typgeprüft werden, min. 50 %.

[2] Anzustreben sind 800 l/min

10. Was bedeuten Nennförderdruck, Nennförderstrom, Nennförderleistung und Nenndrehzahl der Pumpe?

Der Nennförderdruck p_N ist der für die Nennförderleistung festgelegte Förderdruck.

Der Nennförderstrom Q_N ist der für die Nennförderleistung festgelegte Volumenstrom bei der jeweiligen geodätischen Nennsaughöhe.

Die Nennförderleistung P_N ist die Förderleistung bei Nenndrehzahl, bei Nennförderstrom und dem Nennförderdruck.

Die Nenndrehzahl n_N ist die Drehzahl der Pumpenwelle bei Nennförderstrom und Nennförderdruck. Sie wird bei der Konstruktion der Feuerlöschkreiselpumpe vom Pumpenkonstrukteur festgelegt.

Die Mindestleistungsbedingungen der nach der ehemaligen DIN 14420 genormten Feuerlösch-Kreiselpumpen ergeben sich aus Tabelle 1. Sie werden auch als Garantiepunkte bezeichnet.

Die Mindestleistungsbedingungen der nach DIN EN 1028 genormten Feuerlösch-Kreiselpumpen sind in Tabelle 2 enthalten.

11. Welche Druckbereiche für Feuerlöschkreiselpumpen gibt es nach DIN EN 1028, und für welchen Verwendungszweck sind die zugehörigen Pumpen vorgesehen?

Nenndruck 6 bar: Kleine Feuerlösch-Kreiselpumpe für den Verwendungsbereich der ehemaligen FP 4/5 in Tragkraftspritzen mit geringer Leistung.

Nenndruck 10 bar: Normaldruckpumpe (ehemals Nennförderdruck 8 bar), Verwendungsbereich: Einbau in Löschfahrzeugen und Tragkraftspritzen.

Nenndruck 15 bar: Normaldruckpumpen mit höherem Druckniveau. Sie werden im Ausland, zum Beispiel in Frankreich verwendet.

Nenndruck 40 bar: Hochdruckpumpe zum Einsatz mit einer Schnellangriffseinrichtung mit Hochdruckstrahlrohr.

Hinweis: Bei der Bezeichnung nach DIN EN 1028 erfolgt zuerst die Angabe des Drucks (p_N: Normaldruck) und danach die Angabe des Förderstroms in jeweils ganzen Zahlen. Siehe Tabelle 2 nächste Seite.

Tabelle 2

Bezeichnung	Nenn-förderdruck p_N bar	Nenn-förderstrom Q_N l/min	Grenzdruck $p_{a\,lim}$ bar	dynamischer Prüfdruck p_{pd} bar	Schließdruck p_0 bar
FPN* 6– 500	6	500	11	16,5	6 bis 11
FPN* 10– 750	10	750	17	22,5	10 bis 17
FPN* 10–1000	10	1000	17	22,5	10 bis 17
FPN* 10–1500	10	1500	17	22,5	10 bis 17
FPN* 10–2000	10	2000	17	22,5	10 bis 17
FPN* 10–3000	10	3000	17	22,5	10 bis 17
FPN* 10–4000	10	4000	17	22,5	10 bis 17
FPN* 10–6000	10	6000	17	22,5	10 bis 17
FPN* 15–1000	15	1000	20	25,5	15 bis 20
FPN* 15–2000	15	2000	20	25,5	15 bis 20
FPN* 15–3000	15	3000	20	25,5	15 bis 20
FPH** 40– 250	40	250	54,5	60	40 bis 54,5

* FPN bedeutet Feuerlöschkreiselpumpe für Normaldruck

** FPH bedeutet Feuerlöschkreiselpumpe für Hochdruck

12. Was bedeutet der Begriff „Grenzdruck $p_{a\ lim}$"?

Der Grenzdruck „$p_{a\ lim}$" bezeichnet den im Betrieb der Feuerlöschkreiselpumpe maximal zulässigen Wert für den Ausgangsdruck. Der Förderstrom kann dabei Null betragen. Dieser höchste erreichbare Ausgangsdruck darf aber bei einer nach europäischer Norm gebauten Pumpe auch bei einem Förderstrom größer als Null erreicht werden. Man spricht in solch einem Fall von „instabiler Kennlinie".

13. Welche Messinstrumente sind an der Feuerlöschkreiselpumpe angebaut?

Zur Kontrolle des Betriebszustandes der Kreiselpumpe sind zwei Druckmesser angebracht, nämlich

- der Eingangsdruckmesser (für positive und negative Druckwerte) an der Saugseite der Pumpe und
- der Ausgangsdruckmesser (für positive Druckwerte) am Pumpenausgang.

Am Saugeingang kann beim Saugbetrieb ein negativer Druck und bei Wasserentnahme aus dem Netz der abhängigen Wasserversorgung (am Hydranten) ein positiver Druck auftreten. Deshalb hat der Eingangsdruckmesser zwei Anzeigebereiche, nämlich den linken (rote

Bild 4: Druckmesser, links der Eingangsmanometer für positive und negative Druckwerte, daneben der Ausgangsmanometer für positive Drücke; rechts ein Manometer zur Messung des Fülldrucks des Löschwassertanks

Teilung) von –1 bis 0 bar (früher 0–10 mWS) für Saugbetrieb und den rechten (schwarze Teilung) von 0–25 bar (früher 0–250 mWS). Der am Druckausgang angebrachte Ausgangsdruckmesser hat eine schwarze Teilung von 0–25 bar (früher 0–250 mWS) für die Anzeige des Ausgangsdruckes.

Darüber hinaus kann bei in Löschfahrzeugen eingebauten Feuerlöschkreiselpumpen ein Manometer zur Fülldruckanzeige des Wassertanks (im Bild der rechte Manometer) und ein Drehzahlmesser zur Messung der Drehzahl der Pumpenwelle (im Bild nicht vorhanden) eingebaut sein.

14. Was ist an der tiefsten Stelle der Kreiselpumpe angebracht?

An der tiefsten Stelle der Kreiselpumpe ist ein Entwässerungshahn, auch Ablasshahn genannt, angebracht, durch den zum Schutz gegen Einfrieren das Wasser aus der Kreiselpumpe und unter Umständen auch gleichzeitig aus der Entlüftungseinrichtung abgelassen werden kann. Außerdem dient er zum Belüften der Saugleitung nach dem Befehl „Zum Abmarsch fertig“.

Ratschläge für die Einsatzpraxis

15. Was ist bei einer fabrikneuen Kreiselpumpe zu beachten?

Wird eine neue Feuerlöschkreiselpumpe in Betrieb genommen, zum Beispiel bei der Indienststellung eines neuen Löschfahrzeugs, so ist die Gebrauchsanleitung zur Kenntnis zu nehmen und nach den darin enthaltenen Vorgaben die Feuerlöschkreiselpumpe zu bedienen. Gegebenenfalls gibt es Hinweise zur Behandlung der Pumpe während der ersten Betriebsstunden, die zu beachten sind.

16. Wie wird die Feuerlöschkreiselpumpe nach dem Einsatz auf Dichtheit geprüft?

Die Dichtheit wird geprüft, indem die Trockensaugprobe durchgeführt wird. Die Blindkupplung am Saugeingang wird angeschlossen. Die Blindkupplungen an den Druckausgängen werden abgenommen und die Niederschraubventile gegen den Ventilsitz leicht angelegt. Der Ablasshahn wird geschlossen. Der Motor wird gestartet und die Entlüftungseinrichtung eingeschaltet. Der Motor wird auf die vorgeschriebene Drehzahl gebracht. Der Zeiger des Eingangsdruckmessers muss in das rote Feld ausschlagen. Er muss innerhalb 30 Sekunden bei –0,8 bar angelangt sein. Dann wird die Entlüftungseinrichtung ausgeschaltet. Die Feuerlöschkreiselpumpe wird als dicht bezeichnet, wenn der Unterdruck innerhalb 1 Minute um nicht mehr als 0,1 bar (also auf –0,7 bar) abfällt.

Bleibt der Zeiger nicht stehen oder geht er sofort auf 0 zurück, so ist das ein Zeichen, dass Luft in die Feuerlöschkreiselpumpe einströmt. Der Fehler ist zu suchen. Ist der Fehler nicht zu finden, so muss die Pumpe mit dem in der Tabelle 1 angegebenen Prüfdruck (bei stillstehender Pumpe) abgedrückt werden. An der undichten Stelle tritt sehr wahrscheinlich Wasser aus. Es kann auch sein, dass nicht die Feuerlöschkreiselpumpe selbst, sondern die Entlüftungseinrichtung undicht ist.

Nach Beseitigung des Fehlers wird erneut die Trockensaugprobe gemacht.

17. Wie wird die Feuerlöschkreiselpumpe und die Entlüftungseinrichtung entwässert?

Das Entwässern geschieht in der Regel nach dem Befehl „Zum Abmarsch fertig“. Dazu wird während des Betriebs der Feuerlöschkreiselpumpe die Ventilleine gezogen und der Ablasshahn geöffnet, damit Luft in die Saugleitung nachströmen kann. Dann wird die Motordrehzahl auf Leerlauf zurückgefahren. Danach werden die angeschlossenen Schlauchleitungen entfernt und die Kreiselpumpe mit der Entlüftungseinrichtung eine kurze Zeit (maximal 1 Minute) betrieben. Auf diese Weise wird alles in den Laufrädern befindliche Wasser herausgeschleudert und die Feuerlöschkreiselpumpe und die Entlüftungseinrichtung durch den Luftstrom getrocknet.

Der Ablasshahn kann sich zusetzen, dann fließt das Wasser nicht ab. Zur Kontrolle kann im Stillstand der Pumpe der Ablasshahn mit einem Draht durchstoßen werden.

In die Kreiselpumpe kann in der kalten Jahreszeit nach der Entwässerung Frostschutzmittel eingefüllt werden. Kreiselpumpe einige Male durchdrehen, damit das Frostschutzmittel an alle Teile herankommt, dann Frostschutzmittel wieder ablassen.

Achtung! Frostschutzmittel sind zumeist wassergefährdende Flüssigkeiten auf Glykolbasis. Auf eine ordnungsgemäße Entsorgung ist zu achten.

18. Was muss nach Gebrauch an einer offenen Wasserentnahmestelle mit der Feuerlöschkreiselpumpe geschehen?

Die Feuerlöschkreiselpumpe ist gründlich durchzuspülen, damit abgelagerter Sand entfernt wird.

Danach ist die Trockensaugprobe durchführen.

19. Was ist bei der Wasserentnahme aus dem Hydranten zu beachten?

Motordrehzahl immer so einstellen, dass in der Feuerlöschkreiselpumpe kein Unterdruck entsteht. Die vom Hydranten kommenden Druckschläuche würden durch den äußeren Luftdruck zusammengedrückt. Der Eingangsdruckmesser ist zu beobachten. Der Eingangsdruck muss mindestens 1,5 bar betragen, um eine Sicherheit gegen Unterdruck zu haben.

Eine Spülung des Hydranten erfolgt nur, wenn dessen Verschmutzung vermutet werden muss.

20. Wie oft muss eine FP geschmiert werden?

Die Feuerlösch-Kreiselpumpe bzw. Tragkraftspritze muss gemäß der Gebrauchsanleitung geschmiert werden. Der zeitliche Abstand zwischen den wiederkehrenden Schmierungen wird in Betriebsstunden angegeben (z. B. nach der 10. und allen 50 weiteren Betriebsstunden). Der Schmierdienst sollte jedoch mindestens alle 6 Monate durchgeführt werden. Das Stützlager für die Pumpenwelle im Saugeingang wird bei älteren Modellen mit der Staufferbüchse geschmiert. Bei neueren Modellen findet sich dort ein Pressschmiernippel oder es wird ein selbstschmierendes Lager verwendet. Die Wartung dieser Lagerstelle ist sehr wichtig. Sobald das Lager auch nur ein wenig Spiel hat, überträgt sich dies auf die auf der Welle sitzenden Laufräder, welche zu streifen beginnen.

22. Was ist beim Abschmieren über Pressschmiernippel zu beachten?

Wenn bei Feuerlöschkreiselpumpen Pressschmiernippel eingebaut sind, ist beim Abschmieren darauf zu achten, dass die Kugel nach der Abschmierung in die richtige Lage zurückkommt. Die Kugel wird in ihrer Lage durch eine Feder gehalten. Die Federkraft ist so groß, dass sie durch den Luftdruck nicht überwunden werden kann. Bricht die Feder, so muss ein neuer Pressschmiernippel eingesetzt werden, da sonst hier beim Entlüften Luft eintreten würde und bei großen Saughöhen die Wassersäule abreißen könnte.

23. Was ist beim Nachziehen der Stopfbüchse zu beachten?

Das Nachziehen der Stopfbüchse darf nur bei laufender Maschine geschehen, d.h. die Pumpenwelle muss sich drehen. Vorsichtig und nicht übermäßig anziehen. Übermäßiges Anziehen wirkt sich auf die Pumpenwelle aus. Sie wird heiß und schleift aus, was zu Undichtigkeiten führt. Bei 4 bar Ausgangsdruck muss sie beim Nachziehen sicher abdichten. Bei höheren Drücken darf ca. alle 30 Sekunden ein Tropfen Wasser aus der Gehäuseentlastungsbohrung austreten. Das schadet nichts, im Gegenteil, das Wasser kühlt die Wellenabdichtungsstelle.

24. Was hat der Maschinist bei starkem Frost auf der Brandstelle zu beachten?

Er muss von Zeit zu Zeit die Absperrorgane bewegen, damit sie nicht einfrieren. Bei Beendigung des Pumpeneinsatzes ist die Pumpe sofort gründlich zu entwässern.

Soll eine Pumpe bei starkem Frost vorübergehend außer Betrieb gesetzt werden, so ist sie entweder restlos zu entwässern, durch Aufheizeinrichtungen warmzuhalten oder es ist bei niederer Drehzahl Wasser zu fördern.

Lenzpumpen

25. Welche Arten von Lenzpumpen kennen wir bei der Feuerwehr?

1. Die Lenzkreiselpumpe (nach der ehemaligen DIN 14420)
2. Die tragbare Tauchpumpe mit Elektromotor nach DIN 14425
3. Die tragbare Turbotauchpumpe (nicht mehr genormt, ehemals DIN 14426)
4. Die Wasserstrahlpumpe (nicht mehr genormt, ehemals DIN 14422)
5. Schmutzwasser-Kreiselpumpen (nicht genormt)
6. Hochwasser-Pumpe (nicht genormt).

Lenzkreiselpumpe

26. Was sind Lenz-Kreiselpumpen, wie ist ihre Typenbezeichnung und wie sind ihre Leistungsbedingungen?

Lenz-Kreiselpumpen werden vorwiegend zur Förderung von Wasser für den Lenzeinsatz verwendet. Dem Kurzzeichen LP werden Zahlen angehängt, die die Nennförderleistung angeben, wobei die erste Zahl mit 100 multipliziert den Nennförderstrom in l/min, die zweite den Nennförderdruck in bar angibt. Die in DIN 14420 ehemals genormte Lenzpumpe heißt LP 24/3. Sie wird als Tragkraftspritze gebaut. Ihre Mindestleistungen ergeben sich aus der Tabelle 1 in Frage G 9.

Tauchpumpe

27. Welche Eigenschaften hat eine elektrische Tauchpumpe?

Die Pumpe (Bild 5 und 6) ist eine einstufige Kreiselpumpe, bei der der Pumpendeckel gleichzeitig zum Ableiten des Wassers dient.

Die Pumpe TP 4/1 hat einen Korndurchlass von 8 mm, der durch ein fest eingebautes Schutzsieb abgesichert ist. Sie wird in das Fördermedium ein- oder untergetaucht, wobei es belanglos ist, ob die Pumpe stehend oder liegend im Betrieb ist. Die Pumpe ist nach DIN 14425 genormt.

Die Tauchmotorpumpe soll über einen Stromerzeuger der Feuerwehr betrieben werden.

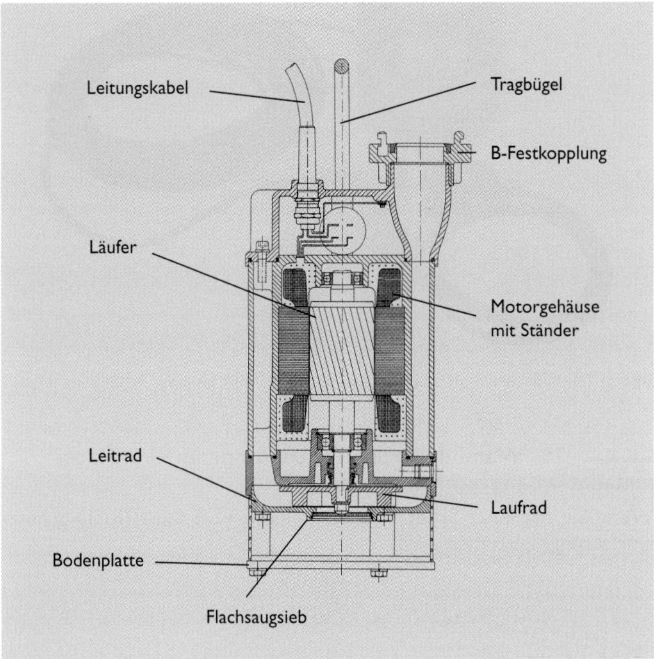

Bild 5: Schnittdarstellung einer Tauchpumpe

Bild 6: Tauchpumpe mit Schutzeinrichtung nach VDE 0661 bisherige Ausführung (Mast)

28. Wann darf eine Tauchpumpe an eine Hausinstallation angeschlossen werden?

Wenn Sie mit einer Schutzeinrichtung nach VDE 0661 (RCD-Schutzeinrichtung) betrieben wird.

29. Welche Pumpengrößen gibt es nach DIN 14425 für Tauchpumpen?

Tabelle 3

			Typen		
			TP 4/1	TP 8/1	TP 15/1
Nennförderstrom Q_N		l/min	400	800	1500
Nennförderdruck p_N		bar	1	1	1
Nenneintauchtiefe (bezogen auf die max. Standfläche)	max.	mm	500	600	600
Korndurchlass im Schutzkorb		mm	8	10	15
Anschlussspannung		V	230 V ~	400 V3 ~	400 V3 ~
Aufnahmeleistung P_1	max.	kW	1,8	3,5	5,8
Aufnahmestrom (Nennstrom)	max.	A	9	6	10
Pumpenausgang			Festkupplung DIN 14308 – B		Festkuppl. DIN 14309 – A
Gewicht mit 20 m langer Anschlussleitung und Anschlussstecker	max.	kg	25	40	50

30. Welche Vorteile hat eine Tauchmotorpumpe?

Sie ist einfach zu bedienen und sehr wirtschaftlich. Sie bedarf keines zusätzlichen Mediums zum Betrieb. Bei Antrieb durch Einphasenstrommotor kann sie, wenn dies nicht anders möglich ist, auch an das Haushaltsnetz angeschlossen werden und eignet sich daher besonders gut zum Lenzen überfluteter Räume. Die beiden kleinen Typen sind serienmäßig mit Flachsaugeinrichtung ausgerüstet. Nach Abnahme des Schutzsiebs kann damit bis auf wenige Millimeter Wasserhöhe abgepumpt werden.

31. Welchen Verwendungszweck hat die Tauchmotorpumpe noch?

Die Tauchmotorpumpe kann auch als Zubringerpumpe verwendet werden, wenn die geodätische Saughöhe mehr als 8 m beträgt (Saugen aus größeren Tiefen).

Turbotauchpumpe

32. Wie arbeitet die Turbotauchpumpe?

Die technischen Anforderungen für Turbotauchpumpen wurden in der zurückgezogenen DIN 14426 festgelegt.

Die Turbotauchpumpe (Bild 7 und 8) ist eine Kreiselpumpe. Ihr Antrieb erfolgt durch eine Wasserturbine. Treibwasserstrom und Schmutzwasserstrom sind völlig getrennt. Das Druckwasser kann wie bei der

1 Eingang Treibwasser
2 Rückfluss Treibwasser
3 Austritt Fördermedium

Bild 7: Turbotauchpumpe (AWG-Fittings)

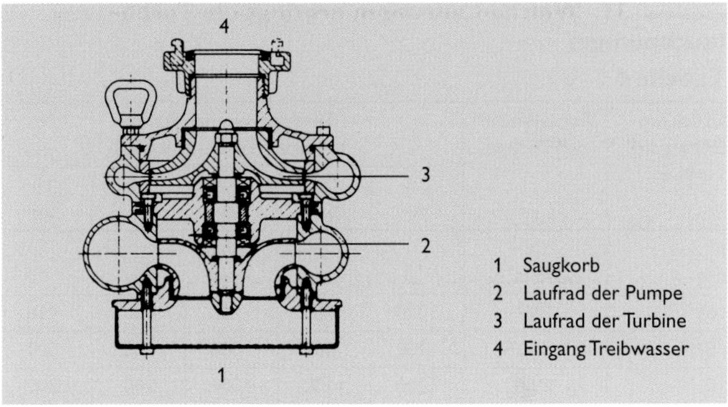

Bild 8: Schnitt durch eine Turbotauchpumpe

Wasserstrahlpumpe von einer Feuerlöschkreiselpumpe zugeführt werden. Bei Speisung aus einem Tanklöschfahrzeug ist der Betrieb wirtschaftlicher, da das Treibwasser, welches nicht mit dem Fördermedium vermischt wird, wieder in den Tank zurückbefördert wird. Bei Verwendung einer Treibwasserpumpe (einer Tragkraftspritze oder der Feuerlöschkreiselpumpe eines Löschfahrzeugs) ohne Wasserbehälter ist zweckmäßigerweise ein Sammelbehälter zwischenzuschalten.

Turbinenrad und Pumpenrad sitzen auf der gleichen Welle. Die Förderleistung der Pumpe ist abhängig vom Treibwasserdruck und dem Treibwasserstrom.

33. Welche Leistungen erbringt die Turbotauchpumpe?

Tabelle 4

Druck am Eingang der Turbine	Förderstrom der Turbine	Förderstrom der Pumpe bei einem Förderdruck von				
		0,6 bar	0,8 bar	1,0* bar	1,2 bar	1,5 bar
p_e bar	Q_T l/min	l/min min.				
6	850	1000	800	700	600	450
8*	950*	1100	1000	800*	700	600
10	1100	1200	1100	1000	900	800

* Wert für Nennbetrieb

34. Wann verwendet man einen Tiefsauger?

Ein Tiefsauger wird verwendet, wenn die geodätische Saughöhe, d. h. der Höhenunterschied zwischen dem Saugeingang der Kreiselpumpe und dem Wasserspiegel – senkrecht gemessen – mehr als 8 m beträgt.

Da die Grenze der geodätischen Saughöhe bei Feuerlöschkreiselpumpen, bis zu der noch mit einem akzeptablen Förderstrom gerechnet werden kann, bei etwa 8 m liegt, ist eine Wasserentnahme bei größeren Saughöhen nicht mehr sinnvoll.

Um trotzdem Wasser fördern zu können, bedient man sich neben anderen Möglichkeiten eines Tiefsaugers. Die Arbeits- und Wirkungsweise ist die gleiche wie die der Wasserstrahlpumpe.

Das Treibwasser entnimmt man aus einem Druckausgang der Kreiselpumpe und führt es mittels eines B-Druckschlauches, den man an die B-Kupplung des Tiefsaugers kuppelt, dem Tiefsauger zu. Zwischen A-Kupplung am Tiefsauger und dem A-Saugeingang der Kreiselpumpe verlegt man eine A-Saugleitung.

Um den Arbeitsvorgang einzuleiten, ist es erforderlich, die Leitung zunächst mit Wasser aufzufüllen.

Schmutzwasser-Kreiselpumpen

35. Wie ist die Arbeitsweise der Mast-Allzweckpumpe?

Die Pumpe (Bild 9) ist eine selbstansaugende Kreiselpumpe. Bei dieser muss vor dem Einsatz das Pumpengehäuse mit der abzusaugenden Flüssigkeit aufgefüllt werden, damit die Allzweck-Kreiselpumpe in die Lage versetzt wird, die Saugleitung zu entlüften und die Flüssigkeit anzusaugen. Auf die Größe der Anschlusskupplung am Saugeingang muss geachtet werden.

Bild 9: Mast-Allzweckpumpe

36. Welche Pumpengrößen sind handelsüblich?

Im Wesentlichen sind es Pumpen mit einem Nennförderstrom von 400 l/min, 800 l/min, 1000 l/min und 1200 l/min bei freiem Auslauf. Die kleinere Pumpe hat C-Anschlüsse, die größere B-Anschlüsse.

Der Korndurchlass der Pumpe ist, abhängig von der Pumpengröße, 8–20 mm.

Die Pumpe wird wahlweise mit 2-Takt- oder 4-Takt-Benzinmotor, Dieselmotor oder Elektromotor (Wechsel- und Drehstrom) geliefert.

Das gesamte Aggregat ist auf einem Traggestell montiert.

37. Welchen Verwendungszweck und welche Leistungsdaten hat die Tauchpumpe Fabrikat Chiemsee?

Die Hochwasserschutzpumpe dient zum Abpumpen von Oberflächenwasser sowie mit Schmutz belastetem Abwasser.

Die Pumpe kann mobil und auch im stationären Einsatz verwendet werden. Sie darf nicht in explosionsgefährdeten Bereichen eingesetzt werden. Die Leistungsdaten sind auf folgender Tabelle zu entnehmen:

Tabelle 5

Förderdruck (bar)	0,1	0,2	0,3	0,4	0,5	0,6	0,7	0,8	0,9	1,0
Förderstrom (l/min)	2100	1950	1750	1530	1310	1150	960	800	600	380

Bild 10: Hochwasserschutzpumpe Fabrikat Chiemsee (Spechtenhauser)

Bild 11: Abwassertauchpumpen (Mast)

38. Welchen Verwendungszweck und welche Leistungsdaten hat die Abwassertauchpumpe Fabrikat Mast?

Die Mast-Abwassertauchpumpe dient zur Förderung von ungeklärtem Schmutz und Abwasser mit langfaserigen Schwebe- und Feststoffen bis 80 mm Korndurchmesser. Sie ist verstopfungsfrei und kann ohne Schutzsieb eingesetzt werden. Die Pumpe ist wartungsfrei.

Die Leistungsdaten des Typs ATP 20 bzw. ATP 20R sind 2400 l/min bei freiem Auslauf. Bei einem Gegendruck von 0,5 bar (5 m Förderhöhe von Wasser) hat die Pumpe noch einen Förderstrom von ca. 2000 l/min.

Umfüllpumpe

39. Welchem Zweck dienen die explosionsgeschützten Umfüllpumpen?

Die explosionsgeschützten Umfüllpumpen dienen dem Umfüllen von Mineralölprodukten und sonstigen brennbaren Flüssigkeiten in Zone 1

Bild 12: Umfüllpumpe TUP 3–1,5 DIN 14424 (Mast)

eines explosionsgefährdeten Bereichs und dem Umpumpen flüssiger Gefahrgüter. Sie sind in DIN 14424 bzw. DIN 14427 genormt.

40. Wie ist die Typenbezeichnung für Mineralölpumpen?

Dem Kurzzeichen TUP (Tragbare Umfüll-Pumpe) werden zwei Zahlen angehängt, die die Nennförderleistung angeben. Die Pumpe heißt TUP 3–1,5 DIN 14424 (Bild 12) Die Normanforderung bezieht sich dabei auf eine geodätische Saughöhe von 1,5 m.

41. Welche Forderungen werden an die TUP gestellt?

Als Kreiselpumpe kann die TUP nach Auffüllen des Pumpengehäuses mit max. 10 l der Ansaugflüssigkeit die Saugleitung entlüften und das Fördermedium ansaugen. Alle ihre Bauteile dürfen bei normalem Be-

trieb und bei betriebsüblichen Störungen keinen Anlass zu Zündgefahren geben. Umlaufende und daran angrenzende Teile dürfen nicht aus Leichtmetall sein.

Die Pumpe ist in einem Traggestell gelagert und ist mit jeweils einer C-Festkupplung für Saugein- und Druckausgang versehen.

Ihr Aufbau entspricht dem der Schmutzwasserpumpe. Als Antrieb dient ein explosionsgeschützter Elektromotor mit einer Leistung von 2,5 kW, Anschlussspannung 400/230 Volt, Schutzart EEx e II T 3.

42. Welches sind die Mindestleistungsdaten der TUP 3–1,5?

Nennförderstrom Q_N	bei 1,5 m geod. Saughöhe	300 l/min
Nennförderdruck p_N		1,5 bar
Saugzeit höchstens		60 s
Förderstrom Q	bei 4,5 m geod. Saughöhe	200 l/min
Saugzeit höchstens		90 s

43. Gibt es auch Umfüllpumpen für flüssige Gefahrgüter?

Ja, die sogenannte Gefahrgutumfüllpumpe nach DIN 14427 (Bild 13). Ihre Abkürzung lautet GUP. Sie ist aus nichtrostendem Stahl (Pumpenteile und Rahmen) hergestellt und hat daher eine hohe Beständigkeit gegen Säuren und Laugen. Neben Kreiselpumpen werden auch Schlauchpumpen eingesetzt.

Die Mindestleistung bezogen auf Wasser entspricht der der TUP nach DIN 14424.

Bei höheren Viskositäten des Fördermediums verringert sich der maximal mögliche Förderstrom.

Bild 13: Umfüllpumpe für flüssige Gefahrgüter mit geöffnetem Gehäuse (Mast)

44. Wie ist das Funktionsprinzip einer Gefahrgut-Umfüllpumpe in der Bauweise als Schlauchpumpe?

(Bild 14 und 15)

- Der Rotor (1) mit 3 Gleitzylindern dreht sich innerhalb eines feststehenden und mit dem Gehäuse (2) verschraubten Trennteils (3).
- Dieser Trennteil (3) ist so eingebaut, dass bei der Drehbewegung des Rotors keine wesentlichen Längenänderungen eintreten.
- Der Trennteil (3) schließt den Außenraum (4) vom Innenraum (5) ab.
- Der Außenraum (4) ist allseitig dicht.
- Bei der Drehung des Rotors (1) verändert sich das Volumen des Außenraums (4) (siehe Bilder).
- Im unteren Raum (6) bleibt das Volumen konstant, im Raum (7) wird es wieder verändert.

- Es wird ein Schlauch (8) aus speziellen, gegen Chemikalien resistenten Materialien in das Gehäuse eingelegt und mit den Saugein- und Druckausgängen verbunden. Der Schlauch hat bei dieser speziellen Konstruktion der Schlauchpumpe keine Eigenelastizität, so dass er sich nach dem Zusammendrücken durch den Rotor nicht selbständig wieder aufrichtet. Das Aufweiten des Schlauchs erfolgt hier durch ein ihn umgebendes Vakuum.
- Durch das im Außenraum (4) bei Rotation entstehende Vakuum wird im Schlauch durch Vergrößerung des Innenvolumens ein Vakuum erzeugt. Dadurch weitet sich der ansonsten flache Schlauch auf. Im Raum (6) bleibt das Schlauchvolumen konstant. Im Raum (7) wird das Schlauchvolumen durch das nachfolgende Medium nach außen gedrückt.
- In das flüssigkeitsdichte Gehäuse ist zirka ein Liter Silikon eingefüllt. Es wirkt als Schmier- und Kühlmittel.
- Durch eine Absperrvorrichtung (Regulierventil im Deckel) kann im Saugraum (4) der Unterdruck verändert werden; dadurch auch der Förderstrom bzw. die maximal mögliche Saughöhe.

Bild 14: Hauptteile einer Schlauchpumpe

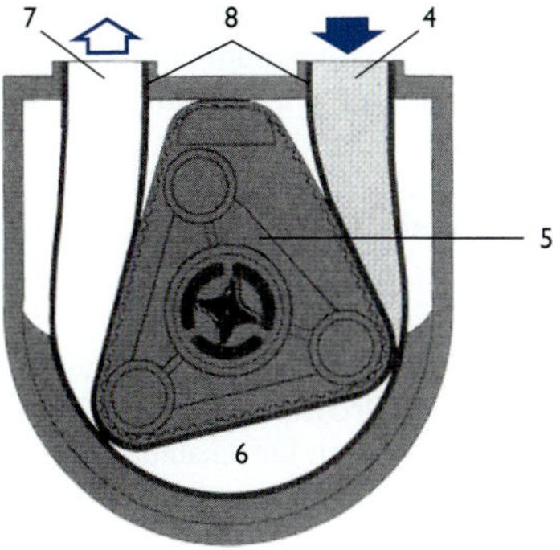

4 Außenraum (variables Volumen) ansaugend
5 Innenraum
6 Raum mit konstantem Volumen
7 Außenraum (variables Volumen) abgebend
8 Schlauch

Beginn der Drehung
Stellung 1

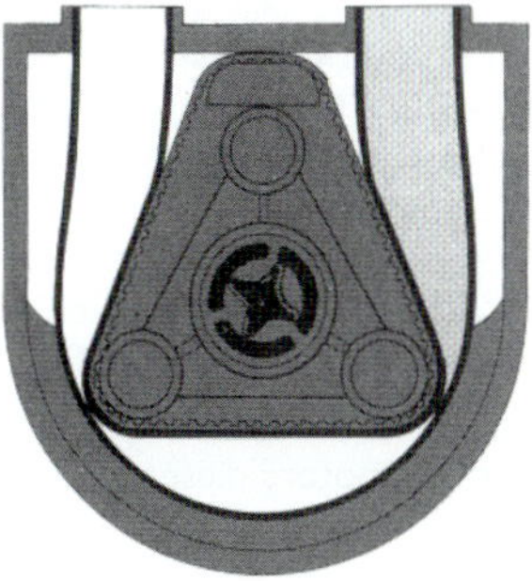

Stellung 2

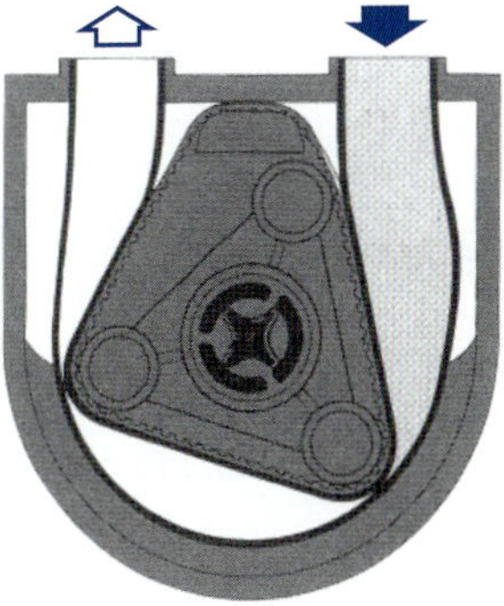

Stellung 3

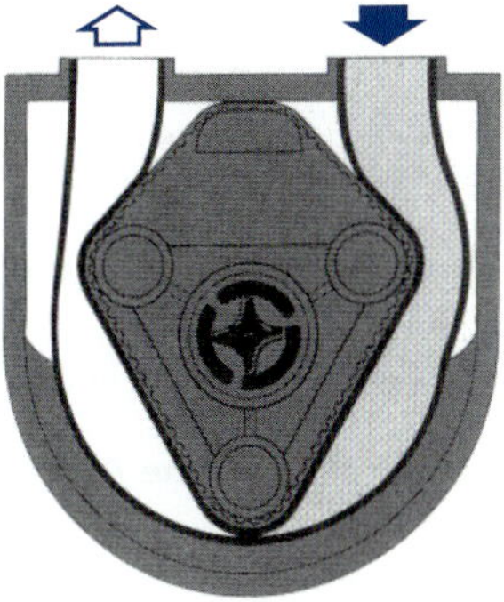

Stellung 4

Bild 15: Wirkungsprinzip der Schlauchpumpe

- Der eingebaute Vakumeter (Unterdruckmanometer) ist mit dem Außenraum (4) verbunden und zeigt das Vakuum in dem den Schlauch saugseitig umgebenden Raum (4) an; ein Maß für das Saugvermögen der Pumpe.

45. Was ist beim Betrieb einer GUP als Schlauchpumpe zu beachten?

Die Schlauchpumpe ist eine Verdrängerpumpe. Deshalb darf in der Druckleitung kein Absperrventil eingebaut sein. Die Schläuche müssen ohne Knicke verlegt werden, damit keine Drosselung eintritt. Jeder zusätzliche Widerstand würde zu einem erhöhten Druckaufbau führen und den Motor mit Hilfe des eingebauten Temperatursicherheitsschalters abschalten.

46. Welche Sicherheitseinrichtung gegen zu hohe Erwärmung weist die TUP und die GUP auf?

Einen Motorschutzschalter, der bei unzulässig hoher Erwärmung des Antriebsmotors diesen ausschaltet.

Entlüftungseinrichtungen für Feuerlöschkreiselpumpen

47. Warum werden Entlüftungseinrichtungen an Feuerlöschkreiselpumpen benötigt?

Feuerlöschkreiselpumpen können nicht selbst ansaugen, d. h. sie können keinen Unterdruck in der Pumpe und im Saugschlauch erzeugen.

48. Welche Arten von Entlüftungseinrichtungen gibt es?

Strahlapparate
Verdrängerentlüftungspumpen

Strahlapparate

Gasstrahler

49. Welche Arten von Gasstrahlern gibt es?

Es gibt einstufige Gasstrahler (Bild 16) und zweistufige Gasstrahler (Bild 17). Gasstrahler werden auch Auspuffejektoren genannt.

50. Wie arbeitet der einstufige Gasstrahler?

Durch Umlegen eines Hebels wird der Entlüftungshahn zur Pumpe geöffnet und die Klappe in der Auspuffleitung geschlossen. Die Auspuffgase werden über den Ejektor geleitet. Bei den hier auftretenden hohen Geschwindigkeiten wird beim Übergang der Auspuffgase aus der Treibdüse in die Fangdüse ein Unterdruck erzeugt und die Luft aus der Entlüftungsleitung mit ins Mischrohr gerissen. Hierdurch wird die Luft aus Pumpe und Saugleitung herausgezogen, so dass der atmosphärische Druck die Saugleitung und Pumpe mit Wasser auffüllen kann.

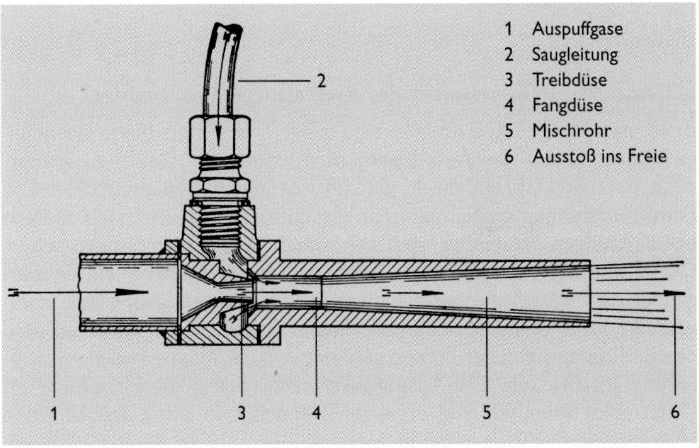

Bild 16: Einstufiger Strahler (Ziegler)

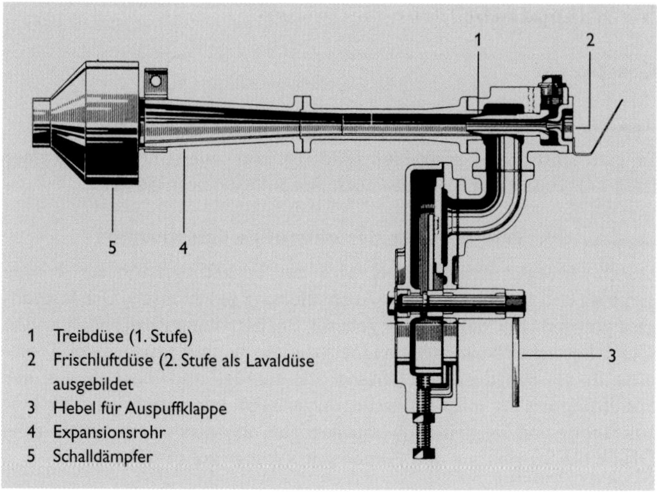

Bild 17: Zweistufige Strahlpumpe (Magirus)

51. Wie arbeitet der zweistufige Gasstrahler?

Beim zweistufigen Gasstrahler sind zwei Treibdüsen hintereinandergeschaltet. Durch die Auspuffgase wird jedoch nur die 1., die Hauptdüse, betätigt, während die 2., die Luftdüse, mit Außenluft arbeitet. Die Entlüftungsleitung zur Pumpe ist an der Luftdüse angeschlossen und wie bei einstufigen Strahlapparaten mit einem Entlüftungshahn versehen. Die im Auspuffrohr befindliche Absperrklappe steht durch ein Gestänge mit dem Entlüftungshahn in Verbindung. Absperrklappe und Hahn werden durch einen gemeinsamen Hebel betätigt. Beim Entlüften wird der Entlüftungshahn zur Pumpe geöffnet und die Klappe in der Auspuffleitung geschlossen. Die Auspuffgase treten durch die Hauptdüse im Gasstrahler hindurch und erzeugen hierdurch in der Luftdüse einen Unterdruck. Dadurch entsteht zwischen der äußeren Atmosphäre und der Luftdüse ein Druckgefälle, wodurch diese Stufe in Tätigkeit tritt.

Verdrängerentlüftungspumpen

Handkolben-Entlüftungspumpe

52. Wo wird diese Entlüftungspumpe verwendet?

Bei den kleinen Tragkraftspritzen in der früheren Bauart der TS 2/5 und TS 4/5. Die Anordnung der Handkolben-Entlüftungspumpe ist auf Bild 18 gut zu sehen.

53. Wie arbeitet die Handkolben-Entlüftungspumpe?

Beim Hochziehen des Kolbens wird die Luft aus Pumpe und Saugleitung abgesaugt. Beim Niederdrücken des Kolbens wird die Luft über das Druckventil ins Freie befördert.

Bild 18: Handkolben-Entlüftungspumpe bei der TS 2/5 (Ziegler)

Flüssigkeitsring-Entlüftungspumpe (Wasserring-Entlüftungspumpe)

54. Wie ist die Flüssigkeitsring-Entlüftungspumpe aufgebaut?

Die Flüssigkeitsring-Entlüftungspumpe (Bilder 19a und 19b) besteht aus einem Pumpengehäuse, der Pumpenwelle, dem Kreiselrad mit sternförmig angeordneten offenen Schaufeln und einem Antriebsrad.

55. Wie arbeitet die Flüssigkeitsring-Entlüftungspumpe?

Zum Entlüften wird die Entlüftungspumpe durch ein Reibrad angetrieben. Durch die Drehung des Kreiselrads wird die Flüssigkeit im Pumpenkörper nach außen geschleudert, wodurch sich ein Flüssigkeits-

Bild 19a: Flüssigkeitsring-Entlüftungspumpe (Bachert)

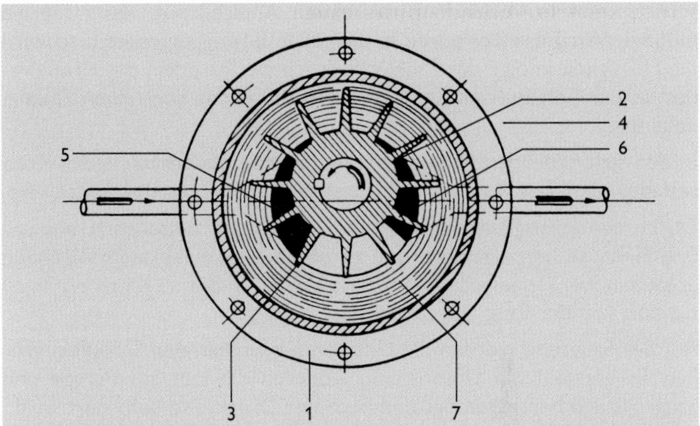

1 Pumpengehäuse
2 Antriebswelle für Entlüftungseinrichtung
3 Kreiselrad
4 Antriebsrad (Reibrad)
5 Saugeingang zur Ent-Lüftungseinrichtung (Lufteinzug)
6 Druckausgang von der Entlüftungseinrichtung (Luftausstoß)
7 Flüssigkeitsring (im Betriebszustand)

Bild 19b: Flüssigkeitsring-Entlüftungspumpe

ring ausbildet, der eine räumliche Trennung der einzelnen Kreiselradsegmente bewirkt.

Es bilden sich sichelförmige Hohlräume, die sich im Saugbereich erweitern und im Druckbereich zum Ausstoß hin verengen.

Nachdem ein bestimmter Ausgangsdruck erreicht ist, schaltet dieser den Reibradantrieb automatisch aus. Die Entlüftungseinrichtung kann auch von Hand ausgeschaltet werden. In die Entlüftungsleitung ist ein Kugelventil eingebaut.

Um das Kreiselrad ist das Gehäuse der Flüssigkeitsring-Entlüftungspumpe exzentrisch angeordnet. Im Gehäuse, das ständig mit Flüssigkeit gefüllt sein muss, befinden sich zwei Schlitze. Der eine, der Saugschlitz, steht in Verbindung mit dem Pumpengehäuse. Der andere, der Druckschlitz, steht in Verbindung mit einem Ausstoßrohr, das ins Freie mündet. Wird das Kreiselrad in drehende Bewegung gesetzt, so wird die Flüssigkeit infolge der Fliehkraft durch die Schaufeln des Kreiselrades an die Gehäusewand geschleudert und bildet dort einen Flüssigkeitsring.

In den sich bildenden Flüssigkeitsring tauchen die Schaufeln des Kreiselrades oben fast ganz, auf der unteren Seite nur mit den Spitzen ein.

Durch den Flüssigkeitsring wird die Abdichtung zwischen Kreiselrad und Gehäuse herbeigeführt, und zwischen zwei aufeinanderfolgenden Schaufeln werden jeweils Kammern gebildet. In diesen Kammern wird die Luft von der Saug- zur Druckseite befördert.

Auf der Saugseite werden die Lufträume zwischen den Schaufeln größer. Es entsteht ein Unterdruck, wodurch die Luft aus Pumpe und Saugschlauch herausgesaugt und nach der Druckseite befördert wird.

Auf der Druckseite verkleinern sich die Lufträume zwischen den Schaufeln, wodurch die Luft zusammengepresst und durch den Austrittschlitz ins Freie befördert wird.

Diese Entlüftung bezeichnet man auch als „nasse Entlüftung“ oder „Nassansaugen“.

56. Was ist bei der Flüssigkeitsring-Entlüftungspumpe zu beachten?

Bei Frost besteht Einfriergefahr, die jedoch bei Betrieb mit Frostschutzmittel verringert wird. Nach jedem Einsatz ist bei Winterbetrieb Frostschutzmittel nachzufüllen.

Wird die Flüssigkeitsring-Entlüftungspumpe während der Winterzeit nur mit Wasser betrieben, so ist nach jedem Gebrauch das Wasser abzulassen. Vor Wiederinbetriebnahme ist dann Wasser nachzufüllen, da sonst die Entlüftungspumpe nicht arbeitet.

Trockenring-Entlüftungspumpe

57. Wie ist die Arbeitsweise der Trockenring-Entlüftungspumpe?

Die Trockenring-Entlüftungspumpe besteht im Wesentlichen aus einem Gehäuse mit einer inneren und einer äußeren Laufbahn, auf der sich ein exzentrisch rotierender Pleuelkolben (so genannt, weil er in sich Drehkolben und Pleuel vereinigt) in Schubkurven rollend und gleitend bewegt. Hinter der Abrollstelle des Pleuelkolbens bildet sich ein innerer und äußerer sichelförmiger Hohlraum. Die Pumpe ist also doppelwirkend, was ihre hohe Saugleistung erklärt. Der durch die Rotation entstehende Sog lässt Luft durch den Ansaugschlitz in einen der sichelförmigen Hohlräume nachströmen. Der Pleuelkolben verdrängt bei seinem weiteren Abrollen das gefasste Luftvolumen über den Ausstoßschlitz durch den angeschlossenen Schlauch ins Freie.

Die Wirkungsweise der Trockenring-Entlüftungspumpe veranschaulicht Bild 20:

Entlüften
Luft strömt von der Kreiselpumpe in Raum 1. Gleichzeitig wird die vorhandene Luft in Raum 2 und die Restluft des vom Rotor abgeteilten Raumes 1 ausgestoßen. Nach dem weiteren Abrollen des Rotors ist in Raum 2 Unterdruck (Vakuum) vorhanden.

Fördern
Während der Rotor die eingeströmte Luft in Raum 1 zur Ausstoßseite fördert, strömt infolge Unterdruck (Vakuum) Luft aus der Kreiselpumpe in Raum 2. Die Restluft aus Raum 2 der durch den Rotor geteilt ist, wird ins Freie gepreßt.

Ausstoßen
Die Luft in Raum 1 wird ins Freie ausgestoßen. Die eingeströmte Luft in Raum 2 wird zur Ausstoßseite gefördert. Gleichzeitig strömt durch den vorhandenen Unterdruck (Vakuum) in den vom Rotor aggeteilten Raum 1 neue Luft aus der Kreiselpumpe zu.

Bild 20: Trockenring-Entlüftungspumpe (Vakumatik, Metz)

Das zwischen Feuerlöschkreiselpumpe und Trockenring-Entlüftungspumpe befindliche automatisch arbeitende Ent- und Belüftungsventil erleichtert die Bedienung erheblich. In seinem Gehäuse ist je eine Saug- und Druckmembrane so eingespannt, dass über eine Ventilstange und mittels der Membranen ein Ventil geöffnet oder geschlossen wird. Das in Ruhe durch Federkraft geschlossene Ventil wird bei Unterdruck durch den atmosphärischen Druck auf die Saugmembrane geöffnet. Die Verbindung zwischen Feuerlöschkreiselpumpe und Entlüftungspumpe ist hergestellt. Sobald die Feuerlöschkreiselpumpe Wasser angesaugt hat, schließt der Pumpendruck über die Druckmembrane das Ventil und trennt damit die Entlüftungspumpe von der Feuerlöschkreiselpumpe. Im Falle des Abreißens der Wassersäule öffnet sich das Ent- und Belüftungsventil bei noch oder wieder eingeschalteter Entlüftungspumpe automatisch und der Saugvorgang wird fortgesetzt.

Eine Rückschlagklappe gewährleistet die Trockensaugprobe.

Freikolben-Entlüftungspumpe

58. Wie arbeitet eine Freikolben-Entlüftungspumpe?

Die Freikolben-Entlüftungspumpe besteht aus den schaltbaren Antriebs- und Steuerelementen, dem Kurbelgehäuse mit Saugkanal, den beiden Zylindern mit Kolben und den Gehäusedeckeln mit Ausstoßplatten und Ausstoßkanälen. Die Kurbelwelle bewegt die Kolben in den Zylindern gegenläufig zueinander. Anstelle der Kurbelwelle wird bei neueren Konstruktionen eine Exzenterwelle benutzt. Durch die Bewegung der Kolben in den Zylindern entsteht in diesen eine Saugwirkung, wobei die Luft über den Ansaugkanal aus der Feuerlösch-Kreiselpumpe angesaugt wird. Die angesaugte Luft wird durch die Kolben über die Ausstoßplatten und Ausstoßkanäle ins Freie gedrückt.

59. Welche Besonderheiten besitzt die Freikolben-Entlüftungspumpe?

Die Freikolben-Entlüftungspumpe soll den Pumpbetrieb vereinfachen und die Entlüftungsvorgänge vollautomatisch durchführen. Die Kolben laufen ohne Schmiermittel, Wasser oder Frostschutzmittel.

60. Woraus besteht das Entlüftungssystem?

Das Entlüftungssystem besteht in den meisten Fällen aus zwei getrennt arbeitenden Kurzhub-Kolbenpumpen, welche unmittelbar mit der Kreiselpumpe verbunden sind.

Bild 21a demonstriert die Einfachheit des Systems und zeigt die wenigen Teile in der Reihenfolge der Montage.

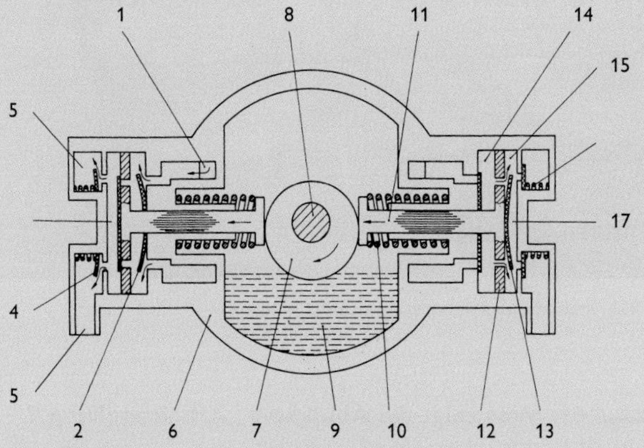

1 Saugkanal vom Pumpensaugraum
2 Einlassmembran
3 Ansaugende Kolben
4 Auslassmembran
5 Austritt ins Freie
6 Pumpengehäuse
7 Exzenter
8 Antriebswelle
9 Öl
10 Druckfeder (bei beiden Kolben)
11 Kolbenstössel
12 Kolben
13 Kolbenmembran
14 hinterer Hubraum
15 vorderer Hubraum
16 äußere Druckfeder
17 Anstoßhub

Bild 21a: Freikolben-Entlüftungspumpe

Bild 21b: Freikolben-Entlüftungspumpe (IVECO-Magirus)

61. Was zeigt die Abbildung „Arbeitsstellung"?

Sie veranschaulicht die Funktion während des Ansaugens.

Durch die Rotation des mit der Pumpenwelle verbundenen Exzenters werden die Kolben (3) hin- und herbewegt (Bild 22).

Die Kolbenbewegung nach außen bewirkt, dass die Luft über die Ansaugkanäle aus dem Pumpenraum angesaugt wird. Sie strömt an der sich öffnenden Eintrittsmembrane (2) vorbei in den Hubraum zwischen Kolbenscheibe und Eintrittsmembrane.

Die Rückbewegung des Kolbens wird durch die Feder (6) eingeleitet und durch den äußeren Atmosphärendruck verstärkt. Die nach innen gerichtete Kolbenbewegung komprimiert die im Hubraum befindliche Luft, diese wiederum schließt die Eintrittsmembrane (2) und strömt

Zu den Bildern 22 bis 24:

1 Lagerflansch
2 Eintrittsmembrane
3 Kolben
4 Austrittsmembrane
5 Zylinderkappe
6 Druckfeder
7 Extenter
8 Ansaugkanäle

Bild 22: Trockenkolben-Entlüftungspumpe in Arbeitsstellung (Trokomat, Ziegler)

dann durch die Kolbenbohrungen – an der sich öffnenden Austrittsmembrane (4) vorbei – durch die Ausstoßleitung ins Freie. Dieser Vorgang wiederholt sich so lange, bis Pumpe und Saugleitung luftleer sind und das Wasser in den Pumpenraum eintritt. Damit beginnt die Wasserförderung der Kreiselpumpe.

62. Was zeigt die Abbildung „Ruhestellung"?

Die Abbildung „Ruhestellung" zeigt die Situation während der Wasserförderung der Kreiselpumpe. Das Wasser ist über die Ansaugkanäle (8) in die Pumpe eingedrungen. Es strömt an der sich öffnenden Eintrittsmembrane (2) vorbei und drückt die Kolben (3) vom rotierenden Exzenter (7) weg nach außen, bis die Austrittsmembrane (4) innen an der Zylinderkappe (5) anliegt und die Kolbenbohrungen abdichtet. Der

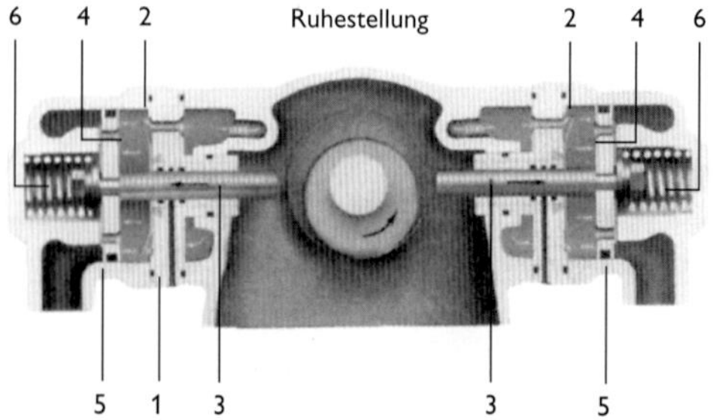

Bild 23: Trockenkolben-Entlüftungspumpe in Ruhestellung (Trokomat, Ziegler)

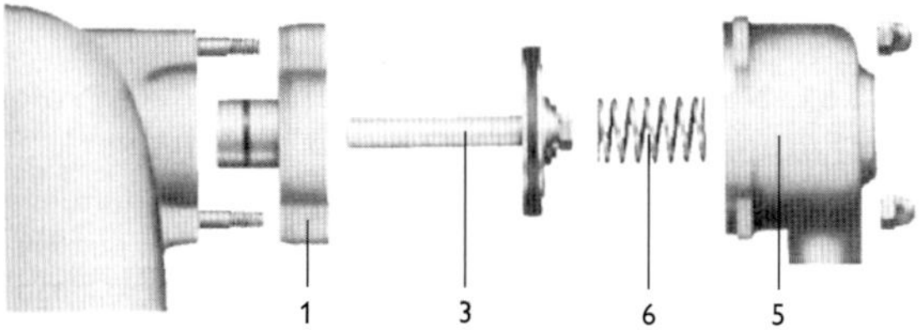

Bild 24: Trockenkolben-Entlüftungspumpe-Einzelteile (Trokomat, Ziegler)

Exzenter dreht sich leer, die Entlüftungspumpe ist auf diese Weise vom Pumpbetrieb getrennt worden und steht still. Unnötiges Mitlaufen der Entlüftungseinrichtung während des Pumpenbetriebes wird auf diese Weise vermieden (Bild 23).

63. Was geschieht, wenn die Wasserförderung abreißt?

Reißt die Wasserförderung ab – liegt also kein Wasserdruck mehr auf den Kolben –, so drückt die Feder (6) die Kolben (3) an den Exzenter zurück und die Situation ist wieder so wie auf der Abbildung Arbeitsstellung, es wird erneut automatisch angesaugt.

64. Was bedeutet vollautomatische Entlüftungseinrichtung?

In zunehmendem Maße werden von den Pumpenherstellern „vollautomatische" Entlüftungseinrichtungen eingebaut.

Diese Entlüftungseinrichtungen wirken von der Funktion her (Freikolben-Entlüftungspumpe) oder durch Hilfseinrichtungen (Membranventil, Magnetventil, vom Pumpendruck gesteuerte Ausschaltvorrichtung u. a.) vollautomatisch. Beim Einschalten der FP führen sie die Entlüftung durch und die Wasserförderung beginnt ohne weitere Bedienungsvorgänge. Bei Abreißen der Wassersäule führen sie erneut selbstständig die erforderliche Entlüftung durch.

Doppelkolben-Entlüftungspumpe

65. Nach welchem System arbeitet die „Professional"-Entlüftungseinrichtung der Firma Rosenbauer?

Diese z. B. in die Tragkraftspritze „Fox" eingebaute Entlüftungseinrichtung hat zwei Kolben (Doppelkolben), die durch einen Exzenter angetrieben werden. Saugventilplatten und Druckventilplatten dienen zum Einlass und Auslass der Luft in bzw. aus dem Zylinderraum. Alle bewegten Teile wie Kolben und Exzenterantrieb laufen in einem Ölbad.

66. Was ist bei Einspeisedrücken unter 1 bar bei der „Professional"-Entlüftungseinrichtung zu beachten?

Das an der Pumpe angebrachte Rückschlagventil (Schutzventil), das über einen druckfesten Schlauch mit der Entlüftungseinrichtung verbunden ist, ist von Hand zu schließen, da ansonsten Wasser über die Entlüftungseinrichtung austritt (Bild 25).

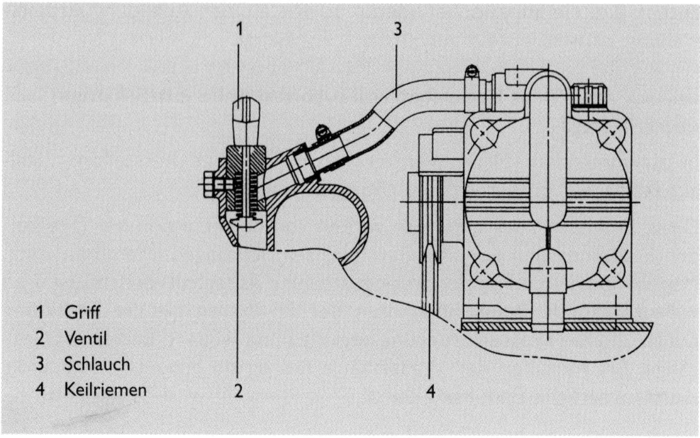

Bild 25: Entlüftungseinrichtung „Professional“ (Rosenbauer)

67. Wie erfolgt bei der Tragkraftspritze „Fox“ der Antrieb der Entlüftungseinrichtung?

Die Welle der Entlüftungseinrichtung mit dem Exzenter zum Antrieb der Entlüftungskolben wird über einen Keilriemen angetrieben, der durch eine federbelastete Spannrolle gespannt wird.

Bei einem Pumpendruck von 1,5 bar drückt ein hydraulischer Abschaltzylinder die Spannrolle automatisch zurück, wodurch sich der Keilriemen lockert.

Membran-Entlüftungspumpe

68. Wie arbeitet eine Membran-Entlüftungspumpe?

Bei der Membran-Entlüftungspumpe (Bild 26 und Bild 27) werden über eine Exzenterwelle zwei gegenläufige Kolbenstangen betätigt.

Auf der Kolbenstange befindet sich der Kolbendeckel, in dem die Membran befestigt ist. Wie die Trockenkolben-Entlüftungspumpe verfügt die Membran-Entlüftungspumpe über Eintritts- und Austrittsmembran. Ebenso wird die Rückstellkraft auf den Kolbendeckel durch eine Feder bewirkt.

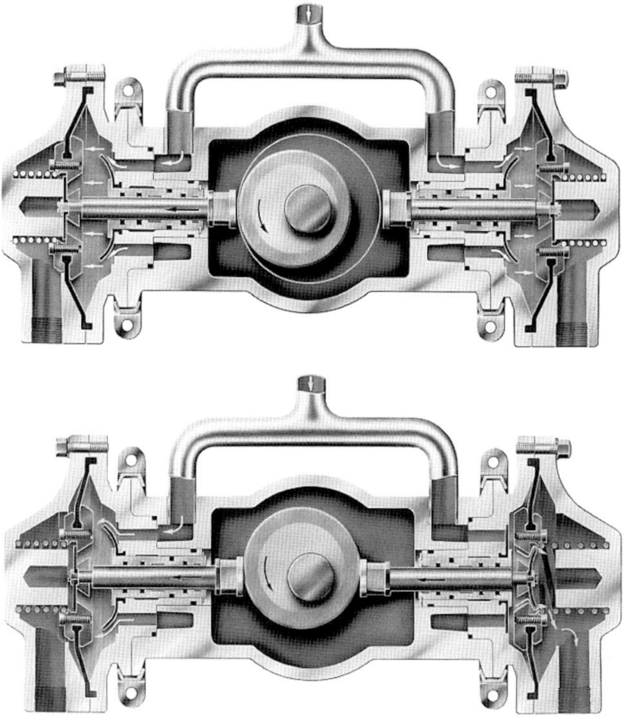

Bild 26: Membran-Entlüftungspumpe (Magirus-Primatic)

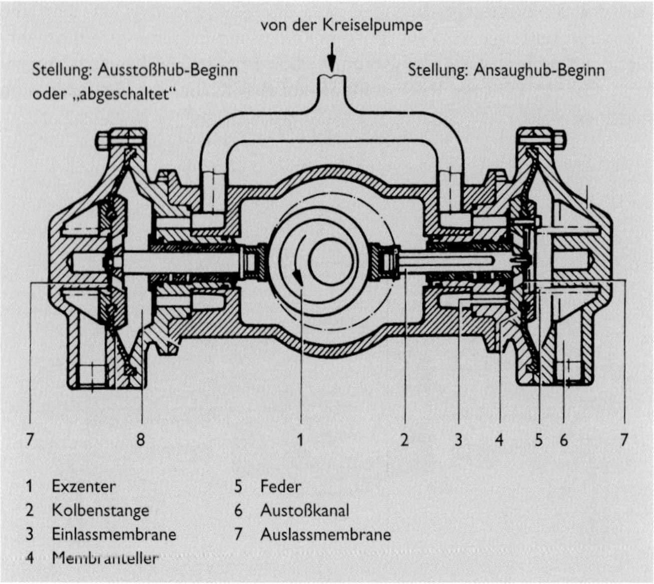

Bild 27: Membran-Entlüftungspumpe (IVECO-Magirus Primatic)

Einsatztaktische Hinweise

69. Was macht der Maschinist beim Bedienen der Entlüftungseinrichtungen häufig falsch?

Sobald die Entlüftung beendet und Wasser in der Pumpe ist, schalten viele Maschinisten sofort die Entlüftungseinrichtung aus und öffnen dann erst das Druckventil der Pumpe. Es muss aber umgekehrt verfahren werden. Erst etwas Wasser vorlassen, d.h. das Druckventil etwas öffnen, dann die Entlüftungspumpe ausschalten und das Druckventil ganz öffnen. Wenn dies nicht beachtet wird, reißt, besonders bei großen Saughöhen, die Wassersäule ab.

Die oben im Pumpengehäuse befindliche angesammelte Luft muss erst entweichen können. Das Wasser verdrängt beim langsamen Öffnen des Ausgangsventils die restliche Luft.

70. Was hat der Maschinist, wenn die Entlüftungseinrichtung versagt, Motor und Pumpe aber funktionsfähig sind, zu veranlassen?

Er hat so schnell wie möglich Pumpe und Saugschlauch mit Wasser aufzufüllen. Das Wasser verdrängt die Luft. Dies ist die einfachste Art der Entlüftung.

71. Welche Voraussetzung muss dafür am Saugkorb vorhanden sein?

Ein funktionierendes Rückschlagventil, da sonst das eingefüllte Wasser aus dem Saugkorb wieder entweicht.

Auch darf der Saugkorb nicht zu flach liegen, ansonsten schließt das Rückschlagventil nicht.

72. Wie füllt der Maschinist das Wasser in Pumpe und Saugschlauch ein?

An der Flüssigkeitsringentlüftungspumpe ist dafür ein kleiner Trichter angegossen, in dem sich eine Öffnung befindet, die durch einen Stopfen verschlossen ist.

Die anderen Pumpen füllt man über einen der Druckausgänge auf, wobei das Ventil ganz geöffnet sein muss. Es gibt auch Füllstutzen mit C- bzw. B-Kupplungsanschluss in verschiedenen Ausführungen, die man an einen der Druckausgänge ankuppeln kann. Mit einem Eimer füllt man dann das Wasser bequem ein.

Schneller geht es allerdings, wenn man erst die bereits ausgelegten und mit Halteleinen gesicherten Saugschläuche vollgießt, dann ankuppelt und den restlichen Teil mittels Fülltrichter auffüllt. Dann Druckstutzen schließen und Pumpe einschalten.

Bei Löschfahrzeugen mit Wasserbehälter ist das Auffüllen der Pumpe zusammen mit den angekuppelten Saugschläuchen und dem Saugkorb bei geschlossenem Rückschlagventil aus dem gefüllten Tank möglich. Dabei muss an der Kreiselpumpe der Luftaustritt ermöglicht werden (durch vollständiges Öffnen des Druckausganges).

73. Worauf hat der Maschinist noch zu achten?

Dass das Sieb im Saugstutzen der Kreiselpumpe immer unbeschädigt, vorhanden und nicht zugesetzt ist.

Tragkraftspritzen

74. Was sind Tragkraftspritzen (TS)?

Tragkraftspritzen sind für die Brandbekämpfung bzw. für den Lenzeinsatz gestaltete, durch Verbrennungskraftmaschinen angetriebene Feuerlösch- bzw. Lenz-Kreiselpumpen (FP bzw. LP), die zur Einsatzstelle getragen werden können.

Die Kreiselpumpe und die Verbrennungskraftmaschine einschließlich eines Kraftstoffbehälters sind dazu auf einem Tragegestell befestigt.

75. Welche Typen von Tragkraftspritzen gibt es nach der ehemaligen DIN 14410?

TS 2/5 (mit einer FP 2/5 mit einem C-Druckschlauchanschluss)
TS 4/5 (mit einer FP 4/5 mit einem B-Druckschlauchanschluss)
TS 8/8 (mit einer FP 8/8 mit einem B-Druckschlauchanschluss)
TS 24/3 (mit einer LP 24/3 mit zwei B-Druckschlauchanschlüssen)

76. Wie lautet die Bezeichnung einer Tragkraftspritze mit einer Feuerlösch-Kreiselpumpe FPN 10–750 nach DIN EN 14466?

PFPN 10–750. Dabei steht P für portabel (tragbar); der andere Teil der Bezeichnung entspricht der für eine eingebaute Feuerlösch-Kreiselpumpe (hier FPN 10–750).

77. Welcher Sondertyp von TS befindet sich im Einsatz?

Feuerwehrfahrzeuge, die als Einsatzmittel für den Brandschutzdienst im „Erweiterten Katastrophenschutz“ beschafft wurden, sind an Stelle der normmäßig vorgesehenen TS 8/8 mit einer TS 16/8 ausgerüstet. Die Leistungsdaten der darin eingebauten Feuerlösch-Kreiselpumpe entsprechen im Wesentlichen denen einer FP 16/8. Aufgrund des mittlerweile erreichten Alters werden diese Tragkraftspritzen immer mehr ausgemustert.

78. Was bedeuten die Zahlen hinter „TS“?

Die Zahlen geben die Leistung der eingebauten Kreiselpumpe an. Die erste Zahl gibt den Nennförderstrom in 100 l/min, die zweite Zahl den Nennförderdruck in bar an:

z. B. TS 4/5: 400 l/min bei 5 bar.

79. Welche Verbrennungskraftmaschinen werden bei TS eingesetzt?

Zum Antrieb der Kreiselpumpen sind Benzinmotoren, die im Zwei- oder Viertaktverfahren arbeiten, im Gebrauch. Nachdem der VW-Industriemotor 122 nicht mehr hergestellt wird, verwenden alle Tragkraftspritzen-Hersteller Motoren unterschiedlicher Bauart, deren Leistung an den Leistungsbedarf einer FP 8/8 bzw. FPN 10/1000 angepasst sind.

Die größeren Tragkraftspritzen haben zwischen Antriebsmaschine und Pumpe eine während des Betriebs ein- und ausrückbare Kupplung. Dies ermöglicht eine längerdauernde Unterbrechung der Wasserförderung (z. B. 10 min) bei weiterlaufender Antriebsmaschine und erleichtert das Starten des Motors. Beide TS sind mit einem Betriebsstundenzähler ausgerüstet.

Die heutigen modernen Tragkraftspritzen sind allesamt mit einem Anlasser ausgestattet. Für einen ordnungsgemäßen Betrieb ist darauf zu achten, dass die Batterie stets geladen ist. Selbst die Tragkraftspritzen, die zusätzlich mit einem Reversierstarter ausgestattet sind, benötigen noch eine Restspannung der Batterie, um gestartet werden zu können.

Bild 28: Tragkraftspritze (Rosenbauer)

Bild 29: Tragkraftspritze IVECO–Magirus (vordere Abdeckung abgenommen)

80. Welches Fassungsvermögen muss der Kraftstoffbehälter haben?

Der Inhalt muss bei den Typen TS 2/5 und TS 4/5 für einen mindestens einstündigen Betrieb und bei den Typen TS 8/8 und TS 24/3 für einen mindestens zweistündigen Betrieb bei Nennleistung ausreichen.

Bei den PFPN muss der Tankinhalt für einen Betrieb von einer Stunde bei Nennlast ausgelegt sein.

81. Welcher Kraftstoff wird für Tragkraftspritzen benötigt?

Ein Zweitakt-Ottomotor benötigt entsprechend der Herstellerangabe eine Mischung aus Öl und Benzin.

Ein Viertakt-Ottomotor: Benzin

Für die bekanntesten Tragkraftspritzen gilt Folgendes:

Der VW-Industriemotor benötigt verbleiten Superkraftstoff. Alle anderen Tragkraftspritzen verwenden heute unverbleiten Superkraftstoff.

82. Wie lange darf der Kraftstoff für Zweitakt-Ottomotoren im Kraftstoffbehälter bleiben?

Längstens sechs Monate. Nach dieser Zeit ist die Schmierfähigkeit des Öles nicht mehr einwandfrei. Neue Mischung ist einzufüllen!

83. Welchen Zweck hat ein Niederdrucksatz?

Die Leit- und Laufräder der zweistufigen Normalausführung der TS 8/8 lassen sich ohne Mühe gegen einen einstufigen Niederdrucksatz austauschen. Dadurch entsteht eine Niederdruck-Tragkraftspritze mit großem Förderstrom. Diese Tragkraftspritze kann zum Auspumpen überfluteter Räume eingesetzt werden. Man kann damit eine TS 8/8 zu einer Lenzpumpe umrüsten und spart sich die Vorhaltung einer gesonderten Lenzpumpe.

84. Was versteht man unter einer Druckzumischanlage?

Druckzumischanlagen sind einzelne Geräte oder in Feuerwehrfahrzeuge eingebaute Anlagen zum Zumischen von Schaummittel in den Wasserstrom.

85. Wie funktioniert eine Druckzumischanlage?

In den Wasserstrom, der von der Feuerlöschkreiselpumpe her kommt, wird über eine Dosierpumpe dem Wasserstrom Schaummittel zugemischt. Die Zumischrate ist zwischen 0,3 % und 6 % Schaummittel zum Wasser einstellbar. (Bild 30)

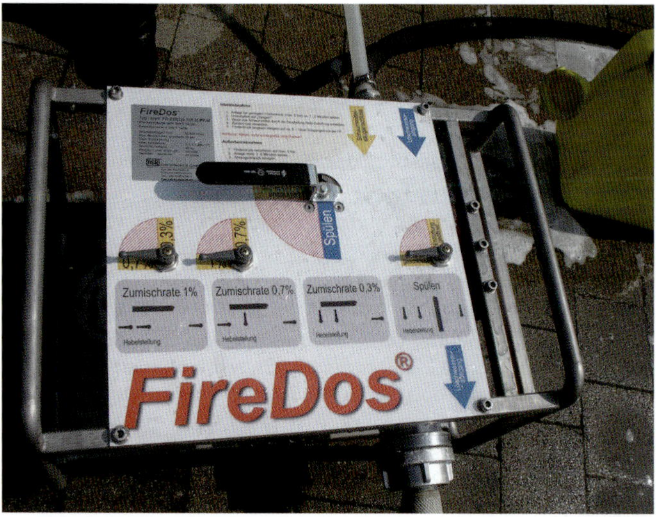

Bild 30: Druckzumischanlage (FireDos)

86. Was ist beim Betrieb einer Druckzumischanlage zu beachten?

Je nach Anwendungsfall ist die prozentuale Zumischung vor dem Einsatz vorzuwählen. Nach dem Einsatz ist die Druckzumischanlage gemäß Bedienungsanleitung zu spülen. Kalkhaltiges Wasser kann den Betrieb der Druckzumischanlage stören.

87. Welche genormten Druckzumischanlagen gibt es?

Nach DIN 14430 gibt es die DZA 2, DZA 4, DZA 8, DZA 16 und DZA 24. Die Zahl mit 100 multipliziert ergibt den Löschmittel-Nennförderstrom in l/min bei einer Nenn-Zumischrate von 1 %.

Bild 31: Rechter Teil: Bedienfeld für eine Druckluftschaumanlage (Rosenbauer)

88. Was versteht man unter dem Druckluftlöschschaumverfahren

Beim Druckluftlöschschaumverfahren wird dem Wasserstrom über eine Dosierpumpe Schaummittel zugemischt und über einen Kompressor diesem Gemisch Luft eingeblasen. Dadurch entsteht der Löschschaum, der über herkömmliche Schläuche dem Schaumstrahlrohr zugeführt wird. (Bild 31)

89. Wie werden Druckluftschaumanlagen klassifiziert?

Nach DIN 14430 gibt es die DLS 1200, DLS 2400 und DLS 4800. Die Zahl steht für den Gas-Nennförderstrom (den über den Kompressor zugeführten Luftvolumenstrom) in l/min.

90. Wo werden Druckluftschaumanlagen eingebaut?

Druckluftschaumanlagen werden in das Löschgruppenfahrzeug LF 20/16 und in das Tanklöschfahrzeug TLF 20/40 SL eingebaut.

91. Was versteht man unter dem Holland-Fire-System?

Das Holland-Fire-System ist ein Hochleistungsfördersystem (HFS) für große Wasser-Förderströme. Es wird zur Brandbekämpfung bei Großbränden eingesetzt.

Das HFS besteht aus einer hydraulisch angetriebenen Schwimm-Tauchpumpe mit einer Wasserlieferung von 5000 l/min bei 4,5 bar (3500 l/min bei 10 bar) Förderdruck oder 8000 l/min bei 2,5 bar Förderdruck je nach Ausführung des Laufrads und 2000 m F-Druckschlauch (Durchmesser 150 mm, Länge 50 m), die in einem Abrollbehälter untergebracht sind. Der Antrieb des Hydraulikmotors für die Schwimm-Tauchpumpe erfolgt über ein Dieselaggregat, das sich in einem separaten Container befindet.

H

Feuerwehrfahrzeuge

1. Was sind Feuerwehrfahrzeuge?

Feuerwehrfahrzeuge sind Kraftfahrzeuge, die zur Bekämpfung von Bränden, zur Durchführung technischer Hilfeleistungen und/oder für Rettungseinsätze benutzt werden.

2. Welche Feuerwehrfahrzeuge werden überwiegend verwendet?

1. Einsatzleitfahrzeuge
2. Löschfahrzeuge
3. Hubrettungsfahrzeuge
4. Rüst- und Gerätefahrzeuge
5. Nachschubfahrzeuge
6. Sonderlöschfahrzeuge
7. Krankenkraftwagen der Feuerwehr
8. Mannschaftstransportfahrzeuge
9. Sonstige Kraftfahrzeuge.

3. Welchem Zweck dient DIN EN 1846-1?

Die DIN EN 1846-1 (Feuerwehrfahrzeuge – Teil 1: Nomenklatur und Bezeichnung) wurde geschaffen, um ein europäisch einheitliches Bezeichnungssystem für Feuerwehrfahrzeuge festzulegen.

Sie ordnet für jedes Kraftfahrzeug die Hauptmerkmale durch eine Reihenfolge von Zahlen und Buchstaben zu, die in der Form für Ausschreibungen innerhalb Europas angewendet werden können.

4. Welche Gewichtsklassen sieht DIN EN 1846-1 vor?

- Leicht: L 2 t < GG < 7,5 t
- Mittel: M 7,5 t < GG < 16 t
- Super: S GG > 16 t

5. Welche Kraftfahrzeug-Kategorien sieht DIN 1846-1 vor?

Alle Kraftfahrzeuge müssen in Abhängigkeit von ihren Fahreigenschaften und bei unterschiedlichen Bodenbeschaffenheiten einer der folgenden drei Kategorien zugeordnet werden:

- Kategorie 1: straßenfähig:
  Kraftfahrzeug, das üblicherweise zum Befahren von befestigten Straßen geeignet ist
- Kategorie 2: geländefähig:
  Kraftfahrzeug, das zum Befahren aller Straßen und bedingt für Geländefahrten geeignet ist
- Kategorie 3: gelandegängig:
  Kraftfahrzeug, das zum Befahren aller Straßen und für Geländefahrten (Querfeldeinfahren) geeignet ist.

6. Wo sind die grundlegenden Anforderungen an Feuerwehrfahrzeuge festgelegt?

In den Normen:

- DIN EN 1846-1 Feuerwehrfahrzeuge – Teil 1:
  Nomenklatur und Bezeichnung
- DIN EN 1846-2 Feuerwehrfahrzeuge – Teil 2:
  Allgemeine Anforderungen – Sicherheit und Leistung
- DIN EN 1846-3 Feuerwehrfahrzeuge – Teil 3:
  Fest eingebaute Ausrüstung – Sicherheits- und Leistungsanforderungen

- DIN 14502-2 Feuerwehrfahrzeuge – Teil 2:
  Zusätzliche Festlegungen zu DIN EN 1846-2 und DIN EN 1846-3
- DIN 14502-3 Feuerwehrfahrzeuge – Teil 3:
  Farbgebung und besondere Kennzeichnung

Einsatzleitwagen

7. Was ist ein Einsatzleitwagen?

Ein Feuerwehrfahrzeug, ausgestattet mit Kommunikationsmitteln und anderer Ausrüstung zur Führung taktischer Einheiten.

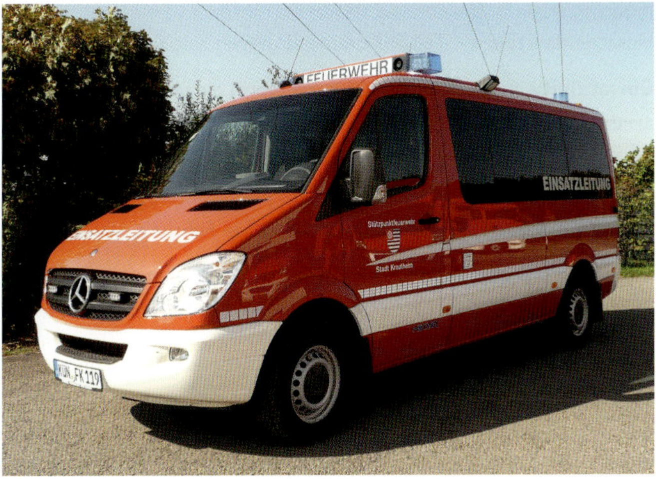

Bild 1: Einsatzleitwagen ELW 1 (Hensel auf Mercedes)

8. Welche Einsatzleitwagen sieht DIN 14507 vor?

Typ	Genormtes Fahrzeug nach DIN 14507 Teil …	Antriebsart	Zulässige Gesamtmasse kg max.
ELW 1	2	Str oder Allr	3500
ELW 2	3	Str oder Allr	14000
KdoW	5	Str oder Allr	2500 (2800)

Nach Norm sind folgende Fahrzeuge vorgesehen:

DIN 14507-1:
Einsatzleitfahrzeuge – Teil 1: Allgemeine Anforderungen

DIN 14507-2:
Einsatzleitfahrzeuge – Teil 2: Einsatzleitwagen ELW 1

DIN 14507-3:
Einsatzleitfahrzeuge – Teil 3: Einsatzleitwagen ELW 2

DIN 14507-5:
Einsatzleitfahrzeuge – Teil 5: Kommandowagen KdoW

Einsatzleitwagen Typ ELW 1 nach Norm dienen vorwiegend

a) der Einsatzleitung zur Anfahrt sowie Erkundung von Einsatzstellen,
b) der Einsatzleitung als Hilfsmittel zur Führung von taktischen Einheiten,
c) der Einsatzleitung als Hilfsmittel zum Führen von Verbänden mit Führungsgehilfen, jedoch ohne stabsmäßige Führung.

Einsatzleitwagen ELW 2 nach dieser Norm dienen vorwiegend

a) der Einsatzleitung als Hilfsmittel zum Führen von Verbänden mit Führungsgehilfen und stabsmäßiger Führung,
b) der Technischen Einsatzleitung im Katastrophenfall als Führungsmittel.

Einsatzleitwagen Typ ELW-K (Kommandofahrzeug) nach Norm dienen der Einsatzleitung zur Anfahrt sowie Erkundung von Einsatzstellen.

Bild 2: Einsatzleitwagen ELW 2 (Feuerwehr Reutlingen)

Löschfahrzeuge

9. Was ist ein Löschfahrzeug?

Ein Feuerwehrfahrzeug, das vornehmlich zur Brandbekämpfung und zur Förderung von Wasser sowie zur Durchführung einfacher technischer Hilfeleistungen eingesetzt wird.

10. Welche Löschfahrzeuge sieht DIN 14530 vor?

1. Löschgruppenfahrzeuge
2. Tanklöschfahrzeuge
3. Trockenlöschfahrzeuge
4. Trocken-Tanklöschfahrzeuge
5. Tragkraftspritzenfahrzeuge
6. sonstige Löschfahrzeuge.

Löschgruppenfahrzeuge (LF)

11. Was sind Löschgruppenfahrzeuge?

Löschgruppenfahrzeuge sind Fahrzeuge für eine Löschgruppe, bestehend aus einem Führer und 8 Mann (1 + 8), mit einer vom Fahrzeugmotor angetriebenen Feuerlösch-Kreiselpumpe, einem fest eingebauten Löschwasserbehälter und einer feuerwehrtechnischen Beladung.

12. Welche Löschgruppenfahrzeuge sind derzeit üblich?

1. LF 10 und HLF 10 nach DIN 14530 Teil 5 und Teil 26 (bisher (H)LF 8/6)
2. LF 20 und HLF 20 nach DIN 14530 Teil 11 und Teil 27 (bisher (H)LF 20/16)
3. LF 20-KatS nach DIN 14530 Teil 8 (für Katastrophenschutz)

13. Was gibt die Zahl hinter LF an?

Die Zahl hinter dem Kennzeichen gibt den Nennförderstrom der Feuerlösch-Kreiselpumpe in 100 l/min (nach DIN 14420) an.

Bild 3: LF 10 Straße (Ziegler auf Mercedes)

14. Was gibt (bei älteren Fahrzeugen) die zweite Zahl hinter LF an?

Sie gibt den nutzbaren Inhalt des Löschwasserbehälters in 100 l an, z. B. 1600 l beim LF 20/16

15. Löschgruppenfahrzeug LF 10 und HLF 10 (früher LF 8/6) nach DIN 14530 Teil 5 und Teil 26

Das LF 10 ist ein Löschfahrzeug mit einer vom Fahrzeugmotor angetriebenen Feuerlösch-Kreiselpumpe, einer Schnellangriffseinrichtung, einem Löschwasserbehälter (1200 l Inhalt) und einer feuerwehrtechnischen Beladung. Die Besatzung besteht aus einer Gruppe (1/8).

Das HLF 10 führt zusätzlich eine festgelegte Zusatzbeladung für technische Hilfeleistungen mit. Der Löschwasserbehälter hat einen Inhalt von 1000 l.

Die zulässige Gesamtmasse beträgt 12 000 kg.

Neben der Standardbeladung kann eine örtliche Beladung für Technische Hilfeleistung oder eine Tragkraftspritze mitgeführt werden.

Bild 4: HLF 10 Allrad (Iveco Magirus)

16. Löschgruppenfahrzeug LF 20 und HLF 20 (früher LF 16/12) nach DIN 14530 Teil 11 und Teil 27

Das LF 20 ist ein Löschfahrzeug mit einer vom Fahrzeugmotor angetriebenen Feuerlösch-Kreiselpumpe, einer Schnellangriffseinrichtung, einer feuerwehrtechnischen Beladung und einem fest eingebauten Löschwasserbehälter (2 000 l). Die Besatzung besteht aus einer Gruppe (1/8). Es hat Allradantrieb oder Straßenantrieb.

Das HLF 20 führt zusätzlich eine festgelegte Zusatzbeladung für technische Hilfeleistungen mit und kann eine maschinelle Zugeinrichtung (Seilwinde) haben. Der Löschwasserbehälter hat einen Inhalt von 1 600 l.

Die zulässige Gesamtmasse beträgt 14 500 kg beim LF 20 und 15 000 kg beim HLF 20.

Bild 5: HLF 20 (Iveco Magirus)

IHR EINSATZ
UNSERE TECHNIK
INNOVATIV
FLEXIBEL
120 Jahre Feuerwehrtechnik vom Feinsten – dafür stehen wir. Über 50 Jahre Schlauchhaspeln und seit 1999 Einpersonenhaspeln nach DIN 14826-2. Viel Erfahrung, Qualität, Innovation und Flexibilität kennzeichnen uns und unsere Produkte. Darauf ist Verlass. Ihre Anforderungen in der Anwendung sind unser Antrieb bei der Entwicklung, Optimierung und Produktion unserer Geräte. Führend für Sie im Einsatz – innovativ, flexibel, sicher.
BARTH
Feuerwehrtechnik
FÜR SIE IM EINSATZ...
Wilhelm Barth GmbH u. Co. KG | www.barth-feuerwehrtechnik.de

Bild 6: LF 20-KatS (Lentner auf MAN)

17. LF 20-KatS nach DIN 14530 Teil 8 (früher LF 16-TS)

Das LF 20-KatS ist ein Löschfahrzeug für den Katastrophenschutz mit einer vom Fahrzeugmotor angetriebenen Feuerlösch-Kreiselpumpe, einer Schnellangriffseinrichtung, einem Löschwasserbehälter (1000 l) und einer feuerwehrtechnischen Beladung für eine Gruppe. Es dient vorwiegend zur Brandbekämpfung, zum Fördern von Wasser über lange Wegstrecken und zum Durchführen einfacher technischen Hilfeleistungen. Zur Beladung gehört zusätzlich eine Tragkraftspritze. Es hat Allradantrieb mit Singlebereifung. Die Besatzung besteht aus einer Gruppe (1/8).

18. Mittleres Löschfahrzeug MLF (früher StLF 10/6) nach DIN 14530 Teil 25

Das MLF ist ein Löschfahrzeug mit einer vom Fahrzeugmotor angetriebenen Feuerlösch-Kreiselpumpe, einer Schnellangriffseinrichtung, einem

Bild 7: MLF (Schlingmann auf MAN)

Löschwasserbehälter (mind. 600 l) und einer feuerwehrtechnischen Beladung für eine Gruppe, dessen Besatzung aber nur aus einer Staffel (1/5) besteht. Es muss ein handelsübliches Fahrgestell mit Doppelkabine verwendet werden. Die zulässige Gesamtmasse beträgt 7 500 kg.

Tanklöschfahrzeuge (TLF)

19. Was sind Tanklöschfahrzeuge?

Tanklöschfahrzeuge sind Fahrzeuge zur Aufnahme von 1 Löschtrupp (1/2) und einer feuerwehrtechnischen Beladung, mit einer vom Fahrzeugmotor angetriebenen Feuerlösch-Kreiselpumpe, einem Löschwasserbehälter und einer Schnellangriffseinrichtung.

20. Wozu eignen sich Tanklöschfahrzeuge besonders?

Tanklöschfahrzeuge sind geeignet:

a) zur Einleitung und Durchführung eines Schnellangriffs mit ihrem Wasservorrat,
b) zur Förderung von Löschwasser aus Löschwasserentnahmestellen,
c) zur Wasserförderung über lange Strecken, wobei der Löschwasserbehälter als Ausgleichsbehälter benutzt werden kann,
d) zur Versorgung einer Brandstelle mit Löschwasser im Pendelverkehr,
e) zur Bekämpfung von Flächenbränden vom fahrenden Fahrzeug aus (Sonderausrüstung erforderlich),
f) zur Brandbekämpfung außerhalb der Ortschaften und in Außenbereichen ohne ausreichende Löschwasserversorgung.

21. Welche Tanklöschfahrzeuge sind derzeit genormt?

1. TLF 2000
2. TLF 3000
3. TLF 4000

22. Was gibt die Zahl hinter TLF an?

Sie gibt den nutzbaren Inhalt des Löschwasserbehälters an, z. B. 3 000 l Inhalt beim TLF 3000.

23. Tanklöschfahrzeug TLF 2000 nach DIN 14530 Teil 18

Das neu genormte TLF 2000 ist ein Löschfahrzeug mit einer vom Fahrzeugmotor angetriebenen Feuerlösch-Kreiselpumpe, einer Schnellangriffseinrichtung, einem Löschwasserbehälter (2 000 l) und einer feuerwehrtechnischen Beladung. Die Besatzung besteht aus einem Trupp (1/2). Es hat Allradantrieb. Die zulässige Gesamtmasse beträgt 10 000 kg.

Es dient vorrangig der Bereitstellung von Löschwasser in schwer zugänglichen Gebieten, z. B. Wäldern.

Bild 8: TLF 2000 (Ziegler auf Mercedes)

Hinweis:
Das TLF 2000 wurde bewusst als neues kleines und geländefähiges TLF genormt und stellt vom Prinzip her den „Nach-Nachfolger“ des früheren TLF 8/18 dar.

24. TLF 3000 nach DIN 14530 Teil 22

Das neu genormte TLF 3000 ist ein Löschfahrzeug mit einer vom Fahrzeugmotor angetriebenen Feuerlösch-Kreiselpumpe, einer Schnellangriffseinrichtung, einem Löschwasserbehälter (3000 l) und einer feuerwehrtechnischen Beladung. Die Besatzung besteht aus einem Trupp (1/2). Es hat Allradantrieb. Die zulässige Gesamtmasse beträgt 14000 kg.

Es dient vorrangig der Bereitstellung größerer Wassermengen und dem Nachschub von Löschwasser.

Bild 9: TLF 3000 (Ziegler auf Mercedes)

Hinweis:
Das TLF 3000 ist ein etwas größerer Nachfolger für das bisher genormte TLF 16/24 Tr.

25. TLF 4000 nach DIN 14530 Teil 21

Das TLF 4000 ist ein Löschfahrzeug mit einer vom Fahrzeugmotor angetriebenen Feuerlösch-Kreiselpumpe, einer Schnellangriffseinrichtung, einem Löschwasserbehälter (mind. 4000 l), einem Schaummittelbehälter, einem fest montierten Schaum-Wasserwerfer und einer feuerwehrtechnischen Beladung. Die Besatzung besteht aus einem Trupp (1/2). Es hat vorrangig Allradantrieb. Die zulässige Gesamtmasse beträgt 18000 kg.

Es dient vorrangig der Bereitstellung größerer Löschwassermengen, dem Nachschub von Löschwasser sowie der Bereitstellung von Sonderlöschmitteln.

Bild 10: TLF 4000 (Schlingmann auf MAN)

Bei einer Masse von 18 000 kg ist eine ausreichende Gewichtsreserve für den zusätzlichen Einbau einer Pulverlöschanlage, einer Kohlendioxid-Löschanlage oder eines größeren Löschwasserbehälters vorhanden.

Hinweis:
Das Fahrzeug ist nahezu gleich wie das bisherige TLF 20/40-SL und das frühere TLF 24/50.

Trockenlöschfahrzeuge (TroLF) und Trocken-Tanklöschfahrzeuge (TroTLF)

Hinweis:
Die Normen für Trockenlöschfahrzeuge und Trocken-Tanklöschfahrzeuge wurden mangels Bedarf zurückgezogen. Solche speziellen Löschfahrzeuge werden heute vornehmlich bei Werkfeuerwehren in unterschiedlichster Form betrieben.

Tragkraftspritzenfahrzeuge (TSF)

26. Tragkraftspritzenfahrzeug TSF nach DIN 14530 Teil 16

Ein Fahrzeug als serienmäßiger Kastenwagen oder mit Doppelkabine und Kofferaufbau zur Aufnahme einer Löschstaffel (1 + 5) und der feuerwehrtechnischen Beladung für eine Gruppe (1 + 8) sowie einer eingeschobenen Tragkraftspritze.

Die Gesamtmasse des Fahrzeugs darf 4000 kg nicht überschreiten; falls aus Gründen der Führerscheinklassen ein Fahrzeug mit max. 3500 kg verwirklicht werden soll, besteht keine Gewichtsreserve für örtliche Zusatzbeladungen.

Bild 11: TSF mit Kofferaufbau (Metz auf Mercedes)

27. Tragkraftspritzenfahrzeug TSF-W nach DIN 14530 Teil 17

Das TSF-W ist ein Löschfahrzeug mit feuerwehrtechnischer Beladung für eine Gruppe (1/8) einschl. einer Tragkraftspritze. Die Besatzung besteht aus einer Staffel (1/5). Es hat einen fest eingebauten Löschwasserbehälter mit 500 l nutzbarer Wassermenge und eine Schnellangriffseinrichtung. Die Tragkraftspritze ist im Normalzustand an den Wasserbehälter angekoppelt und wird im Fahrzeug betrieben. Bedarfsweise kann die TS entnommen und außerhalb des Fahrzeuges betrieben werden. Es hat Straßenantrieb und ein handelsübliches Fahrgestell mit Doppelkabine.

Die zulässige Gesamtmasse beträgt 6 300 kg.

Bild 12: TSF-W (Iveco Magirus)

28. Übersicht Löschfahrzeuge

Typ	nach DIN 14530	Besatzung	Pumpe		Lösch-wasser [l]	Schnell-angriffs-einrichtung	andere Lösch-mittel	Druckschläuche		zul. Gesamtmasse [kg]
			eingebaut	einge-schoben				B	C	
TSF	Teil 16	1/5	–	TS	–	–	–	8	9	4000
TSF-W	Teil 17	1/5	–	TS	500	ja	–	10	9	6300
MLF	Teil 25	1/5	FP 10–1000	–	600	ja	–	10	9	7500
LF 10	Teil 5	1/8	FP 10–1000	–	1200	ja	–	14	12	12000
HLF 10	Teil 26	1/8	FP 10–1000	–	1000	ja	–	14	12	12000
LF 20	Teil 11	1/8	FP 10–2000	–	2000	ja	–	14	12	14500
HLF 20	Teil 27	1/8	(Heck)	–	1600	ja	–	14	12	15000
TLF 2000	Teil 18	1/2	FP 10–1000	–	2000	ja	–	4	6	10000
TLF 3000	Teil 22	1/2	FP 10–2000	–	3000	ja	–	6	6	14000
TLF 4000	Teil 21	1/2	FP 10–2000	–	4000	ja	500 l Schaum-mittel	6	6	18000
LF 20-KatS	Teil 8	1/8	FP 10–2000	TS	1000	ja	–	30	12	Klasse M

Sonstige Löschfahrzeuge

29. Was versteht man unter sonstigen Löschfahrzeugen?

Fahrzeuge für besondere Einsätze zur Brandbekämpfung.

Beispiele:
Vorauslöschfahrzeug, Sonderlöschmittelfahrzeug, Schaummittelfahrzeug, Waldbrandlöschfahrzeug, Sonderfahrzeuge für Industriebetriebe oder für Flughäfen.

Hubrettungsfahrzeuge

30. Was sind Hubrettungsfahrzeuge?

Es sind Fahrzeuge mit Truppbesatzung (1/2), die vorrangig zur Rettung von Menschen aus Notlagen, ferner zur Durchführung technischer Hilfeleistung und zur Brandbekämpfung verwendet werden. Sie haben einen maschinell angetriebenen, beweglichen Hubrettungssatz mit oder ohne Korb.

31. Welche Ausführungsarten von Hubrettungsfahrzeugen gibt es?

1. Drehleitern DL
2. Drehleitern mit Korb DL(K)
3. Hubarbeitsbühnen, z.B. Gelenkmast GM oder Teleskopmast TM.

Gelenk- und Teleskopmastfahrzeuge kommen i.d.R. nur für große Feuerwehren in Frage, bei denen bereits Drehleitern vorhanden sind.

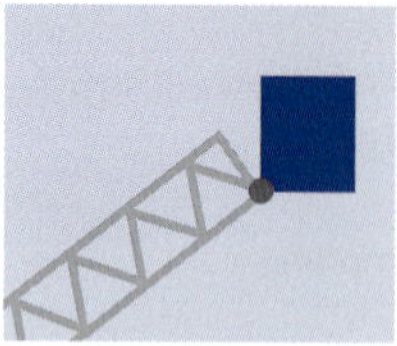

Bild 13: Drehleiter mit Korb (DLK)

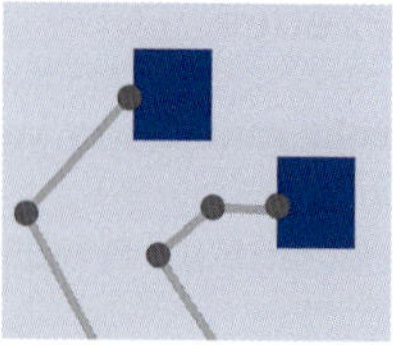

Bild 14: Gelenkmast (GM)

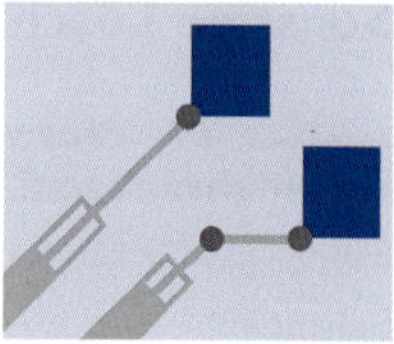

Bild 15: Teleskopmast (TM)

32. Welche Arten von Hubrettungsfahrzeuge sind derzeit genormt?

- Drehleitern mit kombinierten Bewegungen (Automatik-Drehleitern) mit oder ohne Korb nach DIN EN 14043
- Drehleitern mit sequenziellen Bewegungen (Halbautomatik-Drehleitern) mit oder ohne Korb nach DIN EN 14044
- Hubarbeitsbühnen (HABn) nach DIN EN 1777

33. Worin unterscheiden sich sog. Automatik-Drehleitern von sog. Halbautomatik-Drehleitern?

Bei Automatik-Drehleitern sind alle Bewegungen des Leitersatzes (Drehen, Aufrichten, Ausfahren oder Drehen, Absenken und Einfahren) gleichzeitig möglich. Bei Halbautomatik-Drehleitern sind diese Bewegungen nur nacheinander möglich.

Hinweis:
In Deutschland werden nur Automatik-Drehleitern verwendet.

34. Wie werden die Hubrettungsfahrzeuge näher bezeichnet?

Der Abkürzung für das Fahrzeug selbst (DL, DLA, DLA(K)) wird eine Zahlenkombination nachgestellt, aus der die Rettungshöhe in Bezug zur Ausladung hervorgeht. Mit dieser Bezeichnung lässt sich das Fahrzeug taktisch eindeutig einordnen.

Beispiele: DLA(K) 23/12 steht für eine Automatik-Drehleiter mit Rettungskorb und einer Rettungshöhe von 23 m bei einer Ausladung von 12 m.

DLA(K) 18/12 steht für eine Automatik-Drehleiter mit Rettungskorb und einer Rettungshöhe von 18 m bei einer Ausladung von 12 m.

35. Welche Drehleiter-Arten sind derzeit genormt?

DLA 12/9, DLA(K) 12/9
DLA 18/12, DLA(K) 18/12
DLA 23/12, DLA(K) 23/12 nach DIN EN 14043

DL 12/9, DL(K) 12/9
DL 18/12, DL(K) 18/12
DL 23/12, DL(K) 23/12 nach DIN EN 14044

Bild 16: Drehleiter DLA(K) 12/9 (Metz)

36. Was sind Nennrettungshöhe, Nennausladung, Freistandsfeld und Freistandsgrenze?

Die Nennrettungshöhe ist die lotrechte Höhe bei Nennausladung von waagrechter Standfläche bis zum Korbboden.

Die Nennausladung ist die Ausladung bei der Nennrettungshöhe gemessen von Fahrzeugaußenkante bis zum Lot der Außenkante des Korbbodens. Sofern die Abstützung außerhalb der größten Fahrzeugbreite liegt, gilt für die Ausladung das Maß von Außenkante der belasteten Abstützung bis zum Lot.

Das Freistandsfeld ist der Bereich innerhalb des Benutzungsfelds, in dem der Hubrettungssatz im Freistand mit der zulässigen Nutzlast belastet und bewegt werden kann, ohne die Standsicherheit zu gefährden.

Die Freistandsgrenze ist die Grenze im Benutzungsfeld, bis zu der der Hubrettungssatz im Freistand mit der zulässigen Nutzlast belastet und maschinell bewegt werden kann.

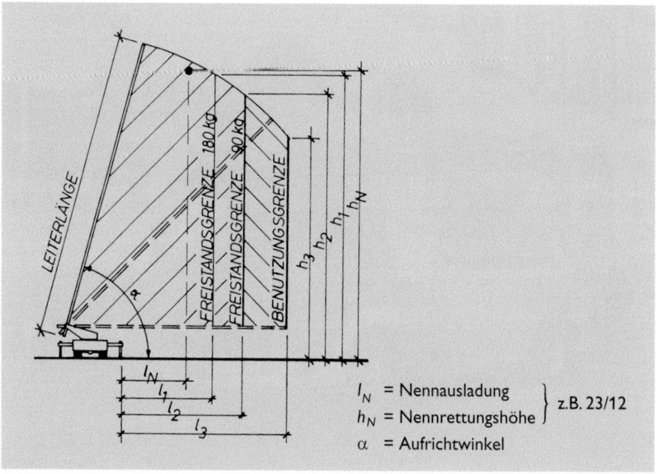

Bild 17: Bezeichnungen nach bisheriger DIN 14701 Teil 2

37. Welche Nennrettungshöhen und Nennausladungen erreichen Hubrettungsfahrzeuge?

Typ	Nennrettungshöhe m	Nennausladung m
DL 12/9* und DLA 12/9 DL(K) 12/9* und DLA(K) 12/9	12	9
DL 18/12 und DLA 18/12 DL(K) 18/12 und DLA(K) 18/12	18	12
DL 23/12 und DLA 23/12 DL(K) 23/12 und DLA(K) 23/12	23	12
Gelenkmaste Teleskopmaste	Nach Herstellerangaben	

* früher als DL 16-4 bzw. DLK 16-4 bezeichnet

Hinweis:
Die Drehleiter-Typen 23/12 sind auf das deutsche Baurecht abgestimmt; die Hochhausgrenze liegt in Deutschland bei 22 m Fußbodenhöhe über der Aufstellfläche für Feuerwehrfahrzeuge. Somit kann mit den DL 23/12-Typen bei normalen Wohngebäuden der zweite Rettungsweg über Rettungsgeräte der Feuerwehr bis zur Hochhausgrenze sichergestellt werden.

38. Was bedeutet der Begriff „Rüstzeit"?

Rüstzeit ist die Zeit, die erforderlich ist, um von der Fahrstellung aus die maximale Rettungshöhe (bei 90°-Drehung des Leiterparkes zum Fahrgestell) zu erreichen.

Die Rüstzeit darf bei allen Drehleitern ohne das Anbringen des Korbes höchstens 140 Sekunden betragen.

39. Was ist zu Hubrettungsfahrzeugen noch zu sagen?

Sämtliche Leiterbewegungen werden mit Maschinenkraft getätigt, heute in aller Regel hydraulisch. Diese Antriebsart mittels Öldruck hat den Vorteil der feinfühligen und stufenlosen Regelbarkeit.

Bild 18: DLA(K) 18-12 (Iveco Magirus)

Bild 19: DLA(K) 23-12 (Metz auf Mercedes)

Bild 20: DLA(K) 23-12 niedere Bauart (Iveco Magirus)

Bild 21: DLA(K) mit Gelenkteil (Iveco Magirus)

Um einen sicheren und schnellen Betrieb zu gewährleisten, ist die Leiter mit automatisch wirkenden Sicherheitseinrichtungen ausgestattet, so z. B. zur Herstellung der Standsicherheit durch Ausschalten der Federung und Abstützung des Fahrzeugrahmens; zur Verhinderung des Überschreitens der statisch zulässigen Grenzen im Verhältnis Leiterlänge, -Neigung und -Belastung; End- und Anstoßvorrichtungen; Seiteneinstellung zum Senkrechtstellen des Leitersatzes gegenüber der Standfläche, Festhaltesicherung der Leiter in allen Lagen (Sprossengleichheit). Fahrgetriebe und Antrieb des Hubrettungssatzes müssen sich gegenseitig sperren.

Diese vielseitigen Sicherheitseinrichtungen entlasten nicht von der Verpflichtung, den Maschinisten sorgfältig auszubilden, um dieses hochwertige Gerät sicher und zweckmäßig einsetzen zu können.

Als zusätzliche Einrichtungen für die Leiter sind möglich: Halterung für Wendestrahlrohr, Scheinwerfer am Kopf der Unterleiter zur Arbeitsfeldausleuchtung, Sprechverbindung zwischen Leiterkopf und Bedienungsstand, maschinelle Hebeeinrichtung, Rettungskorb, Krankentragenhalterung, Stromanschluss im Korb zum Betreiben von Elektrowerkzeugen oder Anschluss von Scheinwerfern, Monitor und/oder Schnellangriffseinrichtung im Korb.

Als Zusatzeinrichtungen kommen z. T. zur Anwendung:

- Gelenk im Oberteil der Drehleiter
- Fahrgestell mit Hinterachszusatzlenkung
- fest verlegte Rohrleitung im Leiterpark.

Achtung:
Hubrettungsfahrzeuge müssen zur Sicherstellung des zweiten Rettungsweges zwangsläufig die Flächen für die Feuerwehr nach DIN 14090 befahren können. Deshalb darf eine Gesamtmasse des Fahrzeuges von 16 000 kg bei einer maximalen Achslast von 10 t nicht überschritten werden. Dies ist insbesondere bei der Auswahl von Zusatzeinrichtungen der Fahrzeuge zu beachten.

40. Woraus werden die Leitern gefertigt?

Der Leitersatz besteht aus geschweißten Metallprofilen.

Für Holme, Schrägen und Sprossen werden verschiedene Hohlprofile und offene Profile verwendet.

41. Welche Rettungskorbarten gab und gibt es?

Es gibt den hängenden Rettungskorb, den stehenden Rettungskorb und neuerdings den Klappkorb (Fahrzustand).

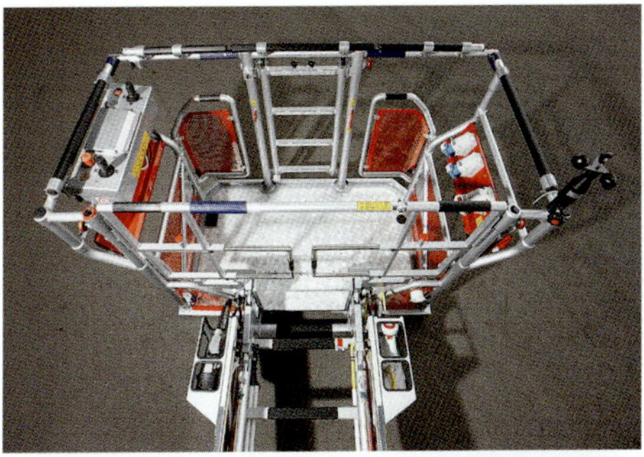

Bild 22: Blick in Rettungskorb (Metz)

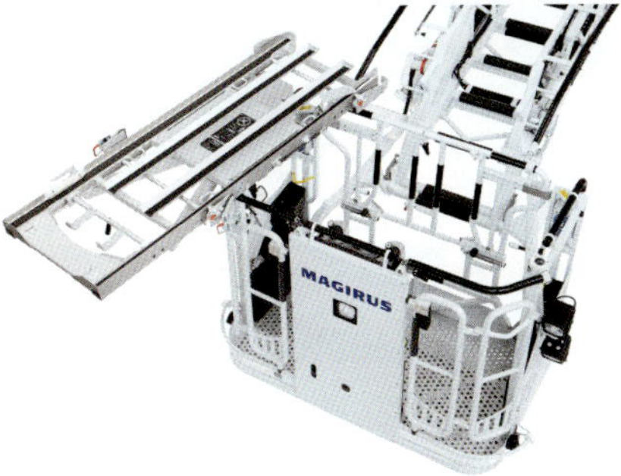

Bild 23: Rettungskorb mit Krankentragen-lagerung (Magirus)

42. Was versteht man unter Hubrettungsbühnen (HRBn)?

Es sind Hubrettungsfahrzeuge für Feuerwehren und Rettungsdienste, bestehend aus einem Arbeitskorb und einer hydraulischen Hubeinrichtung (Gelenkmast, Teleskopmast oder Teleskop-Gelenkmast), aufgebaut auf einem Fahrgestell. Bei Hubrettungsbühnen gibt es keine in der Norm definierten Bezeichnungen wie bei Drehleitern, so dass der einsatztaktische Wert bei den von den Firmen gewählten Bezeichnungen nicht eindeutig beschrieben ist.

Hubrettungsbühnen für die Feuerwehr sind in der DIN EN 1777 näher beschrieben.

Hinweis:
Bei vielen großen Feuerwehren werden mittlerweile große Hubrettungsbühnen (meist Teleskop-Gelenkmaste) als Sondergerät zusätzlich zu den Drehleitern vorgehalten, um größere Arbeitshöhen zu erreichen, größere Arbeitskörbe zu haben oder diese Geräte auch als Wasserwerfer einzusetzen. Wegen der Größe und des Gewichtes dieser Fahrzeuge ist zu beachten, dass diese möglicherweise nicht auf den nach DIN 14090 – Flächen für die Feuerwehr – errichteten Flächen eingesetzt werden können.

Bild 24: Hubrettungsbühne für Export (Metz auf Mercedes)

43. Warum muss bei Hubrettungsbühnen nach DIN EN 1777 zusätzlich eine Rettungsleiter an der Hubeinrichtung vorgesehen werden?

Die parallel zum Teleskop- oder Gelenkmast geführte Rettungsleiter soll die Rettung von Personen durch Absteigen und die Selbstrettung der Korbbesatzung ermöglichen.

Rüstwagen (RW) und Gerätewagen (GW)

44. Was ist ein Rüstwagen?

Der Rüstwagen ist ein Feuerwehrfahrzeug mit Allradantrieb, das zur technischen Hilfeleistung größeren Umfanges eingesetzt wird. Eine Zugeinrichtung ist fest eingebaut und wird vom Fahrzeugmotor angetrieben. Der Rüstwagen hat eine feuerwehrtechnische Beladung und einen eingebauten oder angebauten Lichtmast und einen eingebauten Stromerzeuger.

Die Besatzung besteht aus einem Trupp (1/2).

45. Welche Art von Rüstwagen ist zur Zeit genormt?

In DIN 14555-3 ist nur noch eine Art von Rüstwagen (Bild 25) genormt, nämlich der Rüstwagen (ohne weitere Zahlenangaben wie früher).

Taktische Kenngrößen:

- Besatzung: 1 Trupp (1/2)
- Zul. Gesamtmasse: 14 000 kg
- maschinelle Zugeinrichtung mit mind. 50 kN Nennzugkraft
- eingebauter Stromerzeuger mit mind. 22 kVA
- Lichtmast mit 2 Flutlichtstrahlern mit je mind. 1 500 Watt
- Allradantrieb (Kategorie 2 nach DIN EN 1846-1)
- Beladung für technische Hilfeleistungen größeren Umfangs.

Bild 25: Rüstwagen RW (Ziegler)

Wegen des Betriebes der maschinellen Zugeinrichtung muss eine besondere Feststellanlage (Bremse) eingebaut sein, die auf alle Räder wirkt.

46. Welche Zusatzbeladungen sieht die Norm für Rüstwagen vor?

Nach Norm DIN 14555-3 ist neben der Standardbeladung für den Rüstwagen eine definierte Zusatzbeladung „Ölbeseitigung" nach Tabelle 2 oder eine Zusatzbeladung nach örtlichen Belangen im Rahmen der Gewichts- und Raumreserve vorgesehen, z. B. Zusatzbeladung „Wasserrettung".

47. Was ist ein Vorausrüstwagen?

Vorausrüstwagen ist ein Feuerwehrfahrzeug mit Allradantrieb für den Ersteinsatz bei technischen Hilfeleistungen. Er hat einen fest eingebauten Generator und eine feuerwehrtechnische Beladung zur tech-

Bild 26: Vorausrüstwagen VRW (Hensel/Ziegler)

nischen Hilfeleistung. Die Besatzung besteht aus einem Trupp (1 + 2). Vorausrüstwagen sind nicht weiter genormt. Sie sollen vor allem in ländlich geprägten Gebieten eine schnelle Hilfe zur Befreiung von Personen bei Verkehrsunfällen gewährleisten.

48. Was ist ein Gerätewagen (GW)?

Gerätewagen ist ein Feuerwehrfahrzeug, das zum Bereitstellen von Geräten für technische Hilfeleistungen eingesetzt wird. Die Besatzung besteht aus einem Trupp (1 + 2) oder aus einem Führer und einem Mann (1 + 1).

49. Welche Gerätewagen sieht DIN 14555 vor?

- Gerätewagen Gefahrgut GW-G nach DIN 14555 Teil 12
- Gerätewagen Logistik GW L1 nach DIN 14555 Teil 21
- Gerätewagen Logistik GW L2 nach DIN 14555 Teil 22

Bild 27: GW-Atemschutz (Schmitz)

50. Was sind sonstige Gerätewagen?

Gerätewagen, die für spezielle Aufgaben ausgerüstet sind, z. B. GW-Atemschutz, GW-Strahlenschutz, GW-Wasserrettung, GW-Licht, GW-Dekontamination, GW-Messtechnik usw.

51. Gerätewagen Gefahrgut GW-G nach DIN 14555 Teil 12

Der Gerätewagen-Gefahrgut GW-G ist vorgesehen zum Einsatz bei Schadensfällen mit gefährlichen Stoffen und Gütern. Der GW-G dient dem Umweltschutz und stellt die Geräte bereit, die zum Durchführen von umfangreichen Sofortmaßnahmen bei der Bekämpfung von Unfällen mit gefährlichen Stoffen sowie von Mineralöl-Unfällen erforderlich sind.

Der GW-G wird in der Regel mindestens zusammen mit einem wasserführenden Löschfahrzeug, einem Rüstwagen und einem GW-Atemschutz eingesetzt.

Die zulässige Gesamtmasse beträgt 11 000 kg.

Bild 28: GW-Gefahrgut GW-G (Schmitz)

52. Welchem Zweck dienen Gerätewagen Logistik?

Sie dienen als Nachschubfahrzeuge dem Transport von Ausrüstung, Löschmitteln und Sondereinsatzmitteln. Sie haben Trupp- oder Staffelbesatzung, eine Ladepritsche und eine Ladebordwand. Sie sollen allenfalls teilbeladen im Feuerwehrhaus vorgehalten werden und im Einsatzfall bedarfsgerecht die Einsatzmittel nachführen.

53. Welche Arten von Gerätewagen Logistik sieht DIN 14555 vor?

- **Gerätewagen Logistik GW-L1** mit einer zulässigen Masse von 7500 kg, Ladepritsche, Ladebordwand mit 750 kg Nutzlast, Trupp- oder Staffelkabine und vorrangig Straßenantrieb.
  Die zulässige Gesmtmasse beträgt 11 000 kg.
- **Gerätewagen Logistik GW-L2** mit einer zulässigen Masse von 14000 kg, Ladepritsche, Ladebordwand mit 1 500 kg Nutzlast, Allradantrieb und Staffelkabine als viertürige Serienkabine. Der GW-L2 hat eine genormte Standardbeladung und kann nach Bedarf folgende Zusatzbeladungen mitführen:

- Zusatzbeladung „Wasserversorgung“ (Tragkraftspritze, 2000 m B-Schlauchmaterial, Armaturen und Zubehör). Die Beladung entspricht in etwa dem früheren Schlauchwagen SW 2000.
- Zusatzbeladung „Gefahrgut“ zur Durchführung von Hilfeleistungen bei Gefahrguteinsätzen.
- Zusatzbeladungen nach örtlichen Verhältnissen.

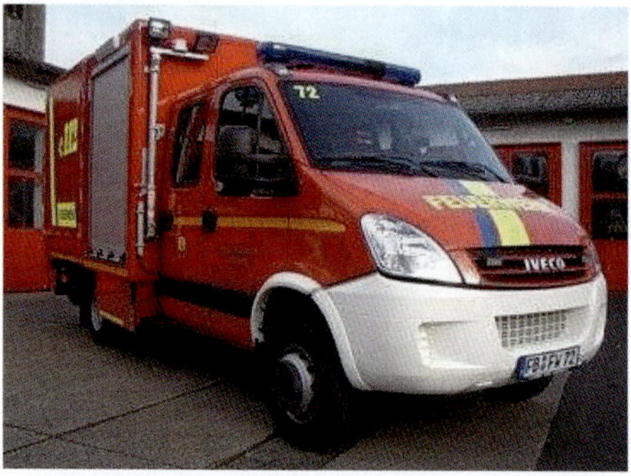

Bild 29: Gerätewagen Logistik GW-L1 (Iveco)

Bild 30: Gerätewagen Logistik GW-L2 (MAN)

Sonstige Fahrzeuge der Feuerwehr

54. Was sind Wechselladerfahrzeuge (WLF)?

Es sind Fahrzeuge nach DIN 14505 mit fest montierter Wechsel-Ladeeinrichtung zur Aufnahme und zum Transport von Abrollbehältern mit feuerwehrspezifischer Beladung (z. B. Rüstmaterial, Sandsäcke, Ölbinder, Auffangbehälter, Ölsperren, Schaummittel, Sonderlöschgeräte, Atemschutz, Gefahrgut, Dekontamination oder als ELW 2 usw.).

Die zulässige Gesamtmasse beträgt 18 000 kg bei 2-achsigen und 26 000 kg bei 3-achsigen Fahrzeugen. Besatzung mindestens ein Trupp (1/1). Als Antriebsart ist im Regelfall Straßenantrieb ausreichend.

55. Was sind Abrollbehälter (AB)?

Abrollbehälter sind wechselbare feuerwehrtechnische Aufbauten, die mittels der auf dem WLF-Fahrgestell montierten Wechsellader-Einrichtung aufgenommen und abgesetzt werden können. Die Maße der Abrollbehälter sind in DIN 14555 beschrieben. Abrollbehälter werden

Bild 31: Wechselladerfahrzeug WLF (Feuerwehr Reutlingen)

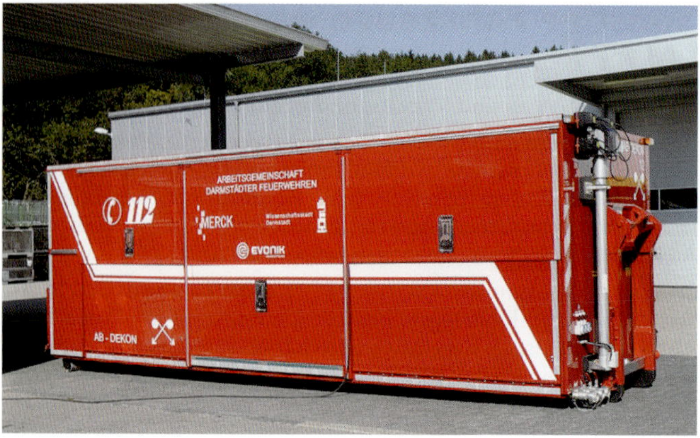

Bild 32: Abrollbehälter-Dekontamination (Schmitz)

je nach Verwendungszweck als offene Behälter (Mulden, Ladepritschen) oder als geschlossene Behälter (Kofferaufbauten) verwendet.

56. Was ist bei der Einführung eines Wechselladersystems zu beachten?

Es muss geprüft werden, ob das System hinsichtlich vorhandener und zukünftiger Ausstattung taktisch und wirtschaftlich geeignet ist und welche taktische Einheiten sich für eine Verlagerung auf ein Wechselladersystem eignen. Als Grundregel gilt die Vorhaltung von mindestens zwei Trägerfahrzeugen und jeweils dreier dazu zugeordneter Abrollbehälter. Erst ab einer solchen Größenordnung gilt ein Wechselladersystem als vertretbar; es ist deshalb nur für Feuerwehren ab einer gewissen Größenordnung geeignet. Denkbar sind solche Systeme aber auch, wenn z. B. landkreisweise eine Abstimmung über die Vorhaltung der Wechselladerfahrzeuge und der Abrollbehälter erfolgt. Taktische Einheiten des „Ersteinsatzes“ sind für ein Wechselladersystem nicht geeignet.

57. Was sind Mannschaftstransportfahrzeuge?

Es sind Fahrzeuge in Form von Kleinbussen oder mit Mannschaftskabine und Ladepritsche. Sie dienen vornehmlich dem Transport von Mannschaft und Kleingerät von und zu Einsatzstellen. Sie werden als Mannschaftstransportfahrzeuge (MTF), Mehrzweckfahrzeuge (MZF) oder Mannschaftstransportwagen (MTW) bezeichnet. Gewichte meist bis 3 500 kg.

58. Welche Sonderfahrzeuge werden noch eingesetzt?

Je nach Einsatzbereich und Größe der Feuerwehren können eine ganze Reihe von Sonderfahrzeugen vorgehalten werden. Beispiele:

- Sonderlöschmittelfahrzeuge, vor allem bei Werkfeuerwehren
- Fw-Kranwagen, vornehmlich bei Berufsfeuerwehren
- GW-Wasserrettung für Tauch- und Wasserrettungseinsätze
- Messfahrzeuge für ABC-Lagen
- Erkundungsfahrzeuge
- Kurierfahrzeuge
- Werkstattwagen
- Gerätewagen – Dekontamination
- Transport-Lkw
- Motorräder für Melder und Erkunder
- Raupenfahrzeuge
- Radlader und Gabelstapler
- Sanitäts- und Rettungsdienstfahrzeuge, wenn die Feuerwehren am Rettungsdienst mitwirken.

59. Was ist ein Feuerwehrboot?

Ein besonders gestaltetes Wasserfahrzeug der Feuerwehr, das mit seiner Mannschaft, der bootstechnischen Ausrüstung und feuerwehrtechnischen Beladung eine taktische Einheit bildet. Es dient zu Rettungseinsätzen, zur Brandbekämpfung und zu technischen Hilfeleistungen auf oder an Gewässern.

Beispiele:

- Rettungsboot RTB 1
- Rettungsboot RTB 2 siehe DIN 14961

Bild 33: Mehrzweckboot (Lehmar)

- Mehrzweckboot MZB
- Ambulanzboot
- Löschboot

60. Was sind Anhängefahrzeuge?

Nicht selbst fahrende Straßenfahrzeuge zum Transport von Geräten und Gütern, z. B.

- Tragkraftspritzenanhänger nach alter DIN 14520
- Anhängeleiter nach DIN 14703
- FwA für Schaummittel, Licht, Öl, Ölsperre, Pulver, Rettungsboot, Schlauch
- Schaumwasserwerfer nach DIN 14521

61. Was sind Tragkraftspritzenanhänger TSA?

Tragkraftspritzenanhänger sind für die Brandbekämpfung besonders gestaltete und zur Aufnahme einer Tragkraftspritze nach DIN 14410 und der feuerwehrtechnischen Beladung eingerichtete Einachsanhänger. Sie können an ein Fahrzeug angehängt oder von der Mannschaft gezogen werden. Die zulässige Gesamtmasse beträgt 1 000 kg.

Die Beladung ist auf eine Gruppe (1/8) abgestimmt. Die Norm wurde zurückgezogen.

Rettungsgeräte

1. Was sind Rettungsgeräte?

Rettungsgeräte sind Geräte, die geeignet sind, Menschen und Tiere aus einem Gefahrenbereich herauszuführen oder aus einer lebensbedrohlichen Zwangslage zu befreien.

2. Welche genormten Rettungsgeräte gibt es?

- Tragbare Leitern (siehe I)
- Drehleitern (siehe H)
- Anhängeleitern (siehe H)
- Sprungtuch (I)
- Sprungpolster (I)
- Luftheber (siehe O)
- Hydraulikheber (siehe O)
- Spreizer (siehe O)
- Hydraulikschneidgerät (siehe O)
- Feuerwehrleinen (siehe E).

3. Welche Rettungsgeräte werden bei den Feuerwehren neben den unter Frage 2 genannten Geräten häufig noch verwendet?

Ab- und Aufseilgeräte finden bei den Feuerwehren Anwendung (siehe I 56).

Bei Arbeiten in absturzgefährdeten Bereichen, bei denen ein freier Fall nicht auszuschließen ist, werden Geräte zum Auffangen verwendet (siehe I 60).

Tragbare Leitern

4. Wozu werden Leitern im Feuerwehrdienst verwendet?

Leitern dienen vorrangig zur Rettung von Menschen aus Höhen und Tiefen (Sicherstellung des Rettungsweges).

Sie dienen den Einsatzkräften zur Überwindung von Höhendifferenzen und anderen Hindernissen im Brand- und Hilfeleistungseinsatz (Herstellen eines Angriffsweges).

Sie dienen als Hilfsgerät bei verschiedensten Anwendungsbereichen.

5. Was sind tragbare Leitern?

„Tragbare Leitern" sind alle auf Feuerwehrfahrzeugen mitgeführten Leitern, die von der Mannschaft vom Fahrzeug genommen und an die vorgesehene Stelle getragen werden.

6. Welche tragbaren Leitern gibt es?

Genormte tragbare Leitern nach DIN EN 1147 sind:

a) Hakenleiter (aus Holz oder Leichtmetall)
b) Steckleiter (aus Holz oder Leichtmetall)
c) Klappleiter
d) Dreiteilige Schiebleiter (aus Holz oder Leichtmetall).

Nicht genormte tragbare Leitern sind:

a) Zweiteilige Schiebleiter (soweit noch vorhanden)
b) Strickleiter
c) Steckstrickleiter.

Hakenleiter

7. Wozu dient die Hakenleiter?

Die Hakenleiter dient als Steig- und Rettungsgerät insbesondere dort, wo andere Leitern aufgrund der Einsatzhöhe, der baulichen Gegebenheiten oder des Fehlens einer geeigneten Aufstellfläche nicht in Stellung gebracht werden können. Als Übungsgerät fördert die Hakenleiter die Sicherheit und Gewandtheit im Steigen.

Die Hakenleiter wird am Haken an einer geeigneten Brüstung eingehängt und frei hängend bestiegen. Sie darf nicht als Anstellleiter benutzt werden.

8. Welche Arten von Hakenleitern gibt es?

Es gibt die Hakenleiter aus Holz mit abklappbarem Haken

Hakenleiter DIN EN 1147 – HLA

und die Hakenleiter aus Leichtmetall mit abklappbarem Haken

Hakenleiter DIN EN 1147 – HLMA

9. Wie lang ist eine genormte Hakenleiter?

Nach DIN EN 1147 – Beiblatt 1 ist sie 4,40 m lang.

10. Woraus besteht die Hakenleiter?

Sie besteht aus:
- 2 Holmen,
- 10 Steigsprossen,
- 3 Hakensprossen,
- 1 Decksprosse und
- dem Haken.

11. Was wiegt eine genormte Hakenleiter?

Die Hakenleiter soll höchstens 12 kg wiegen.

12. Wie ist eine Hakenleiter aufgebaut?

Die Hakenleiter aus Leichtmetall besteht insgesamt aus Leichtmetall, wobei die Leitersprossen mit einer Ummantelung versehen sind, die wärmeisolierend, rutschhemmend und griffsicher ist sowie erneuert werden kann.

Die Hakenleiter aus Holz ist wie folgt aufgebaut:

Sprossen:
Eschenholz

Holme:
Kiefern-, Fichten-, Lärchenholz oder Oregon Pine, astfrei

Sprossenanker:
An der 1. und 6. Steigsprosse (vom Fußende gerechnet), an der 1. und 3. Hakensprosse und an der Decksprosse müssen Sprossenanker (Stahl St 37–2) vorhanden sein, deren Enden an den Außenseiten der Holme mit versenkt angeordneten Rundmuttern verschraubt sind.

Sicherungsdraht:
Verzinkter Strahldraht, der in die Innenseite der Holme eingelassen ist und an den Holmenden mit Flachrundschrauben befestigt ist.

Haken:
Der Haken besteht aus elektrisch geschweißtem Präzisionsstahlrohr. Er muss im ab- und aufgeklapptem Zustand durch einen Federriegel festgelegt werden können. An der Unterseite sind 11 geschränkte Zähne aus Winkelstahl aufgeschweißt. Zusammen mit einem 140 mm langen Endzahn verhindern sie ein Abrutschen der Leiter.

13. Was ist bei der Hakenleiter noch zu beachten?

Die Leiter ist vor jeder Übung und nach jeder Benutzung einer Sichtprüfung zu unterziehen (siehe UVV „Feuerwehren“).

Mindestens einmal jährlich ist eine Sicht- und Belastungsprüfung gemäß Geräteprüfordnung durchzuführen.

Lagerung: In einem trockenen luftigen Raum, möglichst senkrecht hängend. Bei waagrechter Lagerung muss sie an mehreren Stellen unterstützt werden, um ein Durchbiegen und bleibende Verformungen zu vermeiden.

Einsatzhinweise

- Hakenleiter nur mit einer Person belasten.
- Hakenleiter nicht als Anstellleiter benutzen.
- Beim Tragen, Haken abklappen oder bei feststehendem Haken Leiterkopf voraus und Haken nach innen gerichtet halten.

Bild 1: Hakenleiter

Steckleiter

14. Wozu dient die Steckleiter?

Die Steckleiter dient als Angriffs- und Rettungsgerät bei Steighöhen bis zum 2. OG (8 m über Geländeoberfläche). Sie dient auf verschiedenste Weise als Hilfsgerät. Die Leiter wird aus mehreren Leiterteilen (höchstens vier) an der Einsatzstelle zusammengesteckt.

15. Welche Arten von Steckleitern gibt es?

Es gibt die Steckleiter aus Holz (H) und die Steckleiter aus Leichtmetall (LM).

Leiterteil und Leiter (bestehend aus vier Leiterteilen) werden demnach wie folgt bezeichnet:

Holz (H):	Leiterteil DIN EN 1147 – H Steckleiter DIN EN 1147 – 4 – H
Leichtmetall (LM):	Leiterteil DIN EN 1147 – LM Steckleiter DIN EN 1147 – 4 – LM

16. Welche Leiterteile gibt es?

Die DIN EN 1147 – Beiblatt sieht das A-Teil und das B-Teil vor.

Das A-Teil besteht aus 2 Holmen und 9 Sprossen. Das B-Teil besteht aus 2 Holmen und 7 Sprossen.

Mit vier B-Teilen kann eine vierteilige Steckleiter beliebig zusammengesetzt werden; gleich an welcher Position sich welches Teil befindet. Nachteilig ist hierbei, dass beim Auf- und Abstieg eine Unfallgefahr besteht, da am Leiterfuß zwei Sprossen fehlen., Diese Unfallgefahr kann durch Einsetzen eines Einsteckteils am Leiterfuß behoben werden.

Alternativ wird beim Aufstellen der Steckleiter als unteres Leiterteil ein A-Teil verwendet.

17. Wie sieht ein Leiterteil aus?

Ein Leiterteil besteht aus 2 Holmen und 7 Sprossen. Bei der Holzleiter sind die Holme zum Schutz mit Stahlblechbeschlägen versehen.

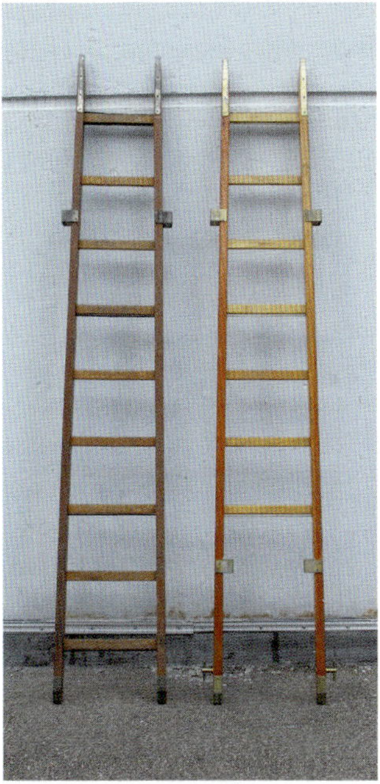

Bild 2: Steckleiter aus Holz
links: A-Teil; rechts: B-Teil

Bild 3: Vierteilige Steckleiter
am 2. Obergeschoß angeleitert

Bei der Steckleiter aus Holz sind die Sprossen in den Holmen verleimt. Im Leiterteil sind in Höhe der 1., 4. und 7. Sprosse 6 mm starke Rundeisenstäbe eingezogen, die der Leiter ein festes Gefüge geben. Die oberste Sprosse ist durch 2 mm starken Flachstahl besonders geschützt.

Bei der Steckleiter aus Leichtmetall sind die Sprossen mit wärmeisolierendem, gleithemmendem und gleichzeitig griffigem Schutz versehen. Die Fußenden sind mit gleithemmenden und austauschbaren Schutzkappen versehen.

18. Wodurch wird das Zusammenstecken der Leiterteile ermöglicht?

Um das Zusammenstecken der Leiter zu ermöglichen, sind an jedem Holm oben nach außen und unten nach innen gerichtete Steckkästen angebracht, in welche die Leiterenden hineingeschoben werden.

19. Wie werden die Leiterteile gesichert?

Am Fußende jedes Holmes befindet sich ein mit einem Griff versehener Sperrbolzen in einem Schnappschloss, der in eine entsprechende Vertiefung im Holm des eingeschobenen Leiterteils einrastet und damit die Leiterteile zusammenhält.

20. Können Holz- und Leichtmetallteile zusammen verwendet werden?

Holz- und Leichtmetallteile können zusammengesteckt werden.

21. Welche Länge und welche Rettungshöhe hat eine vierteilige Steckleiter? (Siehe Bild 4)

Leiterteile	1	2	3	4
Länge	2,70	4,60	6,50	8,40 m
Rettungshöhe	~ 2,10	~ 3,70	~ 5,00	~ 7,20 m
Transportlänge (2teilig): 4,60 m				

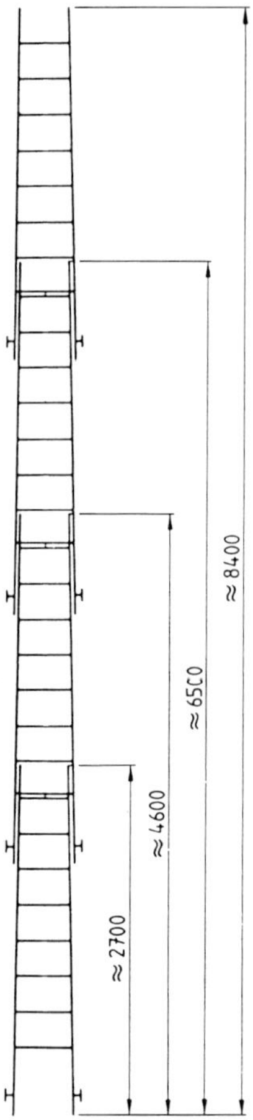

Bild 4: Leiterlängen: vierteilige Steckleiter

22. Wieviel wiegt ein Leiterteil?

Holzsteckleiter:	max. 12,5 kg
Leichtmetallsteckleiter:	max. 10 kg

23. Können auch mehr als vier Leiterteile zusammengesteckt werden?

Es dürfen nicht mehr als vier Teile aneinandergefügt werden, weil die Tragfähigkeit der Leiter hierfür nicht ausgelegt ist.

24. Was kann man aus den einzelnen Leiterteilen noch herstellen?

Außer Anstellleitern können auch Bockleitern mit gleichen oder ungleichen Schenkeln hergestellt werden.

In Bild 5 sehen wir eine Bockleiter aus je zwei Steckleiterteilen.

Bild 5: Steckleiter als Bockleiter

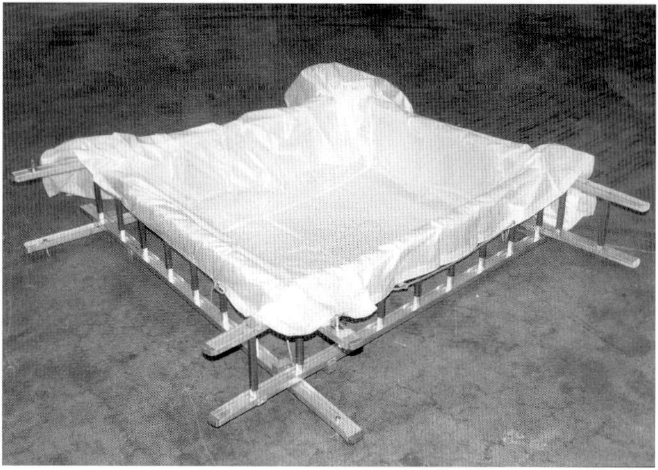

Bild 6/7: Provisorischer Auffangbehälter aus Steckleiterteilen

Der eine Leiterteil ist mit dem Kopfende und der andere mit dem Fußende nach oben aufgerichtet und ineinandergelegt. Genauso gut kann man auch für jede Seite ein Leiterteil verwenden oder bei ungleichem Gelände die Leiter ungleichschenklig erstellen. Um ein Auseinandergleiten der Bockleiter zu verhindern, muss eine Leine dazwischen gespannt oder müssen durch Feuerwehrangehörige die beiden Leiterteile festgehalten werden.

In Bild 6/7 ist aus Steckleiterteilen ein provisorischer Auffangbehälter gebaut worden. Jeweils eines oder zwei Leiterteile bilden eine „Seitenwand" eines rechteckigen Behälters, der mit Folien ausgeschlagen ist. An den Ecken sind Fuß- und Kopfteile rechtwinklig zusammengefügt. Die Konstruktion wird mit Mehrzweckleinen oder Bindestricken zusammengebunden.

25. Wie wird eine Steckleiter geprüft?

Die Leiter ist vor jeder Übung und nach jeder Benutzung einer Sichtprüfung auf Anzeichen von Verschleiß oder Beschädigung zu unterziehen.

Mindestens einmal jährlich ist eine Sicht- und Belastungsprüfung gemäß Geräteprüfordnung von einem Sachkundigen durchzuführen.

Einsatzhinweis

- Steckleitern dürfen, unabhängig von der Rettungshöhe, mit höchstens zwei Personen belastet werden
- Steckleitern dürfen nur bestiegen werden, wenn sie gesichert sind; entweder von einem Feuerwehrangehörigen am Leiterfuß oder durch Anbinden an Leiterkopf.

Klappleiter

26. Wozu dient die Klappleiter?

Sie dient hauptsächlich zur Überwindung kleiner Höhenunterschiede.

Sie lässt sich zusammenklappen, indem die beiden Holme gegeneinander gedrückt werden, wobei die Sprossen sich in Aussparungen zwischen die Holme legen. Hierbei erhält die Leiter die Form eines Vierkantholzes mit abgerundeten Ecken. Zusammengeklappt ist die Klappleiter leicht durch winklige Räume, schmale Luken usw. zu befördern.

Auf dem Fahrzeug nimmt sie wenig Platz ein, da sie zusammengeklappt verladen wird.

Bild 8: Klappleiter

27. Wie lang ist die Leiter?

Zusammengeklappt = 3,26 m, aufgeklappt = 3,00 m.

28. Wieviel wiegt eine Klappleiter?

Max. 10 kg.

29. Wie wird die Leiter gestrichen?

Alle Holzteile müssen bearbeitet und farblos lackiert sein. Alle Metallteile müssen verzinkt oder schwarz lackiert sein.

30. Wie wird die Klappleiter geprüft?

Die Leiter ist vor jeder Übung und nach jeder Benutzung einer Sichtprüfung auf Anzeichen von Verschleiß oder Beschädigung zu unterziehen.

Mindestens einmal jährlich ist eine Sichtprüfung gemäß Geräteprüfordnung von einem Sachkundigen durchzuführen:

Die Leiter ist in ausgeklapptem Zustand eingehend zu untersuchen. Die Leiter ist betriebssicher, wenn die Holzteile keine Riss- oder Splitterbildung aufweisen, die Befestigung der Sprossen einwandfrei ist (fester Sitz der Schrauben) und die Beschläge fest sitzen. Ein Prüfnachweis ist zu führen.

Einsatzhinweise

- Klappleiter nie als Hebel benutzen
- Klappleitern dürfen nur von einer Person bestiegen werden.

Schiebleiter

31. Welche Arten von Schiebleitern gibt es?

Es gibt heute in aller Regel nur noch die dreiteilige Schiebleiter. Früher war auch die zweiteilige Schiebleiter genormt.

Bild 9: Einsatz einer dreiteiligen Schiebleiter

32. Warum ist die zweiteilige Schiebleiter nicht mehr genormt?

Die Norm über die zweiteilige Schiebleiter ist zurückgezogen. Der Grund dafür liegt in der erreichbaren Rettungshöhe, die nur unwesentlich höher als bei der vierteiligen Steckleiter ist. Das bedeutet, dass die Leiter von den Feuerwehren nicht mehr beschafft wird. In den Beladeplänen der Fahrzeuge ist nur noch die dreiteilige Schiebleiter vorgesehen.

33. Welche Arten von dreiteiligen Schiebleitern gibt es?

Nach Norm DIN EN 1147 – Beiblatt 1 gibt es Schiebleitern aus Holz und aus Leichtmetall.

Eine dreiteilige Schiebleiter aus Holz wird bezeichnet mit

Schiebleiter DIN EN 1147 – SL3 – H

Eine dreiteilige Schiebleiter aus Leichtmetall wird bezeichnet mit

Schiebleiter DIN EN 1147 – SL3 – LM

34. Woraus besteht die dreiteilige Schiebleiter?

Aus drei aufeinander laufenden Leiterteilen.

35. Wie wird die dreiteilige Schiebleiter ausgezogen und gesichert?

Die Leiter hat zwei getrennte Seilzüge (Bild 10):

Ein *Zugseil* aus Polyester von 14 mm Durchmesser, das am Kopfende der Unterleiter befestigt ist, über eine feste Rolle am Fußende der Mittelleiter zurück zum Kopfteil der Unterleiter verläuft und über die dort befestigte Rolle in Richtung Leiterfuß als loses Seilende geführt wird.

Ein *Drahtseil* von 5 mm Durchmesser, das am Kopfende der Unterleiter befestigt ist und über eine feste Rolle am Kopfende des Mittelteils zum Fußende der Oberleiter geführt wird.

Durch Ziehen am losen Ende des Zugseils wird die Mittelleiter ausgezogen. Dies bewirkt gleichzeitig infolge der Seilführung des Drahtseils ein Ausziehen der Oberleiter.

Fallhakensicherungen am Fußende der Mittel- und Oberleiter halten die ausgezogenen Schiebleiterteile fest. Das Zugseil wird mittels Mastwurf an Leitersprossen der Unterleiter befestigt.

Am Kopfteil der Unterleiter sind mittels Drehgelenken zwei Stützstangen befestigt. Beim Besteigen wird die Leiter durch je eine Einsatzkraft an diesen Stangen gesichert. Im Freistand darf die Leiter nicht über den Stützstand hinaus bestiegen werden.

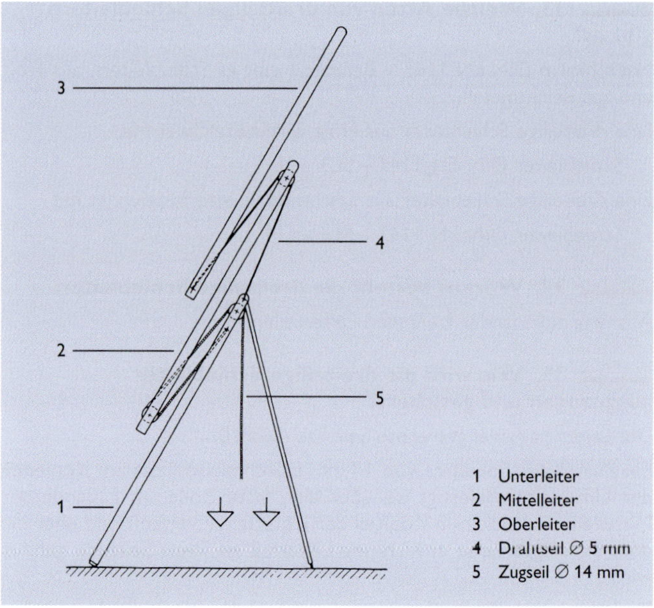

Bild 10: Zugseilführung

36. Welche Länge bzw. welche Höhe hat die dreiteilige Schiebleiter?

Transportlänge:	5,65 m
Einsatzlänge:	14,00 m
Rettungshöhe:	ca. 12,00 m

37. Wie schwer sind dreiteilige Schiebleitern?

Holz: max. 100 kg Leichtmetall: max. 80 kg

Einsatzhinweis

- Schiebleiter im Freistand nicht über die Stützstangen hinaus besteigen.
- Schiebleitern dürfen unabhängig von der Rettungshöhe mit höchstens zwei Personen belastet werden.

38. Wie prüft man eine dreiteilige Schiebleiter?

Die Leiter ist vor jeder Übung und nach jeder Benutzung einer Sichtprüfung auf Anzeichen von Verschleiß oder Beschädigung zu unterziehen.

Mindestens einmal jährlich ist eine Sicht- und Belastungsprüfung gemäß Geräteprüfordnung von einem Sachkundigen durchzuführen.

Allgemeines zum Umgang mit Leitern

39. Welche Leiterlänge/Rettungshöhe haben die tragbaren Leitern?

Die Leiterlängen der tragbaren Leitern sind im Bild 11 dargestellt. Ebenfalls sind dort die Rettungshöhen eingezeichnet. Die Rettungshöhen sind bei einem Anstellwinkel zwischen 65 ° und 75 ° ermittelt.

40. Wie werden die Leitern aufbewahrt?

Leitern sind in einem luftigen, trockenen Raum aufzubewahren. Bei waagerechter Lagerung müssen sie an mehreren Stellen unterstützt werden, damit sie sich nicht durchbiegen und keine bleibenden Formveränderungen bekommen.

Metallteile sind nach der Reinigung mit einem öligen Lappen abzureiben, damit sie mit einem dünnen Ölhauch überzogen sind.

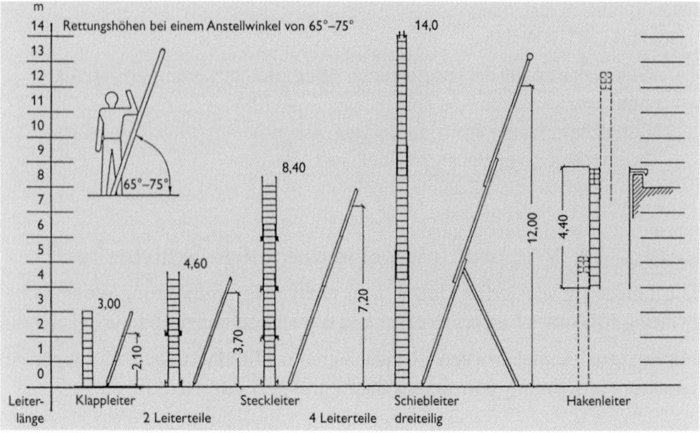

Bild 11: Leiterlängen und Rettungshöhen tragbarer Leitern

41. Warum dürfen Leitern nicht mit Farbe gestrichen werden?

Damit Risse und Brüche sofort erkennbar sind.

42. Welche Leitern werden außer den bereits genannten bei der Feuerwehr noch verwendet?

Verwendet wird weiterhin die Mehrzweckleiter.

Zur Normbestückung der Rüstwagen gehören:

a) die Strickleiter aus Hanf oder Polyester, Länge 6 m bis 10 m, Gewicht 4 kg bis 7 kg.
b) die Steckstrickleiter, Länge 6 m, Gewicht 4,4 kg.

Einsatzhinweise

- Leiterfüße nicht auf ungeeignete Unterlagen, wie Kisten, Steinstapel, Tische oder ähnlichem sowie nicht auf weichen oder glatten Untergrund aufsetzen. Erforderlichenfalls gegen Wegrutschen sichern.
- Anstellwinkel der Leiter muss 65 ° bis 75 ° betragen.
- Leiter an sichere Auflagepunkte anlegen und beim Besteigen sichern.
- Klappleitern und Hakenleitern dürfen nur mit einer Person belastet werden.
- Steckleitern und Schiebleitern dürfen, unabhängig von der Rettungshöhe, mit höchstens zwei Personen belastet werden.
- Hakenleiter nicht als Anstellleiter benutzen.
- Schiebleiter im Freistand nicht über die Stützstangen hinaus besteigen.
- Eine am Gebäude angestellte, unbesetzte Leiter darf nicht ohne weiteres entfernt werden!
- Ein Strahlrohr darf von der Leiter aus nur eingesetzt werden, wenn die Leiter am Leiterkopf befestigt ist und der Strahlrohrführer sich mit dem Feuerwehr-Haltegurt sichert. Auf Einhaltung der Strahlrohrabstände nach DIN VDE 0132 „Brandbekämpfung im Bereich elektrischer Anlagen" ist zu achten.
- Das Strahlrohr darf nur jeweils bis zu einem Winkel von 15 ° zu den Seiten hin zur Wasserabgabe eingesetzt werden.
- Schlauchleitungen dürfen nicht auf der Leiter verlegt oder an ihr befestigt werden. Eine Ausnahme ist der Strahlrohreinsatz direkt von der Leiter aus, wobei sofort nach Beendigung des Löscheinsatzes dieser Angriffs- und Rettungsweg freizumachen ist.
- Schadhafte Leitern sind der Benutzung sofort zu entziehen.
- Beim Aufrichten von Leitern beachten, dass elektrische Freileitungen nicht berührt werden dürfen und dass zwischen Leitern

beziehungsweise Personen auf Leitern und unter Spannung stehenden Teilen ein Sicherheitsabstand eingehalten wird. Als ausreichender Sicherheitsabstand ist anzusehen:

Spannung in Volt	Mindestabstand in Meter
bis 1 000	1
über 1 000 bis 110 000	3
über 110 000 bis 220 000	4
über 220 000 bis 380 000	5

Sprungrettungsgeräte

43. Was sind Sprungrettungsgeräte?

Sprungrettungsgeräte sind Geräte zum möglichst schonenden Auffangen frei fallender Personen. Sie werden eingeteilt in:

Mechanische Sprungrettungsgeräte (Sprungtuch), die nur eingesetzt werden können, wenn eine Haltemannschaft verfügbar ist.

Pneumatische Sprungrettungsgeräte (Sprungpolster), für die zum Herstellen und Wiederherstellen der Einsatzbereitschaft zwar eine Bedienmannschaft gebraucht wird, beim Sprung selbst jedoch keine Haltemannschaft notwendig ist.

44. Wann werden Sprungrettungsgeräte eingesetzt?

Sprungrettungsgeräte werden nur eingesetzt, wenn andere Rettungsgeräte (z. B. Leitern) nicht verfügbar sind oder z. B. wegen starker Flammeneinwirkung nicht eingesetzt werden können.

Außerdem soll die Rettungshöhe (Höhe, aus der Personen gerettet werden müssen) die für die Sprungrettungsgeräte vorgesehene Einsatzhöhe nicht überschreiten.

Bei einer Menschenrettung mit Sprungrettungsgeräten muss mit Verletzungen bei den zu rettenden Personen gerechnet werden. Dies gilt insbesondere, wenn die vorgesehene Rettungshöhe merklich überschritten wird. Beim Sprungtucheinsatz ist auch die Haltemannschaft gefährdet.

45. Was ist bei Übungen mit Sprungrettungsgeräten zu beachten?

Zu Übungszwecken, Demonstrationen und Vorführungen darf nicht gesprungen werden.

Zur Schulung der Bedien- bzw. Haltemannschaften sind Fallkörper zu verwenden. Die Sprungrettungsgeräte sind dabei so zu handhaben und die Fallkörper und -höhen so zu wählen, dass die Haltemannschaft nicht gefährdet wird. Hierzu ist Folgendes zu beachten:

- Die Haltemannschaft muss einen sicheren Stand haben und aus mindestens 16 Feuerwehrangehörigen bestehen.
- Wegen der Verletzungsgefahr der Haltemannschaft (Muskelzerrung, Muskelriss) sollen Sprungtuchübungen nicht bei kalter Witterung durchgeführt werden. Die Haltemannschaft soll insbesondere ihre Hand- und Armmuskulatur ausreichend aufgewärmt haben. Mehr als zwei Abwürfe sollen in einer Übung nicht durchgeführt werden. Zum Üben des gleichmäßigen Anziehens am Sprungtuch genügen auch Fallkörper mit einer Masse von 1 kg.
- Der Fallkörper muss lotrecht über der Mitte des Sprungrettungsgerätes abgeworfen werden können.
- Beim Sprungtuch darf der Fallkörper (z. B. Sandsack) eine Masse von höchstens 50 kg haben und aus einer Höhe von maximal 6 m abgeworfen werden.
- Beim Sprungpolster darf der Fallkörper eine Masse von höchstens 50 kg haben und aus einer Höhe von maximal 12 m abgeworfen werden.

46. Wie sind Sprungrettungsgeräte zu prüfen?

Das Sprungrettungsgerät ist nach jedem Gebrauch, mindestens jedoch einmal jährlich, einer Sichtprüfung zu unterziehen. Dabei sind alle Teile des Sprungrettungsgerätes hinsichtlich ihrer ordnungsgemäßen Beschaffenheit zu beurteilen. Die Ergebnisse der wiederkehrenden Prüfungen sind in einem Prüfnachweis festzuhalten.

47. Wie sind Sprungrettungsgeräte aufzubewahren?

Sprungrettungsgeräte dürfen nur in sauberem, trockenem Zustand und in trockenen Räumen gelagert werden.

Einsatzhinweis

Sprungrettungsgeräte dürfen nur verwendet werden, wenn andere Rettungsgeräte nicht einsetzbar sind.

Sprungtuch

48. Wie wird das Sprungtuch nach DIN 14151 Teil 2 genau bezeichnet?

Die Bezeichnung des Sprungtuchs (ST), verwendbar für etwa 8 m Rettungshöhe (8), aus Gewebe aus Markenpolyesterfasern lautet:

Sprungtuch DIN 14151 – ST 8-PES

Ist das Gewebe aus Segeltuch (S), so lautet die Bezeichnung:

Sprungtuch DIN 14151 – ST 8-S

49. Wie ist ein Sprungtuch aufgebaut?

Das Sprungtuch besteht aus einem quadratischen Gewebe (mit abgeschrägten Ecken) aus Markenpolyesterfasern oder aus Segeltuch als Auffangfläche.

Dieses Gewebe ist unterseitig mit einer Untergurtung aus 60 mm breiten Gurten (Gurtabstand 250 mm) aus hochfestem Markenpolyestergarn oder Leinenwerggarn verstärkt.

An allen vier Seiten ist ein 20 mm starkes Seil – jeweils in Höhe der Gurtung – mit Schlaufen befestigt.

50. Wie groß ist die Auffangfläche beim Sprungtuch?

Die Auffangfläche muss 3 500 mm x 3 500 mm betragen. Durch ein an zwei Seiten parallel zum äußeren Halteseil geführtes zweites Halteseil muss sich die Auffangfläche auf 3 000 mm x 3 000 mm verkleinern lassen.

51. Wie wirkt das Sprungtuch?

Das Sprungtuch wirkt mechanisch. Das heißt, die Kraft, die der Springende auf das Sprungtuch aufbringt, wird über die Untergurte auf die

Bild 12: Sprungtucheinsatz (Ziegler)

Haltemannschaft abgeleitet und von dieser nach dem mechanischen Prinzip „Kraft = Gegenkraft“ aufgenommen.

Einsatzhinweis

Das Sprungtuch ist nur im äußersten Notfall und bis zu einer Rettungshöhe von maximal 8 m einsetzbar.

Sprungpolster

52. Wie wird das Sprungpolster nach DIN 14151 Teil 3 genau bezeichnet?

Die Bezeichnung des Sprungpolsters (SP), verwendbar für etwa 16 m Rettungshöhe (16) lautet:

Sprungpolster DIN 14151 – SP 16

53. Welche Anforderungen muss ein Sprungpolster erfüllen?

Das Sprungpolster muss ohne Haltemannschaft die Auftreffkraft einer Person, die aus 16 m Höhe springt, durch pneumatische Wirkung (Luftpolster) sicher abtragen können.

Das Sprungpolster muss eine Auffangfläche von mindestens 3 m Durchmesser haben. Es darf nicht schwerer als 50 kg sein. Die Rüstzeit aus dem Transportzustand darf höchstens 30 Sekunden betragen. Die Rüstzeit zwischen zwei Sprüngen darf höchstens 20 Sekunden betragen.

Die Konstruktion und das Material sind in der Norm nicht festgelegt. Festgelegt sind nur die Anforderungen und die Typprüfung, die ein genormtes Sprungpolster erfüllen muss.

54. Wie funktioniert ein Sprungpolster?

Das auf dem Markt befindliche Sprungpolster (System Lorsbach) besteht aus einem mittels Atemluftflasche aufblasbaren Grundgerüst. Beim Auf-

Bild 13: Sprungpolster (System Lorsbach) gemäß DIN 14151 Teil 3 im Einsatz (Ziegler)

blasen des Grundgerüstes werden gleichzeitig die Auffangfläche und die das Luftpolster bildenden Außenflächen aufgespannt (Bild 13).

55. Worin liegt der Vorteil des Sprungpolsters gegenüber dem Sprungtuch?

Vorteile sind:

- Das Sprungpolster kann mit zwei Mann eingesetzt werden. Für den Sprungtucheinsatz werden 16 Mann benötigt.
- Beim Sprungpolster gefährdet man keinen Feuerwehrangehörigen, da eine Haltemannschaft nicht benötigt wird.
- Beim Sprungpolster liegt die vertretbare Rettungshöhe mit 16 m doppelt so hoch wie beim Sprungtuch.

Einsatzhinweis

Das Sprungpolster ist nur im äußersten Notfall und bis zu einer Rettungshöhe von maximal 16 m einsetzbar.

Ab- und Aufseilgeräte

56. Was sind Ab- und Aufseilgeräte?

Ab- und Aufseilgeräte dienen zur Rettung von Personen aus Höhen und Tiefen und zum Ab- bzw. Aufseilen von Geräten. Ab- und Aufseilgeräte sind i. d. R. metallene Seilstoppgeräte, die in Seile eingeschlagen werden und an denen sich die Person anleint. Das Seilstoppgerät gewährleistet bei Loslassen ein automatisches Stoppen der Abseilbewegung.

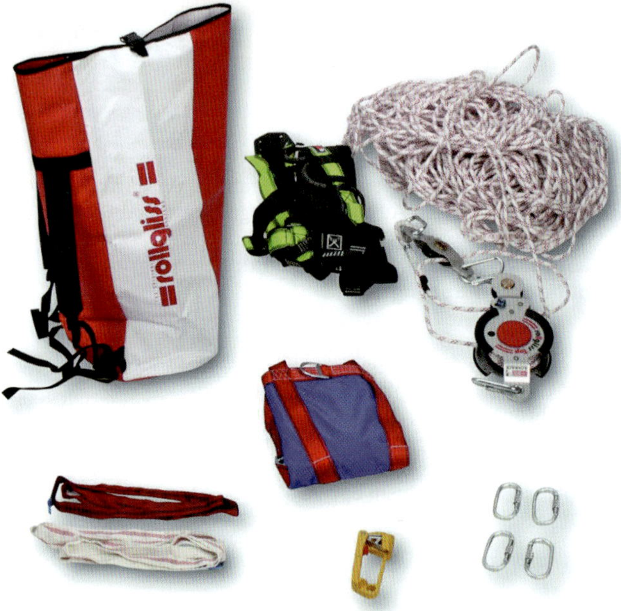

Bild 14: Abseilgerät „Rollgliss“ (Protecta Rollgliss, Ziegler)

57. Was versteht man unter dem Begriff „Rollgliss“?

„Rollgliss“ ist die Firmenbezeichnung für ein bei der Feuerwehr weitverbreitetes Ab- und Aufseilgerät.

58. Wozu dient das „Rollgliss“?

Das „Rollgliss“ dient zur Rettung von Menschen aus Höhen und Tiefen sowie als Arbeitsgerät.

Das Gerät zeichnet sich im Wesentlichen dadurch aus, dass eine Bedienung oder Sicherung zu rettender oder arbeitender Personen von einer Person von unten, von oben oder von der zu sichernden Person selbst ohne Kraftaufwand durchgeführt werden kann.

59. Was gehört alles zum „Rollgliss“?

- Universal-Gerät
- Sicherheits-Seil (60 m)
- Rettungs-Sitzgurt
- Umlenkrolle
- Seilstoppgerät
- Sicherungsgurt

Einsatzhinweise

- Ab- und Aufseilgeräte niemals überlasten.
- Immer sicheren Anschlagpunkt wählen.
- Zugseil nach Möglichkeit z. B. mit Feuerwehr-Haltegurt sichern.
- Bedienungsperson vor Absturz sichern.
- Zugseil nicht über scharfe Kanten ziehen (ggf. Kantenschutz z. B. durch Decken oder Druckschläuche).
- Karabinerhaken immer verschrauben.
- Klinkenbelastung von Karabinerhaken vermeiden.
- Bedienungsanleitung beachten.
- Bei Übungen zusätzliches Kernmantel-Dynamikseil und Auffanggurt zur Sicherung einsetzen.

Geräte zum Auffangen

60. Was versteht man bei der Feuerwehr unter „Auffangen"?

Auffangen ist das Sichern von Feuerwehrangehörigen, die in absturzgefährdeten Bereichen arbeiten, bei denen ein freier Fall nicht auszuschließen ist. Die Gefahr des freien Falles besteht immer, wenn der Anschlagpunkt der zum Sichern verwendeten Leine bzw. des verwendeten Seils *seitlich*, d. h. auf gleicher Höhe ist oder sich *unterhalb* des Feuerwehrangehörigen befindet. Die Gefahr eines freien Falls besteht auch, wenn das Seil nicht ständig straff geführt werden kann.

Einsatzbeispiele sind Nachlöscharbeiten auf Mauern und Dachstühlen oder Arbeiten auf Kranauslegern.

61. Was muss hierbei bezüglich der Verwendung des Feuerwehr-Haltegurtes und der Feuerwehrleine berücksichtigt werden?

Feuerwehr-Haltegurt und Feuerwehrleine sind nicht dazu ausgelegt, eine Person im freien Fall (Absturz) aufzufangen. Zum einen besteht durch die Form und die Wirkweise des Feuerwehr-Haltegurts extreme Verletzungsgefahr. Zum anderen ist die Festigkeit der Feuerwehrleine hierfür nicht ausgelegt; sie reißt.

62. Welche Geräte werden zum Auffangen, d. h. zur Sicherung der Feuerwehrangehörigen bei Gefahr des freien Falls (Absturz) verwendet?

Geräte zum Auffangen sind:

- Auffanggurt mit vorder- und rückseitiger Fangöse
- Kernmantel-Dynamikseil
- Bandschlingen
- gegen unbeabsichtigtes Öffnen zu sichernde oder automatisch gesicherte Halbmastwurf-Karabinerhaken (HMS-Karabiner).

Bild 15: Gerätesatz zum Auffangen (Absturzsicherung)

63. Wozu dient der Auffanggurt?

Der zu sichernde Feuerwehrangehörige legt den Auffanggurt an, damit sich bei einem evtl. Sturz die Sturzkraft möglichst gleichmäßig und ohne Verletzungsgefahr auf mehrere Körperstellen verteilt.

64. Wozu dient das Kernmantel-Dynamikseil?

Das Kernmantel-Dynamikseil fängt den Feuerwehrangehörigen auch im freien Fall auf ohne zu reißen und es dehnt sich unter dynamischer Belastung, so dass ein Teil der Sturzenergie im Seil verbraucht wird und die Wirkung auf den aufzufangenden Feuerwehrangehörigen gemindert wird.

Das Seil wird am Auffanggurt des zu sichernden Feuerwehrangehörigen mittels Achterknoten befestigt und an einem geeigneten Anschlagpunkt so angebracht, dass der sichernde Feuerwehrangehörige das Seil immer straff führen kann und stets Sichtkontakt zum zu Sichernden hat.

65. Wozu dienen die Bandschlingen und die HMS-Karabiner?

Zum Begrenzen der möglichen Absturzhöhe muss der vorgehende Feuerwehrangehörige sog. Zwischensicherungen anbringen. D.h., er legt eine Bandschlinge um einen geeigneten Anschlagpunkt, hängt in die Bandschlinge einen HMS-Karabiner ein und führt das Kernmantel-Dynamikseil durch den Karabiner. Dadurch wird die Absturzhöhe auf den Abstand zwischen den Zwischensicherungen bzw. zwischen Anschlagpunkt und erster Zwischensicherung begrenzt.

66. In welchen Abständen werden Zwischensicherungen angebracht?

Beim horizontalen Vorstieg sind nach Feuerwehr-Dienstvorschrift 1 „Grundtätigkeiten" Abstände kleiner als zwei Meter erforderlich..

Beim vertikalen Vorstieg sind Zwischensicherungen grundsätzlich in den Höhen von 2, 3, 4, 5, 7 ...Meter erforderlich.

67. Was ist beim Anbringen der Zwischensicherung zu beachten?

Beim Anbringen der Zwischensicherung muss die Bandschlinge so gekürzt und gegen Verrutschen gesichert werden, dass keine Sturzstreckenverlängerung auftritt („verstecktes Schlappseil").

Die Klinken der HMS-Karabiner sind gegen unbeabsichtigtes Öffnen zu sichern. Zwischensicherungen nur mit Bandschlingen sind verboten!

Einsatzhinweise

- Kernmantel-Dynamikseil immer straff führen
- Kernmantel-Dynamikseil nie zwischen den Beinen des zu Sichernden führen; immer neben dem Körper
- Kernmantel-Dynamikseil vor scharfen Kanten und vor Verschmutzungen durch Säuren, Laugen oder Ölen schützen
- Klinkenbelastung des HMS-Karabiners muss vermieden werden
- Für Zwischensicherungen festen Anschlagpunkt wählen
- Nur HMS-Karabiner verwenden
- HMS-Karabiner immer gegen unbeabsichtigtes Öffnen sichern
- Aussonderungskriterien der Hersteller beachten.

K

Armaturen und Schläuche

Armaturen

1. Was sind wasserführende Armaturen?

Wasserführende Armaturen sind Geräte, die von Wasser durchflossen werden und die Aufgabe haben, in Verbindung mit Schläuchen und Pumpen, eine schnell aufzubauende und einsatzaufgabenbezogene Wasserversorgung (meist zu Löschzwecken) herzustellen.

2. In welche Gruppen werden wasserführende Armaturen nach ihrem Verwendungszweck eingeteilt und welche Armaturen sind den Gruppen zugeordnet?

Armaturen zur Wasserentnahme

– Standrohr	DIN 14375
– Saugkorb	DIN 14362
– Wasserstrahlpumpe	DIN 14422

Armaturen zur Wasserfortleitung

– Sammelstück	DIN 14355
– Verteiler	DIN 14345

– Übergangsstück	DIN 14341 bis DIN 14343
– Druckbegrenzungsventil	DIN 14380
– Schaummittel-Zumischer	DIN 14384
– Schlauchabsperrung	
– Kupplungen	
a) Saugkupplungen	DIN 14321 bis DIN 14322
b) Druckkupplungen	DIN 14302, DIN 14303, DIN 14330, DIN 14332
c) Druck-Saugkupplungen	DIN 14301, DIN 14323
d) Festkupplungen	DIN 14306 bis DIN 14309, DIN 14317 bis DIN 14319
e) Blindkupplungen	DIN 14310 bis DIN 14313

Armaturen zur Wasserabgabe

– Mehrzweckstrahlrohre	DIN 14365
– Schaumstrahlrohre	DIN 14366
– Stützkrümmer	DIN 14368

- Wendestrahlrohre
- sonstige Sprühstrahlrohre und Düsen
- Löschlanzen.

3. Woraus werden wasserführende Armaturen hergestellt?

Wasserführende Armaturen werden vorwiegend aus Aluminium-, Knet- oder Gusslegierungen hergestellt. Handschutz, Küken und Düsen werden aus Kunststoff gefertigt.

4. Welche allgemeinen Anforderungen werden an Armaturen gestellt?

Armaturen müssen

- schnell, einfach und sicher zu handhaben sein
- eine hohe mechanische Festigkeit bei geringem Gewicht besitzen
- korrosionsbeständig auch gegen Meerwasser sein
- beständig gegen chemische Einflüsse sein
- möglichst geringe Strömungsverluste aufweisen.

Standrohr nach DIN 14375

5. Wozu dient das Standrohr?

Das Standrohr dient zur Entnahme von Wasser aus dem Rohrnetz. Es wird durch Rechtsdrehen in Unterflurhydranten eingesetzt.

6. Wie wird das Standrohr nach DIN 14375 bezeichnet?

Standrohr DIN 14375 – 2 B

Die Zusatzbezeichnung „2 B“ bedeutet, dass das Standrohr an den beiden Abgängen mit B-Festkupplungen versehen ist.

7. Aus welchen Teilen besteht ein Standrohr?

Aus einem Standrohroberteil und einem Standrohrunterteil.

8. Woraus besteht das Standrohroberteil?

Aus dem Aufsatzstück mit den beiden Abgängen (Festkupplungen B), den Absperrorganen (Niederschraubventile), der Stopfbuchsbrille und der Stopfbuchse.

9. Woraus besteht ein Niederschraubventil?

Aus dem Ventilkopfstück, der Ventilspindel mit Handrad und dem Ventilteller.

10. Woraus besteht ein Standrohrunterteil?

Aus dem Griffstück, dem Rohr, der Klauenmutter, dem Fuß und dem Dichtring.

11. Welchen Zweck hat die Klauenmutter?

Die Klauenmutter dient zum Festspannen des Standrohres in der Klaue des Unterflurhydranten.

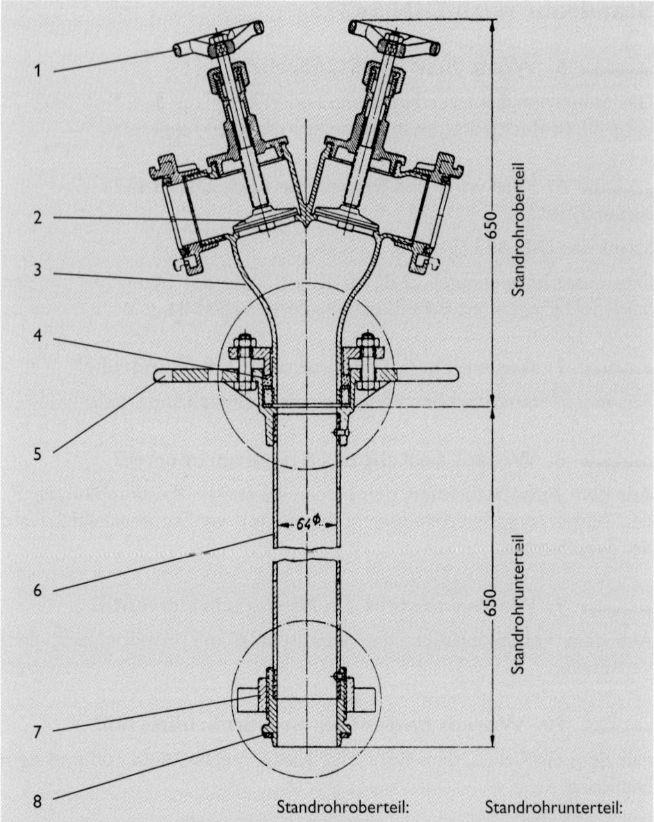

Bild 1: Standrohr DIN 14375 – 2 B; max. Gewicht: 7200 g

Bild 2: Standrohr mit Unterflur-Hydrantenschlüssel

12. Welchen Zweck erfüllt die Stopfbuchse?

Das Standrohroberteil ist im Standrohrunterteil drehbar eingesetzt; durch die Stopfbuchse wird die Abdichtung hergestellt.

13. Worauf ist beim Instellungbringen des Standrohres zu achten und wie wird es getragen?

a) Der Dichtring im Fuß muss in einwandfreiem Zustand sein. (Reservedichtung sollte immer vorhanden sein.)
b) Vor Einsetzen des Standrohres ist der Hydrantensitz von Sand- und Schmutzteilen zu säubern und es ist zu prüfen, ob die Klauenmutter ganz nach unten gedreht ist, da sie sonst nicht unter die Klauen des Unterflurhydranten gedreht werden kann und als weitere Folge keine Abdichtung erreicht wird.

c) Standrohr nach Benutzung sofort wieder einsatzbereit machen und Klauenmutter bis zum Anschlag nach unten zurückschrauben. Dichtring nachsehen.
d) Das Standrohr wird über der Schulter getragen. Die Hand greift dabei in den Fuß des Standrohres ein, um das Verlieren des Dichtrings zu vermeiden.

14. Was gehört noch zum Standrohr?

Zum Standrohr gehört der Unterflur-Hydrantenschlüssel nach DIN 3223. Er dient zum Öffnen des Ventils am Unterflurhydranten. Der Griff des Unterflur-Hydrantenschlüssels ist an der einen Seite abgeflacht und dient als Hammer zum Lockern von festgesetzten Hydran-

Bild 3: Öffnen eines Unterflurhydranten mit dem Unterflur-Hydrantenschlüssel; Abheben des Hydranten-Deckels

tendeckeln (Straßenkappe). Die andere Seite des Griffes ist zu einer abgebogenen Zunge flachgeschmiedet und dient zum Ausheben der Hydrantendeckel.

Einsatzhinweise

- Standrohr über der Schulter tragen und mit Hand in Fuß des Standrohres greifen
- prüfen, ob Klauenmutter ganz nach unten gedreht ist und Dichtring vorhanden ist
- vor dem Anschließen von Druckschläuchen Hydrant öffnen und Standrohr durch Öffnen mindestens eines B-Abgangs kurzzeitig spülen
- nach dem Einsatz beide Niederschraubventile schließen, Klauenmutter ganz nach unten drehen, Dichtfläche säubern und Dichtring richtig aufsetzen.

Saugkorb nach DIN 14362

15. Wozu dient der Saugkorb?

Der Saugkorb wird bei der Wasserentnahme aus offenen Gewässern an das wasserseitige Ende der Saugleitung angekuppelt.

Saugkörbe verhindern den Eintritt von groben Verunreinigungen in den Förderstrom und durch das eingebaute Rückschlagorgan ein Abreißen der Flüssigkeitssäule in der Saugleitung bei Unterbrechung des Saug- bzw. Fördervorgangs. Das Rückschlagorgan ermöglicht das Auffüllen der Saugleitung von Hand bei fehlender oder nicht funktionsfähiger Entlüftungseinrichtung.

Wird die Saugleitung zurückgenommen, so wird über die Ventilleine, die an einem Hebel befestigt ist, das Rückschlagorgan angehoben, so dass das Wasser abfließen kann und man nur die *leeren* Schläuche zurückzunehmen braucht.

16. Wie werden die Saugkörbe nach DIN 14362 bezeichnet und welches sind die wesentlichen Unterscheidungsmerkmale?

Es gibt A-, B- und C-Saugkörbe.

Saugkorb-Bezeichnung	zugehörige Festkupplung	Förderstrom l/min	Gewicht max. in kg	Mindest-eintauchtiefe in cm
DIN 14362-C	DIN 14307-C	200	2,0	55
DIN 14362-B	DIN 14307-B	400	3,5	80
DIN 14362-A	DIN 14307-A	800	6,0	80

17. Woraus besteht ein Saugkorb?

a) Aus dem Gehäuse mit dem darin befindlichen Rückschlagorgan.

b) Aus einer Schutzvorrichtung (Sieb, dessen Öffnungen 6 mm im Durchmesser oder in der Diagonale nicht überschreiten dürfen), die den Saugkorb unten abschließt und den Zweck hat, grobe Fremdkörper zurückzuhalten.

c) Aus einer Festkupplung zum Anschluss des Saugkorbes an die Saugleitung.

Bild 4: Saugkorb mit Saugschutzkorb

Bild 5: Kellersaugkorb

18. Welchen Saugkorb gibt es noch?

Es gibt noch den Kellersaugkorb. Dieser Saugkorb hat als Anschluss anstelle der Festkupplung eine Saugkupplung. Der Kellersaugkorb hat seitlich keine Eintrittsöffnungen, so dass Wasser bis auf 15 mm Höhe abgesaugt werden kann.

Sammelstück nach DIN 14355

19. Wozu dient das Sammelstück?

Das Sammelstück dient dazu, die Löschmittelströme zweier Zuleitungen zusammenzufassen.

Es wird am Saugeingang der Feuerlösch-Kreiselpumpe angeschlossen.

20. Wie wird das Sammelstück nach DIN 14355 bezeichnet?

Sammelstück DIN 14355 – A – 2B

Die Bezeichnung sagt aus, dass das Sammelstück mit einem Knaggenteil einer A-Druck-Saugkupplung (A) und zwei B-Festkupplungen (2B) versehen ist.

21. Aus welchen Teilen besteht ein Sammelstück?

a) Aus dem Gehäuse
b) Aus zwei Zuflüssen am Gehäuse mit B-Festkupplungen und einem Ausgang mit einem Knaggenteil einer A-Druck-Saugkupplung
c) Aus einer Rückschlagklappe im Gehäuse, die von einem Führungsstift gehalten wird
d) Aus Dichtringen.

22. Welchen Zweck hat die Rückschlagklappe?

Die Rückschlagklappe wird durch den Wasserdruck selbsttätig bedient und schließt beim Anschluss nur *einer* Zuleitung automatisch den zweiten Zugang.

Wird an beiden Zuflüssen eine Leitung angeschlossen, so wird die Klappe bei gleichem Wasserdruck in der Mitte gehalten und das Wasser kann links und rechts vorbeifließen.

Bild 6: Sammelstück DIN 14355 – A – 2B Gewicht: max. 3,6 kg

Einsatzhinweise

- Aus Gründen der Wasserhygiene dürfen an ein Sammelstück niemals eine Leitung mit Wasser aus dem Trinkwassernetz und eine Leitung mit Schmutzwasser (z. B. Wasserentnahme aus offenem Gewässer) gleichzeitig angeschlossen werden.
- Bei der Wasserentnahme aus Hydranten kuppelt der Maschinist das Sammelstück *immer* auf den A-Eingang der Feuerlösch-Kreiselpumpe.
- Da bei angeschlossenem Sammelstück und nur *einer* Zuleitung zur FP das Austreten von Löschwasser am Maschinistenbedienstand vor der FP niemals ausgeschlossen werden kann, besteht bei Minustemperaturen dort erhöhte Rutschgefahr infolge Glatteisbildung. Es empfiehlt sich daher, einen B-Zubringer-Schlauch an den freien B-Zugang anzuschließen, um das Wasser abzuleiten.

Verteiler nach DIN 14345

23. Wozu dient der Verteiler?

Der Verteiler dient dazu, das Löschmittel einer Zuleitung auf mehrere (höchstens drei) Schlauchleitungen zu verteilen oder es in Sonderfällen in umgekehrter Richtung zu sammeln.

24. Welche Größen von Verteilern gibt es und wie werden sie nach DIN 14345 bezeichnet?

Es gibt einen B-Verteiler (B-CBC) und einen C–Verteiler (C-DCD). Beide Größen gibt es mit Ventilabsperrung (V) [Niederschraubventil] oder mit Kugelhahnabsperrung (K).

Demnach wird z. B. ein B-Verteiler (B) mit Ventilabsperrung (V) bezeichnet: Verteiler DIN 14345 – BV

25. Aus welchen Teilen besteht ein Verteiler?

Aus einem Gehäuse mit einem Zugang und drei Abgängen (links, Mitte, rechts). Der Eingang und die Abgänge sind je nach Art des Verteilers wie folgt mit Kupplungen versehen:

Verteiler	Eingang	Abgänge	
		Mitte	links + rechts
B-Verteiler (B-CBC)	B-Festkupplung	B-Festkupplung B-C-Übergangsstück	C-Festkupplung
C–Verteiler (C-DCD)	C-Festkupplung	C-Festkupplung	D-Festkupplung

Werden Kugelhähne verwendet, muss bei geöffnetem Kugelküken der Schalthebel in Richtung des Abgangs stehen. Ein schlagartiges Bedienen der Kugelhähne ist zu vermeiden, um Druckstöße zu verhindern.

Bild 7: Verteiler DIN 14345 – BV; Gewicht: max. 6,6 kg (beim C–Verteiler max. 3,0 kg)

Einsatzhinweise

- Das 1. Rohr wird immer am linken Abgang angeschlossen; das 2. Rohr immer am rechten Abgang; das 3. Rohr und alle Sonderrohre (z. B. B-Rohr, Schaumrohr) am mittleren Abgang.
- Jeder Feuerwehrangehörige muss wissen, dass die Abgänge des Verteilers vor dem Verlasten auf das Fahrzeug geschlossen sein müssen.
- Verteiler mit Kugelhahnabsperrungen sind in Feuerwehrfahrzeugen häufig so verlastet, dass die Kugelhähne nicht geschlossen werden können. Sofern möglich, sollte die Haltevorrichtung im Fahrzeug verändert werden; ansonsten muss der Feuerwehrangehörige sofort nach der Entnahme des Verteilers die Kugelhähne schließen.
- Beim Setzen des Verteilers nochmals prüfen, dass Abgänge geschlossen sind.

Kupplungen

26. Wozu braucht man Kupplungen?

Die Kupplungen verbinden Schläuche untereinander, Schläuche mit Armaturen, Schläuche mit Pumpen oder sie schließen Armaturen und Schläuche ab.

27. Welche Arten von Kupplungen gibt es?

Es gibt Saugkupplungen, Druckkupplungen (Druck-Saugkupplungen), Festkupplungen und Blindkupplungen.

Saug- und Druckkupplungen

28. Welche Größen von Saugkupplungen gibt es?

a) A-Druck-Saugkupplung	DIN 14323
b) B-Saugkupplung	DIN 14322

c) C-Saugkupplung DIN 14321
d) D-Druck-Saugkupplung DIN 14301

Die Bezeichnung „Druck-Saugkupplung" bedeutet, dass es sich um eine Kupplung handelt, die sowohl als Druck- als auch als Saugkupplung verwendet wird. Die Anforderungen entsprechen denen der Saugkupplung.

29. Welche Größen von Druckkupplungen gibt es?

a) A-Druck-Saugkupplung DIN 14323
b) B-Druckkupplung DIN 14303
c) C-Druckkupplung DIN 14302
d) D-Druck-Saugkupplung DIN 14301
e) C-Druckkupplung für Druckschläuche S (S28 und S32) DIN 14300
f) C-Druckkupplung für Druckschläuche C42 DIN 14332

30. Woraus besteht eine Druck- bzw. Saugkupplung?

Jede Kupplung besteht aus:

- Knaggenteil
- Sperrring
- Einbindestutzen
- Dichtring

31. Worin besteht der wesentliche Unterschied zwischen einer Saug- und einer Druckkupplung?

Der wesentliche Unterschied liegt in der Länge des Einbindestutzens (längerer Einbindestutzen der Saugkupplung) – aus den Bildern 8 und 9 ersichtlich – und in der unterschiedlichen Ausbildung des Dichtrings (Bild 10).

32. Warum ist der Einbindestutzen bei der Saugkupplung länger?

Einen Druckschlauch können wir mit der Hand zusammendrücken und beim Einbinden das Knaggenteil über den Schlauch schieben. Nach

Bild 8: Saugkupplungen, rechts gekuppelt
DIN 14323-A; A = 110 mm; Gewicht max. 1,8 kg

Bild 9: Druckkupplungen
Druckkupplung DIN 14323-A; A = 110 mm; Gewicht max. 1,8 kg
Saugkupplung DIN 14322-B; B = 75 mm; Gewicht max. 0,8 kg
Saugkupplung DIN 14321-C; C = 52 mm; Gewicht max. 0,45 kg
Drucksaugkupplung DIN 14301-D; D = 25 mm; Gewicht max. 0,1 kg

erfolgtem Einband schieben wir das Knaggenteil über den Einbindestutzen zurück und sichern es durch den Sperrring.

Bei einem Saugschlauch ist ein Zusammendrücken nicht möglich. Wegen der starken Wandung lässt sich das Knaggenteil nicht überstreifen. Folglich muss der Einband außerhalb des Knaggenteils erfolgen und der Einbindestutzen aus diesem Grunde länger sein.

Außerdem muss auf eine besonders große Dichtfläche zwischen Saugschlauch und Einbindestutzen Wert gelegt werden.

33. Wogegen muss die Saug- und wogegen muss die Druckkupplung dicht sein?

Die *Saugkupplung* muss luft- und wasserdicht, die Druckkupplung muss dagegen nur wasserdicht sein.

Durch den Saugschlauch fließt Wasser, deshalb wasserdicht. Beim Entlüften wird im Saugschlauch ein Unterdruck erzeugt. Von außen darf dabei keine Luft eindringen, deshalb auch luftdicht.

Durch den Druckschlauch fließt nur Wasser, deshalb nur wasserdicht.

34. Wie wird das erreicht?

Durch die Ausbildung des Dichtrings.

Der Dichtring der Saugkupplung hat eine Drucklippe und eine Sauglippe. Der Dichtring der Druckkupplung hat dagegen nur eine Drucklippe (Bild 10).

Die Drucklippe liegt „innen“ die Sauglippe liegt „außen“. Im Zusammenwirken mit der/den Lippe(n) des Dichtrings der gegenüberliegenden Kupplung werden die Lippen durch den innenliegenden Wasserdruck (Druckbetrieb) oder durch den von außen wirkenden Luftdruck (Saugbetrieb) fest aneinandergedrückt. Es entsteht die Dichtwirkung.

35. Wie viele Haltepunkte haben die Saug- und Druckkupplungen?

Saug- und Druckkupplungen haben vier Haltepunkte. D. h. beim Kuppeln werden die Kupplungen um 90 ° gegeneinander verdreht.

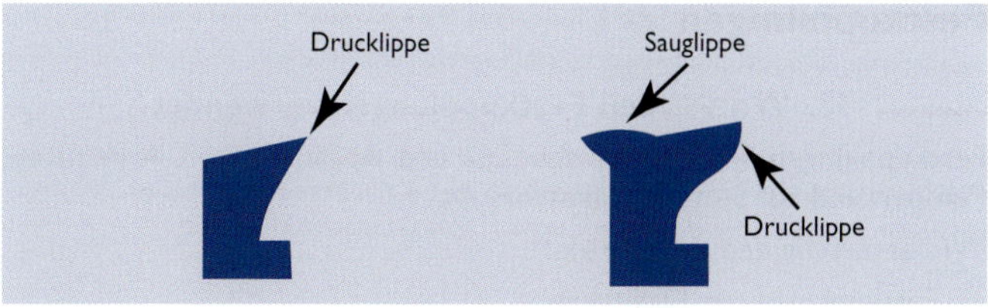

Bild 10: Links: Schnitt durch den Dichtring der Druckkupplung.
Rechts: Schnitt durch den Dichtring der Saugkupplung

Dies ist besonders bei den Saugkupplungen von Bedeutung. Die vier Haltepunkte verhindern, dass auch bei ungünstigster Lage der Saugleitung durch das Gewicht des Schlauches die Kupplungen bzw. die Sauglippen auseinandergezogen werden. Es könnte dadurch Luft eintreten und die Wassersäule könnte abreißen bzw. das Ansaugen wäre unmöglich.

Druckkupplungen wurden früher mit nur zwei Haltepunkten hergestellt. Solche Kupplungen sind heute noch im Gebrauch.

36. Welche Druckbeanspruchung müssen Kupplungen erfüllen?

Alle Kupplungen dürfen bei einer Beanspruchung mit Wasser von 24 bar Überdruck während einer Zeit von zwei Minuten nicht undicht werden. Saugkupplungen dürfen zusätzlich auch bei –0,95 bar nicht undicht werden.

Einsatzhinweise

- Kupplungen vor grobkörnigen Verschmutzungen schützen bzw. säubern
- Kupplungen nicht auf den Boden werfen
- B-Kupplungen möglichst zu zweit kuppeln
- Bei gemeinsamem Kuppeln die Kupplung so halten, dass die beiden Knaggenteile auf einer horizontalen Linie liegen.

Festkupplungen

37. Wo werden Festkupplungen verwendet?

Festkupplungen werden an den Zu- und Abgängen von Armaturen, Pumpen und auf Stutzen aufgeschraubt.

Wir unterscheiden zwei Arten:

a) Festkupplung mit Dichtring
b) Festkupplung mit metallischer Dichtfläche

Die Festkupplung ist im Wesentlichen ein Knaggenteil, welches zum Einschrauben zusätzlich mit einem Rohrgewinde versehen ist.

38. Wo werden die beiden Arten von Festkupplungen verwendet?

Festkupplungen mit Dichtring werden dort verwendet, wo die Dichtringe nicht durch Witterungseinflüsse zerstört werden können. Dies trifft bei allen Feuerlöschgeräten zu.

Bild 11: Festkupplungen mit Dichtring

Bei allen Anwendungen, bei denen ein Dichtring durch Witterungseinflüsse zerstört werden kann, werden Festkupplungen mit metallischer Dichtfläche verwendet. Dies trifft bei allen ständig im Freien verlegten Leitungen, Brunnenständen, Überflurhydranten usw. zu.

39. Welche genormten Festkupplungen mit Dichtring gibt es?

Festkupplung DIN 14309-A (für Druck- und Saugbetrieb)
Festkupplung DIN 14308-B (für Druckbetrieb – Teil 1 der Norm)
Festkupplung DIN 14308-B-S (für Saugbetrieb – Teil 2 der Norm)
Festkupplung DIN 14307-C (für Druckbetrieb – Teil 1 der Norm)
Festkupplung DIN 14307-C-S (für Saugbetrieb – Teil 2 der Norm)
Festkupplung DIN 14306-D (für Druck- und Saugbetrieb)

Bezeichnung	DIN 14309	DIN 14308	DIN 14307	DIN 14306
Größe	A = 110 mm	B = 75 mm	C = 52 mm	D = 25 mm
Rohrinnengewinde	G 4 1/2	G 2 1/2	G 2	G 1
Gewicht max.	1,2 kg	0,45 kg	0,3 kg	0,1 kg

40. Wie ist eine Festkupplung mit metallischer Dichtfläche aufgebaut?

Eine Festkupplung mit metallischer Dichtfläche (Bild 12) besteht aus einem Knaggenteil mit einem Außengewinde und einem Innengewinde. Mit einem Außengewinde wird die Festkupplung in die betreffende Armatur oder in den Stutzen eingeschraubt.

Das Innengewinde dient zum Einschrauben einer Deckkapsel, die die Festkupplung verschließt. Ein Gummiring in der Deckkapsel sorgt für die Abdichtung zwischen Festkupplung und Deckkapsel. An der Deckkapsel befindet sich außen ein Dreikant, auf den der Überflurhydrantenschlüssel passt.

Die Deckkapsel gehört grundsätzlich zu einer Festkupplung mit metallischer Dichtfläche.

Bild 12: Festkupplung mit metallischer Dichtfläche.
Rechts: Knaggenteil. Links: Deckkapsel

Bild 13: Festkupplungen mit aufgeschraubter Deckkapsel am A-Abgang eines Überflurhydranten

41. Welche genormten Festkupplungen mit metallischer Dichtfläche gibt es?

Festkupplung DIN 14319-A1
Festkupplung DIN 14318-B1
Festkupplung DIN 14317-C1

Die Ziffer 1 hinter der Größenbezeichnung A, B oder C bedeutet, dass es sich hierbei um die Festkupplung handelt. Die zugehörige Deckkapsel wird identisch bezeichnet, wobei die Ziffer 1 durch die Ziffer 2 ersetzt wird.

Blindkupplung

42. Wozu dient eine Blindkupplung?

Die Blindkupplung dient zum Abschluss von Geräten, Armaturen, Druck- und Saugschläuchen.

Bild 14: Blindkupplungen

43. Wie sind die Blindkupplungen aufgebaut?

Blindkupplungen gleichen in ihrem Aufbau den Saugkupplungen, nur haben sie anstatt eines Einbindestutzens einen Verschlussdeckel. Das Knaggenteil ist drehbar zum Verschlussdeckel angeordnet und wird durch einen Sperrring gehalten. Auf dem Verschlussdeckel befindet sich außen ein Knopf zum Befestigen einer Kette, mit der die Blindkupplung unverlierbar am Gerät oder der Armatur befestigt wird.

44. Welche genormten Blindkupplungen gibt es?

Blindkupplung DIN 14313-A
Blindkupplung DIN 14312-B
Blindkupplung DIN 14311-C
Blindkupplung DIN 14310-D

Bezeichnung	DIN 14310-D	DIN 14311-C	DIN 14312-B	DIN 14313-A
Gewicht	max. 0,12 kg	max. 0,4 kg	max. 0,6 kg	max. 1,4 kg

Übergangsstück

45. Welchen Zweck haben Übergangsstücke?

Übergangsstücke dienen zur Verbindung von Schläuchen unterschiedlicher Größe und zum Anschluss an Armaturen und Pumpen.

46. Welche genormten Größen gibt es?

Übergangsstück DIN 14343-A-B
Übergangsstück DIN 14342-B-C
Übergangsstück DIN 14341-C-D

Die Buchstaben geben an, welche Größen miteinander verbunden werden können.

Bezeichnung	14343-A-B	14342-B-C	14341-C-D
Übergang [mm]	von 110 auf 75	von 75 auf 52	von 52 auf 25
Gewicht max.	1,5 kg	0,7 kg	0,4 kg

Bild 15: Übergangsstücke

47. Aus welchen Teilen besteht ein Übergangsstück?

Ein Übergangsstück besteht aus

- zwei Knaggenteilen unterschiedlicher Größe
- einem Mittelteil
- zwei Dichtringen
- einem Sperrring.

Die zwei Knaggenteile sind mittels Gewinde miteinander verschraubt. Das Mittelteil ist in den Knaggenteilen drehbar angeordnet. In ihm ist auf jeder Seite ein Dichtring der entsprechenden Größe angebracht.

Druckbegrenzungsventil nach DIN 14380

48. Welchen Zweck hat das Druckbegrenzungsventil?

Es soll den Betriebsdruck in der Schlauchleitung nach oben begrenzen. Hohe Drücke, die z. B. durch Schließen von Abgängen bei der Wasserförderung über lange Schlauchstrecken entstehen, werden abgebaut. Der Druckausgleich wird durch Abfluss eines Teils des Förderstroms ins Freie erzielt.

Das Druckbegrenzungsventil dient nicht dazu, wie früher oft angenommen, Druckstöße abzubauen, die beim plötzlichen, schnellen Schließen von Strahlrohren entstehen. Der Einbau des Druckbegrenzungsventils vor dem Verteiler ist daher unnötig.

49. Wie arbeitet das Druckbegrenzungsventil?

Über eine Ausgleichsleitung wird zwischen Förderstrom und einer Wasserausgleichskammer im Druckbegrenzungsventil gleicher Druck erzeugt. Wird der eingestellte Ansprechdruck überschritten, lässt ein Steuerventil mehr Wasser aus der Wasserkammer ins Freie fließen, als durch die enge Ausgleichsleitung in die Wasserkammer zufließen kann. Durch den dadurch entstehenden Druckunterschied wird über das sich öffnende Hauptventil ein Teil des Förderwassers ins Freie abgeführt. Geht der Druck in der Leitung auf den eingestellten Ansprechdruck zurück, schließt das Steuerventil, der Druck in der Wasserkammer steigt und das Hauptventil wird wieder geschlossen.

Bild 16: Druckbegrenzungsventil, Gewicht max. 6 kg (Ziegler)

50. Wo wird das Druckbegrenzungsventil eingesetzt?

Das Druckbegrenzungsventil wird bei der Wasserförderung über lange Schlauchstrecken jeweils eine B-Länge vor der Förderpumpe eingebaut und auf 2,0 bar eingestellt. Sinnvoll ist es auch, das Druckbegrenzungsventil an unterster Stelle einer Schlauchstrecke einzubauen, bei der große Höhenunterschiede überwunden werden; zum Beispiel bei der Wasserabgabe über die Drehleiter.

51. Weshalb ist am seitlichen Ausgang der Wasserkammer eine Kupplung angebracht?

Mit der Kupplung wird ermöglicht, einen Druckschlauch anzukuppeln, damit das austretende Löschwasser nicht direkt am Druckbegrenzungsventil austritt. Dies ist beispielsweise bei Frostgefahr sinnvoll, um eine Glatteisbildung auf Verkehrsflächen zu vermeiden.

Strahlrohre nach DIN EN 15182

52. Wozu dienen Mehrzweckstrahlrohre?

Das Mehrzweckstrahlrohr (M-Strahlrohr) ist eine Armatur, mit der man das Löschmittel Wasser als Voll- und Sprühstrahl mit für die Brandbekämpfung zweckmäßiger Ausflussgeschwindigkeit und Form abgeben kann. Sofern das Strahlrohr mit Mannschutzbrause ausgestattet ist, dient es auch zum Schutz des Strahlrohrführers gegen Wärmeeinwirkung.

53. Welche genormten Mehrzweckstrahlrohre gibt es?

Strahlrohr DIN EN 15182 Teil 1 und 3 – BM
Strahlrohr DIN EN 15182 Teil 1 und 3 – CM
Strahlrohr DIN EN 15182 Teil 1 und 3 – CMM
Strahlrohr DIN EN 15182 Teil 1 und 3 – DM

Der erste Buchstabe nach dem Bindestrich gibt die Größe (B, C oder D) an; der zweite Buchstabe „M“ steht für Mehrzweckstrahlrohr; der dritte Buchstabe „M“ weist ggf. auf die Ausstattung mit Mannschutzbrause hin.

Bild 17: Strahlrohr DIN EN 15182

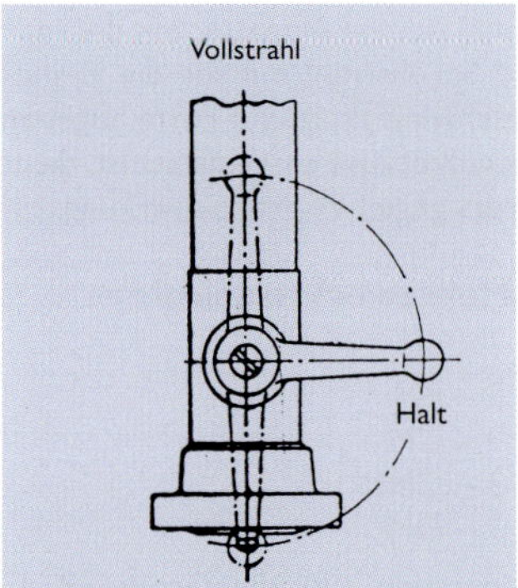

Bild 18: Schaltstellungen

Bild 19: Strahlrohr DIN EN 15182 – CMM (mit Mannschutzbrause) (AWG-Fittings)

54. Aus welchen Teilen bestehen Mehrzweckstrahlrohre?

Mundstück, Oberteil, Handschutz, Schaltorgan, Festkupplung (Bild 17).

55. Welche Schaltstellungen gibt es bei den M-Strahlrohren?

Halt, Sprühstrahl, Vollstrahl (Bild 18).

56. Welche Wasserdurchflussmenge muss nach DIN 14365 in Abhängigkeit vom Innendurchmesser des Mundstücks bzw. der Düse gewährleistet sein und welchen Faustwert benutzt die Feuerwehr?

M-Strahlrohre müssen so ausgebildet sein, dass die nachfolgend aufgeführten Grenzwerte für Voll- und Sprühstrahl bei einem Druck von 5 bar eingehalten werden:

Strahlrohr	Gewicht max. in kg	Innendurchmesser für		Wasserdurchfluss nach DIN 14365 l/min		Wasserdurchfluss als Faustwert l/min
		Mundstück mm	Düse mm	min.	max.	
DM	1,0	4	–	18	28	20
		–	6	40	65	40
CM und CMM	1,8	9	–	105	125	100
		–	12	170	230	200
BM	2,7	16	–	335	395	400
		–	22	565	775	800

Bei CMM-Strahlrohren erhöht sich der Wasserdurchfluss durch die voll geöffnete Mannschutzbrause um bis zu 160 l/min.

57. Wie wird der jeweils erforderliche Innendurchmesser erreicht?

Durch An- bzw. Abschrauben des Mundstücks.

58. Was ist ein Handschutz und was bezweckt er?

Der Handschutz, der das zylindrische Rohr umgibt, soll die Hand des Strahlrohrführers vor Kälte schützen. Er muss griffsicher, wasserbeständig und auswechselbar sein.

59. Welche Anforderungen werden an das Schaltorgan gestellt?

Das Schaltorgan muss mit den Schaltstellungen „Halt", „Vollstrahl" und „Sprühstrahl" ausgerüstet sein (Bild 18). Beim selbstschließenden Strahlrohr kann auf die Stellung „Halt" verzichtet werden.

Schaltorgane müssen auch mit Handschuhen leicht und unfallsicher bedienbar sein und dicht schließen. Im abgekuppelten Zustand müssen Strahlrohre schnell entwässert werden können, um ein Einfrieren zu verhindern.

Strahlrohre BM, CM und CMM müssen auch bei Förderung von verunreinigtem Wasser betriebsfähig bleiben.

Verstopfungen im Schaltorgan müssen durch ggf. mehrmaliges Umschalten auf die andere Strahlart beseitigt werden können.

60. Was ist ein Sprühstrahl?

Unter Sprühstrahl wird ein Strahl verstanden, bei dem das Löschmittel in zweckdienlicher Form zerteilt wird.

Durch intensive Zerstäubung – die Aufspaltung eines Wasserstrahls in feine Tropfen – wird die Oberfläche einer bestimmten Wassermenge erheblich vergrößert. Vorteile hierbei sind:

a) starke Kühlung bei geringer Wassermenge durch schlagartiges Verdampfen = geringer Wasserschaden
b) Niederschlagen giftiger Dämpfe und Gase
c) Der vorgehende Feuerwehrangehörige kann sich durch den Wasserschleier gegen Wärme und Rauch schützen.

Bild 20: Hohlstrahlrohr Turbo-Spritze – stufenlos verstellbar von Vollstrahl bis extrem feinen Sprühstrahl mit einem Öffnungswinkel von 120 ° (AWG-Fittings)

Bild 21: Pistolenstrahlrohr für die Schnellangriffseinrichtung von Tanklöschfahrzeugen (AWG-Fittings)

61. Mit welchen Strahlrohren kann ein Sprühstrahl erzeugt werden?

Alle Strahlrohre mit der Zusatzbezeichnung „M“ (Mehrzweckstrahlrohre) können Sprühstrahl erzeugen. Für besondere Einsatzzwecke gibt es Spezial-Strahlrohre, die vom Vollstrahl bis hin zum feinen Wassernebel verstellt werden können oder die speziell als Zerstäuber-Strahlrohr in besonderen Fällen zum Einsatz kommen.

Pistolenstrahlrohre vereinigen mehrere Vorteile in sich. Neben der stufenlosen Regulierbarkeit des Wasserstrahls mittels Zughebel kann mit ihnen das Wasser auch stoßweise abgegeben werden. Daneben entlasten sie den Strahlrohrführer vom Rückstoß, so dass Einmannbedienung auch für längere Zeitdauer möglich ist. Für die Umstellung auf Sprühstrahl besitzen sie einen Stellring, der beliebige Strahlformen zulässt, indem zusätzlich der Durchfluss (Hebeleinstellung) geregelt wird. Soll eine bestimmte Strahlstärke auf Dauer beibehalten werden, so kann der Bedienungshebel in beliebiger Stellung arretiert werden.

Bild 22: Löschlanze zur Bekämpfung von Bränden auf Müll- und Kohlenhalden, Heustapel, Getreidesilo und bei schwer zugänglichem Stapelgut (AWG-Fittings)

Stützkrümmer nach DIN 14368

62. Wozu dient der Stützkrümmer?

Der Stützkrümmer dient zum Ableiten der Rückkraft des Wasserstrahls von Strahlrohren BM über die Schlauchleitung zum Erdboden. Er ermöglicht dadurch den Einsatz von Strahlrohren BM durch nur zwei Feuerwehrangehörige. Der Stützkrümmer kann auch verwendet werden, um Schlauchleitungen um scharfe Kanten zu führen.

63. Aus welchen Teilen besteht der Stützkrümmer?

Der Stützkrümmer besteht aus

- einem Gehäuse (1),
- einem Haltegriff mit Handschutz (2),
- einem Gewindestutzen (3) mit Dichtring (5),
- einem drehbaren B-Knaggenteil (4),
- einem Flachdichtring (6),
- einer B-Festkupplung (7).

Die Ziffern in Klammern beziehen sich auf die Nummerierung in Bild 23.

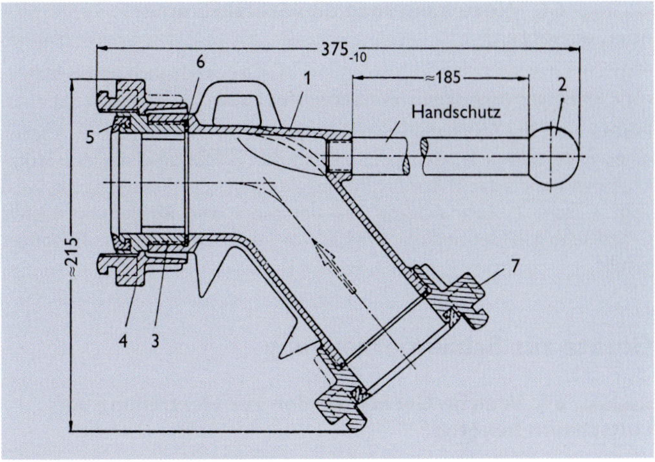

Bild 23: Stützkrümmer DIN 14368-SK

Bild 24: Stützkrümmer DIN 14368-SK mit BM-Strahlrohr

64. Wozu kann man den Stützkrümmer noch einsetzen?

Man kann mit Verteiler, Stützkrümmer, C-Druckschlauch und B-Strahlrohr einen provisorischen Wasserwerfer bauen.

Hierzu wird der Stützkrümmer in umgekehrter Richtung am B-Abgang eines B-Verteilers angekuppelt und an der B-Festkupplung des Stützkrümmers wird das B-Strahlrohr angekuppelt. Zur Stabilisierung wird vom 1. zum 2. Rohr-Abgang des Verteilers eine Ringleitung mittels C-Schlauch gebildet und mit Wasser vor Inbetriebnahme des B-Rohres gefüllt.

Geräte zur Schaumerzeugung

65. Welche Geräte werden zur Herstellung von Luftschaum benötigt?

- Schaummittelbehälter mit Schaummittel
- D-Ansaugschlauch
- Schaummittelzumischer
- Schaumstrahlrohr.

66. Welches Fassungsvermögen haben Schaummittelbehälter?

a) Zum Mitführen auf den Löschfahrzeugen sind Behälter von 20 l Fassungsvermögen (DIN 14452) im Gebrauch, die nach Bedarf aus den Transport- und Lagerfässern nachgefüllt werden. Die Behälter sind nach jedem Entleeren gründlich auszuspülen, die Verschlusskappengewinde sind sorgfältig sauber zu halten.
b) Nach Bedarf als Einbau- oder Aufbautanks beispielsweise in Tanklöschfahrzeugen.

67. Woraus besteht der D-Ansaugschlauch (DIN 14819)?

Der D-Ansaugschlauch dient zum Ansaugen und Fördern des Schaummittels aus den Schaummittelbehältern. Er dient als Verbindungsstück zwischen Schaummittelbehälter und Zumischer und ist ein transparenter Kunststoffschlauch, meist mit Kunststoffspirale. Er ist 1,5 m lang und hat 19 mm lichte Weite. Er hat eine D-Kupplung. Am Ende ist er angeschrägt bzw. eingekerbt, um ein Festsaugen am Boden des Schaummittelbehälters zu verhindern.

Schaummittelzumischer nach DIN 14384

68. Wozu dient der Zumischer?

Er mischt dem Wasser eine bestimmte Menge Schaummittel bei. Seine Dosierungseinrichtung hat einen Einstellbereich von 0 bis 5 Volumen %. Sie wird benötigt, um das richtige Verhältnis zwischen Schaummittel und Wasser herzustellen.

Zum Teil werden auch Zumischer mit fest eingestellter Zumischung verwendet.

69. Welche Zumischerarten gibt es?

- Strahlpumpenzumischer
- Venturizumischer
- Zumischerpumpen.

Bei den Feuerwehren werden überwiegend Strahlpumpenzumischer verwendet.

70. Welche Größen von Strahlpumpenzumischern gibt es?

Type Z 2 für 200 l/min Durchflussmenge mit C-Kupplung
Type Z 4 für 400 l/min Durchflussmenge mit B-Kupplung
Type Z 8 für 800 l/min Durchflussmenge mit B-Kupplung

71. Was ist beim Einbau des Zumischers in die Schlauchleitung zu beachten?

Strahlpumpenzumischer müssen immer in Pfeilrichtung (Pfeil ist auf dem Zumischergehäuse angebracht) in die Förderleitung eingekuppelt werden.

72. Wie arbeitet der Strahlpumpenzumischer?

Er arbeitet nach dem Prinzip der Strahlapparate (siehe auch Wasserstrahlpumpe G 34). Das aus der Treibdüse (Bild 25) mit hoher Geschwindigkeit austretende Wasser erzeugt in der Fangdüse einen Unterdruck, durch den das Schaummittel aus dem Saugraum mitgerissen wird. Das selbsttätige Regelventil bewirkt, dass auch bei wechselndem Wasserdurchfluss und Druckschwankungen stets der eingestellte Prozentsatz Schaummittel angesaugt und zugemischt wird.

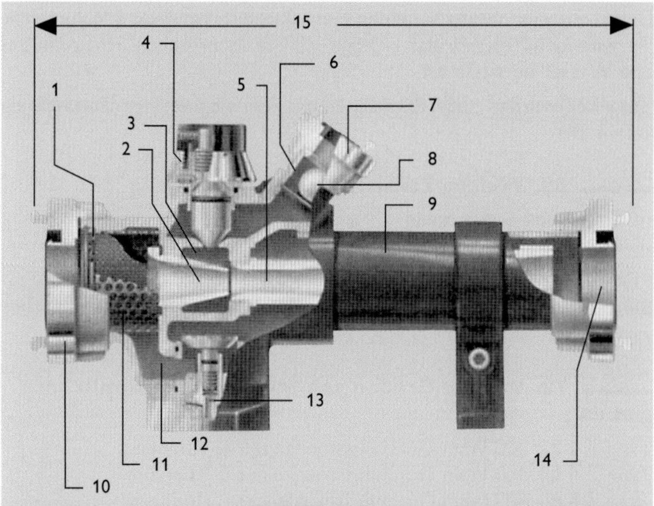

1 Sieb
2 Treibdüse
3 Saugraum
4 Zumischeinstellung
5 Fangdüse
6 Schaummittelanschluss
7 Festkupplung (Schaummitteleintritt)
8 Rückschlagventil
9 Mantelrohr
10 Festkupplung (Wassereintritt)
11 Schmutzfängersieb
12 Umgehungskanal
13 Regelventil
14 Festkupplung (Gemischaustritt)
15 Länge

Bild 25: Schnitt durch einen Zumischer (Minimax)

Bild 26: Armaturen, Geräte und Schläuche zur Schaumerzeugung

73. Wo wird der Zumischer eingebaut?

Da der Druckverlust zwischen Zumischer und Schaumstrahlrohr 2 bar nicht überschreiten darf, wird der Zumischer zweckmäßig vor der letzten Schlauchlänge, 15 bis 20 m vor dem Schaumstrahlrohr, eingekuppelt. Dort sind auch die Schaummittelbehälter bereitzustellen.

Schaumstrahlrohre nach DIN 14366

74. Welche Arten von Schaumstrahlrohren gibt es?

a) Schwerschaumrohre (Bild 27)
b) Mittelschaumrohre (Bild 28)

Bild 27: Schwerschaumrohr S 4–15 (Minimax)

Bild 28: Mittelschaumrohr (Ziegler)

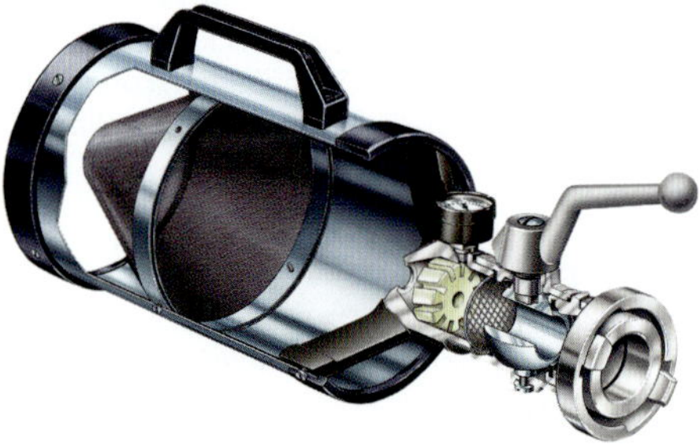

Bild 29: Mittelschaumrohr im Schnitt (Total)

75. Welche Größen von Schaumrohren gibt es?

	Größe	Durchflussmenge bei 5 bar	Gewicht max.
a) Schwerschaumrohre	S 2	200 l/min	3,8 kg
	S 4	400 l/min	5,5 kg
	S 8	800 l/min	8,5 kg
b) Mittelschaumrohre	M 2	200 l/min	6 kg
	M 4	400 l/min	7 kg
	M 8	800 l/min	22 kg

Die Mittelschaumrohre werden in ihrer Bauart im Wesentlichen für Verschäumungszahlen 40fach, 75fach und 150fach ausgelegt. Am gebräuchlichsten sind solche mit 75facher Verschäumung.

76. Wie ist die Wirkungsweise des Schaumstrahlrohrs?

Das Wasser-/Schaummittel-Gemisch tritt mit ca. 5 bar Druck und hoher Geschwindigkeit in den Düsenkörper ein. Bei seinem Austritt erfolgt eine vielfache Vergrößerung der Flüssigkeitsoberfläche durch Tropfenbildung. Die durch Injektorwirkung angesaugte Luft bildet im Schaumrohr durch Verwirbelung und Vermischung den Schaum.

Beim Mittelschaumrohr wird das Luft-Wasser-/Schaummittel-Gemisch auf das Verschäumungssieb gedrückt und dabei werden Blasen gebildet, die in ihrer Vielzahl den Mittelschaum ergeben.

77. Was ist ein Anhänger mit Schaum-Wasserwerfer?

Ein einachsiger Feuerwehranhänger mit abnehmbarem Schaum-Wasserwerfer, mit Schaummittelzumischer und mit Behältern für mindestens 220 l Schaummittel (Bild 30). Weiteres siehe DIN 14521.

78. Was ist zum Leichtschaumgenerator zu sagen?

Die Leichtschaumgeneratoren werden für 100 und 200 l Wasserleistung je mit wahlweise 500- und 1 000-facher Verschäumung und für 1000 l/min Wasserleistung mit 1 000-facher Verschäumung gebaut. Die

Bild 30: Schaum-Wasserwerfer (Alco)

erzeugte Schaummenge beträgt 100, 200 und 1 000 m³/min. Der kleine Generator kann auf Fahrzeugen mitgeführt werden, der mittlere auf Anhänger aufgebaut oder wie der große ortsfest verwendet werden.

Das Haupteinsatzgebiet für Leichtschaum ist das Füllen bzw. Fluten von Räumen. Der Leichtschaum wird auch über Lutten (1 000 oder 1 500 mm Ø) durch sein Gebläse zum Brandherd gedrückt.

Einsatzhinweise

- Nach dem Einsatz müssen die Geräte und Schläuche, die mit Schaummittel in Berührung kamen, gründlich mit Wasser abgespült werden, um eine Verklebung, insbesondere beim Zumischer, zu vermeiden.
- Dabei Vorsicht!
  Sicherstellen, dass das Wasser-/Schaummittel-Gemisch nicht in Vorfluter oder in das Grundwasser gelangt. Nur in Abwassersysteme einleiten, die an eine Kläranlage angeschlossen sind.

Schlauchkunde

Druckschläuche

79. Was ist ein Druckschlauch?

DIN 14811 Teil 1 sagt: Ein Druckschlauch ist ein Schlauch, der sich im ungefüllten Zustand flach falten und rollen lässt. Er dient zur Förderung von Löschmitteln (Wasser, Wasser mit Löschmittelzusätzen, Pulver usw.) und in Sonderfällen auch anderer Stoffe.

Ergänzend führt das Normblatt hierzu aus:
Für die Förderung von Pulver und für die Fortleitung von Mineralölprodukten o. Ä. sind Druckschläuche nach dieser Norm nur dann zugelassen, wenn zusätzlich besondere Forderungen, z. B. hinsichtlich des Zerplatzdruckes, der Ableitung elektrostatischer Aufladung und der Beständigkeit gegen das Fördermedium erfüllt sind. Der Hersteller hat hierfür den Nachweis zu erbringen.

Die Farbe von Schläuchen zur Fortleitung von Mineralölprodukten ist schwarz. Ebenso sind Kupplungen von Druckschläuchen rot zu färben, nachdem sie zur Fortleitung von Mineralölprodukten verwendet wurden.

80. Welche Bezeichnungen und Maße sieht DIN 14811 Teil 1 vor?

Kurzzeichen	Innendurchmesser mm	Nennweite NW	Schlauchlänge m + 1,5 % – 0,5 %				zugehörige Druckkupplungen
D	25	25	5	15			DIN 14301-D
C 42	42	42		15		30[1)]	DIN 14332-C 42
C 52	52	52		15			DIN 14302-C
B	75	75	5		20	35[2)]	DIN 14303-B
A	110	110	5		20		DIN 14300-A

1) z. B. für Schnellangriffseinrichtungen
2) nur für Drehleitern

81. Wie werden Druckschläuche gemäß DIN 14811 bezeichnet?

Bezeichnung eines C-Druckschlauches von 42 mm Innendurchmesser und 15 m Länge mit Kupplungen (K):

Druckschlauch DIN 14811 – C 42 – 15 – K

Bezeichnung eines B-Druckschlauches von 20 m Länge ohne Kupplungen:

Druckschlauch DIN 14811 – B – 20

82. Welche Druckwerte und Druckverluste gelten für Druckschläuche?

Kurzzeichen	Druckverlust für die in Tabelle 1 genannten Normlängen mit Kupplungen				Gebrauchsprüfdruck bar	Prüfdruck bar	Zerplatzdruck bar
	bei Durchfluss l/min	bei Eintrittsdruck bar	Schlauchlänge m	Druckverlust bar max.			
D	140	6	15	2	8	12	25
C 42	600	6	15	2,5	12	24	50
C 52	1 200	6	15	3	12	24	50
B	2 400	4	20	2	12	24	50
A	6 000	4	20	1,7	8	12	25

Druckverluste (hydraulische Verluste = Reibungs- und Strömungsverluste) in bar (0,1 bar = 1 m/WS) für je 100 mm Schlauchlänge abgerundet für den praktischen Gebrauch:

Förderstrom Q l/min	Druckverluste in bar bezogen auf 100 m Leitungslänge	
	Druckschlauch	
	B-gummiert	C 52-gummiert
100	–	0,15 bar
200	0,1 bar	0,5 bar
400	0,4 bar	–
600	0,8 bar	–
800	1,3 bar	–
1 000	2,0 bar	–
1 200	2,6 bar	–

Bei gleichem Förderstrom erhöht sich der Druckverlust einer C 52-Leitung gegenüber der B-Leitung auf das 5- bis 6fache.

83. Woraus werden die Druckschläuche gefertigt?

DIN 14811 Teil 1 fordert, dass die Druckschläuche aus fäulnisbeständigen Werkstoffen hergestellt und gegen die Löschmittel Wasser, Schaum und Pulver beständig sein müssen.

Zur Herstellung werden heute in aller Regel Chemiefasern verwendet, die im Gegensatz zur früher verwendeten Naturfaser keine Zellstruktur haben und deshalb kein Wasser aufnehmen.

84. Welche Farbe haben die Druckschläuche?

Die Farbe ist meist rohweiß oder rot, in Sonderfällen schwarz, siehe Frage K 79. Zur besseren Wahrnehmbarkeit der auf dem Boden liegenden Druckschläuche und damit zum Schutz vor Umknicken werden vermehrt auch gelbe Schläuche verwendet. Für Zwecke der Bundeswehr sind Druckschläuche olivfarben. Die Farbe darf keine den Werkstoff schädigende Bestandteile enthalten.

85. Wie werden die Schläuche untereinander verbunden?

Durch genormte Kupplungen (siehe K 26 ff.).

86. Wie sind Druckschläuche zu prüfen?

Bei jeder Schlauchwäsche ist eine Druckprüfung durchzuführen.

Der Druckschlauch ist hierbei langsam und gleichmäßig bis zum Gebrauchsprüfdruck (siehe K 82) zu beaufschlagen. Der Druckschlauch ist betriebssicher, wenn während und nach der Prüfung keine Schäden oder Leckagen feststellbar sind und der Einband der Kupplungen fest sitzt. Schadhafte Schläuche sind in Stand zu setzen oder auszumustern.

Ein Prüfnachweis ist zu führen.

87. Was ist ein Druckschlauch S und welche Größen gibt es?

Der Druckschlauch S ist ein formbeständiger Schlauch. Er kann Bestandteil von Schnellangriffs-Löscheinrichtungen sein. Seine Ausführung muss die Abgabe des Löschmittels auch bei nur teilweise ausgelegtem Schlauch ermöglichen.

Es gibt zwei Größen: S 28 und S 32.

Druckschlauch S 28 für die Schnellangriffseinrichtung der Tanklöschfahrzeuge. Druckschlauch S 32 für Trockenlöschfahrzeuge und Schaumlöschfahrzeuge vorgesehen.

Nennweite DN	Innendurchmesser d ± 0,5	Mindestdicke der äußeren Gummischicht (ohne Textileinlage)	Schlauchlänge m zul. Abw. ± 1 %	Gewicht kg/m (ohne Kupplung) max.	Betriebsdruck bar max.	Prüfdruck bar	Zerplatzdruck bar min.	Druckverlust bei 30 m Länge bar max.
28	28	1,25	30	1,2	20	30	60	2,8
31,5	32	1,5		1,3	20	30	60	1,6

88. Welcher Werkstoff wird für Druckschläuche S verwendet?

Als Werkstoff wird Gummi mit Textileinlagen verwendet.

Abmessungen, Gewichte, Längen und Drücke sind aus obenstehender Tabelle ersichtlich.

89. Wie ist der Druckschlauch S gekennzeichnet?

Ein Schlauch, der den in der Norm vorgeschriebenen Bedingungen entspricht, erhält in Abständen von 10 m einen einvulkanisierten Prägestempel.

Der Stempel muss enthalten: das Verbandszeichen DIN nach DIN 31, das bei der Prüfstelle hinterlegte Hersteller- und Prüfzeichen, das Herstellungsjahr.

90. Wie sind Druckschläuche S zu prüfen?

Mindestens einmal jährlich ist eine Sicht- und Druckprüfung durchzuführen.

Der Druckschlauch ist hierzu vollständig abzurollen und mit einem Druck zwischen 14 und 16 bar (entsprechend dem Schließdruck der Feuerlösch-Kreiselpumpe) zu beaufschlagen. Der Schlauch ist betriebssicher, wenn während und nach der Prüfung keine Schäden feststellbar sind und der Einband der Kupplung fest sitzt.

Prüfnachweis ist zu führen.

91. Was sind Druckschläuche W (DIN 14818)?

Druckschläuche W sind formbeständige Schläuche für Wandhydranten.

Der Druckschlauch WA ist ein Schlauch aus Gummi mit Textileinlage.

Bezeichnung eines Druckschlauches WA von 20 m Länge: Druckschlauch DIN 14818-WA-20.

Der Druckschlauch WB ist ein Schlauch aus Kunstfasergewebe mit Innenauskleidung und Stützwendel.

Bezeichnung eines Druckschlauches WB von 20 m Länge: Druckschlauch DIN 14818-WB-20.

Schlauchpflege

92. Wie sollen Schläuche gelagert werden?

Schläuche sollen in trockenem Zustand gelagert werden.

Das Schlauchlager muss trocken, gut zu belüften sowie frostfrei sein. Temperatur möglichst gleich bleibend (+5 bis +23 °C), kein Sonnenlicht.

Schläuche in Regalen senkrecht so lagern, dass Luft überall durchstreichen kann.

Die Schläuche sollen mindestens zweimal im Jahr ausgerollt und unter Wasserdruck gesetzt werden.

93. Welche Nachweise müssen für jeden Schlauch geführt werden?

Für jeden Schlauch muss eine Dokumentation (elektronische Schlauchdatei, Karteikarte oder Schlauchbuch) geführt werden. Aus der Dokumentation muss ersichtlich sein:

- Hersteller
- Beschaffungsjahr
- die Nummer, unter welcher der Schlauch geführt wird
- Prüfdruck
- Art
- Einsätze
- Reparaturen
- Ausmusterungstag.

Die Schlauchnummer kann in die Kupplung (Knappenteil) eingeschlagen werden oder ca. 2 m vom Schlauchende aufgebracht werden. Die Karteikarte gibt uns jederzeit Auskunft über die bisherige Verwendung des Schlauches. Jede Reparatur und jeder Einsatz werden vermerkt. Die Karteikarte weist bei der Ausmusterung genau nach, ob sich der Schlauch bewährt hat oder nicht.

94. Wie sollen die Schläuche auf Fahrzeugen gelagert werden?

Entweder als Rollschläuche doppelt gerollt oder auf Haspeln bzw. in Schlauchtragekörben. In Schlauchwagen können sie auch in Buchten gelagert sein.

Die Kupplungen sind festzulegen, um Scheuerstellen zu vermeiden. Die Schutzhüllen der Schlauchhaspeln – soweit vorhanden – sind wegen der besseren Durchlüftung während der Unterstellung in Garagen zu entfernen. Auf Feuchtigkeit und Schmutz ist zu achten.

Verschmutzte Schläuche einfach gerollt oder in Buchten gelegt transportieren.

Undichte Schläuche beim Rücktransport ins Feuerwehrhaus als undicht kennzeichnen, indem man einen Knoten in den Schlauch macht.

95. Wie sind Schläuche im Einsatz zu behandeln?

- Schlauch nicht schleifen und nicht um scharfe Kanten ziehen, auch nicht über Mauern
- Ohne Knick und Drall verlegen
- Von der Haspel nach unten abrollen
- Vor Brandschutt, Glassplittern, Säuren, Öl und anderem Brandschutt schützen
- Vor übermäßiger Temperaturbelastung (über 200 °C) schützen
- Beim Vornehmen in höhere Stockwerke und über Leitern mit Schlauchhaltern sichern
- Bei Vibration an der Pumpe Scheuerstellen durch Unterlagen vermeiden
- Überfahren unbedingt verhindern
- Sichern durch Schlauchbrücken oder Schlauchüberführungen.

96. Wie sind Schläuche bei tiefen Temperaturen zu behandeln?

Bei „Wasser halt“ sofort sämtliche Kupplungen öffnen, Wasser herauslaufen lassen. Dabei beachten, dass das Wasser zur Vermeidung einer Glatteisbildung nicht auf Verkehrsflächen läuft; auslaufendes Wasser in Vorgärten oder in Straßeneinläufe laufen lassen. Können die Kupplungen nach dem „Wasser halt“ nicht sofort geöffnet werden, dann Wasser langsam weiter laufen lassen und Schläuche vom Strahlrohr aus abbauen. Können die nassen Schläuche bei starkem Frost nicht mehr gerollt werden, dann an wenigen Stellen nach punktuellem Auftauen knicken und auf Transportfahrzeug, z. B. GW-L verladen. Vorsicht: nicht in gefrorenem Zustand knicken, da sie sofort brechen würden. Mit warmem Wasser die Knickstellen erst auftauen. Schläuche vorsichtig abtransportieren. Vor dem Waschen auftauen.

97. Was geschieht in der Schlauchwaschanlage?

Zunächst werden hier die Schläuche von grobem Schmutz befreit, sodann mit Wasser und weichen Handwaschbürsten oder mit einer Schlauchwaschmaschine gereinigt. Anschließend werden die Schläuche auf Dichtigkeit geprüft.

Bild 31: Schlauchwaschmaschine Mondiale (Barth)

98. Wie wird ein Schlauch auf Dichtigkeit geprüft?

Der Schlauch wird, nachdem er mit Wasser gefüllt ist, mit der Druckseite einer Schlauchprüfpumpe verbunden und mit dem Gebrauchsprüfdruck (siehe K 82) abgedrückt, Spritzstellen werden gekennzeichnet. Die Reparatur erfolgt, sobald der Schlauch trocken ist.

99. Wie soll der Schlauch getrocknet werden?

Möglichst im Trockenturm, wo er in ganzer Länge aufgehängt wird. Der Trockenturm muss gut zu belüften sein. Ist er nicht hoch genug, können die Schläuche auch doppelt hängen. Beide Kupplungen zeigen nach unten, so dass das Wasser auslaufen kann. Es ist darauf zu achten, dass die Auflagestellen der Schläuche von Zeit zu Zeit verändert werden. Die Schläuche würden sonst an der Auflagestelle feucht bleiben.

Ist kein Trockenturm vorhanden, können Schläuche auch in Trockenschränken oder in horizontalen Trockenkanälen getrocknet werden. Aus Energiespargründen sollte darauf verzichtet werden.

100. Was ist zum Schutz der Dichtringe der Kupplungen erforderlich?

Die Dichtflächen der Dichtringe sollen mit Graphit oder Talkum eingerieben werden. Wenn Kupplungen lange zusammengekuppelt sind, kleben die Dichtringe mit der Zeit zusammen. Beim Auseinanderkuppeln wird dann oft der Dichtring beschädigt. Graphit oder Talkum bilden zwischen den Dichtringen eine Trennschicht, verhindern das Zusammenkleben und gestatten ein leichtes Kuppeln. Es gibt für diesen Zweck Graphitstifte im Handel. Nach dem Befeuchten des Ringes wird der Graphitstift darauf verrieben.

Schlauchzubehör

101. Was gehört zum Schlauchzubehör?

- Schlauchbinden
- Schlauchbrücken
- Kupplungsschlüssel
- Rohr-Schlauchüberführungen
- Schlauchtragekörbe.

102. Wie werden an der Brandstelle „Spritzstellen" bei Schläuchen abgedichtet?

Durch Umlegen von Metallschlauchbinden oder elastischen Schlauchbinden (Bild 32).

103. Wozu dienen Schlauchbrücken?

Schlauchbrücken überbrücken Schlauchleitungen der Größe B und kleiner auf Verkehrswegen und verhindern somit ein Beschädigen der Schläuche.

Bild 32: Elastische Schlauchbinde „Perfekt" aus Federstahlband mit Moosgummieinlage und Exzenterverschluss; Metallschlauchbinden (Hebelschlauchbinden)

Holz-Schlauchbrücke (Bild 33) DIN 14820 Blatt 1, aus Kanthölzern mit rot-weißem Anstrich, für 2 B-Schläuche. Untergurtung aus Perlongewebe. Spurbreite 70 cm. Zusammenlegbar. Gewicht 11,5 kg.

Aluminium-Schlauchbrücke (Bild 34) DIN 14820 Blatt 2, bestehend aus zwei Auffahrprofilen, rutschgesichert durch vier Profilgummistücke, eingehängt in ein Mittelprofil. Witterungsbeständig und leicht zu reinigen, passt sich unebenem Gelände an. Tragkraft 6 t, für 2 B- und 2 C-Schläuche. Spurbreite 60 cm. 66 cm lang, 9 cm hoch. Gewicht 17 kg.

104. Wie können Wege mit Schläuchen noch überbrückt werden?

Mit der „Rohr-Schlauchüberführung 2 B" nach DIN 14821 (Bild 35) können zwei B-Schlauchleitungen in einer Höhe von 4,2 m über Straßen geführt werden. Die Schlauchüberführung ist zusammenleg-

Bild 33: Holzschlauchbrücke, für zwei B-Schläuche geeignet

Bild 34: Aluminium-Schlauchbrücke, für zwei B- und zwei C-Schläuche geeignet

Bild 35: Rohr-Schlauchüberführung DIN 14821 (Ziegler)

bar, besteht aus zwei abgewinkelten B-Rohrbögen auf vier abnehmbaren Stützfüßen. Lichte Durchfahrtshöhe 4 m, obere Breite ca. 3,3 m, untere Breite ca. 5,5 m.

105. Was sind Schlauchtragekörbe?

Schlauchtragekörbe sind Behältnisse, die der Feuerwehr zur einsatzbereiten Lagerung, zum Transport und zum Verlegen von Druckschläuchen B oder C dienen (Bild 36). Die Schläuche sind im Schlauchtragekorb in Buchten gelegt und werden beim Vortragen des Schlauchtragekorbes automatisch aus dem Korb herausgezogen und verdrillungsfrei verlegt.

106. Wie wird der Schlauchtragekorb für C-Schläuche bezeichnet und welche Maße hat er?

Der Schlauchtragekorb für C-Schläuche wird nach DIN 14827 als STK-C bezeichnet. Er wiegt leer ca. 3,0 kg und hat die Außenmaße von 870/520/115 (B/H/T) mm. Der Schlauchtragekorb für B-Schläuche wiegt max. 3,5 kg und hat die Außenmaße von 870/520/145 (B/H/T) mm.

Bild 36: Schlauchtragekorb

107. Warum ist der Tragegriff an den Schlauchtragekörben außermittig angebracht?

Der Tragegriff ist außermittig so angebracht, dass der Schlauchtragekorb beim Verlegen der Schlauchleitung vorne hoch- und hinten abkippt. Dies verhindert ein Anschlagen an flachen Hindernissen, z. B. Bordsteinkanten und erleichtert das Vorgehen über Treppen.

Saugschläuche nach DIN 14810

108. Was sind Saugschläuche?

Schläuche, die ihre röhrenförmige Form auch im nicht befüllten Zustand und bei Unterdruck behalten. Sie müssen auch von Außen nach Innen soweit luftdicht sein, dass ein Unterdruck im Schlauch gebildet werden kann.

109. Wozu verwendet man Saugschläuche?

Zur Entnahme von Wasser durch Feuerwehrpumpen aus offenen Gewässern oder aus Löschwasserbehältern.

Bild 37: Saugschlauch A 1,6 m lang von einer Person zu tragen

110. Welchen Zweck haben die innere und die äußere Drahtspirale?

Die *innere Spirale* gibt dem Schlauch seine Röhrenform und verhindert beim Erzeugen des Unterdrucks das Zusammenklappen des Schlauches.

Die *äußere Spirale* soll den Schlauch vor Beschädigungen schützen.

Die Spiralen gehen jedoch nicht bis zum Ende des Schlauches.

111. Warum gehen die Spiralen nicht bis zum Ende des Schlauches?

An jedem Ende lässt man Muffen stehen, um die Kupplungen einbinden zu können. Gingen die Spiralen durch, wäre ein Einbinden der Kupplungen nicht möglich.

112. Wie muss ein Saugschlauch beschaffen sein?

Der Saugschlauch muss fest und dabei biegsam sein.

113. Welche Größen von Saugschläuchen gibt es?

A-, B-, C-Saugschläuche.

A = 110 mm lichte Weite
B = 75 mm lichte Weite
C = 52 mm lichte Weite

114. Welche Länge und welches max. Gewicht haben Saugschläuche nach DIN 14810?

Kurzzeichen	Schlauchlänge (eingebunden)	max. Gewicht mit Kupplung
A	2500 mm 1600 mm	20,3 kg 14,0 kg
B	1585 mm	7,6 kg
C	1580 mm	4,6 kg

115. Welcher Belastung muss ein Saugschlauch bei der Saug- und der Druckprüfung standhalten?

Bei der Druckprüfung ist der Saugschlauch innerhalb von 1 bis 2 Minuten gleichmäßig bis zum Druck von 6 bar zu beaufschlagen. Der Prüfdruck muss mindestens 5 Minuten gehalten werden.

Bei der Saugprüfung muss der Saugschlauch einen Druck von −0,8 bar mindestens 1 Minute lang unverändert halten. Wenn man am unteren Ende des Saugschlauchs bei Beginn des Saugvorgangs eine durchsichtige Plexiglasscheibe aufsetzt und mit einem Handscheinwerfer hinein leuchtet, kann man erkennen, ob sich während des Saugvorgangs Blasen an der Schlauchseele bilden oder ob sich die Schlauchseele gelöst hat.

116. Wann wird eine Druck- und Saugprüfung durchgeführt?

Saugschläuche müssen nach jedem Einsatz, mindestens jedoch einmal jährlich einer Saug- und Druckprüfung einschl. Sichtprüfung unterzogen werden.

Der Saugschlauch ist betriebssicher, wenn keine Schäden und Leckagen feststellbar sind, der Einband der Kupplungen fest sitzt, die Kupplungen leichtgängig sind und der Druck von –0,8 bar mindestens 1 Minute lang bestehen bleibt.

Prüfnachweis ist zu führen.

117. Wie wird die Saugprüfung praktisch durchgeführt?

Mit der sogenannten Trockensaugprobe.

Bei der Trockensaugprobe wird jeder einzelne Saugschlauch auf seine Dichtigkeit überprüft.

Der Unterdruckmesser muss bei der Trockensaugprobe mindestens –0,8 bar anzeigen. Dieser Unterdruck muss bei stillstehender Pumpe und geschlossenen Druckstutzen *mindestens 1 Minute lang* stehen bleiben; ein Abfall um 0,1 bar ist nach DIN zulässig. Erst nach dieser Zeit darf der Zeiger des Überdruck-Unterdruckmessers langsam auf 0 zurückgehen.

Bild 38: Unterdruckmesser mit Grundplatte, zum Prüfen von Saugschläuchen auf Unterdruck (Ziegler)

118. Wie ist der Saugschlauch zu behandeln?

Der Saugschlauch darf nicht geschleift und nicht über scharfe Kanten gezogen werden.

Scheuerstellen, die durch Vibration der Pumpe hervorgerufen werden können, sind besonders zu vermeiden, indem man beispielsweise weiche Unterlagen zwischen Auflagestelle und Saugschlauch legt.

Fernzuhalten sind Säuren und ölige Flüssigkeiten. Gefrorene Saugschläuche sind besonders vorsichtig zu transportieren, aufzutauen und dann zu reinigen. Nach Gebrauch ist der Saugschlauch sorgfältig zu reinigen und zu trocknen. Vor Sonnenbestrahlung ist er zu schützen. Zum Trocknen senkrecht aufhängen.

119. Welche Prüfungen sind beim Saugschlauch vorzunehmen?

Wie schon oben beschrieben, muss eine Druck- und Saugprüfung durchgeführt werden.

Ferner können alle Saugschläuche zusammengekuppelt und damit am Wasser eine Nassprobe durchgeführt werden.

Bei der Sichtprüfung überzeugt man sich von dem Zustand der äußeren Gewebeschicht und der inneren Gummischicht. Ferner von dem Zustand der äußeren Drahtwicklung, der Dichtringe und des Einbands.

120. Welche Reparaturen können am Saugschlauch durchgeführt werden?

Ein schadhafter Saugschlauch lässt sich nicht reparieren. Sobald der Schlauch beschädigt ist, muss er ausgewechselt werden.

121. Muss vor dem Zu-Wasser-Bringen der B-Saugleitung eine Mehrzweckleine als Halteleine angebracht werden?

Die Feuerwehr-Dienstvorschrift 1 schreibt die Halteleine nicht zwingend vor. Um das Herausnehmen der Saugleitung aus dem Wasser zu erleichtern, ist es aber sinnvoll, bei mehr als zwei Saugschläuchen immer eine Halteleine anzubringen.

L

Kleinlöschgeräte

1. Was sind Kleinlöschgeräte?

Kleinlöschgeräte werden zur Bekämpfung von Entstehungsbränden eingesetzt. Es sind tragbare Geräte, die im einsatzbereiten Zustand ein Gewicht von 20 kg nicht überschreiten.

2. Welche Kleinlöschgeräte werden von der Feuerwehr eingesetzt?

Die Feuerwehr verwendet in aller Regel Feuerlöscher und Kübelspritzen.

Genormt, aber kaum mehr im Einsatz, sind Einstellspritzen.

3. Was ist eine Einstellspritze?

Einstellspritzen sind handbetätigte, doppelt wirkende Kolbenpumpen, die zur Entnahme von Löschwasser in einen Eimer oder einen anderen geeigneten Behälter gestellt werden.

Einstellspritzen sind in DIN 14407 genormt.

Feuerlöscher

4. Was sind tragbare Feuerlöscher?

Tragbare Feuerlöscher sind betriebsfertige Löschgeräte, die von Hand durch eine Person getragen werden können und deren Gesamtgewicht (Masse) 20 kg nicht überschreitet.

Der Feuerlöscher besteht aus einem Behälter, der ein Löschmittel enthält, das durch Innendruck ausgestoßen und auf einen Brandherd gerichtet werden kann.

Die Feuerlöscher werden nach Art ihres Löschmittels benannt, das sie enthalten. Derzeit werden unterschieden:

- Wasserlöscher
- Schaumlöscher
- Pulverlöscher
- Kohlendioxidlöscher.

Die tragbaren Feuerlöscher sind europaweit nach EN 3 genormt.

5. Welchem Zweck dienen die Feuerlöscher?

Feuerlöscher sollen die wirksame Bekämpfung von Entstehungsbränden gewährleisten, auch wenn sie von Personen ohne besondere Ausbildung bedient werden.

6. Wie ist der Aufstellungsort von Feuerlöschern zu wählen?

Feuerlöscher sind an leicht zugänglichen Stellen und gut sichtbar anzubringen.

7. Wie funktionieren Feuerlöscher?

Das Löschmittel wird durch einen im Behälter vorhandenen Innendruck ausgestoßen.

Der Innendruck kann

- im Löschmittelbehälter gespeicherter Druck *(Dauerdrucklöscher)* sein, – Bild 1
- er kann durch das Freigeben eines in einem gesonderten Behälter (im oder am Löscher angebracht) mitgeführten Treibgases entstehen *(Aufladelöscher)* – Bilder 2 und 3, oder
- er wird durch eine chemische Reaktion im Löschmittelbehälter erzeugt *(Löscher mit chemischer Druckerzeugung)*.

In Deutschland wurde bisher ergänzend hierzu der Begriff „Gaslöscher" verwendet (Bild 4). Der Gaslöscher ist in der europäischen Normung unter dem Prinzip des Dauerdrucklöschers erfasst.

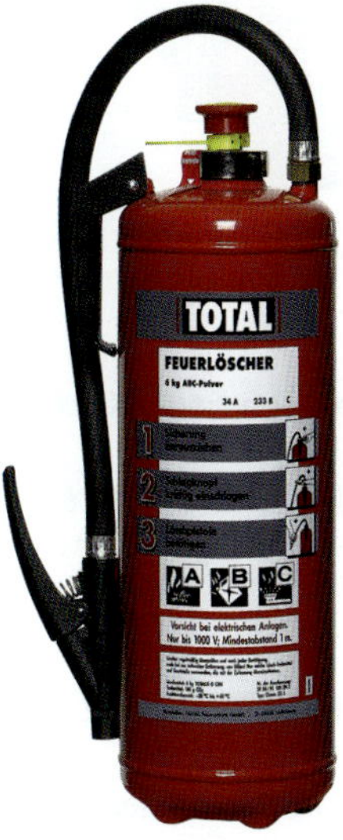

Bild 1: Dauerdruck-Pulverlöscher (Total)

Bild 2: Auflade-Wasserlöscher mit innenliegendem Treibgasbehälter mit Schnittbild (Total)

8. Bei welchen Temperaturen müssen Feuerlöscher funktionssicher sein?

Feuerlöscher müssen bei Temperaturen zwischen –20 °C und +60 °C funktionssicher sein. Für Feuerlöscher mit wässrigem Löschmittel kann die untere Temperatur differieren. Nach Angabe des Herstellers darf sie auch bei +5 °C, 0 °C, –15 °C, –20 °C, –25 °C oder –30 °C liegen.

9. Innerhalb welcher Zeit nach Inbetriebnahme müssen Feuerlöscher voll löschwirksam sein?

Der Ausstoß des Löschmittels muss spätestens 10 Sekunden nach Inbetriebnahme beginnen. Als Inbetriebnahme ist das Öffnen des Abstellventils zu verstehen.

Bild 3: Aufladelöscher mit außenliegendem Treibgasbehälter (Gloria)

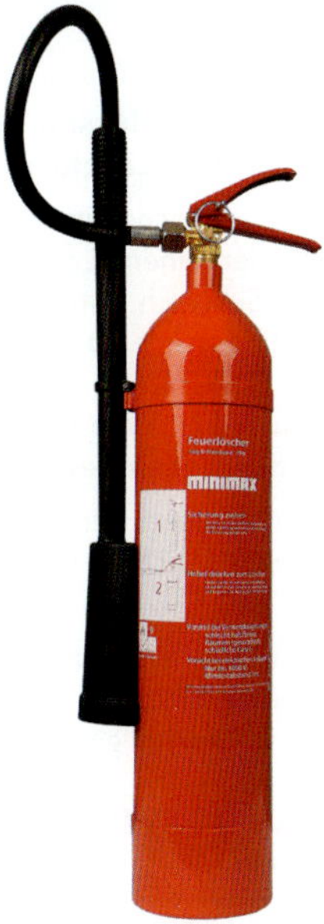

Bild 4: Kohlendioxidlöscher (Minimax)

10. Können Feuerlöscher nach Inbetriebnahme wieder abgestellt werden?

Durch eine Unterbrechungseinrichtung muss der Ausstoß des Löschmittels jederzeit unterbrochen werden können. D. h. der Löscher muss nach einer Unterbrechung des Löschmittelstrahls wieder schließen. Der Löscher muss dann innerhalb 5 Minuten immer noch einsatzbereit sein. Die DIN EN 3 legt hierzu genaue Prüfkriterien fest.

Beachte: Eingesetzte Löscher sind nach Inbetriebnahme immer neu zu füllen und zu warten.

11. Müssen Feuerlöscher einen Schlauch zum Aufbringen des Löschmittels haben?

Alle Feuerlöscher mit einer Füllmenge des Löschmittels von mehr als 3 kg oder einem Löschmittelvolumen von mehr als 3 l müssen mit einem Schlauch mit Düse versehen sein. Der Schlauch muss biegsam und mindestens 40 cm lang sein.

12. Wie sind Feuerlöscher gegen unbeabsichtigtes Auslösen gesichert?

Bedienelemente des Feuerlöschers müssen gegen unbeabsichtigtes Auslösen gesichert sein. Das Entsichern muss getrennt sein vom Auslösen.

Anhand der Sicherung, die z. B. aus einem Metalldraht oder Metallstift und einer Bleiplombe besteht, muss erkennbar sein, ob der Feuerlöscher in Betrieb gesetzt wurde.

13. Welche Mindestfunktionsdauer haben Feuerlöscher?

Füllmenge kg oder Liter	Minimale Funktionsdauer Sekunden
bis 3	6
über 3 bis 6	9
über 6 bis 10	12
über 10	15

14. Welche Löschmittel haben wir in Deutschland in Feuerlöschern?

- Wasser und wässrige Lösungen
- Schaum
- ABC-Pulver
- BC-Pulver
- D-Pulver
- Kohlenstoffdioxid CO_2

15. Welche Löschmittelfüllmengen sind in den Feuerlöschern zulässig?

Pulver ABC/BC kg	Pulver D kg	CO_2 kg	Wasser, wässrige Lösung, Schaum kg
1	–	–	–
2*	–	2	–
3	–	–	–
4	–	–	–
–	–	5	–
6*	–	–	6
9*	9	–	9
12*	12	–	–

* Diese Löschergrößen sollten bei Löschpulver vorzugsweise verwendet werden.

16. Welche Treibmittel sind in Feuerlöschern erlaubt?

Es sind folgende Treibmittel erlaubt:

- Luft
- Argon
- Kohlenstoffdioxid
- Helium
- Stickstoff.

17. Gibt es Vorschriften, die das Aussehen der Feuerlöscher regeln?

In DIN EN 3 Teil 5 ist vorgeschrieben, dass der Löschmittelbehälter von Feuerlöschern rot sein muss. Dies dient der guten und eindeutigen Erkennbarkeit.

Außerdem müssen alle Feuerlöscher eine Beschriftung nach einheitlicher Form und Inhalt besitzen. Damit soll eine schnelle Überprüfung auf Eignung und Bedienbarkeit ermöglicht werden.

18. Wie sind Feuerlöscher zu beschriften?

Die Beschriftung der Feuerlöscher erfolgt nach einheitlichem Beschriftungsbild. Die Beschriftung muss die Angaben der Schriftfelder 1 bis 5 gemäß Bild 5 enthalten.

Das Schriftfeld 1 enthält auf drei Zeilen untereinander

- das Wort „Feuerlöscher“
- den Typ des Löschmittels und seine Nennfüllmenge
- die Angabe der gelöschten Prüfobjekte.

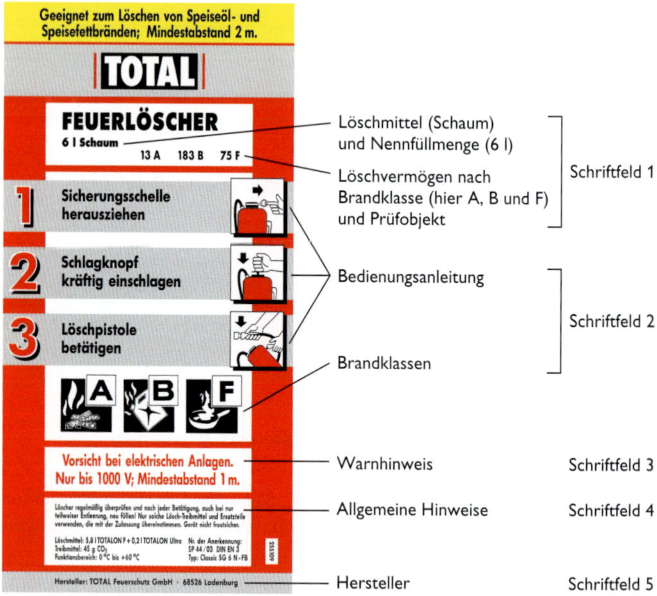

Bild 5: Beschriftung von Feuerlöschern nach DIN EN 3 (Total)

Das Schriftfeld 2 enthält die Bedienungsanleitung, die eine oder mehrere ausreichend erklärte bildliche Darstellungen (Piktogramme) enthalten muss.

Darunter sind mit Piktogrammen die Brandklassen anzugeben, für die der Feuerlöscher geeignet ist.

Das Schriftfeld 3 enthält Beschränkungen oder Warnhinweise beim Gebrauch, insbesondere hinsichtlich Toxizität und elektrischen Gefahren.

Das Schriftfeld 4 muss enthalten:

- die Anweisung, dass der Feuerlöscher nach jeder Betätigung neu gefüllt werden muss,
- die Anweisung, dass in periodischen Abständen zu prüfen ist und dass bei Neubefüllung und Instandhaltung nur Produkte und Ersatzteile verwendet werden dürfen, die mit der Zulassung übereinstimmen,
- die Angabe des Löschmittels und insbesondere die Angabe und Prozentsätze von Zusätzen für wässrige Löschmittel,
- falls vorhanden, die Angabe des Treibgases,
- die Nummer(n) oder Kennzeichnung(en) der Zulassung,
- die Hersteller-Typbezeichnung,
- die Grenztemperaturen,
- eine Warnung vor dem Risiko des Einfrierens (falls zutreffend).

Anmerkung: Die für das Schriftfeld 4 festgelegten Angaben sind als Mindestinhalt anzusehen.

Das Schriftfeld 5 muss enthalten:

- den Namen und die Anschrift des Herstellers und/oder Lieferanten.

Außerdem muss auf dem Feuerlöscher an beliebiger Stelle das Baujahr angegeben sein.

19. Wie erfolgt die Brandklassendarstellung?

Sie erfolgt mit Bildzeichen (Bild 6), die grundsätzlich auf jedem Löscher anzubringen sind.

Brandklasseneinteilung

nach EN 2

Zeichenerklärung: ● geeignet und zugelassen

	Brandklasse	 **Brände fester Stoffe, hauptsächlich organischer Natur, die normalerweise unter Glutbildung verbrennen,** z.B. Autoreifen, Heu, Holz, Kohle, Papier, Stroh, Textilien	 **Brände von flüssigen oder flüssig werdenden Stoffen,** z.B. Äther, Alkohol, Benzin, Benzol, Fette, Harz, Kunststoffe, Lacke, Öle, Paraffin, Stearin, Teer, Wachs	 **Brände von Gasen,** z.B. Acetylen, Butan, Erdgas, Methan, Propan, Stadtgas Wasserstoff	 **Brände von Metallen,** z.B. Aluminium, Kalium und deren Legierungen, Lithium, Magnesium, Natrium	 **Bränden von Speiseölen und Speisefetten** (siehe DIN V 14406-5)
Pulverlöscher mit Glutbrandpulver	**PG**	●	●	●		
Pulverlöscher mit Metallbrandpulver	**PM**				●	
Pulverlöscher mit Spezialpulver	**P**		●	●		
Kohlendioxid-Löscher (CO_2)	**K**		●			
Wasserlöscher	**W**	●				
Fettbrand-löscher mit Spezial-Flüssig-löschmittel	**F**	●	●			●
Schaumlöscher	**S**	●	●			

Feuerlöscher müssen nach dem Brandeinsatz oder nach unbeabsichtigter Betätigung auf jeden Fall nach spätestens zwei Jahren durch den Kundendienst instand gehalten und wieder einsatzbereit gemacht werden. Bei gewerblicher Nutzung ist die regelmäßige Instandhaltung nach spätestens zwei Jahren – auch bei Nichtverwendung – nach DIN 14406, Teil 4 vorgeschrieben.

Bild 6: Bildzeichen der Brandklassen gemäß DIN EN 2 (Gloria)

20. Welche Warnhinweise sind auf den Löschern anzubringen?

Um Gefahren bei der Anwendung der Löscher auszuschließen, sind bei der Bedienungsanleitung jeweils folgende Zusätze zu machen:

Bei Wasser- und Schaumlöschern:
„Vorsicht bei elektrischen Anlagen! Nur bis 1000 Volt, Mindestabstand 3 m."

Bei ABC-Pulver- und D-Pulverlöschern:
„Vorsicht bei elektrischen Anlagen! Nur bis 1000 Volt, Mindestabstand von 1 m einhalten!"

Bei BC-Pulverlöschern:
„Vorsicht bei elektrischen Anlagen! Bis 1000 Volt, Mindestabstand von 1 m einhalten.
Über 1000 Volt DIN VDE 0132 beachten."

Bei Kohlendioxidlöschern:
„Vorsicht bei Verwendung in engen, schlecht belüfteten Räumen (gesundheitsschädliche Gase). Vorsicht bei elektrischen Anlagen! Bis 1000 Volt, Mindestabstand von 1 m einhalten.
Über 1000 Volt DIN VDE 0132 beachten."

21. Was bedeutet auf der Beschriftung im Schriftfeld 1 die Angabe der gelöschten Prüfobjekte?

Bei der Zulassung von Feuerlöschern müssen diese Löscher bestimmte Mindestanforderungen bzgl. des Löschvermögens erfüllen. D. h., mit den Feuerlöschern müssen die in der DIN EN 3 festgelegten „Normbrände" gelöscht werden können. So muss ein Löscher für ABC-Pulver drei verschiedene Normbrände löschen; einen für die Brandklasse A, einen für die Brandklasse B und einen für die Brandklasse C.

22. Was ist ein Normbrand und was bedeutet die verwendete Bezeichnung für das Prüfobjekt?

Es gibt für die Brandklassen A und B festgelegte Normbrände, d. h. Prüfobjekte, an denen die Löschwirkung geprüft wird.

Für die Brandklasse A handelt es sich um in 14 Lagen, im Abstand von 60 mm liegende, übereinander geschichtete Holzstäbe mit einem Querschnitt von 40 mm x 40 mm.

Die Tiefe des Holzstapels beträgt einheitlich 500 mm. Die Breite ist unterschiedlich. Sie verändert sich mit dem Prüfobjekt. Je höher das getestete Löschvermögen sein soll, um so breiter sind die Prüfobjekte.

Die Zahl im Kurzzeichen des Prüfobjektes gibt sowohl die Breite des Prüfobjektes in Dezimetern als auch die Zahl der Holzstäbe von 50 cm Länge an, die in jeder zweiten Schicht nebeneinander aufgereiht sind. So bedeutet die Prüfobjektbezeichnung – 27 A – in Bild 5, dass das Prüfobjekt 27 Dezimeter (= 270 cm) breit ist und hierzu in jeder zweiten Schicht 27 Holzstäbe mit 50 cm Länge nebeneinandergereiht sind. Die Zahl der Holzstäbe in den Zwischenschichten ist bei allen Prüfobjekten konstant und beträgt je Schicht 5 Stück. Die Länge dieser Stäbe verändert sich entsprechend der Breite des Prüfobjektes.

Die DIN EN 3 sieht folgende Prüfobjekte vor: 3 A, 5 A, 8 A, 13 A, 21 A, 27 A, 34 A, 43 A und 55 A.

Prüfobjekte der Brandklasse B bestehen aus einem zylindrischen Behälter aus Stahlblech, in den der Brennstoff (brennbare Flüssigkeit) auf einem Wasserpolster gefüllt wird. Das Verhältnis Wasser zu Brennstoff beträgt 1/3 zu 2/3. Die Abmessungen der Stahlblechbehälter sind so zu wählen, dass sich daraus eine Wasserhöhe von 10 mm und die Höhe des Brennstoffes von 20 mm ergibt.

Das Kurzzeichen für das Prüfobjekt besteht aus einer Zahl und dem Buchstaben B. Die Zahl im Kurzzeichen kennzeichnet die im Behälter enthaltene Brennstoffmenge (brennbare Flüssigkeit plus Wasser) in Liter. Im Beispiel nach Bild 5 wurden somit 233 Liter Brennstoff in die Wanne geschüttet.

Folgende Prüfobjekte sind genormt:
8 B, 13 B, 21 B, 34 B, 55 B, 70 B, 89 B, 113 B, 144 B, 183 B und 233 B.

Die Prüfobjekte der Feuerlöscher sind jeweils im Schriftfeld 1 der Feuerlöscherbeschriftung angegeben (Bild 5).

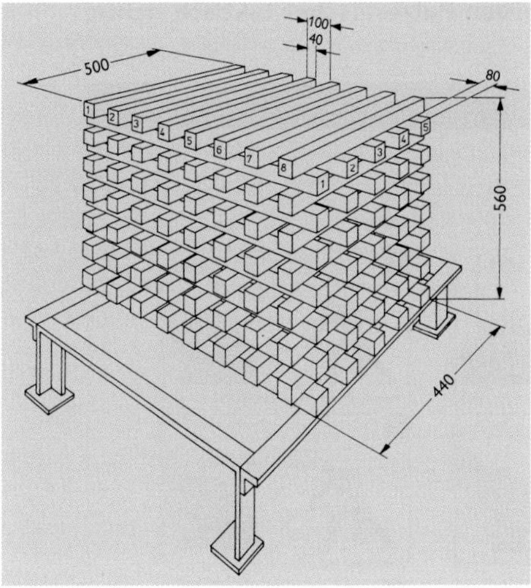

Bild 7: Prüfobjekt der Brandklasse A, hier Prüfobjekt 8 A nach DIN EN 3

23. Was ist bei der Inbetriebnahme von Feuerlöschern zu beachten?

1. Eignung des Löschers aufgrund der Brandklassenbeschriftung überprüfen.
2. Löscher erst in Nähe des Brandherdes in Betrieb setzen.
3. Löscher am Tragegriff festhalten und am Boden stehend schräg nach vorne kippen.
4. Sicherungsstift bzw. Sicherungssteg herausziehen.
5. Bei Löschern mit chemischer Druckerzeugung und Aufladelöschern ggf. Schlagkopf betätigen bzw. Handrad des Treibgasbehälters öffnen.
6. Löscher anheben und Schlauch bzw. Spritzdüse in die noch freie Hand nehmen.
7. An den Brandherd vorgehen und durch Bedienen des Betätigungshebels Löschmittel ausstoßen.

Soweit möglich sollen mehrere Löscher gleichzeitig und nicht nacheinander eingesetzt werden.

24. Wie werden Pulverlöscher taktisch richtig eingesetzt?

Bild 8: Einsatz von Feuerlöschern (Gloria)

25. Bei welchen Bränden wird der Kohlendioxidlöscher bevorzugt eingesetzt?

Bei Objekten, in denen Löschmittelschaden unbedingt vermieden werden muss, z. B. in elektrischen Anlagen, Datenverarbeitungsanlagen (Temperaturschock beachten), in der Lebensmittelindustrie, Labors usw.

Beachte die hohe erforderliche Löschmittelkonzentration, die erst eintreten darf, nachdem alle Personen den Raum verlassen haben.

Vorgehende Einsatztrupps, die mehrere CO_2-Löscher gleichzeitig einsetzen, müssen umluftunabhängiges Atemschutzgerät anlegen.

26. Für welche Brände ist der Kohlendioxidlöscher nicht geeignet?

Glutbrände, Metallbrände, Brände im Freien, da hier die Löschkonzentration von mindestens 30 Vol.-% kaum zu erreichen ist.

27. Bei welchen Bränden kann der Einsatz eines Wasserlöschers eine Gefährdung für den Bediener darstellen?

Bei brennbaren Flüssigkeiten, Metallbränden, Bränden in elektrischen Anlagen, Stoffen, die bei der Berührung mit Wasser brennbare Gase entwickeln.

28. Für welche Metalle eignet sich Metallbrandpulver?

Für Aluminium und Magnesium einschließlich ihrer Legierungen sowie Natrium und Kalium. Die Eignung für andere Metalle ist gesondert nachzuweisen.

29. Welche Brandbekämpfungstechnik ist bei Metallbränden erforderlich?

Das Metallbrandpulver muss drucklos auf das brennende Metall aufgebracht werden. Durch die Brandtemperatur sintert und schmilzt das Pulver und verhindert den Zutritt von Sauerstoff. Das drucklose Aufbringen wird über eine Pulverbrause (Applikator) erreicht.

Bild 9: Aufbringen von Metallbrandpulver, links: falsch, da mit Druck aufgebracht, rechts: richtig, da drucklos (Total)

Kübelspritze

30. Was ist eine Kübelspritze und wozu dient sie?

Die Kübelspritze, ein tragbares Feuerlöschgerät mit einer von Hand betriebenen, doppelt wirkenden Kolbenpumpe, dient zum Löschen von Kleinbränden und wird häufig bei Nachlöscharbeiten eingesetzt.

Das Löschmittel (Wasser) wird mittels eines Schlauches mit Strahlrohr oder Mundstück ausgebracht.

31. Woraus besteht die Kübelspritze?

Die Kübelspritze besteht aus einem zylindrischen Stahlblechbehälter mit festem oder klappbarem Tragbügel, einem Pumpwerk, einem Unterteil mit Einstellöffnung zum Einsetzen des Fußes und einem Schlauch mit Strahlrohr oder Mundstück.

Der Stahlblechbehälter, der gegen Wasser korrosionsbeständig sein muss, hat an der Oberseite einen halbkreisförmigen Deckel, der sich bis zur Begrenzung durch den Tragbügel öffnen lassen soll. Im geschlossenen Zustand ist er durch einen Hebelverschluss gesichert. Im festen Deckelteil ist das Pumpwerk eingesteckt.

32. Welchen Löschwasserinhalt haben Kübelspritzen?

Kübelspritzen werden mit 10 l und mit 15 l Löschwasserinhalt hergestellt. Bei gleichbleibender Gesamthöhe der Kübelspritze von 663 mm und des

Bild 10: Kübelspritze A (ZR)

Löschmittelbehälters von 420 mm ändert sich lediglich der Behälterdurchmesser von 196 mm auf 231 mm. Das Gewicht darf im gefüllten und betriebsfertigen Zustand höchstens 20 kg bei der 10-l-Kübelspritze und 25 kg bei der 15-l-Kübelspritze betragen.

33. Welche Ausführungsformen der Kübelspritze gibt es nach DIN 14 405?

Die DIN 14 405 unterscheidet zwischen der Ausführung A (Bild 10) und der Ausführung B.

Bei der Ausführung A wird als Schlauch ein D-Druckschlauch von 5 m Länge verwendet, an den ein Strahlrohr DK angekuppelt ist. Der D-Druckschlauch ist am Pumpwerk an eine D-Festkupplung angekuppelt. Die Kübelspritze A ist zum Mitführen auf Feuerwehrfahrzeugen bestimmt.

Bei der Ausführung B findet ein handelsüblicher Wasserschlauch von 12,7 mm (1/2 inch) lichter Weite und 1 m Länge mit Mundstück Verwendung. Der Schlauch ist am Pumpwerk mittels Schlauchtülle mit Schelle bzw. Knebelüberwurfmutter befestigt. Die Kübelspritze B ist zur ortsgebundenen Aufstellung in Gebäuden bestimmt.

34. Wie groß muss die Pumpleistung einer Kübelspritze sein?

Mit dem Pumpwerk müssen 10 l Wasser in 55 Sekunden verspritzt werden können. Hierbei muss bei waagrechtem Austritt des Löschstrahles in 1 m Höhe eine Wurfweite von 7 bis 10 m erreicht werden.

35. Woraus besteht das Pumpwerk?

a) aus einem zylindrischen Mantelrohr mit Saugventil und dem Anschluss für den Schlauch,
b) aus einem hohlen Kolbenrohr mit Druckventil und dem Handgriff.

36. Wie arbeitet das Pumpwerk?

Beim Hochziehen des Kolbenrohres entsteht im Mantelrohr ein Unterdruck. Das Saugventil (Kugel) öffnet sich und Wasser fließt in das Mantelrohr (Bild 11 – Phase 1).

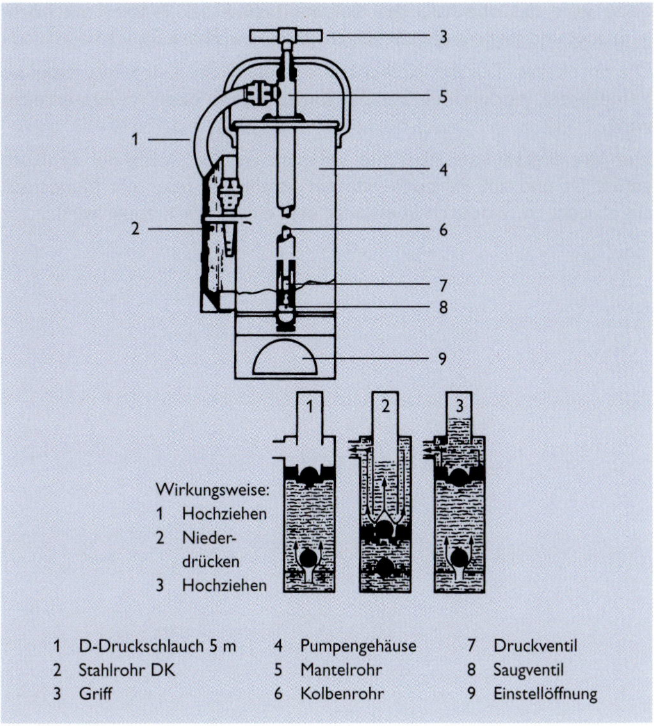

Bild 11: Arbeitsweise der Kübelspritze

Beim Niederdrücken des Kolbenrohres schließt sich das Saugventil, das zusammengepresste Wasser strömt durch das sich öffnende Druckventil in das Kolbenrohr und durch schlitzförmige Öffnungen in das Mantelrohr bzw. in den Schlauch (Bild 11 – Phase 2).

Beim abermaligen Hochziehen schließt sich das Druckventil. Das Saugventil öffnet sich wieder und Wasser fließt in das Mantelrohr. Gleichzeitig wird das oberhalb des Kolbens befindliche Wasser mit hochgedrückt und fließt in den Schlauch (Bild 11 – Phase 3).

Die im oberen Teil des Kolbenrohres befindliche Luft wirkt dabei als Windkessel, wodurch ein gleichmäßiges Fließen des Wassers erreicht wird.

Der Windkessel kann aber nur wirksam werden, wenn der Schlauch gefüllt ist und am Schlauchende ein Strahlrohr oder ein Mundstück angebracht ist, wodurch überhaupt erst ein Druck erzeugt wird.

M

Beleuchtungs- und Warngeräte

1. Welche Arten von Beleuchtungsgeräten werden bei der Feuerwehr eingesetzt?

- Handscheinwerfer
- Arbeitsstellenscheinwerfer
- Flutlichtstrahler auf Stativ oder Lichtmast
- Umfeldbeleuchtung von Fahrzeugen.

2. Welche Arten von Handscheinwerfern werden bei der Feuerwehr verwendet?

- Explosionsgeschützte Handscheinwerfer
- Nicht explosionsgeschützte Handscheinwerfer
- Hand-Kopfscheinwerfer
- Handlampen

Hand-Kopfscheinwerfer werden nur sehr selten verwendet, es wird daher hier nicht näher darauf eingegangen.

Bei der Verwendung von Stablampen ist auf eine entsprechend hochwertige Ausführung zu achten. Sie sind nicht genormt und in vielen Fällen nicht explosionsgeschützt.

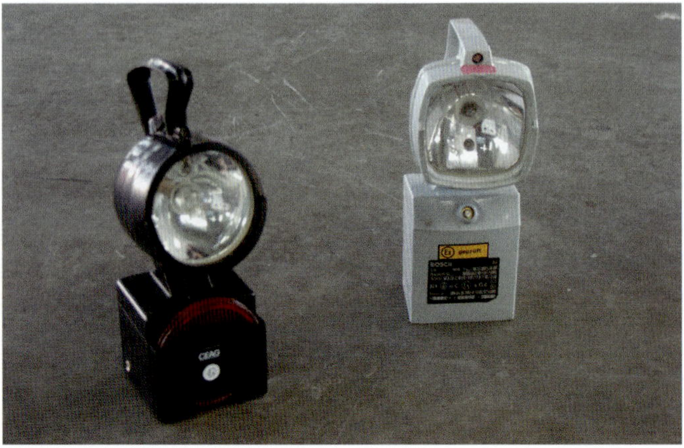

Bild 1: Handscheinwerfer (CEAG, BOSCH)

3. Wie können Handscheinwerfer verwendet werden?

- Als Handleuchte
- Als Standleuchte zur Arbeitsstellenbeleuchtung.

4. Wo werden Arbeitsstellenscheinwerfer mitgeführt?

Sehr viele Feuerwehrfahrzeuge sind mit Arbeitsstellenscheinwerfern ausgerüstet. Sie werden entweder auf Aufsteckzapfen oder in einem der Geräteräume mitgeführt.

Bei neuen Fahrzeugen sind keine Arbeitsstellenscheinwerfer vorgesehen.

5. Mit welcher Spannung werden Arbeitsstellenscheinwerfer betrieben und wie groß ist ihre Leistung?

- 12 oder 24 Volt
- 55 bis 100 Watt, meist Halogenlampen.

Bild 2: Arbeitsstellenscheinwerfer

6. Wie werden Arbeitsstellenscheinwerfer betrieben?

Arbeitsstellenscheinwerfer werden üblicherweise über eine zweipolige Steckvorrichtung am Fahrzeug betrieben. Entweder auf dem Fahrzeug mit Aufsteckzapfen oder auf einem Stativ.

7. Wie sieht der Lichtstrahl eines Arbeitsstellenscheinwerfers aus?

Arbeitsstellenscheinwerfer erzeugen einen spitzwinkligen Lichtstrahl, der in erster Linie ein punktuelles Ausleuchten erlaubt.

8. Welche Scheinwerfer werden zum Ausleuchten von Einsatzstellen verwendet?

- Flutlichtstrahler auf Stativ
- Lichtmaste
- neue Entwicklungen wie Leuchtballons werden bisher nur in wenigen Einzelfällen eingesetzt.

——— 9. Mit welcher Spannung werden Flutlichtstrahler betrieben und wie groß ist ihre Leistung?

- 230 Volt
- 1000 bis 2000 Watt, Halogenlampen.
- andere Leuchtmittel wie Gasentladungslampen und LEDs. Diese entsprechen 1000- und 2000-W-Strahler.

——— 10. Wie werden Flutlichtstrahler betrieben?

Flutlichtstrahler werden mit der Kabeltrommel meist von dem tragbaren Stromerzeuger oder dem Generator eines RW betrieben.

——— 11. Wie sieht der Lichtstrahl eines Flutlichtstrahlers aus?

Flutlichtstrahler erzeugen einen breitwinkligen Lichtstrahl, der ein flächiges Ausleuchten erlaubt. Mit zwei Scheinwerfern auf einem Stativ oder mit einem Lichtmast ist es möglich, auch größere Flächen auszuleuchten.

——— 12. Was ist bei der Verwendung des Stativs zu beachten?

Bei voll ausgefahrenem Stativ ist die Kippgefahr zu beachten und eventuell das Stativ zu verspannen. Vor allem bei Wind.

——— 13. Welche Warngeräte werden zum Absichern der Einsatzstelle verwendet?

- Warndreieck
- Winkerkelle
- Warnflagge
- Verkehrsleitkegel
- Warnschilder (z. B. Explosionsgefahr, giftige Stoffe, radioaktive Stoffe)
- Blinkleuchten
- Blitzleuchten mit doppelseitigem Lichtaustritt
- Dreifach-Blitzleuchten
- Warnkleidung (Warnweste oder entsprechend ausgestaltete Einsatzjacke)
- Blaue Rundumkennleuchten

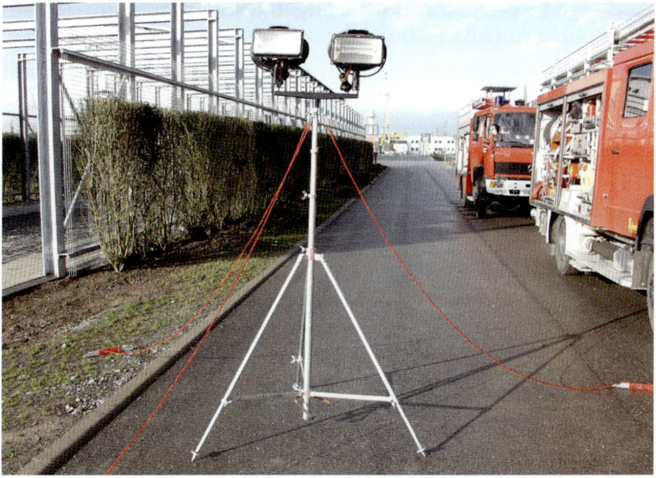

Bild 3: Flutlichtstrahler auf Stativ

Bild 4: Geräte zum Absichern der Einsatzstelle

14. Welche Anforderungen müssen Rundumkennleuchten (RKL) erfüllen?

Sie müssen von allen Seiten (360 °) sowie von oben wahrgenommen werden.

15. Sind andere blaue Kennleuchten zulässig?

Blaue Blitzleuchten sind als sogenannte „Straßenräumer" mit Lichtaustritt nach vorne zulässig.

16. Was ist als Warnkleidung zulässig

Zulässig sind Warnwesten oder Einsatzjacken nach Europa Norm EN 471

Bild 5: Warnkleidung

N

Fernmeldemittel der Feuerwehr

1. Welche Bedeutung haben Fernmeldemittel für die Feuerwehr?

Der Gebrauch von Fernmeldemitteln macht den Einsatz der Feuerwehr erst möglich. Mit Fernmeldemitteln wird die Feuerwehr alarmiert und informiert. Fernmeldemittel erlauben das zielgerichtete Zusammenarbeiten auf der Einsatzstelle und geben die Möglichkeit der schnellen Nachforderung von zusätzlichen Einsatzkräften und zusätzlicher Ausrüstung. Brandmeldeanlagen in Gebäuden besonderer Art und Nutzung ermöglichen durch ihre direkte Verbindung mit der Feuerwehrleitstelle den schnellen Einsatz der Feuerwehr.

2. Welche Fernmeldemittel werden für die unterschiedlichen Einsatzzwecke eingesetzt?

Es gibt Fernmeldemittel

- für die Alarmierung: öffentliches Telefonnetz, Leitstelle, Alarmierungsgeräte (für 5-Tonfolge-Alarmierung im 4-m-Bereich oder digitale Alarmierung im 2-m-Bereich mit den entsprechenden Alarmgebern, Alarmumsetzern und Meldeempfängern)

- für den Einsatz: Sprechfunkgeräte für Fahrzeuge und als tragbare Geräte (4-m- + 2-m-Bereiche oder künftig als Digitalfunkgeräte)
- für die Überwachung: Brandmeldeanlagen, öffentliche und private.

3. Wie wird die Feuerwehr alarmiert?

In der Bundesrepublik ist für die Feuerwehr und den Rettungsdienst der Kurzruf 112 eingerichtet. Beim Wählen der Telefonnummer erreicht man immer eine ständig besetzte Stelle (Leitstelle), die das Hilfeersuchen aufnimmt und die zuständige Feuerwehr oder den Rettungsdienst über Funk oder Telefon alarmiert. Die Leitstelle übermittelt die für den Einsatz notwendigen Informationen und steht für weitere Unterstützungsmaßnahmen während des Einsatzes zur Verfügung.

Nach einer Festlegung der EU-Kommission wird die Kurzrufnummer 112 derzeit europaweit als Rufnummer für Hilfeanforderungen aller Art eingerichtet.

4. Welche Funkgeräte werden im Einsatz gebraucht?

Es gibt Sprechfunkgeräte als Feststationen, in Fahrzeugen und als tragbare Geräte. Für Feststationen und in Fahrzeugen werden Geräte im 4-m-Bereich – FuG 8 b und FuG 8 b-1 – eingesetzt. Als tragbare Geräte werden Geräte im 2-m-Bereich – FuG 10 oder FuG 11 b – eingesetzt. Geräte im 2-m-Bereich, die als Feststationen oder in Einsatzleitwagen (ELW) eingesetzt werden, heißen FuG 9 b.

5. Was versteht man unter dem Begriff Notrufsystem?

Der Begriff Notrufsystem beschreibt die technischen und organisatorischen Voraussetzungen, wie über das öffentliche Telefonnetz Notrufe abgesetzt werden können. In Deutschland gibt es die Rufnummer 110, über die die Polizei und die Rufnummer 112 über den die Feuerwehr und der Rettungsdienst erreicht werden können. Durch besondere Leistungsmerkmale (z. B. bundeseinheitliche Nummer, keine Vorwahl, Möglichkeiten der Anrufrückverfolgung, Sonderentstörung) wird eine erhöhte Sicherheit der Notrufanschlüsse erreicht, die den taktischen Bedürfnissen der Polizei und der Feuerwehr gerecht wird.

6. Was veranlasst die Leitstelle nach der Abfrage eines Notrufes?

Die Leitstelle alarmiert die zuständige Feuerwehr und/oder den Rettungsdienst mittels stiller oder lauter Alarmierung, Telefon oder Warndurchsage. Sie übermittelt darüber hinaus erste aus der Notrufabfrage gewonnene Informationen für den Einsatz an die Einsatzkräfte.

7. Was bedeutet stille oder laute Alarmierung?

Unter stiller Alarmierung versteht man die flächendeckende Alarmierung von Feuerwehrangehörigen durch Meldeempfänger. Diese werden von den Feuerwehrleuten mitgeführt und ermöglichen deren Alarmierung an jedem Ort im Ausleuchtungsgebiet. Bei den derzeit üblichen Geräten wird durch optische und akustische Anzeige oder auch durch Vibration der Alarmierungsruf dem Träger angezeigt. Bei lauter Alarmierung werden Sirenen durch Funk eingeschaltet und so die Feuerwehrangehörigen in das Feuerwehrhaus gerufen, um von dort aus zum Einsatz zu fahren.

8. Welche Geräte werden für die stille Alarmierung benötigt?

Für diese Art der Alarmierung braucht man bei der 5-Tonfolge-Alarmierung eine Feststation, einen Alarmgeber und Meldeempfänger. Durch den Alarmgeber wird eine Fünftonfolge erzeugt und über die Feststation ausgesendet und damit die entsprechend kodierten Meldeempfänger eingeschaltet. Bei der digitalen Alarmierung besteht ein eigenständiges Netz aus mehreren digitalen Alarmumsetzern, die durch digitale Alarmgeber ausgelöst werden. Sie tauschen dann die ausgelösten Alarmadressen untereinander aus und geben sie dadurch von Standort zu Standort weiter. Bei Alarmierung macht sich der Meldeempfänger optisch und akustisch bemerkbar. Der Feuerwehrangehörige begibt sich in das Feuerwehrhaus, wo weitere Informationen zur Verfügung stehen, um den Einsatz zu beginnen.

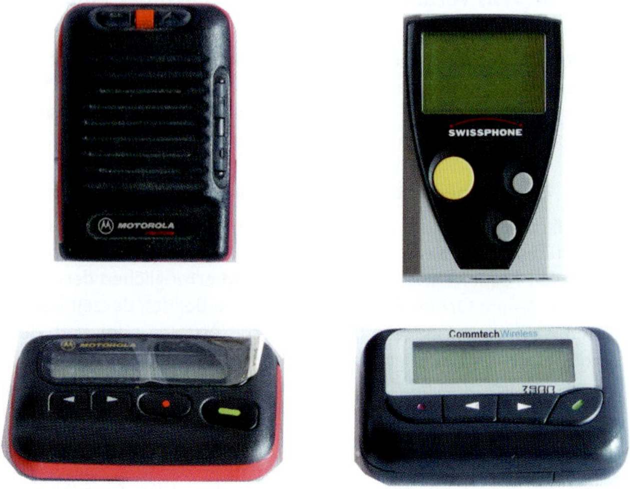

Bild 1: Tragbare Meldeempfänger, 2-m (digitale Alarmierung) (Motorola, Swissphone, Commtech)

9. Welche technischen Anforderungen werden an Funkgeräte der Feuerwehr gestellt?

Funkgeräte der Feuerwehr müssen auch unter extremen Einsatzbedingungen funktionstüchtig sein. Daher wurden für analoge Funkgeräte Technische Richtlinien für Behörden und Organisationen mit Sicherheitsaufgaben (TR BOS) geschaffen, die alle technischen Merkmale festlegen. Nur Geräte, die diese Anforderungen erfüllen, dürfen bei der Feuerwehr verwendet werden. Die Prüfung, ob die Geräte der TR BOS entsprechen, wird für alle Bundesländer durch die Prüfstelle an der Landesfeuerwehrschule Baden-Württemberg durchgeführt. Bei digitalen Funkgeräten muss durch eine Zertifizierung festgestellt werden, dass die Geräte fehlerfrei und ohne Störungen im Netz oder bei anderen Geräten zu verursachen arbeiten.

10. Welche Richtlinie regelt die Errichtung von Funkstellen der Feuerwehr?

Die Einrichtung und das Betreiben von analogen Funkstellen für alle BOS – dazu gehören neben der Feuerwehr auch Polizei, Rettungsdienst sowie der Katastrophenschutz – wird durch die vom Bundesinnenministerium des Innern herausgegebene Funkrichtlinie und die „Arbeitsanweisung für Frequenzzuteilung zur Nutzung für das Betreiben von Funkanlagen der Behörden und Organisationen mit Sicherheitsaufgaben" geregelt. Sie ist aufgrund der gesetzlichen Zuständigkeiten von der Regulierungsbehörde für Telekommunikation und Post (RegTP, jetzt Bundesnetzagentur (BNetzA)) erlassen worden. Im Digitalfunk wird das Betreiben von Funkgeräten durch die Bundesanstalt für den Digitalfunk der BOS (BDBOS) geregelt.

11. Nach welcher Vorschrift ist der Sprechfunkdienst abzuwickeln?

Die Dienstvorschrift PDV/DV 810 „Funkmeldebetriebsdienst" ist die Grundlage für den Sprechfunkdienst aller am BOS Funkbetrieb teilnehmenden Stellen. Sie ist von den Innenministern in den Bundesländern eingeführt (in manchen Bundesländern als FwDV 810) und daher verbindlich.

12. Was ist bei der Abwicklung des Sprechfunkverkehrs zu beachten?

Die Belegung des Übertragungswegs soll so kurz wie möglich sein. Daher wird der Informationsaustausch nach einem festgelegten Schema durchgeführt. Die Information soll kurz und genau und für den Adressaten verständlich sein. Die Regelungen der Dienstvorschrift sind zu beachten.

13. In welche Bereiche gliedert sich der Funkverkehr der Feuerwehren im Analogfunk?

Der analoge Funkverkehr wird in den 4-m- und den 2-m-Bereich aufgeteilt. Der Funkbetrieb im 4-m-Bereich wird zur Anbindung von Fahrzeugen und der Leitstelle bzw. den Feuerwehrhäusern und für die 5-Tonfolge-Alarmierung eingesetzt. Der Funkverkehr im 2-m-Bereich dient als Einsatzstellenfunk.

14. In welche Bereiche gliedert sich der Funkverkehr der Feuerwehren im Digitalfunk?

Im Digitalfunk gibt es für alle BOS und jede Anwendung nur ein Netz, d.h. es gibt keine technische Unterscheidung der taktischen Anwendungsbereiche des Funks.

15. Welche Funkgeräte werden im 4-m-Bereich eingesetzt?

Als Funkgeräte im 4-m-Bereich werden FuG 8b-1 (vereinzelt noch FuG 7 b) eingesetzt, und zwar als Feststation und als Fahrzeuggeräte. FuG 7 b sollten wegen ihrer inzwischen erreichten technischen Unsicherheit für den tagtäglichen Einsatz nicht mehr benutzt werden. Außerdem können diese Geräte nicht alle im 4-m-Bereich verfügbaren Kanäle schalten (nicht unter Kanal 400).

16. Welche Leistungsdaten haben Funkgeräte im 4-m-Bereich?

Die genannten Funkgeräte sind Vielkanalgeräte (bis zu 164 Kanäle schaltbar) mit einer Sendeleistung von 10 Watt.

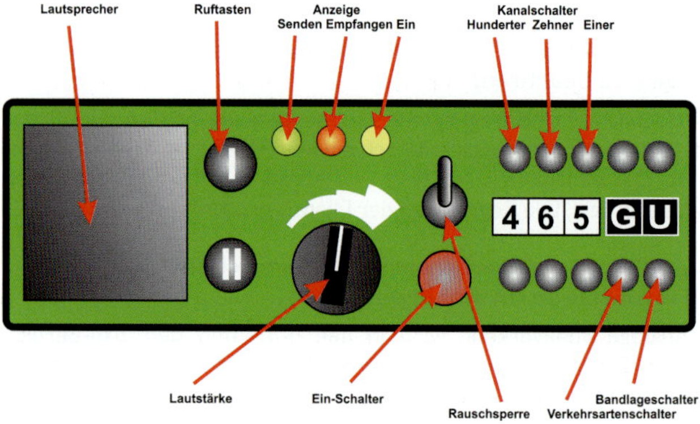

Bild 2: Bedieneinrichtungen des Sprechfunkgeräts FuG 8 b-1

Bild 3: Verschiedene Handsprechfunkgeräte FuG 10, FuG 10 a und FuG 11 b (analog)

17. Welche Geräte werden für den Einsatzstellenfunk eingesetzt?

Im Einsatzstellenfunk werden tragbare Geräte, sog. Handsprechfunkgeräte eingesetzt. Sie arbeiten im Analogfunk im 2-m-Bereich. Man unterscheidet Wenigkanal- und Vielkanalgeräte. Das Handsprechfunkgerät FuG 10 verfügt über 10 schaltbare Kanäle, während das FuG 10 a ein Vielkanalgerät ist. Die Handsprechfunkgeräte dürfen eine Sendeleistung von einem Watt haben. Das FuG 11 b ist ein Vielkanalhandsprechfunkgerät neuer Technologie. Auch für den Digitalfunk gibt es Handsprechfunkgeräte.

18. Wie können Handsprechfunkgeräte des 4-m- und des 2-m-Bereiches äußerlich unterschieden werden?

An der Antennenlänge und dem Kanalwahlschalter. Die Länge der Antenne muss auf die Wellenlänge abgestimmt sein, daher ist die Antennenlänge im 2-m-Bereich kürzer als im 4-m-Bereich. Auf dem Kanalwahlschalter kann man die Zugehörigkeit zum Wellenbereich erkennen. Im 2-m-Bereich ist die Anzeige zweistellig und im 4-m-Bereich dreistellig.

19. Aus welchen Bestandteilen besteht eine Funkanlage?

Aus Funkgerät (Sende-Empfangsgerät und Bedienteil), Besprechungseinrichtung, Antennenanlage und Stromversorgung.

20. Wozu werden Relaisfunkstellen im Funkverkehr benötigt?

Relaisfunkstellen werden im Analogfunk zur Erhöhung der Reichweite in einem Funkverkehrskreis, zur Verbesserung der Ausleuchtung in einem topographisch schwierigen Gelände und zur Verbindung von Funkverkehrskreisen mit gleichem oder unterschiedlichem Kanal benötigt.

21. Welche Geräte braucht man für die Funkalarmierung?

Eine Funkanlage mit Alarmgeber und Meldeempfänger bei den Feuerwehrangehörigen. Um die flächendeckende Alarmierung zu ermöglichen, müssen in der Regel Relaisfunkstellen zur Reichweitenvergrößerung und Verbesserung der Funkausleuchtung eingesetzt werden. Bei der digitalen Alarmierung im 2-m-Bereich sind Alarmgeber (ausschließlich in der Leitstelle), mehrere Alarmumsetzer zur Verbesserung der Funkausleuchtung und die benötigte Anzahl von Meldeempfängern erforderlich.

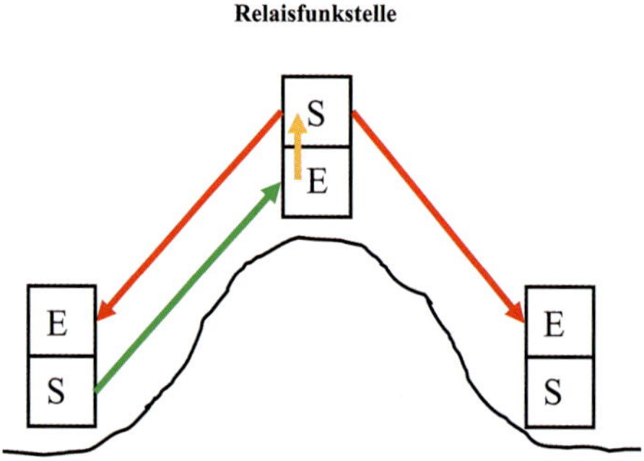

Bild 4: Relaisfunkstelle

22. Was ist ein Alarmgeber?

Alarmgeber sind Zusatzgeräte für eine Funkanlage, die es erlauben, kodierte Signale entweder als Fünftonfolge oder als digitales Datentelegramm (Digitale Alarmierung) auszusenden. Die empfangene Fünftonfolge oder das digitale Datentelegramm schaltet den betriebsbereiten Meldeempfänger ein, wodurch der Feuerwehrangehörige alarmiert wird.

23. Was ist ein Alarmumsetzer?

Alarmumsetzer werden benötigt, um die Erreichbarkeit von Meldeempfängern innerhalb eines Funkverkehrskreises zu verbessern. Dazu nehmen die Alarmumsetzer die von der alarmierenden Stelle ausgesendete Fünftonfolge oder das digitale Datentelegramm auf und senden diese über die angeschlossene oder integrierte Funkanlage erneut aus. Dadurch wird die Funkausleuchtung (höhere Feldstärke) für die Alarmierung verbessert, womit eine größere Wahrscheinlichkeit für das Ansprechen eines Meldeempfängers besteht.

24. Welche Feuerwehrdienstvorschrift regelt die Durchführung des Funkverkehrs der BOS?

Zur Durchführung des Funkverkehrs ist die einheitliche Vorschrift DV/FwDV 810 für die gesamte BOS geschaffen worden. DV steht für die polizeiliche Vorschrift und den Rettungsdienst, während FwDV für die Feuerwehr gilt. Die Festlegung ist inhaltlich für alle BOS verbindlich.

25. Aus welchen Komponenten besteht das Digitalfunknetz?

Das Digitalfunknetz besteht aus Basisstationen (bundesweit mehrere Tausend), die an Vermittlungsstellen angebunden sind. Die Vermittlungsstellen sind ihrerseits wieder durch Transitvermittlungsstellen verbunden. Das Netz wird durch das Netzmanagementcenter (NMC) überwacht und gesteuert.

26. Was versteht man unter einer Brandmeldeanlage?

Eine Brandmeldeanlage meldet Brände an die Feuerwehr. Es gibt automatische Brandmeldeanlagen, die Objekte überwachen und im Falle eines Brandes automatisch eine Meldung an die Leitstelle übermitteln. Dadurch kann ein Brand schon in der Entstehungsphase erkannt und frühzeitig bekämpft werden. Öffentliche Brandmeldeanlagen sind Einrichtungen an belebten Plätzen, die dem Bürger auf einfachem Wege ermöglichen, die Feuerwehr zu alarmieren. Sie haben aber wegen der Dichte des Telefonnetzes und der Verbreitung von Mobiltelefonen an Bedeutung verloren.

27. Welche Aufgabe erfüllen private Brandmeldeanlagen?

Solche Anlagen werden bei der Baugenehmigung gefordert, um eine Überwachungsfunktion auszuüben. Damit soll erreicht werden, dass die wegen der besonderen Art und Nutzung des Gebäudes von vornherein schwierige Brandbekämpfung früher aufgenommen werden kann, um im Falle eines Schadensfeuers bereits den Entstehungsbrand bekämpfen zu können. Private Brandmeldeanlagen findet man besonders in Objekten, die ein besonderes Risiko beinhalten, z. B. Kaufhäuser, Versammlungsstätten, Industrieanlagen.

28. Wie können Objektbetreiber Fehlalarmierungen durch Brandmeldeanlagen vermeiden?

Fehlalarmierungen von Brandmeldeanlagen können durch gewissenhafte Wartung und organisatorische Maßnahmen vermieden werden.

29. Welche technischen Anforderungen müssen private Brandmeldeanlagen erfüllen?

Sie sollen Entstehungsbrände der Feuerwehr melden und dabei vom öffentlichen Fernmeldenetz unabhängig arbeiten. Daher sind sie mit besonders überwachten Verbindungen an die Endeinrichtung bei der Feuerwehr angeschlossen. Alarme werden entweder durch manuelle (Handfeuermelder) oder durch automatische Melder ausgelöst.

30. Welche automatischen Brandmelder gibt es?

Nach Norm EN 54 Teil 1 werden folgende Bauarten automatischer Brandmelder unterschieden: Wärmemelder, Flammenmelder, Rauchmelder und Gasmelder.

31. Mit welchen physikalischen Wirkungsmechanismen werden bei automatischen Brandmeldern die Alarme ausgelöst?

Es werden Sensoren eingesetzt, die auf Temperatur, auf Rauch und auf Flammen reagieren. Bei Meldern, die auf Wärme ansprechen, unterscheidet man zwischen Wärme-Maximal- und Wärmedifferenzialmeldern. Bei Meldern, die auf Rauch reagieren, unterscheidet man optische und Ionisationsrauchmelder. Bei Meldern, die auf Flammen reagieren, unterscheidet man Infrarot- und Ultraviolett-Flammenmelder. Die Melder werden in der Regel von einem Strom durchflossen. Kommt es zur Auslösung, so wird eine Stromänderung bewirkt, die als Meldung verstärkt und in einer Brandmeldezentrale ausgewertet und zur Anzeige gebracht wird. Bei modernen Meldern erfolgt die Meldung durch digitale Telegramme, über die auch die Adressierung erfolgt. So kann die Brandmeldeanlage besser den Strukturen des Objekts und des Betriebes angepasst werden und auch Störungen besser angezeigt und erkannt werden.

32. Wozu dient das Feuerwehr-Bedienfeld und das Feuerwehr-Anzeigetableau einer Brandmeldeanlage

Das Feuerwehr-Bedienfeld und das Feuerwehr-Anzeigetableau ermöglicht es der Feuerwehr, unabhängig vom Hersteller der Brandmeldeanlage jeweils die wichtigsten Bedienvorgänge und Anzeigen zu erkennen bzw. Schaltvorgänge durchzuführen, weil beide entsprechend einer genormten Vorgabe immer gleich aufgebaut sind. Oft ist beides zusammen mit den Laufkarten in einer Feuerwehrinformationszentrale untergebracht.

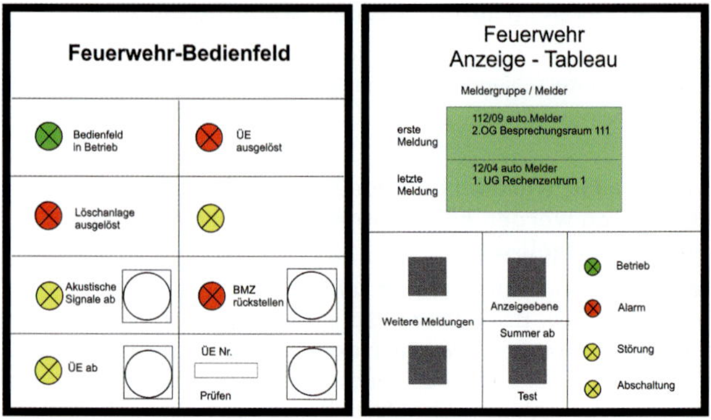

Bild 5: Feuerwehr-Bedienfeld und Feuerwehr-Anzeigetableau

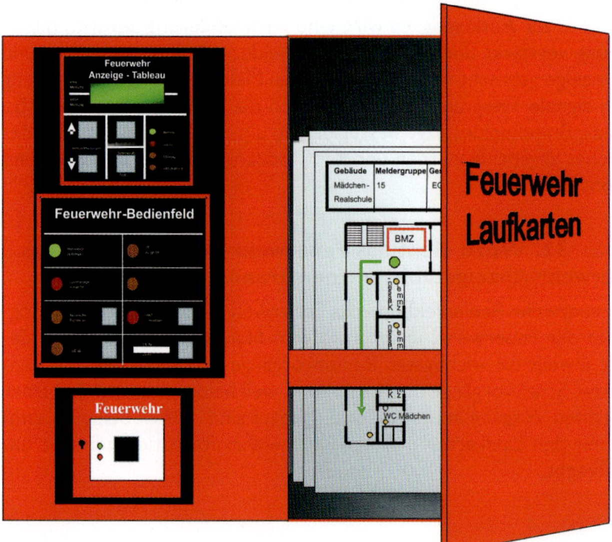

Bild 6: Feuerwehr-Informationszentrale

33. Welche Voraussetzung muss gegeben sein, damit das Feuerwehr-Schlüsseldepot (FSD) verriegelt?

Das Feuerwehr-Schlüsseldepot verriegelt nur, wenn die Brandmeldeanlage zurückgesetzt ist und der Objektschlüssel im FSD verwahrt ist.

34. Welche Aufgaben hat eine Leitstelle der Feuerwehr?

Die Leitstelle soll zunächst die Alarmierung der angeschlossenen Feuerwehren durchführen, weil sie ständig über den Feuerwehrruf erreichbar ist und eine 24-Stunden-Abfrage sicherstellt. Da die Alarmierung über Funk keine direkte Rückmeldung beinhaltet, muss eine Alarmierung von der betroffenen Feuerwehr möglichst rasch bestätigt werden. Die Leitstellen sollen die Einsatzleitung vor Ort beraten und unterstützen. Daher sind sie darauf angewiesen, dass die Einsatzleitung über Lagemeldungen die Leitstelle über das Geschehen an der Einsatzstelle informiert. Die Leitstellen alarmieren nach einer festgelegten Alarm- und Ausrückeordnung.

35. Was versteht man unter digitaler Alarmierung?

Nachdem die flächendeckende Alarmierung der Feuerwehren im 4-m-Bereich eingeführt wurde, hat sich gezeigt, dass gerade zu Beginn eines Einsatzes die Bedürfnisse der alarmierten Feuerwehr nach Information und die Alarmierung weiterer Kräfte in einem Interessenskonflikt standen. Darum entstand die Forderung, Alarmierung und Informationsfunk zu trennen. Das digitale Alarmierungssystem ist eine Weiterentwicklung des Systems der Alarmierung mittels Funksignalen. Während das bisher verwendete System einen relativ großen Zeitaufwand für die Alarmierung benötigte und leicht störbar war, arbeitet das digitale Meldesystem mit digitalisierten Kurztelegrammen. Daher ist auch keine Durchsage mehr notwendig, sondern mit diesen digitalen Kurztelegrammen können auch Informationen übertragen und beim Meldeempfänger als Schrift oder Codes angezeigt werden.

Da Datentelegramme eine erheblich höhere Anforderung an die Übermittlungsgenauigkeit stellen, muss für das digitale Alarmierungssystem eine wesentlich aufwendigere Funkinfrastruktur bereitgestellt werden,

Bild 7: Leitstellenbedientisch

die auch getrennt vom bisherigen überörtlichen Funk betrieben werden muss. Daher arbeitet das digitale System im 2-m-Bereich auf besonderen, festgelegten Kanälen. Das digitale System ermöglicht eine Funktionskontrolle des Alarmweges. Das neue System ist erst möglich geworden durch die Weiterentwicklung der Fernmeldetechnik. Das digitale Alarmierungssystem fordert aber für den Betrieb ein eigenes BOS_Funknetz, weil nur dadurch alle Anforderungen an Sicherheit und Verfügbarkeit gewährleistet werden können.

36. Warum soll die Eintreffmeldung immer erst dann abgegeben werden, wenn das Einsatzfahrzeug seinen endgültigen Standort erreicht hat?

Es ist dadurch sichergestellt, dass eine Funkverbindung zur Leitstelle besteht und das Fahrzeug nicht im Funkschatten steht.

37. Wie erkennt man im Analogfunk, dass man sich im Empfangsbereich einer Relaisfunkstelle befindet?

Man kann das nur erkennen, wenn man ein Funkgerät mit Antennenweiche (FuG 7 b, 8 b, 8 b-1) benutzt.

FuG 7 b: Man hört sich selbst im Handapparat sprechen.
FuG 8 b, 8 b-1: Man hört sich selbst im Handapparat sprechen und die rote Empfangslampe leuchtet.

38. Wie erkennt man im Digitalfunk, dass man sich im Empfangsbereich einer Basisstation befindet?

Man erkennt das an der Balkenanzeige auf dem Display.

39. Kann man auch Funkgespräche führen, wenn man im Empfangsbereich einer Basisstation ist?

Man kann nur Funkgespräche führen, wenn die eingestellte Gruppe auch in diesem Bereich erlaubt ist (Roaming).

40. Was versteht man unter „Kripo-Schaltung“?

Analoge Handsprechfunkgeräte verfügen oftmals am Lautstärkeregler über eine Schalterstellung, bei der der Lautsprecher abgeschaltet ist und dadurch auch nur Senden möglich ist.

Diese Schalterstellung kann leicht mit der Schalterstellung „Aus“ verwechselt werden.

41. Was ist bei der Nutzung von Meldeempfängern zu beachten?

Sie müssen immer am Körper getragen werden, da sie so konzipiert sind, dass der Körper den Empfang der Signale durch Antennenwirkung unterstützt. Ist das nicht möglich, sollten sie für eine sichere Alarmierung in einer Ladehalterung mit Antenne betrieben werden.

Bild 8: Verschiedene Handsprechfunkgeräte (digital; Motorola; Sepura, EADS)

Bild 9: Digitalfunkgeräte im Fahrzeug (EADS, Sepura, Motorola)

42. Was versteht man unter BOS?

BOS ist die Kurzbeschreibung für Behörden und Organisationen mit Sicherheitsaufgaben. Dazu gehören die Polizeien der Länder und des Bundes, die Hilfsorganisationen im Rettungsdienst, die Feuerwehren und selbständige Einheiten des Katastrophenschutzes, z. B. THW.

43. Welche Voraussetzungen müssen erfüllt sein, damit die Angehörigen der in Frage 42 genannten Organisationen am Sprechfunkverkehr der BOS teilnehmen dürfen?

- Erfolgreich abgeschlossene Sprechfunkausbildungen
- Verfügbarkeit von Geräten, die nach der TR BOS zugelassen sind (analog) oder zertifiziert sind
- Genehmigung des Funkbetriebes durch das/den zuständige/n Innenministerium/Innensenator oder von diesen beauftragte Stelle.

44. Warum ist es wichtig, dass Funkgespräche so kurz als möglich abgewickelt werden?

In jedem (Sprech)Funkverkehrskreis (analog und digital) steht zur gleichen Zeit nur ein Übertragungsweg für alle Teilnehmer auf diesem Kanal (Analogfunk) oder dieser Gruppe (Digitalfunk) zur Verfügung.

45. Welche Information kann man den Meldegruppenplänen einer Brandmeldeanlage entnehmen?

- Zugang/Zugänge zum überwachten Bereich
- Standort der einzelnen Melder
- besondere Gefahrenschwerpunkte.

46. Welche Aufgabe hat ein Feuerwehrschlüsseldepot?

Sichere Verwahrung aller für die Feuerwehr notwendigen Schlüssel eines Objektes. Dadurch soll erreicht werden, dass nur die zuständige Feuerwehr mit Hilfe dieses Depots Zugang zum Objekt hat und zunächst ohne Abhängigkeiten von Dritten den Einsatz durchführen kann.

47. Welche Arten von Fehlalarmen unterscheidet man?

Böswilliger Alarm: Jemand hat bewusst einen Alarm ausgelöst, obwohl kein Schadensereignis vorliegt.

Durch Störungen verursachte Alarme: wird durch einen technischen „Defekt“ einer Brandmeldeanlage ohne Mitwirkung einer Person ausgelöst.

Täuschungsalarm: Die Sensoren einer Brandmeldeanlage werden z. B. durch Autoabgase oder Schweißdämpfe getäuscht und lösen aus. Die Brandmeldeanlage hat an sich bestimmungsgemäß reagiert.

48. Wer hat die Betriebsaufsicht über einen Funkkanal und was ergibt sich daraus?

Die Betriebsaufsicht hat die zuständige Leitstelle. Sie ist für einen störungsfreien Funkverkehr verantwortlich. Sie muss Störungen untersuchen und unterbinden. Den Anordnungen der Leitstelle zur Sicherung des störungsfreien Funkbetriebs ist Folge zu leisten.

49. Welche Nachrichten dürfen auf Funkkanälen der BOS übermittelt werden?

Es sind nur dienstliche Nachrichten zugelassen.

50. Wie können in einem fremden Funkverkehrskreis des 4-m-Bereichs Notrufmeldungen abgesetzt werden?

Der Kanal 444 ist der sog. Notrufkanal.

51. Was müssen Sie beim Wechsel des Handapparates an Ihrem Funkgerät beachten?

Das Funkgerät muss ausgeschaltet sein.

52. Was beinhaltet der Begriff Funk-Melde-System (FMS)?

Das Funkmeldesystem erlaubt, Routinemeldungen, die aber für die Einsatzabwicklung von Bedeutung sind, in Form von standardisierten Datentelegrammen zur Leitstelle, aber auch von dort zum Einsatzfahrzeug, zu übermitteln.

Beispiel: „Auf der Einsatzstelle eingetroffen“, „Einsatzbereit im Feuerwehrhaus“, … Auch im Digitalfunk wird es FMS geben.

Bild 10: Sprechfunkgerät FuG 8 b-1 mit integriertem FMS-Bedienteil

Bild 11: FMS Handapparat im Fahrzeug eingebaut

53. Welche standardisierten Datentelegramme sind für die Feuerwehr vorgesehen?

Es gibt 10 festgelegte Statusmeldungen. Sie ergeben sich aus der folgenden Übersicht „Statusfestlegungen“:

Meldetaste	Festlegung Feuerwehr und Sanitätsorganisationen
Ø	Notruf
1	Einsatzbereit über Funk
2	Einsatzbereit auf Wache
3	Einsatzauftrag übernommen/auf dem Weg zum Einsatzort
4	am Einsatzort eingetroffen/eingeschränkte Verfügbarkeit; auch in sonstigen Fällen (z. B. eigener Einsatz)
5	einsatzbezogener Sprechwunsch
6	nicht einsatzbereit
7	}*)
8	
9	Handquittung/Fremdanmeldung

*) Status 7 + 8 sind für die Feuerwehr nicht bundeseinheitlich festgelegt
Sie können landesspezifisch festgelegt werden. In Baden-Württemberg z. B. Status 7: bedingt einsatzbereit; Status 8: keine Zuordnung

54. Worin besteht der Unterschied zwischen analoger Sprachübertragung und digitaler Sprachübertragung und was ist der Vorteil?

Bei der analogen Sprachübertragung wird die Funkwelle im Rhythmus der Sprache beeinflusst, bei der digitalen Sprachübertragung wird die Sprache im Funkgerät in Datentelegramme umgewandelt, die auch noch verschlüsselt werden können. Der Empfänger wandelt die Datentelegramme wieder in analoge Signale um. Kennen nur Sender und Empfänger den Schlüssel, können die Datentelegramme durch andere nicht entziffert werden.

Technische Hilfeleistung (Befreien aus Zwangslagen)

1. Welche rechtliche Grundlage hat die Feuerwehr für ihre Tätigkeiten bei technischen Hilfeleistungen (TH)?

Nach den Feuerwehrgesetzen (Brand- und Hilfeleistungsgesetze) der Länder hat die Feuerwehr bei Schadenfeuern, bei Notständen und Notlagen Hilfe zu leisten. Zur Rettung von Menschen und Tieren aus lebensbedrohlichen Lagen hat die Feuerwehr technische Hilfe zu leisten. Sie hat vor allem immer dann tätig zu werden, wenn akute Gefahr besteht, die schnelles Eingreifen und entsprechende Kenntnisse und technische Ausrüstung erforderlich macht. Dabei beschränkt sich die Aufgabe der Feuerwehr nicht nur auf das Abwenden von Gefahren für Leben und Gesundheit von Unfallopfern. Sie muss solange tätig bleiben, bis der Notstand keine Beeinträchtigung der öffentlichen Sicherheit und Ordnung mehr darstellt (z. B. Wiederherstellung der Nutzung öffentlicher Verkehrswege). Eine Konkurrenz zu bestehendem Gewerbe (z. B. Abschlepp- oder Bergungsfirma) darf nicht entstehen.

In einigen Ländern erhält die Feuerwehr ihren Auftrag zur Durchführung der technischen Hilfe bei Verkehrsunfällen auch aus dem jeweiligen Rettungsdienstgesetz.

2. In welchen Bereichen werden Maßnahmen der technischen Hilfeleistung erforderlich?

- Privater Bereich: Brände, Explosionen u. a.
- Arbeitswelt: Bau-, Maschinenunfälle u. a.
- Verkehr: Pkw-, Lkw-, Zug-, Busunfälle u. a.
- Umwelt: Hochwasser, Sturm, Erdrutsch u. a.

3. Welche Ausbildung müssen Feuerwehrangehörige für diese Einsätze erhalten?

Die im Rahmen der technischen Hilfeleistungen zu bewältigenden Tätigkeiten sind wegen der Vielfalt der Einsatzaufgaben sehr weit gespannt. Feuerwehrangehörige müssen die in ihren Standorten vorhandene Ausrüstung schnell, zweckmäßig und unfallfrei einsetzen können. Sie müssen Vor- und Nachteile der einzusetzenden Geräte kennen, um bei entsprechender Lage das richtige Gerät/die richtigen Geräte zum Einsatz zu bringen.

Der Feuerwehrangehörige muss über einfache Gesetze der Mechanik (z. B. Hebelgesetz, Prinzip des Flaschenzugs, Spannungen in Werkstoffen) unterrichtet sein, um sie bei entsprechender Lage anwenden zu können. Auch kommt der Belehrung über mögliche Unfallgefahren bei der Ausbildung besondere Bedeutung zu.

4. Welche Tätigkeitsbereiche umfasst die technische Hilfeleistung?

1. Erzeugung von Energie (elektrisch, hydraulisch, pneumatisch) und deren Verteilung
2. Beleuchtung des Arbeitsplatzes und der gesamten Einsatzstelle
3. Befreien aus lebensbedrohlichen Zwangslagen (Retten)
4. Bergen von Personen und Sachwerten
5. Trennen von Werkstoffen aller Art
6. Ziehen, Drücken und Heben von Lasten
7. Stützen, Verankern und Herstellen von Behelfskonstruktionen zur Sicherung der Standfestigkeit von Gebäuden und baulichen Anlagen
8. Räumen und Freimachen von Verkehrswegen und Gebäudeteilen

9. Bekämpfung von Unfällen mit Gefahrgütern aller Art (fest, flüssig, gasförmig)
10. Absichern von Einsatz- und Gefahrenstellen.

5. Welche Ausrüstung steht für diese Aufgaben zur Verfügung? (s. Bild 1)

Um die oben erwähnten Aufgaben zu bewältigen, nutzt die Feuerwehr die Zusatzbeladung von Löschfahrzeugen und die Beladung von Rüstwagen, Gerätewagen und Gerätewagen-Gefahrgut sowie weiterer spezieller Gerätewagen und Wechselladerbehälter für Sonderfunktionen.

6. Wie unterscheiden sich Rüst- und Gerätewagen?

Rüstwagen sind Feuerwehrfahrzeuge, die mit ihrer Beladung und ihren technischen Einrichtungen für den Einsatz bei der TH besonders geeignet sind.

Ihre eingebauten Aggregate und ihre Beladung sind in der Norm DIN 14555-3 festgelegt.

Bild 1: Rüstwagen RW (hier RW 2)

Gerätewagen nach Norm haben eine Beladung, um bei Hilfeleistungen tätig sein zu können, aber keine fest eingebauten Einrichtungen.

Für Gerätewagen mit Sonderfunktionen, z. B. Gerätewagen „Wasser", gibt es Baurichtlinien von den Innenministern/Innensenatoren der Länder.

7. Welche besonderen Einrichtungen haben Rüstwagen?

Rüstwagen haben außer der Beladung mit Geräten für eine umfangreiche technische Hilfeleistung noch fest eingebaute, vom Fahrzeugmotor angetriebene zusätzliche technische Einrichtungen.

Dazu zählt die Zugeinrichtung, ein eingebauter Generator für Dreh- und Wechselstrom sowie ein Lichtmast. Die Zugeinrichtung ermöglicht es, unter anderem schwere Lasten zu ziehen oder aufzurichten. Durch den fest eingebauten Stromerzeuger wird der Einsatz elektrisch angetriebener Maschinen und Geräte ermöglicht. Die Einsatzstellenbeleuchtung kann mittels Lichtmast und/oder Stativen mit Flutlichtstrahlern eigenständig aufgebaut werden.

8. Welche Geräte dienen der Energieversorgung?

Zur Energieversorgung in Form von Elektrizität und hydraulischer Energie führt die Feuerwehr auf den Fahrzeugen für die technische Hilfeleistung entsprechende Aggregate mit. Pneumatische Energie wird aus Druckluftflaschen (Atemluftflaschen) mit 200 bar/300 bar Druck entnommen.

9. Welches ist der gebräuchlichste Stromerzeuger?

Der tragbare Stromerzeuger 5 kVA DIN 14685

- Nennspannung: 400/230 V (Dreh-/Wechselstrom)
- Frequenz: 50 Hz
- Leistungsfaktor: cos φ = 0,8
- Schutzart: IP 44
- Funkstörgrad: „N"

Bild 2: Stromerzeuger (Endress)

- Schaltkasten mit
  - Lastanzeige
  - Instrumentenbeleuchtung
  - Schutzleiter-Prüfeinrichtung
  - Steckdose für Drehstrom
  - 3 Steckdosen für Wechselstrom
- Kraftstoff für mind. 1½ Stunden
- Zubehör.

Es gibt auch Stromerzeuger mit einer Leistung von 8 oder 12 kVA bei gleicher technischer Ausstattung.

10. Was ist bei der Nutzung von ortsveränderlichen elektrischen Betriebsmitteln zu beachten?

Viele Unfälle durch elektrischen Strom geschehen durch nicht ausreichende Isolationswerte oder fehlerhafte Schutzleiterfunktion. Daher schreibt die Geräteprüfordnung vor, dass alle ortsveränderlichen Betriebsmittel in regelmäßigen Abständen auf Einhaltung der vorgeschriebenen Schutzwerte geprüft werden. Hierfür wurden Überwachungsgeräte entwickelt, die eine eindeutige und schnelle Aussage (gut – schlecht) hinsichtlich der Einhaltung der vorgeschriebenen Werte gestatten.

11. Wozu werden trag- oder fahrbare Lüftungsgeräte eingesetzt?

Durch Be- oder Entlüften werden Schäden durch Rauchgase gemindert und die Explosionsgefahr herabgesetzt. Es wird die Sicht verbessert und es wird atembare Luft geschaffen. Soll explosionsfähige Atmosphäre verhindert werden, so muss darauf geachtet werden, um welche explosiblen Gase es sich handelt, da durch Zufuhr von frischer Luft bei bestimmten Gasen die Explosionsgefahr gesteigert werden kann. Daher muss der Einsatzleiter entscheiden, ob be- oder entlüftet wird. Eine Identifizierung der beteiligten Gase ist erforderlich.

12. Welche Be- und/oder Entlüftungsgeräte werden von der Feuerwehr eingesetzt?

Entlüftungsgeräte werden nur noch vereinzelt eingesetzt.

Belüftungsgeräte, allgemein als Überdrucklüfter bezeichnet, gibt es mit Antrieben mit Verbrennungs- und Elektromotoren sowie mit Wasserturbinenantrieb.

Es gibt Druck- und Strömungslüfter. Diese unterscheiden sich in der Luftgeschwindigkeit und dem Winkel des Luftkegels. Bei den Einsatzgrundsätzen gibt es keine Unterschiede. Ausnahme: Bei Strömungslüftern muss nicht die komplette Zuluftöffnung vom Luftstrom abgedeckt sein.

Einsatzhinweise

Es gelten folgende Einsatzhinweise bei Überdrucklüftern:

- Ansaugbare Gegenstände müssen vor Inbetriebnahme des Drucklüfters entfernt werden.
- Vorsicht, Einsatzjacken oder sonstige Kleidungsstücke bzw. Gegenstände vom Lüfter fernhalten.

- Die Zuluftöffnung muss vom Luftstrom des Lüfters vollständig abgedeckt sein. Bei Strömungslüfter ca. 2/3
- Abluftöffnungen so nah wie möglich an den Brandherd.
- Die Querschnitte der Zuluft- und Abluftöffnung müssen in einem richtigen Verhältnis abgestimmt sein.
- Abluftöffnungen frühzeitig herstellen, damit es nicht an ungewollten Stellen zum Austritt von Wärme und Rauch kommt.
- Die Richtung des Angriffsweges von vorgehenden Einsatztrupps darf nur „mit dem Luftstrom" erfolgen.
- Der Angriffstrupp darf sich nicht zwischen dem Brandherd und der Abluftöffnung aufhalten
- Bei Lüftern mit Wasserturbinenantrieb sind die Anschlussleitungen geradlinig zu verlegen, damit bei Druckbeaufschlagung der Lüfter nicht verschoben wird.
- Überdrucklüfter dürfen bei laufendem Betrieb nicht umgestellt werden.
- Nach dem Einsatz ist eine Sichtprüfung durchzuführen.

Bild 3: Belüftungsgerät (hier Strömungslüfter Leader Turbo Hurricane)

13. Wozu werden Trenngeräte verwendet?

Trenngeräte haben die Aufgabe, bei einem Einsatz durch Trennen von Metall, Stein, Holz und Kunststoff die Befreiung von Personen oder Tieren aus Zwangslagen zu ermöglichen und damit deren Rettung zu sichern.

14. Welche Geräte werden zum Trennen von Metallen eingesetzt?

- Trennschleifmaschine, elektrisch oder mit Verbrennungsmotor angetrieben
- Brennschneidgerät
- hydraulisches Schneidgerät
- Plasmaschneidgerät.

15. Was leistet eine Trennschleifmaschine?

- Antrieb mit Verbrennungsmotor (ca. 2,5 kW) oder Elektromotor (1800 Watt)
- Trennscheibendurchmesser 300 mm bzw. 230 mm
- Schnitttiefe bis max. 6 cm
- Trennscheiben für „Stein" und „Metall"
- Motortrennschleifer mit Rutschkupplung ausgerüstet

Einsatzhinweise

Es gelten folgende Einsatzhinweise für Trennschleifmaschinen:

- Trennscheiben nicht verkanten
- Druck- und Zugspannungen beachten
- Schutzkleidung anlegen (siehe Motorkettensäge)
- Brandschutz sicherstellen.

Bild 4: Trennschleifmaschinen mit Antrieb durch Verbrennungs- und Elektromotor (Stihl, Flex)

16. Können Trennschleifmaschinen auch für das Trennen von Stein eingesetzt werden?

Trennschleifmaschinen mit Verbrennungsmotorantrieb oder elektrischem Antrieb können bei entsprechender Trennscheibe sowohl für Stein als auch für Metall verwendet werden.

17. Woraus besteht ein Brennschneidgerät?

- Tragegestell mit Trag- und Stützriemen
- Sauerstoff- und Acetylenflasche, je 5 l Inhalt
- Schneidbrenner mit verschiedenen Düsen je nach Materialstärke
- Satz Schläuche, Länge 5 m oder 10 m
- Zubehör: Schlüssel, Schutzbrille, Gasanzünder.

Bild 5: Brennschneidgerät

Einsatzhinweise

Es gelten folgende Einsatzhinweise für Brennschneidgeräte:

- Arbeitsdruck: Acetylen ca. 0,5 bar, Sauerstoff ca. 5 bar
- Flaschen sicher aufstellen (Flaschenventil muss bei Entnahme von Acetylen „oben“ sein)
- kein Fett oder Öl an Flaschenventile
- Brandschutz sicherstellen
- Zug- und Druckspannungen beachten.

18. Wozu werden Plasmaschneidgeräte eingesetzt?

Plasmaschneidgeräte sind neu entwickelte Trenngeräte für Metalle. Sie müssen entsprechend der neuen Norm – Rüstwagen RW DIN 14555-3 (06.2002) – mindestens eine Schnitttiefe bei Stahl von 20 mm erreichen. Die Schutzart muss IP 44 nach DIN EN 60529 entsprechen.

Plasmaschneidgeräte brauchen für ihren Betrieb Druckluft (170 l/min) und elektrische Energie (= 10 kVA). Die Druckluft wird aus Atemluftflaschen entnommen. Mit einem Druckminderer wird der erforderliche Betriebsdruck auf 5 bar eingestellt. Die elektrische Energie wird durch festeingebaute oder tragbare Stromerzeuger bereitgestellt.

Bild 6: Plasmaschneidgerät (Hypertherm)

19. Wozu dient das hydraulische Schneidgerät?

Zur Rettung von eingeschlossenen oder eingeklemmten Unfallopfern ist es oft erforderlich, mit großer Präzision und ohne zusätzliche Beeinträchtigung des Umfeldes schneiden zu können. Hierzu wird das hydraulische Schneidgerät S 90 oder S 150 oder neuerdings auch Kombigeräte (Bild 7) bei der Feuerwehr eingesetzt.

20. Was ist beim hydraulischen Schneidgerät zu beachten?

Hydraulisches Schneidgerät

- Antrieb:
  - Hand- oder Fußpumpe
  - Elektromotorpumpe
  - Verbrennungsmotorpumpe
- Maulweite 90 mm oder 150 mm (S 90 oder 150)
- Steuerungsbetätigung durch Bedienungsmann (Totmannschaltung muss vorhanden sein)
- Schlauchverbindungen unverwechselbar

Bild 7: Hydraulisches Schneidgerät (Weber S 270) und Kombigerät

- Steckkupplungen beim Öffnen selbstschließend
- max. Arbeitsdruck 630 bar
- Öffnen und Schließen der Schneidmesser muss hydraulisch erfolgen
- beim Wiederanfahren unter Last darf keine gegenläufige Bewegung auftreten.

Einsatzhinweise

Es gelten folgende Einsatzhinweise für hydraulische Schneidgeräte:

- nach jeder Benutzung Sichtprüfung
- mind. jährliche Prüfung der Messer auf Rissbildung
- Schneidgerät nach den Richtlinien des GUV (Geräteprüfordnung) regelmäßig überprüfen lassen
- Hydraulikschläuche sind spätestens nach 10 Jahren auszutauschen
- keine Lenksäulen, Achsen und gehärtete Maschinenteile trennen
- beim Trennen von Teilen mit freiem Ende ist der Verletzungsgefahr vorzubeugen
- Druck- und Zugspannungen sind zu beachten.

21. Welches Gerät setzt die Feuerwehr zum Trennen von Holz ein?

Zum Trennen von Holz werden Motorkettensägen mit Verbrennungsmotor oder Elektromotor eingesetzt. Es handelt sich dabei um Kettensägen mit Ein-Mann-Bedienung. Wegen der Sicherheit der Einsatzkräfte sollten keine Kettensägen verwendet werden, deren Schwertlänge über 45 cm hinausgeht.

22. Welche Leistungsdaten hat eine Motorkettensäge?

Die Motorkettensäge mit

- Antrieb durch Verbrennungs- oder Elektromotor
- Leistung von 1–6 kW
- Schwertlänge von 200 bis 450 mm

Bild 8: Kettensägen mit Verbrennungs- und Elektromotor (Stihl)

- Membran-Vergaser
- Sicherheitstechnische Einrichtungen:
  - Gashebelsperre
  - Antivibrationsgriff
  - Sicherheitskettenbremse
  - elektr. Griffheizung
  - Kettenfänger u. a.
- elektronische Zündeinrichtung
- verschiedene Schneidgarnituren (Führungsschienen [Schwert], Sägeketten).
- z. T. mit Katalysator.

Einsatzhinweise

Es gelten folgende Einsatzhinweise für Motorkettensägen:

- Kettenspannung prüfen
- Funktion der Ölschmierung prüfen

- Schnittfolge unter Beachtung von Zug- und Druckzonen überlegen
- richtige Schutzkleidung (Kopf-, Hand-, Gesichtsschutz, festes Schuhwerk, Schnittschutzkleidung, Gehörschutz)
- Rückweg freihalten, sicherer Standplatz
- Motor nicht aus der Hand heraus anwerfen.

23. Welche Zugeinrichtungen mit maschinellem Antrieb werden bei der Feuerwehr eingesetzt?

- Seilwinden fest in Fahrzeuge eingebaut und vom Motor über Nebenantrieb und Hydraulikpumpe angetrieben.
- Elektrisch betriebene Vorbauwinden.
- Zugeinrichtungen gibt es als Trommelwinden und als Treibscheibenwinden.

24. Was ist eine Zugeinrichtung mit maschinellem Antrieb?

Merkmale:

- Mechanischer, elektrischer oder hydraulischer Antrieb (Regel: hydraulisch)
- Trommel-Seilwinden mit Planeten- oder Schneckengetriebe bzw. Durchlaufspill mit Speichertrommel
- Zugkraft in der Regel 50 kN
- Nutzbare Drahtseillänge mind. 50 m
- Überlastsicherung bei 120 % der Nennzugkraft
- Drahtseile müssen in drehungs- und spannungsarmer Machart hergestellt sein, eine Stahleinlage haben und verzinkt sein
- Schrägzug (einfacher Zug) muss bis zum Winkel von 25 ° nach rechts und links mit und ohne Last bei einwandfreier Seilaufspulung möglich sein.

Bild 9: Umlenkrolle (Rotzler)

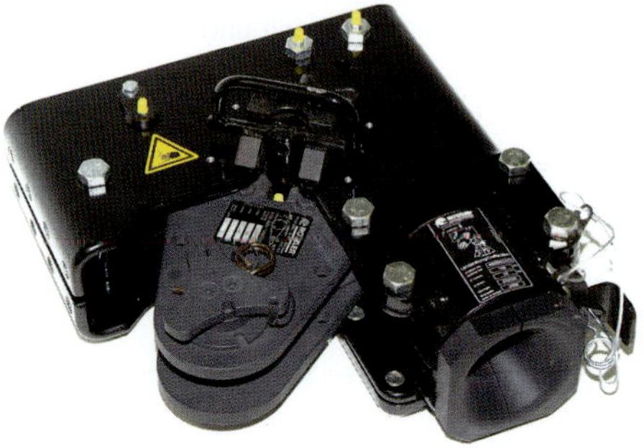

Bild 10: Umlenkrolle neue Bauart (Rotzler)

Einsatzhinweise

Es gelten folgende Einsatzhinweise für Seilwinden:

- Zugseil vor Schmutz und scharfen Kanten schützen.
- Last nicht mit Zugseil anschlagen.
- Anschlagseile müssen der Zugkraft entsprechen, bei Bedarf sind „Kantenschützer" zu benutzen.

- Beim Ziehen von Lasten ist der Spreizwinkel des oder der Anschlagseile zu beachten.
- Während des Zugvorgangs dürfen sich keine Personen im Gefahrenbereich aufhalten.
- Bei Gefahr des „Kippens“ von Lasten ist eine Gegensicherung anzubringen.
- Beim Einsetzen einer Umlenkrolle sind die Anschlagseile zu verdoppeln bzw. ein der Zugkraft entsprechendes Anschlagseil zu verwenden.

25. Welche Zugeinrichtungen werden neben den maschinell betriebenen bei der Feuerwehr noch eingesetzt?

Mehrzweckzug, handbetätigt

- Zugkraft 16 kN oder 32 kN
- Drahtseil, Regel 30 m Länge, Durchmesser 16 mm (nur Original-Drahtseile verwenden)
- Einsatzhinweise sinngemäß wie bei Seilwinden.

Bild 11: Mehrzweckzug (Greifzug)

26. Welches hydraulische Gerät wird zum Erzeugen von Hebekräften eingesetzt?

Bei der Feuerwehr wird der hydraulische Hebesatz H 1 mit einem Hebevermögen von 150 kN und der hydraulische Hebesatz H 2 mit gleichem Hebevermögen verwendet. Der Hebsatz H 2 hat weniger Einzelgeräte.

27. Welche Merkmale weisen die Hebesätze auf?

- Antrieb mit handbetätigter Hydraulikpumpe mit Schnellstoppkupplung oder auch mit Motorpumpenaggregat
- Hydraulikzylinder, einfachwirkend, mit Rückholfeder, verschiedene Hubhöhen
- Zweiwegeverteiler mit Regulierventil und Druckschläuchen
- verschiedene Druckplatten und Verlängerungen
- Anhebeklaue und Keilstück für 150 kN Hubkraft
- Spreizschnabel mit 5 kN Spreizkraft an der Spitze
- gleichzeitiger Betrieb von zwei Hydraulikzylindern muss möglich sein
- max. Nenndruck 630 bar.

Einsatzhinweise

Es gelten folgende Einsatzhinweise für Hebesätze:

- Die Lasten sind gegen Abrutschen zu sichern (Holzunterlage o. Ä.): Lasten sind mit Kanthölzern und Bohlen zu unterbauen, so dass beim Nachgeben kein Herabfallen passieren kann.
- Widerlager müssen ausreichend druckfest sein.

28. Was wird neben dem hydraulischen Hebesatz noch an Druckgeräten eingesetzt?

Neben dem Hebesatz werden hydraulische Winden Typ 10 und Typ 5 eingesetzt. Diese haben folgende technische Daten:

- Hubkraft 100 kN/50 kN
- Hubhöhe 350 mm/280 mm
- Bauhöhe max. 850 mm/650 mm

Bild 12: Hebesatz H 1 (Weber)

Bild 13: Hydraulische Winde, liegend (Weber)

- Hydraulische Winde mit verstellbarer Klaue und Fußlagerplatte vertikal und horizontal einsetzbar
- Einsatzhinweise sinngemäß wie bei hydraulischem Zylinder.

29. Welche Merkmale muss ein hydraulischer Spreizer aufweisen?

- Antrieb mit Verbrennungsmotorpumpe oder Elektromotorpumpe
- einsetzbar als Zug- und Druckgerät
- Spreizerspitzen müssen auswechselbar und gesichert sein.

Einsatzhinweise

Es gelten folgende Einsatzhinweise beim Spreizereinsatz:

Beim Einsatz:

- Beim Drücken auf feste Widerlager achten
- Zug- und Druckspannungen beachten
- Beim Heben von Lasten Kippmöglichkeiten beachten
- Lasten sind beim Anheben zu unterbauen
- Schutzkleidung anlegen (Handschuhe, Gesichtsschutz u. a.).

Nach dem Einsatz:

- Nach jeder Benutzung Sichtprüfung
- Sonstige Prüfungen nach den Richtlinien der Feuerwehr-Geräteprüfordnung.

30. Welche hydraulischen Geräte werden zusätzlich bei technischen Hilfeleistungen eingesetzt?

Bei Verkehrsunfällen (Pkw/Lkw) werden – nachdem mit dem Spreizer Rettungswege geöffnet sind – immer öfter Rettungszylinder verwendet. Sie werden mit dem gleichen Pumpen-Aggregat wie für Spreizer angetrieben. Sie sind leichter, handlicher und kleiner als Spreizer und eignen sich sehr gut zum Hochdrücken von Lenksäulen, Fahrzeugdächern oder sonstigen Hindernissen. Rettungszylinder (in der Regel:

Bild 14: Hydraulischer Spreizer (Lukas)

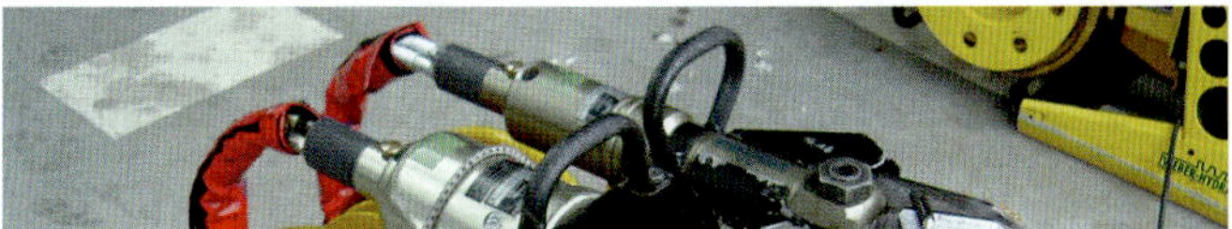

Bild 15: Hydraulischer Spreizer und Schneidgerät mit Pumpenaggregat und angebauter Schnellangriffshaspel (Weber)

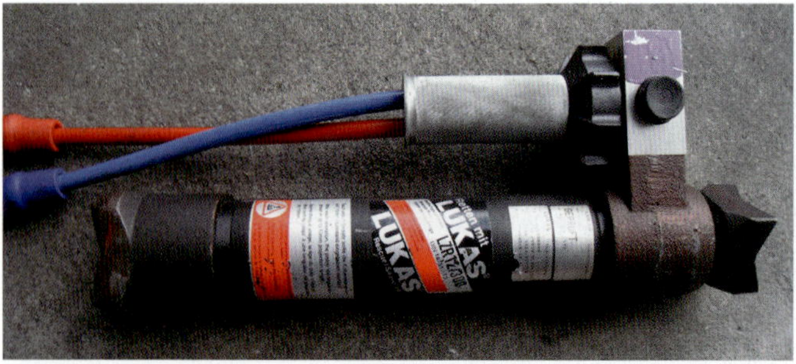

Bild 16: Rettungszylinder (Lukas)

1 Satz besteht aus zwei oder drei Zylindern) müssen einen Spreizweg von 540 bis 1500 mm lückenlos abdecken. (Bei ihrem Einsatz sind die Einsatzhinweise für Spreizereinsatz sinngemäß zu beachten.)

31. Können mit den hydraulischen Rettungszylindern auch Zugkräfte erzeugt werden?

Rettungszylinder müssen sich hydraulisch aus- und einfahren lassen. In Verbindung mit Kettensatz und Adapter können deshalb – sofern der Hersteller Ziehen gestattet – Rettungszylinder als Zugwerkzeuge eingesetzt werden. Zu beachten ist jedoch, dass keine Biegespannung auf die Rettungszylinder einwirkt.

Bei dem Einsatz von Teleskopzylindern sind die unterschiedlichen Druckkräfte der einzelnen Stufen zu beachten. Mit der ersten Stufe kann eine wesentlich größere Druckkraft aufgebracht werden als mit der zweiten Stufe. Teleskopzylinder können nicht als Zuggeräte eingesetzt werden.

32. Welches technische Rettungsgerät kann u. a. als Zusatzbeladung im Löschgruppenfahrzeug mitgeführt werden?

Für Rettungseinsätze kleineren Umfangs eignen sich besonders sog. Kombi-Rettungsgeräte. Mit ihnen kann man spreizen, schneiden und

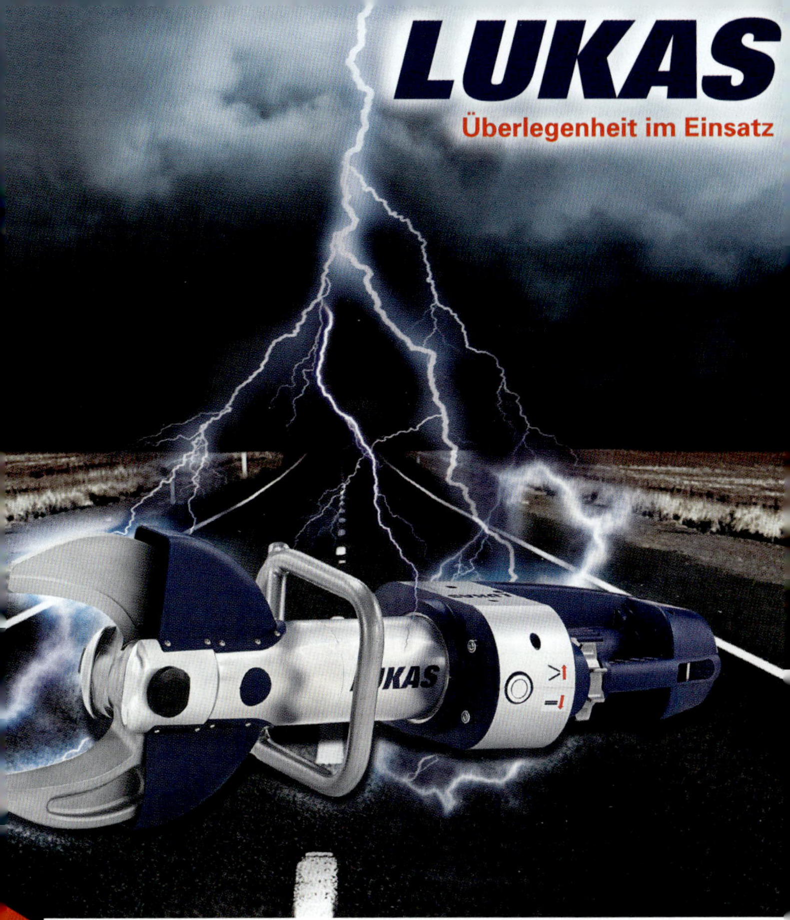
LUKAS
Überlegenheit im Einsatz

ziehen. Der Antrieb erfolgt überwiegend über eine elektrisch angetriebene Hydraulikpumpe. Die erreichbaren Spreiz- und Schneidkräfte reichen je nach Spreizwinkel bis zu 30 kN.

33. Welche pneumatischen Geräte gibt es bei der Feuerwehr?

Für den Feuerwehr-Einsatz gibt es Luftheber (DIN EN 13731) mit einem Arbeitsdruck bis 1,5 bar und Hebekissen mit einem Arbeitsdruck bis 10 bar (meist 8 bar). Luftheber und Hebekissen sind pneumatische Hebegeräte, mit denen eingeklemmte Personen befreit, Rettungs- und Angriffswege geschaffen werden können. Ferner kann es als Arbeitsgerät zum Heben oder Bewegen von Lasten eingesetzt werden.

34. Welchen Umfang hat ein Luftheber-/Hebekissensatz?

Die Grundausstattung umfasst:

- Druckluftflasche
- Druckminderer mit Luftschlauch
- Steuerteil mit Anschlussstück für Luft- und Füllschlauch
- Füllschlauch
- Druckkissen

Einsatzhinweise

Folgende Einsatzhinweise sind für den Lufthebeeinsatz zu beachten:

- Angehobene Lasten müssen mit Kanthölzern und Bohlen gesichert werden
- Druckkissen (Luftheber) nicht mit Bewegungskräften beaufschlagen (Federkraft)
- Vorsicht bei spitzen und scharfen Gegenständen
- keine Druckkissen übereinandergelegt einsetzen
- Prüfungen nach obiger Norm, nach Feuerwehr-Geräteprüfordnung, je nach Typ zusätzlich nach DruckbehV.

Bild 17: Luftheber (Vetter)

Bild 18: Hebekissen (Vetter)

35. Wozu dienen die auf dem Rüstwagen mitgeführten Stützen?

Diese Stützen (verstellbare Länge von 1,7 m bis 3 m mit einer Steifenkraft von 20 kN) dienen zur Aufnahme von Lasten (Gebäudeteile – Decken, Stützen, u.a.) nach vorangegangenen Schäden durch Brand, Explosion oder Unterspülungen. Grabenstützen (verstellbare Länge von 0,6 m bis 1 m) werden zu Sicherungsarbeiten nach Unglücken im Tief- und Leitungsgrabenbau von der Feuerwehr eingesetzt. Ferner können sie beim Bau von Stegen und Sperren eingesetzt werden.

36. Für welchen Zweck werden höhenverstellbare Arbeitsplattformen verwendet?

Eine Arbeitsplattform (Rettungsplattform) wird bei Tätigkeiten eingesetzt, die nicht vom Boden ausgeführt werden können und bei denen ein sicherer Stand nötig ist.

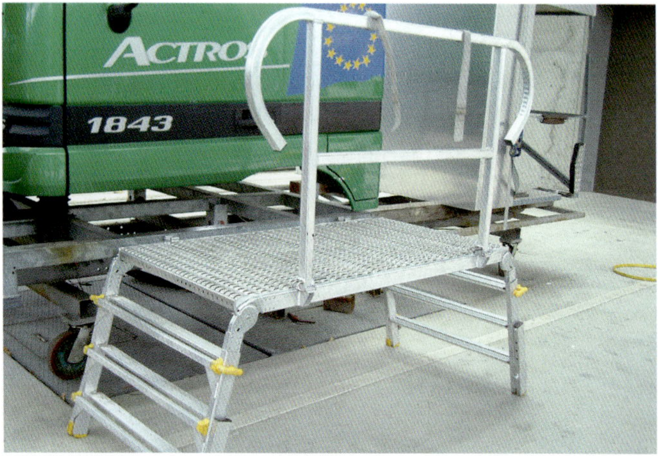

Bild 19: Arbeitsplattform

Rettungsplattformen werden je nach Hersteller aus Fiberglas, Stahl oder Aluminium erstellt. Die Arbeitsplatte hat etwa eine Grundfläche von 1700 mm x 800 mm. Die Stützfüße müssen mit Niveauausgleich ausgestattet sein. Die Arbeitsplattform muss auf einer Seite ein Geländer haben und von 900 mm bis 1500 mm höhenverstellbar sein.

37. Welche Geräte können zur Sicherung eines verunfallten Fahrzeuges verwendet werden?

Neben der einfachen Möglichkeit, wie Unterbauen mit Holz, werden auch Leiterteile oder Baustützen in Verbindung mit Spanngurten und spezielle Abstützsysteme verwendet.

Bild 20: Sichern eines Kfz

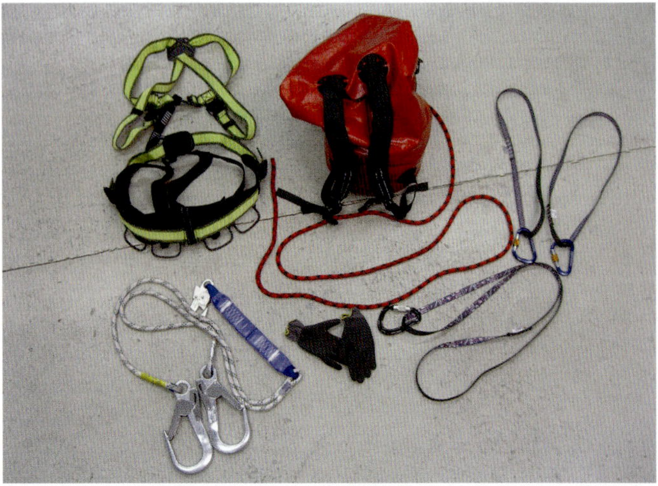

Bild 21: Gerätesatz Absturzsicherung

38. Wann wird der Gerätesatz Absturzsicherung verwendet?

Der Gerätesatz Absturzsicherung wird verwendet, wenn eine Einsatzkraft absturzgefährliche Tätigkeiten ausübt und die Gefahr besteht, dass die Einsatzkraft aufgefangen werden muss.

Der Gerätesatz Absturzsicherung darf nicht für Arbeiten im Seil oder zum Abseilen von Personen verwendet werden.

39. Was ist der Unterschied von „Fangen" und „Halten"?

Beim Fangen darf ein Schlaffseil entstehen. Es muss eine dynamische Sicherung, Dynamikseil oder Falldämpfer, die den Fangstoß durch Dehnung oder Aufreißen aufnimmt, vorhanden sein.

Beim Halten ist das Sicherungsseil immer straff.

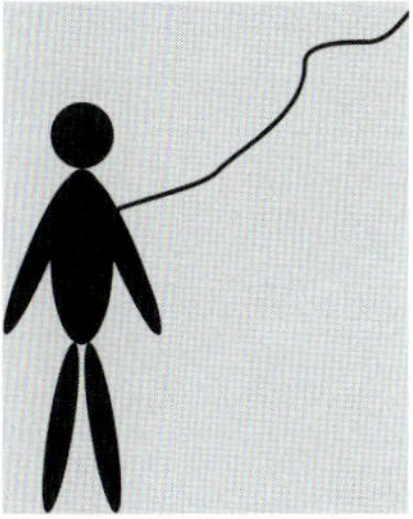

Bild 22:
Fangen

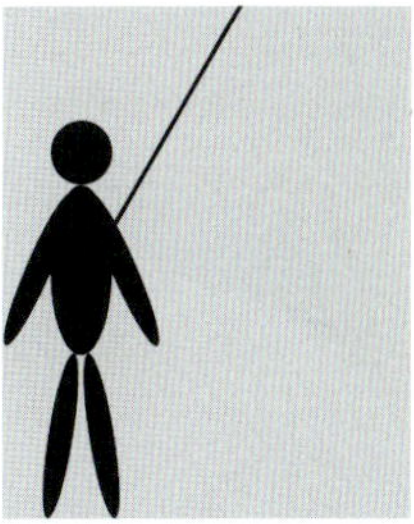

Bild 23:
Halten

40. Welche Geräte gibt es zur Rettung aus Höhen und Tiefen?

Zur einfachen Rettung aus Höhen und Tiefen wird der Gerätesatz Auf- und Abseilgerät verwendet. Hier kommt das Rollgliss oder ein Flaschenzug zum Einsatz.

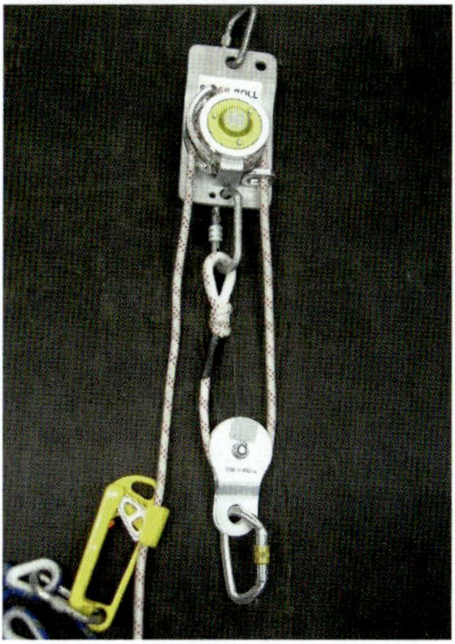

Bild 24: Rollgliss (Swiss Roll)

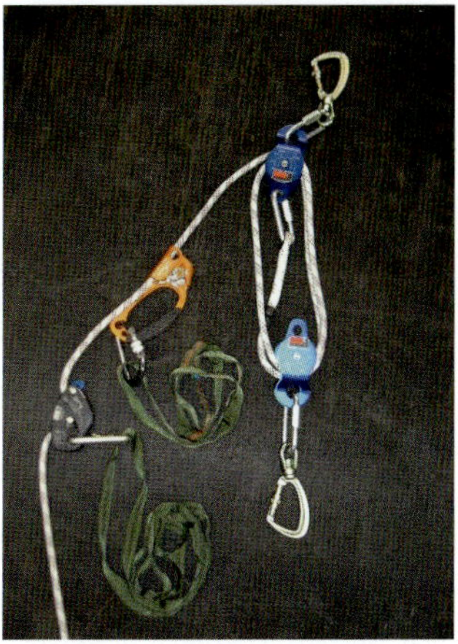

Bild 25: Flaschenzug

Bild 26: Airbag ausgelöst (BMW)

41. Stellen nicht ausgelöste Airbags eine Gefahr dar?

Nein. Sobald die Batterie (eventuell auch zwei), abgeklemmt ist, besteht grundsätzlich keine Gefahr einer unbeabsichtigten Airbagauslösung mehr. Falls die Batterie nicht abgeklemmt werden kann, ist ein entsprechender Abstand zu den nichtausgelösten Airbags einzuhalten.

42. Wo befinden sich Fahrzeugbatterien?

Die Batterien sind in Pkws meist im Motorraum eingebaut. Der zweithäufigste Einbauort ist der Kofferraum. In Transporter ist die Batterie oft unter dem Fahrer- oder Beifahrersitz zu finden. Bei Lkw befindet sich die Batterie meist hinter dem Führerhaus links oder im Fahrzeugrahmen.

43. Wie wird bei Kraftfahrzeugen mit alternativen Antrieben bei den Erstmaßnahmen vorgegangen

Bei der Schaffung einer Erstöffnung wird grundsätzlich wie bei herkömmlichen Antrieben vorgegangen.

Bild 27: Hybridantrieb (Toyota)

P

Gefahrstoffeinsätze

1. Welches ist der Unterschied zwischen einem Gefahrstoff- und einem Gefahrguteinsatz?

Gefahrstoffeinsätze sind alle Einsätze der Feuerwehr, bei denen ein Gefahrstoff entsprechend der Definition beteiligt ist. Gefahrstoffe können erzeugt, gelagert oder bearbeitet werden.

Als Gefahrgüter werden alle Gefahrstoffe bezeichnet, wenn sie transportiert werden.

2. Was sind wassergefährdende Stoffe?

Der Begriff wassergefährdender Stoff wird im § 62 Absatz 3 des Wasserhaushaltsgesetzes (WHG) wie folgt definiert:

„(3) Wassergefährdende Stoffe im Sinne dieses Abschnitts sind feste, flüssige und gasförmige Stoffe, die geeignet sind, dauernd oder in einem nicht nur unerheblichen Ausmaß nachteilige Veränderungen der Wasserbeschaffenheit herbeizuführen."

3. Wie sind wassergefährdende Stoffe eingeteilt?

Wassergefährdende Stoffe sind in 3 Wassergefährdungsklassen (WGK) eingeteilt:

- WGK 1: schwach wassergefährdende Stoffe
- WGK 2: wassergefährdende Stoffe
- WGK 3: stark wassergefährdende Stoffe

4. Welche Stellen sind vom Einsatzleiter der Feuerwehr beim Freiwerden von wassergefährdenden Stoffen zu benachrichtigen?

Je nach Einsatzlage sind die jeweils zuständigen Stellen zu benachrichtigen. Diese können sein:

- Untere Wasserbehörde (z. B. Landratsamt in Baden-Württemberg)
- Ortspolizeibehörde bei Gefahr in Verzug
- Wasserwirtschaftsamt/Umweltbehörde
- Kläranlagenbetreiber.

5. Wer ist bei Unfällen mit Gefahrgut je nach Einsatzlage zunächst zu benachrichtigen?

Entsprechend der Einsatzlage sind aus den nachstehend aufgeführten Personen/Stellen die jeweils benötigten zu benachrichtigen:

- Kreisbrandmeister
- Gefahrgutzug
- Fachberater Feuerwehr (Strahlenschutz, Chemie, Medizin usw.)
- Polizei
- Rettungsdienst
- Bürgermeisteramt (Umweltbehörde)
- Untere Wasserbehörde (Landratsamt, Umweltamt)
- Kläranlagenbetreiber
- Gewerbeaufsichtsamt
- Straßen- oder Autobahnmeisterei
- Forstamt
- Wasser- und Schifffahrtsamt.

6. Welche Maßnahmen sind von Feuerwehren zu treffen, die nicht speziell für den Gefahrguteinsatz ausgebildet und ausgerüstet sind?

Folgende Maßnahmen sind zu treffen:

- Art des Schadstoffes feststellen (orangefarbene Warntafel in Verbindung mit Literatur)
- Absperren der Einsatzstelle (50 m)
- Menschenrettung einleiten
- Warnung der Bevölkerung
- Gefahrgutzug anfordern und zuständige Stellen benachrichtigen
- Rettungsdienst anfordern
- Brandschutz sicherstellen
- Ausbreitung verhindern, wenn dieses ohne Gefahr für eigene Kräfte möglich
- Nachgeforderte Kräfte einweisen und über aktuelle Lage informieren.

Der Gefahrgutzug wird folgende Maßnahmen einleiten:

- Schadstoffe auffangen
- Auffangen von austretendem Gefahrgut
- Verhindern des Eindringens von Gefahrstoffen in Gewässer oder Böden
- Abdichten von Leckagen
- Umpumpen von Schadstoffen
- Messungen hinsichtlich Gefährdung (Bevölkerung, Umwelt) durchführen
- Ausbringen von Streu- und Bindemitteln
- Auffangen der auf Gewässer gelangten Schadstoffe (Sperren).

7. Was bedeutet die Abkürzung TUIS?

Die Abkürzung TUIS steht für: Transport-Unfall-Informations- und Hilfeleistungssystem.

Hierbei bietet die chemische Industrie drei Hilfeleistungsstufen an:

Stufe 1: Beratung durch Experten am Telefon
Stufe 2: Beratung durch Experten am Unfallort

Stufe 3: Beratung und Durchführung von Einsatzmaßnahmen am Unfallort mit Mannschaft und Gerät. Technische Hilfe am Unfallort

8. Durch welche Maßnahmen können an Einsatzstellen Explosionen durch brennbare Gase, Dämpfe, Nebel oder Stäube verhindert werden?

Je nach Einsatzlage lassen sich Explosionen wie folgt verhindern:

- durch Inertisieren mit Kohlenstoffdioxid, Inergen oder Stickstoff
- wenn die für eine Explosion notwendige Konzentration von brennbaren Gasen, Dämpfen, Nebeln oder Stäuben z. B. durch Lüftungsmaßnahmen (Öffnen von Fenster und Türen, Einsatz von Lüftern) unter die untere Explosionsgrenze abgemagert wird
- wenn Zündquellen (z. B. heiße Funken, offenes Licht, heiße Flächen) sicher verhindert werden.

9. Durch welche baulichen Maßnahmen können sich die Auswirkungen von Explosionen abmildern lassen?

Dies kann erreicht werden durch

- explosionsfeste Bauweise
- Explosionsdruckentlastung (Explosionsklappen, Berstscheiben)
- Explosionsunterdrückung (eine anlaufende Explosion wird durch Flammen- oder Drucksensoren sofort detektiert und durch schnelles Einblasen von Löschmitteln gestoppt)
- explosionstechnische Entkoppelung (durch Schnellschlussventile oder konstruktive Maßnahmen können Explosionen auf kleine Bereiche begrenzt werden).

10. In welche Gruppen werden Düngemittel eingeteilt?

Die **Gefahrstoffverordnung** (GefStoffV), **Anhang I Nr. 5**, unterteilt Düngemittel mit mehr als 10 % Ammoniumnitrat nach den sich aus ihren Eigenschaften ergebenden Gefahrenmöglichkeiten in die Gruppen A, B, C, D und E.

Gruppe A
(zur detonativen Reaktion fähig)

Gruppe B
Zubereitungen, die zur selbstunterhaltenden fortschreitenden thermischen Zersetzung fähig sind.

Beispiele: NPK- und NK-Dünger

Gruppe C
Zubereitungen, die weder zur selbstunterhaltenden fortschreitenden thermischen Zersetzung noch zur detonativen Reaktion fähig sind, jedoch beim Erhitzen Stickoxide entwickeln.

Beispiele: Kalkammonsalpeter, Ammoniumnitrat mit Schwefel, Stickstoff-Magnesia, Ammonsulfatsalpeter, NP-, NPK- und NK-Dünger (mit amtlichem Gutachten der Bundesanstalt für Materialforschung und -prüfung, BAM)

Gruppe D
Zubereitungen, die in wässriger Lösung oder Suspension ungefährlich, in kristallisiertem Zustand unter Reduktion des ursprünglichen Wassergehalts jedoch zur detonativen Reaktion fähig sind.

Beispiele: Ammoniumnitrat-Harnstoff-Lösung, NP-, NK- und NPK-Düngerlösungen

Gruppe E
Zubereitungen, die als Wasser-in-Öl-Emulsionen vorliegen und als Vorprodukte für die Herstellung von Sprengstoffen dienen.

Düngemittel werden demzufolge eingeteilt in:

Gruppe A:	explosionsfähig
Gruppe B:	zu selbstunterhaltener fortschreitender thermischer Zersetzung fähig
Gruppe C:	nicht zu selbstunterhaltener fortschreitender thermischer Zersetzung fähig
Gruppe D:	Ammoniumnitrat-Harnstoff-Lösung, NPK-Düngerlösungen
Gruppe E:	Wasser-in-Öl-Emulsionen als Sprengstoffvorprodukte

Einsätze mit strahlenden Stoffen

11. Welche Strahlenarten gibt es?

α (Alpha)-Strahlung:
Heliumkerne, Reichweite im mm- bis cm-Bereich

β (Beta)-Strahlung:
Elektronen, Reichweite im cm- bis m-Bereich und

γ (Gamma)-Strahlung:
elektromagnetische Wellenstrahlung, Reichweite bis in den km-Bereich

12. Welchen Gefahren sind die Feuerwehreinsatzkräfte im Strahlenschutzeinsatz ausgesetzt?

Für Einsatzkräfte können folgende Gefahren auftreten:

- Bestrahlung von außen
- Kontamination: Verunreinigung der Körperoberfläche und der Kleidung
- Inkorporation: Aufnahme radioaktiver Substanzen in den Körper

13. Welche Erstmaßnahmen können von allen Einsatzkräften getroffen werden?

Es sind folgende Einsatzmaßnahmen zu treffen:

- Absperren der Einsatzstelle (50 m)
- Umfassende Erkundung durchführen
- Menschenrettung einleiten
- Rettungsdienst anfordern
- Strahlenschutzeinheit und zuständige Behörden nachfordern
- Brandschutz sicherstellen
- Nachgeforderte Kräfte einweisen und über aktuelle Lage informieren.

14. Wie werden strahlengefährdete Bereiche eingeteilt?

Strahlengefährdete Bereiche werden nach der Strahlenschutzverordnung je nach Gesamtaktivität in die Gefahrengruppe I, Gefahrengruppe II und Gefahrengruppe III eingeteilt.

Bei der Gefahrengruppe I können Einsatzkräfte ohne Sonderausrüstung vorgehen. Zur Vermeidung einer Inkorporation soll Atemschutz getragen werden.

Die Gefahrengruppe II erfordert Sonderausrüstung und Strahlenschutzüberwachung.

Bei der Gefahrengruppe IIIA wird analog der Gefahrengruppe II verfahren, allerdings ist eine im Strahlenschutz besonders ausgebildete Person zwingend erforderlich.

Transportunfälle fallen in die Gefahrengruppe II.

15. Für welche Gefahrengruppen müssen Einsatzpläne erstellt werden?

Mindestens für die Bereiche der Gefahrengruppen II und III sind Feuerwehrpläne und Einsatzpläne zu erstellen. Feuerwehrpläne sind vom Betreiber im Benehmen mit der Feuerwehr anzufertigen.

16. Welcher Unterteilung unterliegen Versandstücke mit radioaktiven Stoffen?

Versandstücke werden in folgende vier Versandstückarten eingeteilt

1. Freigestellte Versandstücke
   (enthalten so geringe Mengen radioaktiver Stoffe, dass sie so von den meisten Auslegungs- und Verwendungsvorschriften freigestellt werden können (UN 2908; z. B. Feuermelder).
2. Industrieversandstücke Typ IP-I, IP-II oder IP-III
   (enthalten Stoffe mit geringer spezifischer Radioaktivität oder oberflächenkontaminierte Gegenstände; z. B. Schulpräparate).
3. Typ A-Versandstücke
   (enthalten kleinere Mengen radioaktiver Stoffe, die bei „normalen Zwischenfällen während der Beförderung nicht freigesetzt werden“; z. B. radiopharmazeutische Produkte).
4. Typ B-Versandstücke
   (enthalten größere Mengen radioaktiven Materials, das auch bei schwersten Unfällen nicht freigesetzt werden darf; z. B. abgebrannte Brennelemente von Kernreaktoren).
5. Typ C-Versandstücke
   (für den Lufttransport von hochradioaktiven Stoffe).

Bild 1: Industrieversandstück (Wellpappe Sausenheim)

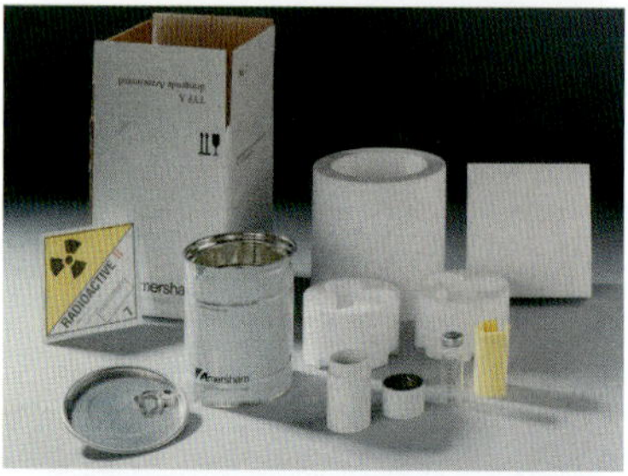

Bild 2: Typ A-Versandstück (Bundesamt für Strahlenschutz)

Bild 3: Typ B-Versandstück (Castor; Bundesamt für Strahlenschutz)

17. Welche Geräte gehören im Strahlenschutzeinsatz zur Sonderausrüstung?

Die Sonderausrüstung wird unterteilt in die persönliche und sonstige Sonderausrüstung.

Zur persönlichen Sonderausrüstung gehören:

- Atemschutz (ab Gefahrengruppe II grundsätzlich Isoliergeräte)
- Kontaminationsschutzkleidung
- Amtliches Dosimeter
- Dosiswarngerät.

Die sonstige Sonderausrüstung umfasst:

- Dosisleistungsmessgeräte
- Dosisleistungswarngeräte
- Kontaminationsnachweisgeräte
- Arbeitsgeräte und Verbrauchsmaterialien.

Kennzeichnung

18. Wann sind Gefahrguttransporte kennzeichnungspflichtig?

Eine Kennzeichnungspflicht liegt vor, wenn

- bestimmte Höchstmengen überschritten sind
- es sich um erlaubnispflichtige Güter, um gefährliche Güter in Tanks oder um ungereinigte Tanks mit Restmengen an Dämpfen/Gasen handelt
- radioaktive Stoffe bestimmter Aktivität transportiert werden.

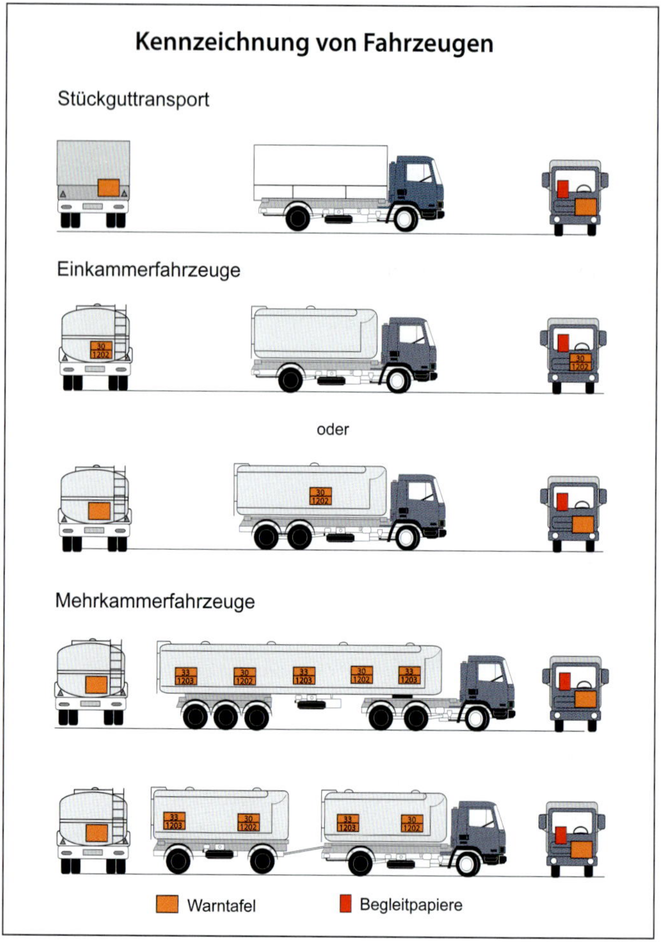

Bild 4: Anbringeorte von Warntafeln

19. Wie sind Gefahrguttransporte zu kennzeichnen?

Gefahrguttransporte können folgendermaßen gekennzeichnet sein:

- orangefarbene Warntafel (30 x 40 cm, bzw. 30 x 12 cm) ADR 5.3.2.2.1
  - ohne Kennzeichnungsnummern: Warntafel vorne und hinten am Fahrzeug
  - mit Kennzeichnungsnummern: Warntafel vorne und hinten am Fahrzeug, bei einheitlicher Ladung in Tankfahrzeugen
  - bei Mehrkammer-Tankfahrzeugen mit verschiedenen Gütern, Tafeln an jeder Tankkammer mit Gefahrnummer und UN-Nummer und zusätzlich vorne und hinten orangefarbene Warntafeln ohne Nummern (Ausnahme: wenn Benzin oder Dieselkraftstoff befördert werden, genügt die Kennzeichnung mit Gefahrnummer und UN-Nummer an den mit Benzin gefüllten Kammern. Die mit Diesel gefüllten Kammern tragen Warntafeln ohne Kennzeichnungsnummern.
- Gefahrzettel (Placards)
  - Einkammer-Fahrzeuge: Großzettel links, rechts und hinten am Fahrzeug
  - Mehrkammer-Fahrzeuge: Großzettel links und rechts an jeder Tankkammer; an der hinteren Tankkammer werden die Großzettel aller transportierten Gefahrgüter angebracht. Diese Aussage bezüglich der Großzettel bezieht sich auf die bisherige Verfahrensweise.

20. Wo finden Einsatzkräfte zusätzliche Hinweise bei einem Gefahrguttransport?

Jeder Gefahrguttransport muss im Führerhaus die Schriftlichen Weisungen (Unfallmerkblatt) in der Sprache des Fahrers mitführen. Es ist seit 2009 nur noch ein einheitliches Unfallmerkblatt für alle Gefahrguttransporte über alle Gefahrgutklassen vorgeschrieben. Sie enthalten allgemeine Hinweise für den Fahrer für das Verhalten nach einem Gefahrgutunfall.

Hinweise zu Art und Menge des Gefahrguts, Versender und Empfänger enthalten die Begleitpapiere.

SCHRIFTLICHE WEISUNGEN

Maßnahmen bei einem Unfall oder Notfall

Bei einem Unfall oder Notfall, der sich während der Beförderung ereignen kann, müssen die Mitglieder der Fahrzeugbesatzung folgende Maßnahmen ergreifen, sofern diese sicher und praktisch durchgeführt werden können:

- Bremssystem betätigen, Motor abstellen und Batterie durch Bedienung des gegebenenfalls vorhandenen Hauptschalters trennen;
- Zündquellen vermeiden, insbesondere nicht rauchen und keine elektrische Ausrüstung einschalten;
- die entsprechenden Einsatzkräfte verständigen und dabei soviel wie möglich Informationen über den Unfall oder Zwischenfall und die betroffenen Stoffe liefern;
- Warnweste anlegen und selbststehende Warnzeichen an geeigneter Stelle aufstellen;
- Beförderungspapiere für die Ankunft der Einsatzkräfte bereit halten;
- nicht in ausgelaufene Stoffe treten oder berühren und das Einatmen von Dunst, Rauch, Staub und Dämpfen durch Aufhalten in der dem Wind zugewandten Seite vermeiden;
- sofern dies gefahrlos möglich ist, Feuerlöscher verwenden, um kleine Brände/Brandquellen in Reifen, in Bremsen und im Motorraum zu bekämpfen;
- Brände in Ladeabteilen dürfen nicht von Mitgliedern der Fahrzeugbesatzung bekämpft werden;
- sofern dies gefahrlos möglich ist, Bordausrüstung verwenden, um das Eintreten von Stoffen in Gewässer oder in die Kanalisation zu verhindern und um ausgetretene Stoffe einzudämmen;
- sich aus der unmittelbaren Umgebung des Unfalls oder Notfalls entfernen, andere Personen auffordern sich zu entfernen und die Weisungen der Einsatzkräfte befolgen;
- kontaminierte Kleidung und gebrauchte kontaminierte Schutzausrüstung ausziehen und sicher entsorgen.

Bild 5: Schriftliche Weisungen

Ausrüstung für den persönlichen und allgemeinen Schutz für die Durchführung allgemeiner und gefahrenspezifischer Notfallmaßnahmen, die sich gemäß Abschnitt 8.1.5 des ADR an Bord des Fahrzeugs befinden muss

Die folgende Ausrüstung muss sich für alle Gefahrzettel-Nummern an Bord der Beförderungseinheit befinden:

- ein Unterlegkeil je Fahrzeug, dessen Abmessungen der höchstzulässigen Gesamtmasse des Fahrzeugs und dem Durchmesser der Räder angepasst sein müssen;
- zwei selbststehende Warnzeichen;
- Augenspülflüssigkeit [a] und

für jedes Mitglied der Fahrzeugbesatzung

- eine Warnweste (z.B. wie in der Norm EN 471 beschrieben);
- ein tragbares Beleuchtungsgerät;
- ein Paar Schutzhandschuhe und
- eine Augenschutzausrüstung (z.B. Schutzbrille).

Für bestimmte Klassen vorgeschriebene zusätzliche Ausrüstung:

- an Bord von Fahrzeugen für die Gefahrzettel-Nummer 2.3 oder 6.1 muss sich für jedes Mitglied der Fahrzeugbesatzung eine Notfallfluchtmaske b) befinden;
- eine Schaufel c);
- eine Kanalabdeckung c);
- ein Auffangbehälter aus Kunststoff c).

a) Nicht erforderlich für Gefahrzettel der Muster 1, 1.4, 1.5, 1.6, 2.1, 2.2 und 2.3.

b) Zum Beispiel eine Notfallfluchtmaske mit einem Gas/Staub-Kombinationsfilter des Typs A1B1E1K1-P1 oder A2B2E2K2-P2, der mit dem in der Norm EN 141 beschriebenen vergleichbar ist.

c) Nur für Gefahrzettel-Nummern 3, 4.1, 4.3, 8 und 9 vorgeschrieben

Gefahrzettelmuster nach ADR

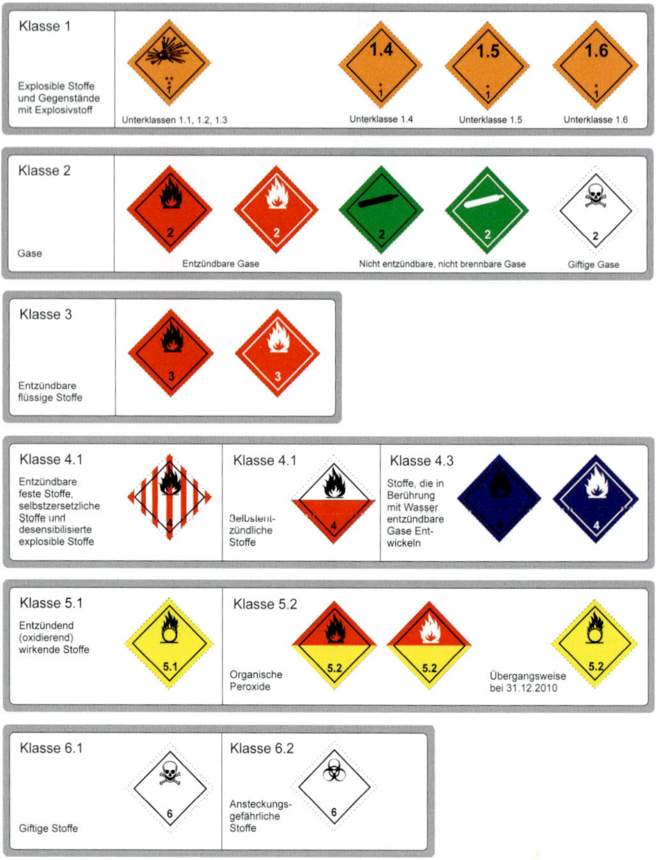

Bild 6: Gefahrzettelmuster nach ADR (Großzettel)

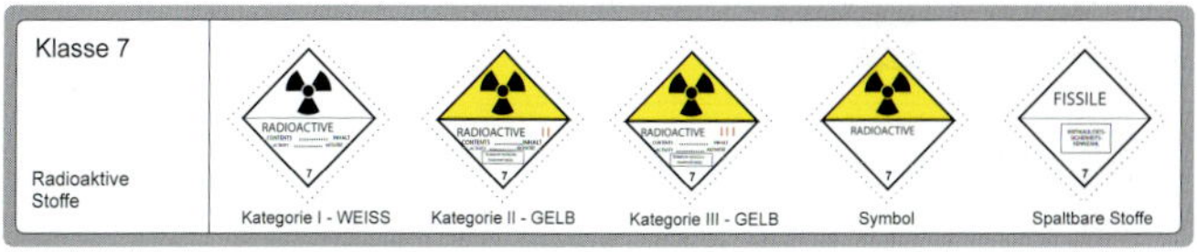

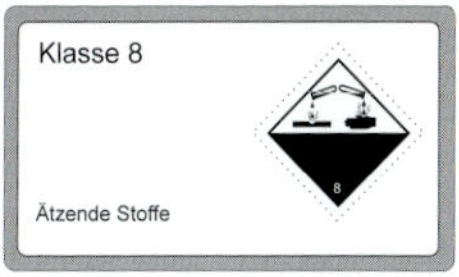

21. Was versteht man unter „Großzetteln"?

In der ADR Teil 5 werden in Kapitel 5.3 Zettel (Placards) beschrieben. Es handelt sich dabei um „Gefahrzettel" der Mindestgröße 250 x 250 mm, die direkt auf der äußeren Oberfläche von Tankcontainern oder ortsbeweglichen Tanks (Tankfahrzeugen) angebracht werden.

22. Was bedeutet ERI-Card-System?

Die vom Verband der chemischen Industrie (CEFIC) mit entwickelten „Emergency Response Intervention Cards" (ERI-Cards) geben der

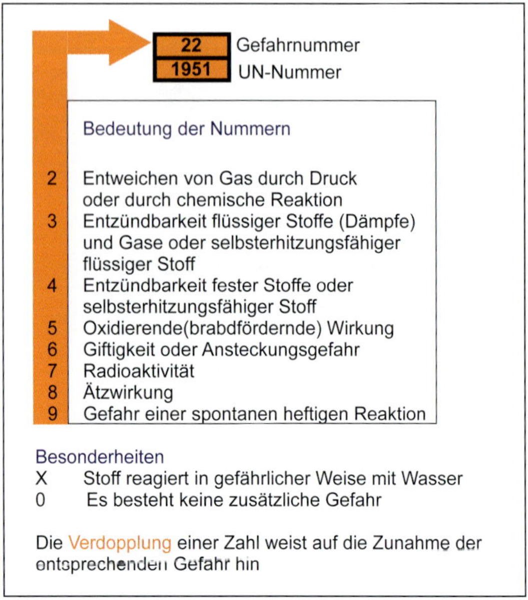

Bild 7: Orangefarbene Warntafel

Feuerwehr Hinweise über erste Einsatzmaßnahmen, wenn sie beim Eintreffen am Ereignisort eines Gefahrgutunfalls keine zuverlässigen stoffspezifischen Informationen zur Verfügung haben.

23. Welche Vorschläge für Einsatzmaßnahmen können aus dem ERI-Card-System entnommen werden?

Jede ERI-Card enthält Aussagen über die Stoffeigenschaften, die Gefahren, die erforderliche Schutzausrüstung, Hinweise für Einsatzmaßnahmen, Maßnahmen für erste Hilfe, besondere Maßnahmen für die Bergung sowie Maßnahmen zur Vermeidung von Kontamination außerhalb der Einsatzstelle.

Beispiele für besondere Ziffernkombinationen

22 1951	tiefgekühlt verflüssigtes Gas, erstickend Beispiel: Argon, tiefkalt verflüssigt
X333 1102	pyrophorer flüssiger Stoff, der mit Wasser gefährlich reagiert Beispiel: Aluminiumtriethyl
X423 2257	entzündbarer fester Stoff, der mit Wasser gefährlich reagiert und entzündbare Gase bildet Beispiel: Kalium
44 2304	entzündbarer fester Stoff, der sich bei erhöhter Temperatur in geschmolzenem Zustand befindet Beispiel: Schwefel im geschmolzenen Zustand
539 2116	entzündbares, organisches Peroxid Beispiel: Cumolhydroperoxid
99 2116	verschiedene gefährliche Stoffe in erwärmtem Zustand

Bild 8: Beispiele für Kennzeichnungen

24. Was versteht man unter Gefahrstoffen der Klasse 1?

In der Klasse 1 sind alle explosiven Stoffe oder Gegenstände mit Explosionsstoffen enthalten. Ferner gehören dazu noch Stoffe, die feuergefährlich sind und rasant abbrennen, so dass es zur Gefährdung der unmittelbaren Umgebung kommen kann.

25. Welche Bedeutung haben die Kennzeichnungsnummern auf orangefarbenen Warntafeln?

In der oberen Hälfte der Warntafel steht die Gefahr-Nummer, die die Gefahren des transportierten Gefahrguts charakterisiert, in der unteren Hälfte der Warntafel die Nummer, die von der UN dem jeweiligen Gefahrgut zugeteilt wurde.

26. Wie sind Versandstücke und Fahrzeuge, die radioaktive Stoffe transportieren, zu kennzeichnen?

Versandstücke, die bestimmte radioaktive Stoffe enthalten, müssen mit den Gefahrzetteln nach Muster 7 A, 7 B und 7 C versehen werden. Diese Zettel sind auf zwei gegenüberliegenden Seiten anzubringen. Die maximale Aktivität muss angegeben sein.

Bild 9: Muster 7A

Bild 10: Muster 7B

Bild 11: Muster 7C

Bei Tankfahrzeugen sind die Gefahrzettel auf den Seiten und der Rückseite, bei Tankcontainern auf allen vier Seiten anzubringen.

Je nach Inhalt sind verschiedene Kombinationen von Gefahrzetteln möglich, z. B.

Bild 12: Beispiel für Kombination von Gefahrzetteln

Warntafeln sind mindestens vorne und hinten am Fahrzeug anzubringen.

Bei Stückguttransporten ist der Gefahrzettel 7 D auf den Seiten und der Rückseite des Fahrzeuges zu befestigen. Orangefarbene Warntafeln müssen vorne und hinten am Fahrzeug angebracht sein.

Bild 13: Gefahrzettel 7 D

27. Welche Bedeutung haben die Bezeichnungen „Radioaktive I", „Radioaktive II" und „Radioaktive III" auf den Gefahrzetteln nach Muster 7 A, 7 B und 7 C für Versandstücke radioaktiver Stoffe?

Die Bezeichnungen „Radioaktive I", „Radioaktive II" bzw. „Radioaktive III" begrenzen die höchstzulässigen Oberflächendosisleistungen an der Außenseite von Versandstücken bzw. die Dosisleistung in einem Meter Abstand.

Bild 14: Kennzeichnung bei Gefahrguttransport der Klasse 1 im Eisenbahnverkehr. Abstoß- und Auflaufverbot

28. Welcher besonderen Kennzeichnung unterliegen Gefahrgüter der Klasse 1 (Explosivstoffe und Gegenstände mit Explosivstoffen) im Eisenbahnverkehr?

Werden Gefahrgüter der Klasse 1 transportiert, so müssen die Eisenbahnwagen mit drei spitzenverknüpften roten Dreiecken (Nebenzettel Nr. 15) oder mit einem roten Dreieck (Nebenzettel Nr. 13) gekennzeichnet werden. Die Kennzeichnungspflicht durch die für die Klasse 1 vorgeschriebenen Gefahrzettel bleibt hiervon unberührt.

Bei Explosivstoffen der Klasse 1.1 trägt der Eisenbahnwagen eine orangefarbene Warntafel, die in der oberen Hälfte die Bezeichnung 1.1 D und in der unteren Hälfte die Gefahrnummer trägt.

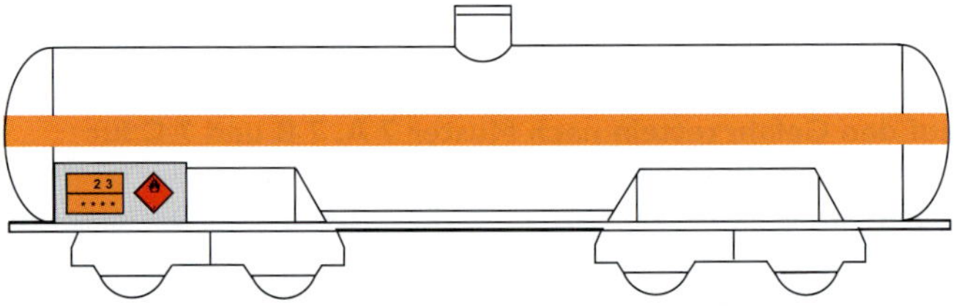

Bild 15: Eisenbahn-Kesselwagen-Kennzeichnung für Transport verflüssigter Gase

29. Welche Bedeutung hat ein 300 mm breiter orangefarbener Streifen, der in Höhe der Behälterlängsachse bei Eisenbahnwagen allseitig um den Tank herumgeführt ist?

Durch den orangefarbenen Streifen werden im nationalen und internationalen Eisenbahnverkehr Tanks von Eisenbahn-Kesselwagen gekennzeichnet, die verflüssigte Gase transportieren.

ABC-Einsätze

30. Wo ist der ABC-Schutz rechtlich eingegliedert?

Der ABC-Schutz ist ein Teilbereich des Katastrophenschutzes im Zivilschutz. Geregelt wird der Zivilschutz durch das „Gesetz über den Zivilschutz und die Katastrophenhilfe des Bundes (Zivilschutz- und Katastrophenhilfegesetz – ZSKG)“.

31. Welche ABC-Schutz-Einheiten des Bundes gibt es?

- Dekon-P-Einheiten
- ABC-Erkundungseinheiten

32. Welche Aufgaben haben die Dekon-P-Einheiten?

Dekontamination von Personal des Katastrophenschutzes, das im Einsatz mit radioaktiven, chemischen oder biologischen Substanzen in Kontakt gekommen ist.

33. Welche Ausrüstung steht den Dekon-P-Einheiten zur Verfügung?

- 1 Duschzelt und 1 Aufenthaltszelt (15 m^2 und 25 m^2)
- Stromerzeuger 8 kVA
- Einpersonendusche
- 2 Wasserbehälter à 1 000 l
- 2 Trinkwasserbehälter à 1 000 l

Bild 16: Dekon Lkw P (MAN)

Bild 17: Dekon-P-Anlage

- 1 Abwasserbehälter à 5 000 l
- Wasserdurchlauferhitzer
- Pumpen, Schläuche
- Zeltheizung.

Technische Daten

- Besatzung 1/5
- Allrad mit Einzelbereifung
- zulässiges Gesamtgewicht 10,5 t
- 4,15 t Nutzlast
- Hubladebühne (1 000 kg)
- 4-m-FuG (8b-1)
- Zusatzheizung.

34. Welche Aufgaben haben die Erkundungseinheiten?

- Messen, Spüren und Melden radioaktiver oder chemischer Kontamination
- Erkennen und Melden biologischer Kontamination
- Kennzeichnung und messtechnische Überwachung kontaminierter Flächen
- Probenahme
- Erfassen und Melden örtlicher Wetterdaten.

35. Welche Ausrüstung steht den Erkundungseinheiten zur Verfügung? (Vgl. auch Q)

- Radiologisches Messsystem
- Photo Ionisations Detektor (PID)
- Ionen Mobilitäts Spektrometer (IMS)
- GPS
- PC mit Tastatur, Maus und Drucker
- Probenahmeausstattung
- Kontaminationsnachweisgerät
- Durchsagegerät mit Speicher
- Markierungsausstattung
- Ausrüstung zur Bestimmung von Wetterdaten.

36. Welche radiologischen Messungen können durchgeführt werden?

- Dosisleistung
- Mittelwert der Dosisleistung
- Maximalwert der Dosisleistung
- Gesamtdosis.

Eine Trennsonde ermöglicht zudem eine Unterscheidung zwischen künstlicher und natürlicher Strahlung.

Bild 18: ABC-Erkundungskraftwagen (Fiat)

Technische Daten

- 3,5 t zulässiges Gesamtgewicht
- Nutzlast ca. 1 400 kg
- Besatzung 1/3
- Messtechnik mit PC
- IMS
- PID
- Radiologisches Messsystem
- Spürausrüstung
- Windmesser
- GPS und Kartensoftware
- 2 CSA und PA.

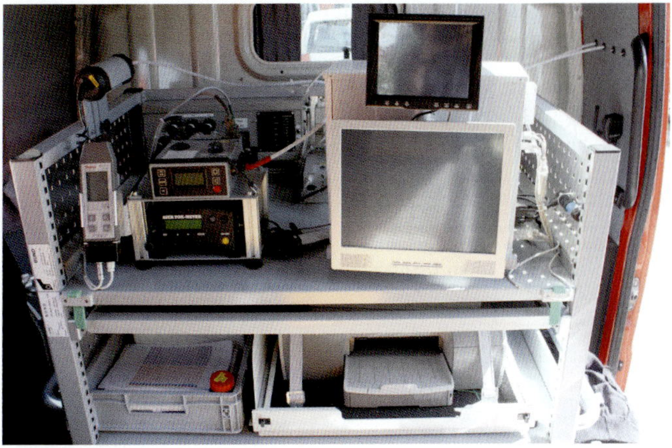

Bild 19: Messcontainer (Bundesamt für Bevölkerungsschutz und Katastrophenhilfe – BBK)

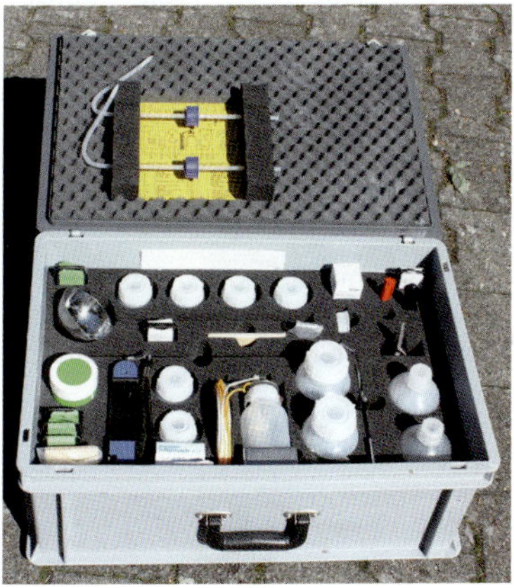

Bild 20: Probenahmekoffer

Inhalt

- Gassammelröhrchen
  - Silikagel
  - Aktivkohle
- Prüfröhrchen
  - Phosgen
  - Kohlenmonoxid
- pH-Papier
- Spürpapier
- Spürpulver
- Wasserprobeentnahmegerät
- Diverse PE-Flaschen
- Spritzflasche mit destilliertem Wasser und Ethanol

37. Welche chemischen Messungen können durchgeführt werden?

Ionenmobilitätsspektrometer

Folgende Kampfstoffe und Industriechemikalien können qualitativ und in engem Rahmen auch quantitativ erfasst werden:

Kampfstoffe:

Bezeichnung	Anzeige auf dem Display
VX	VX
Soman	GD
Sarin	GB
Tabun	GA
Schwefel-Lost	HD
Stickstoff-Lost	HN
Lewisit	L

Industriechemikalien:

Bezeichnung	Anzeige auf dem Display
Ammoniak	NH3
Chlor	CL
Schwefeldioxid	SO2
Blausäure	HCN
Chlorierte Kohlenwasserstoffe	RCL
Toluoldiisocyanat	TDI
Essigsäure	HAC

Photoionisationsdetektor

- Kontinuierliche quantitative Bestimmung bekannter Reinstoffe in der Umgebungsatmosphäre, die sich durch UV-Anregung bei 10,6 eV ionisieren lassen.
- Unspezifische Bestimmung von Stoffgemischen oder unbekannten Stoffen in der Umgebungsatmosphäre. Es ist lediglich eine Tendenz erkennbar (Zunahme oder Abnahme der Konzentration des Stoffes).
- Eine qualitative Bestimmung unbekannter Substanzen ist nicht möglich.

Persönliche Schutzausrüstung (PSA)

38. Welche Schutzkleidung bietet im Gefahrguteinsatz die höchste Schutzstufe und in welche Kategorien werden diese unterteilt?

Die höchste Schutzstufe bieten Chemikalienschutzanzüge (CSA), die eine Zulassung nach der DIN EN 943 Teil 2 besitzen (Leistungsanforderungen für gasdichte Chemikalienschutzanzüge für Notfall-Teams (Emergency Teams: Abkürzung ET))

Erläuternde Hinweise liefert die vfdb-Richtlinie 0801.

CSA 1a-ET : CSA mit innenliegendem Pressluftatmer
CSA 1b-ET: CSA mit integrierter Maske und außenliegendem Pressluftatmer

Bild 21: CSA 1a-ET (TESIMAX)

Bild 22: CSA 1b-ET (MSA Auer)

39. Was ist bei Gebrauch von Chemikalienschutzanzügen zu beachten?

1. Einsatz und Übung
   - Beständigkeit gegenüber dem Gefahrstoff anhand der Beständigkeitsliste überprüfen
   - Beschlagen der Sichtscheibe, z. B. durch Klarsichtmittel, verhindern
   - Kurze Sichtprüfung (z. B. Sitz der Auslassventile, Befestigung der Stiefel/Handschuhe, Reißverschluss)
   - Funkverbindung herstellen und überprüfen
   - Einsatzzeiten überwachen (maximale Einsatzzeit ca. 30 min)
   - Vor dem Ablegen die Anzüge grob reinigen, dabei das Waschwasser auffangen
   - Verunreinigte Anzüge sicher in Foliensäcke verpacken.
   - Ein CSA darf nur nach vorheriger Unterweisung (inklusive Einsatzübung) von einem Atemschutzgeräteträger getragen werden.
2. Reinigung und Wartung
   - Verunreinigte Anzüge in geeigneten Anlagen reinigen
   - Waschflüssigkeiten zurückhalten und nach Feststellung des Grades der Verunreinigung fachgerecht entsorgen
   - Ventil-, Sicht- und Dichtprüfung am Anzug durchführen
   - Anzug sachgerecht (dunkel, kühl, ausgestreckt liegend) lagern
   - Entscheidung über weitere Verwendung herbeiführen (Reinigung möglich oder Aussonderung)

Geräte für den Gefahrguteinsatz

40. Was ist eine tragbare Gefahrgutumfüllpumpe (GUP)?

Eine GUP ist eine tragbare ex-geschützte Kreiselpumpe, die durch einen Elektromotor angetrieben wird.

Alle Pumpenteile einschließlich Armaturen bestehen aus Edelstahl, ebenso der Pumpenrahmen (s. G 43)

41. Was muss beim Einsatz der GUP beachtet werden?

Da die GUP eine Kreiselpumpe ist, muss diese vor dem Pumpenbeginn entlüftet werden. Dieses kann durch folgende Maßnahmen geschehen:

- Angebaute Entlüftungseinrichtung einsetzen
- Auffüllen der Pumpe mit dem zu pumpenden Medium
- Vorschalten einer Handmembranpumpe, Umschaltung mittels Dreiwegehahn.

Die Betriebsspannung der GUP beträgt 380 V bei 50 Hz.

Der Nennförderstrom beträgt 300 l/min bei einem Nennförderdruck von 1,5 bar.

Bild 23: Gefahrgutumfüllpumpe (Mast)

Bild 24: Schlauchpumpe
mit Schwingungsdämpfer (DEPA/ELRO)

Bild 25: Handmembranpumpe
mit Spritzschutz über der Membran

Bild 26: Tauchpumpe
für Gefahrgut (Mast)

42. Welche Pumpen werden auch noch im Gefahrguteinsatz eingesetzt?

Neben der GUP finden folgende Pumpen Verwendung:

- Schlauchpumpe
- Fasspumpe
- Tauchpumpe
- Handmembranpumpe;

ebenso Industriesauger, hierbei auf Exgefahr achten.

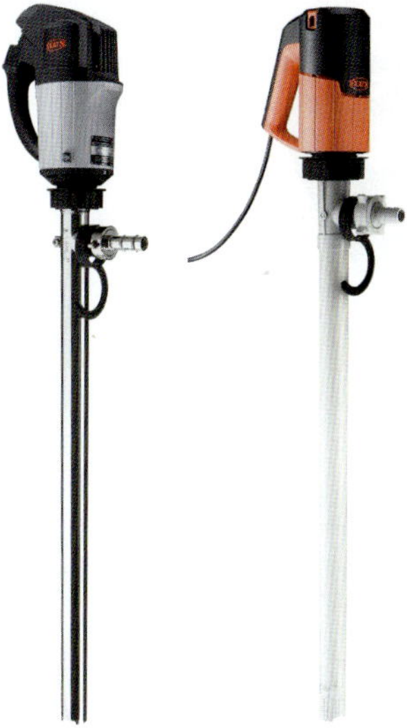

Bild 27: Fasspumpen (Flux)
1 Edelstahlausführung (für Lösungsmittel)
2 Polypropylenausführung
(für Säuren und Laugen)

Bild 28: Industriesauger MPS (Vetter)

43. Wie kann das Einlaufen von Flüssigkeiten in die Kanalisation verhindert werden?

Das Einlaufen in die Kanalisation kann z. B. verhindert werden durch:

- Gullyabdichtungen (wassergefüllte Dichtkissen, Magnetplatten, Gully-Ei etc.)
- Kanaldichtkissen
- Aufschütten von Wällen aus Erde oder Bindemitteln
- Eingebaute mechanische Schließungen (auf Werkgeländen).

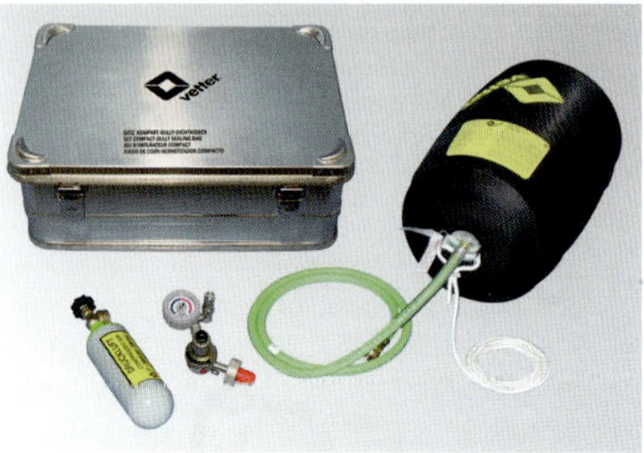

Bild 29:
Satz Gully-Abdichtung (Vetter)

Bild 30:
Schachtabdeckung

44. Welche Arten von Auffangbehältern werden bei der Feuerwehr vorgehalten?

Es werden im Allgemeinen folgende Auffangbehälter eingesetzt:

- Offene Gerüstbehälter
- Geschlossene Faltbehälter (Folienschläuche, etc.)
- Edelstahlbehälter
- Offene Polyethylenwannen
- Europaletten mit geschlossenen PE-Behältern
- Kanister für Kleinmengen (Edelstahl, Kunststoff).

Bild 31:
PE-Wanne

Bild 32:
Edelstahlbehälter

Bild 33: selbsttragender Auffangbehälter (Vetter)

45. Durch welche Maßnahmen können Leckagen abgedichtet werden?

Zum Abdichten von Leckagen können folgende Mittel angewendet werden:

- Keile oder Pfropfen (Holz oder Kunststoff)
- Bitumenbeschichtete Aluminiumfolie
- Bleiwolle (bei aggressiven Flüssigkeiten)
- Abdichtkissen
- Abdichtpasten
- Teflon-Schnüre

Einsatzhinweise

Das Abdichten von beschädigten Behältern ist meist ein sehr schwieriges Unterfangen mit geringem Einsatzerfolg. Daher ist es in der Regel erfolgreicher, austretenden Gefahrstoff aufzufangen und ihn aus dem/den provisorischen Auffangbehälter(n) in entsprechende geeignete Behälter umzupumpen. Dieses Vorgehen ist in der Regel sicherer, schneller und grenzt die Ausbreitung von Gefahrstoffen besser ein.

1 Abdichtpfropfen

2 Bitumenbeschichtete Aluminiumfolie

3 Abdichtpaste (Würth)

4 Leckbandage (Vetter)

Bild 34: Teile 1–4 Geräte zum Abdichten

46. Wie kann kontaminiertes Löschwasser zurückgehalten werden?

Das Löschwasser kann zurückgehalten werden z. B. durch:

- Flüssigkeitssperren bestehend aus Folienschläuchen
- Stationäre Abdichtsysteme an Türen oder Toren
- Einbau von Schwellen z. B. in Lagerhallen oder
- Ausbildung von Tanktassen.

Einsätze mit Mineralöl

47. Was wird unter dem Begriff „Öl“ verstanden?

Der Begriff „Öl“ ist der gemeinsame Name für flüssige organische Verbindungen, die brennbar, leichter als Wasser und in Wasser unlöslich, aber in polaren Lösungsmitteln löslich sind. Im Sprachgebrauch der Feuerwehr wird unter „Öl“ hauptsächlich Mineralöl wie Benzin, Diesel, Heizöl etc. verstanden.

48. Welche Erstmaßnahmen müssen beim Auslaufen von Öl durchgeführt werden?

(Der Maßnahmenvorschlag bezieht sich auf den Einsatzfall, dass Öl nicht ins/aufs Gewässer gelangt ist.)

Es müssen folgende Maßnahmen durchgeführt werden:

- Absperren
- Möglichst schnelle Information der Leitstelle
- Brandschutz sicherstellen
- Größere ausgelaufene Mengen an leicht entzündlichen Flüssigkeiten mit Mittelschaum abdecken
- Einlauf in Kanalisation verhindern
- Ex-Messungen durchführen
- Ausbreitung verhindern
- Auslaufende Flüssigkeiten auffangen (ggf. Leck abdichten)
- Zündquellen vermeiden
- Ausgelaufene Flüssigkeit aufnehmen und in intakte Behältnisse (z. B. Fässer, Tankwagen) umfüllen
- Reste der ausgelaufenen Flüssigkeit mit Bindemittel abstreuen
- Bei Tankfahrzeugen den „Not-Aus“-Knopf betätigen
- Bei Brand Schwerschaum oder Löschpulver (ABC, BC) einsetzen – bei Pulver Gefahr der Rückzündung –
- Einlauf in Gewässer möglichst verhindern.

49. Wie sind die Zuständigkeiten bei Ölunfällen geregelt?

Die zum Schutz der Gewässer erforderlichen Anordnungen trifft grundsätzlich die Untere Wasserbehörde. Kann die zuständige Stelle nicht rechtzeitig tätig werden, trifft die Ortspolizeibehörde die erforderlichen Maßnahmen.

Die Feuerwehr wird mit Erstmaßnahmen tätig. Sie hat dabei mit der Unteren Wasserbehörde und den sonstigen Stellen unter Beachtung der Zuständigkeiten eng zusammenzuarbeiten.

Der Einsatz der Feuerwehr ist zu beenden, wenn die unmittelbaren Gefahren abgewendet sind. Die Untere Wasserbehörde ist auch bei den Maßnahmen der Feuerwehr beratend tätig.

Alle weiteren Maßnahmen nach den Erstmaßnahmen obliegen der Unteren Wasserbehörde.

50. Was ist beim Umpumpen von brennbaren Flüssigkeiten zu beachten?

Der Brandschutz ist während des gesamten Pumpvorganges zu gewährleisten.

Grundsätzlich muss vor Beginn des Umpumpens ein Potenzialausgleich durchgeführt werden.

51. Was sind Bindemittel und welche Arten gibt es?

Bindemittel dienen zum Aufnehmen von kleineren Mengen ausgelaufener Flüssigkeit. Sie werden unterteilt in Ölbindemittel, zur Aufnahme von Mineralölen, und in Chemikalienbindemittel, zur Aufnahme aller anderen Flüssigkeiten.

52. Welche Anforderungen werden an Ölbindemittel gestellt?

Ölbinder sind so beschaffen, dass ihre äußere und innere Oberflächenbeschaffenheit sowie ihre Bindekräfte es ermöglichen, Öle aufzunehmen und festzuhalten. Vielfach wird das Grundmaterial so aufbereitet, dass es gleichzeitig ölanziehend und wasserabweisend wirkt. Es werden vier Typen von Ölbinder unterschieden:

Typ I: Ölbinder mit besonderer Eignung für den Einsatz auf Gewässern.

Typ II: Ölbinder für den allgemeinen Einsatz auf dem Land und kleineren Gewässern.

Typ III: Ölbinder für besondere Bedarfsfälle, insbesondere in Gewerbe und Industrie. Diese Ölbinder müssen nicht wasserabweisend sein.

Typ IV: Ölbinder mit besonderer Eignung für den Einsatz auf Gewässern. Sie sind dadurch gekennzeichnet, dass ein Volumen von mindestens 25 l durch eine durchlässige Umhüllung gebunden ist.

Binder mit zusätzlichen Eigenschaften erhalten zur Typbezeichnung die Zusatzbezeichnung SF (z. B. Ölbinder Typ I-SF).

53. Was können Ölsperren und wie sind sie aufgebaut?

Ölsperren verhindern die Ausbreitung von Mineralöl auf der Oberfläche von stehenden oder fließenden Gewässern. Es werden bei der Feuerwehr Balken-, Segment-, Schlauch- und Tauchwandsperren verwendet. Die Längenmaße sind 2 m, 3 m, 4 m, 10 m, 20 m und 50 m. Tauchwandsperren sind mit „Schürzen" ausgestattet. Die Zugkraft in Längsrichtung wird bei „Kunststoff-Sperren" mittels Kette oder Drahtseil aufgenommen. Gegen „Umkippen" werden manche Sperren an der Schürze mit Gewichten belastet, oder sie haben ein zusätzliches Fußseil oder eine Kette (aus Stahl).

54. Was ist ein Ölabscheider, wie wird er eingesetzt?

Ölabscheider werden in Verbindung mit einer Schnecken-Exzenterpumpe und einem Öl-Absauggerät (Öl-Skimmer) zum Abpumpen von Ölschichten auf Gewässern eingesetzt. Die Schnecken-Exzenterpumpe ist erforderlich, um beim Pumpen die Bildung von Emulsion zu vermeiden. Diese wäre nach dem Schwerkraftprinzip nicht abscheidbar. Das Wasser-Öl-Gemisch wird über einen Einlauf in Mehrkammer-

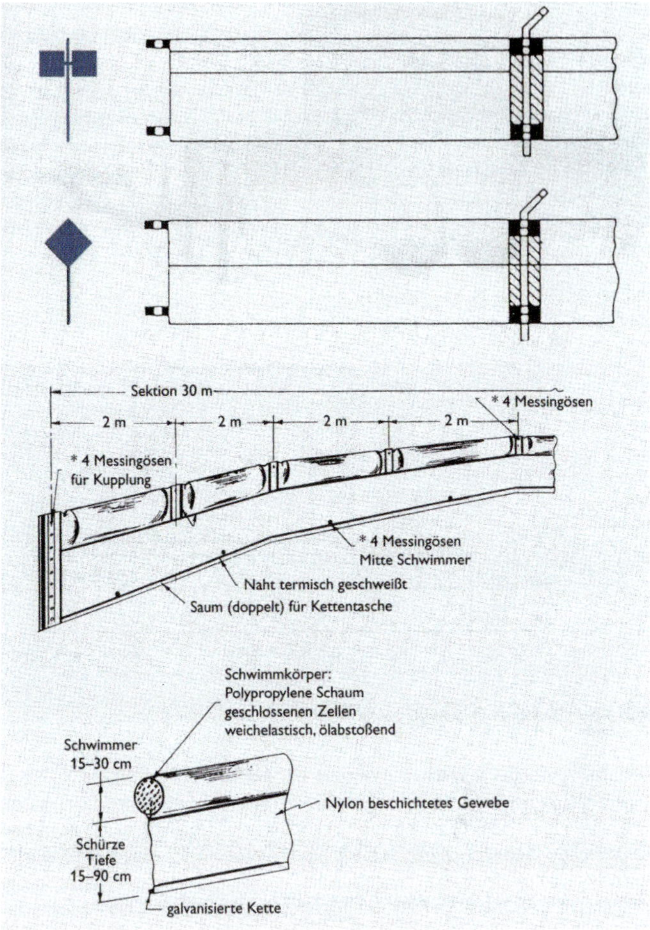

Bild 35: Ölsperren (Segmentbauweise, oben; Tauchwandsperre, Mitte und unten)

Bild 36: Ölabscheider (System Schmitz)

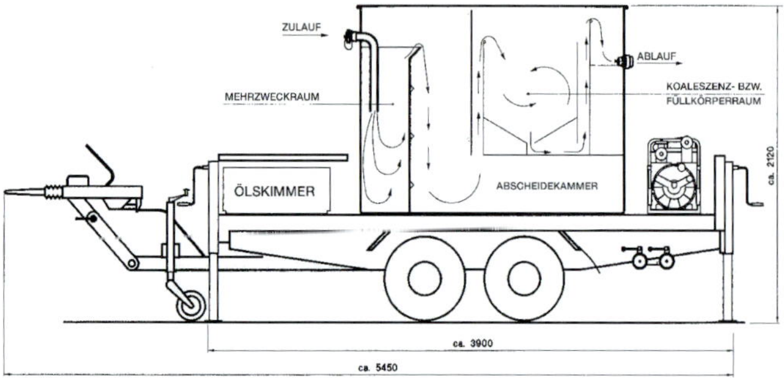

Bild 37: Aufbau eines Ölabscheiders (Schwerkraftprinzip, System Schmitz)

behälter gefördert. Dort schwimmt der leichtere Stoff, das Öl – aufgrund des geringeren spezifischen Gewichtes – auf und wird über einen Ölablauf zur Ölablaufleitung geführt (Schwerkraftprinzip). Das restliche Öl-Wasser-Gemisch fließt weiter über Filtereinrichtungen (Ölbindemittel) und soll dort so weit gebunden werden, dass das Wasser in die Kläranlage bzw. den Vorfluter abgegeben werden kann. Das Abscheideverhalten, d.h. der Restölgehalt, ist u.a. von den nachfolgenden Betriebsbedingungen abhängig:

- Dicke der Ölschicht
- Größe des Förderstroms des Öl-/Wassergemisches
- Wasserförderstrom
- Verweildauer im Ölabscheider
- Umfang der Emulsionsbildung.

55. Welches Funktionsprinzip hat ein Ölabscheider?

Ein Ölabscheider arbeitet nach dem Schwerkraftprinzip und bewirkt so die Trennung von Öl-Wasser-Gemischen. Die reguläre Schnecken-Exzenterpumpe fördert das Öl-Wasser-Gemisch, weitestgehend ohne Emulsionsbildung, in den Ölabscheider. Dort wird die Strömungsgeschwindigkeit stark verringert und das leichtere Öl kann zur Oberfläche aufsteigen. Durch zusätzliche Einbauten wird bewirkt, dass kleine Öltropfen sich aneinanderlagern, so dass der Dichteunterschied noch besser zur Wirkung kommt (Erhöhung der Trennwirkung).

Q

Messgeräte

1. Welche Informationen erhält die Feuerwehr beim Messeinsatz?

Der Messeinsatz liefert Informationen über:

- Art und Eigenschaft des Stoffes
- Konzentration und Konzentrationsverlauf
- Voraussichtliche Entwicklung der Ausbreitung
- Voraussichtliche Expositionsdauer

2. Welche Messgeräte zur Messung brennbarer und toxischer Stoffe sind in der feuerwehrtechnischen Beladung von Feuerwehrfahrzeugen und Fahrzeugen des Katastrophenschutzes enthalten?

Auf genormten Feuerwehrfahrzeugen befinden sich:

- Tragbare Messgeräte für den Explosionsschutz
- Handmessgeräte für den Explosionsschutz
- Prüfröhrchen-Messeinrichtungen, bestehend aus Prüfröhrchenpumpe und Prüfröhrchensatz
- Halbquantitativ anzeigende Prüfröhrchensätze (Simultan- oder Quantitests)
- Öltestpapier
- pH-Indikatorpapier

Die Fahrzeuge des Katastrophenschutzes (ABC-Erkundungskraftwagen) verfügen zusätzlich über:

- Ionen-Mobilitäts-Spektrometer (IMS),
- Photo-Ionisations-Detektor (PID) und
- Radiologische Messtechnik.

Tabelle 1: Messtechnische Beladung von Feuerwehrfahrzeugen

DIN-Norm	**ELW 1** 14507-2	**RW** 14555-3	**GW-G** 14555-12	**GW-L1** 14555-21	**GW-L2** 14555-22	**ErkK-W** Bund	**GW-Mess**
Tragbares Messgerät für den Explosionsschutz	+*	–	+	+	+	+**	+***
Tragbares Handmessgerät für den Explosionsschutz	–	+	+	+	+	–	+***
Prüfröhrchenpumpe mit Prüfröhrchensatz	+*	–	+	+	+	+**	+***
Halbquantitativ anzeigender Prüfröhrchensatz	+*	–	+	+	+	–	+***
Indikatorpapier	–	+	+	+	+	+	+***
Öltestpapier	–	+	+	+	+	+	+***
Gerätesatz für Probenahme	–	–	+	+	+	+	+***
zusätzliche Messausstattung z. B. elektrochemische Sensormessgeräte, pH-Messgerät, Photometer …	–	–	(PID) auf Wunsch des Bestellers	–	–	PID IMS	+***

* Auf das Mitführen dieser Beladung darf verzichtet werden, wenn sichergestellt ist, dass diese bei Bedarf rechtzeitig an der Einsatzstelle zur Verfügung gestellt wird.

** Zusatzbeladung Baden-Württemberg

*** Kein genormtes Fahrzeug, länderspezifische Beladung

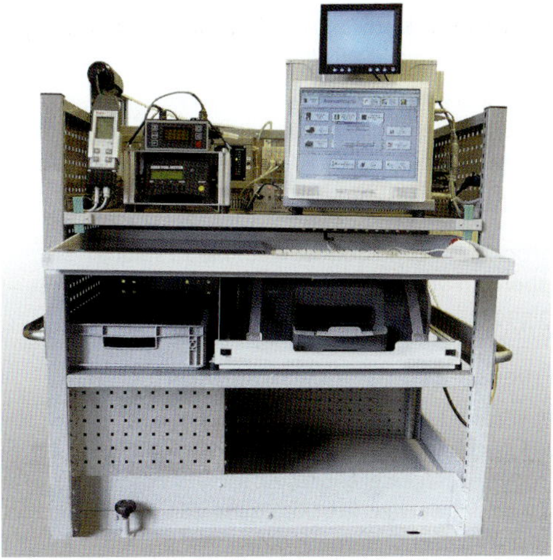

Bild 1: Messcontainer ABC-Erkundungsfahrzeug
(Bundesamt für Bevölkerungsschutz und Katastrophenhilfe – BBK)

3. Welche Schadstoffe in der Luft können von den unterschiedlichen Messgeräten nachgewiesen werden?

Messgeräte für den Explosionsschutz:

- Feststellen und kontinuierliches Überwachen aller brennbaren dampf- und gasförmigen Stoffe.

Prüfröhrchen Meßsysteme und elektrochemische Sensormessgeräte:

- Bekannte Stoffe, für die Röhrchen aus dem mitgeführten Prüfröhrchensatz nach DIN 14555 vorliegen oder die aufgrund definierter Querempfindlichkeiten eingesetzt werden können.

Halbquantitativ anzeigende Prüfröhrchensätze (z. B. Simultantest):

- Folgende Brand- und Zersetzungsgase sowie organische Schadstoffgruppen:
  Kohlenstoffmonoxid, Blausäure, Salzsäure, Nitrose Gase, Formaldehyd, Ammoniak, Schwefeldioxid, Chlor, Schwefelwasserstoff,

Kohlenstoffdioxid, Phosgen, Ketone, Alkohole, Aromaten, aliphatische und chlorierte Kohlenwasserstoffe.

Messgeräte des ABC-Erkundungskraftwagen (ABC-ErkKW)

- Ionen-Mobilitäts-Spektrometer (IMS): die häufigsten Kampfstoffe sowie 7 Industrie-Chemikalien.
- Photo-Ionisations-Detektor (PID): Quantitative Erfassung von 109 Chemikalien
- NBR- und Proportionalzählrohr-Sonde: Gamma-Strahlung im Dosisleistungsbereich von 10 nSv/h bis 1 Sv/h; Erkennen von künstlichen Strahlenquellen.

4. Wozu dienen Explosionswarngeräte?

Mit Explosionswarngeräten können explosionsfähige Gemische, die sich aus brennbaren Gasen und Dämpfen zusammen mit der Umgebungsluft gebildet haben, festgestellt und kontinuierlich überwacht werden. Tragbare Explosionswarngeräte unterscheiden sich von Handmessgeräten durch die eingebaute Pumpe. Daher können sie mittels Teleskop-, Steck- oder Schwimmersonde auch für Messungen an unzulänglichen Stellen, wie z. B. in Kanalschächten, Deckenbereichen oder auf Gewässern eingesetzt werden.

X-am 2000 (Dräger)

TITAN (MSA-Auer)

EX-METER II (MSA-Auer)

Bild 2: Explosions-Handwarngeräte

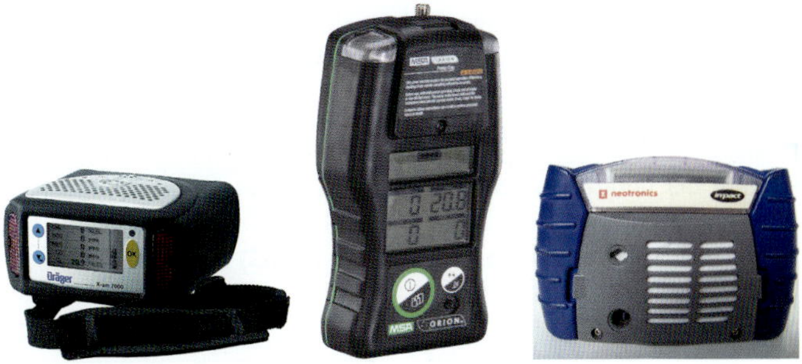

X-am 7000 (Dräger) ORION (MSA-Auer) Neotronics IMPACT PRO (Honeywell)

Bild 3: Tragbare Ex-Warngeräte

5. Welche Messgröße wird von Ex-Warngeräten angezeigt?

Gemische brennbarer Gase und Dämpfe mit Luft sind nur in einem bestimmten Mischungsbereich zünd- bzw. explosionsfähig. Dieser Bereich ist spezifisch für den brennbaren Stoff und abhängig von der Konzentration der Komponenten Gas/Dampf in der Umgebungsluft.

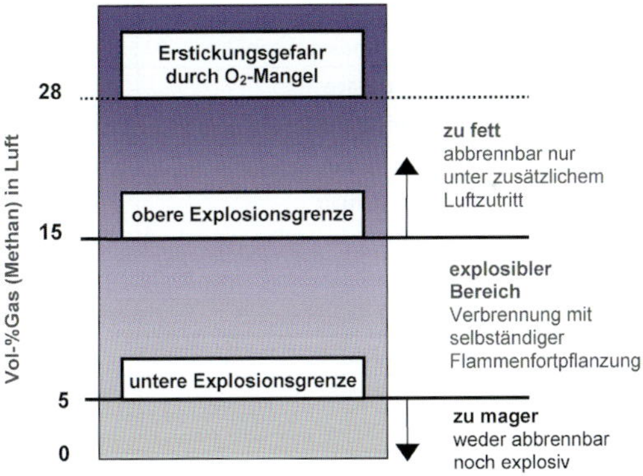

Bild 4: Brennbare Gas-Luft-Gemische (Methan)

Der entzündbare bzw. explosible Mischungsbereich wird durch die „untere“ Explosions- oder Zündgrenze (**UEG**)“ und die „obere Explosions- oder Zündgrenze (**OEG**)“ begrenzt. Eine frühzeitige Warnung muss vor der unteren Explosions- oder Zündgrenze erfolgen. Deshalb wird auf dem Display des Explosionswarngerätes die Angabe in Prozent der unteren Explosionsgrenze **(% UEG)** angezeigt.

Tabelle 2: Untere Explosionsgrenze (UEG) für brennbare Gase und Dämpfe in Luft

Brennbare Gase	UEG [Vol %]
Acetylen	2,3
Ammoniak	15,4
Butadien-1,2	1,6
Butadien-1,3	1,4
Butan	1,4
Chlormethan (Methylenchlorid)	7,6
Ethan	2,4
Ethylen	2,4
Ethylenoxid	2,6
Methan	4,4
Propan	1,7
Propen	1,8
Vinylchlorid	3,8
Wasserstoff	4,0

Kenngrößen: BAM, PTB

Brennbare Dämpfe	UEG [Vol %]
Aceton	2,5
Allylchlorid (3-Chlorpropen)	3,2
Benzin (FAM-Normalbenzin nach DIN 51635)	1,1
Butanon	1,5
1,2-Dichlorethan	6,2
Dichlormethan	13,0
Diketen	1,7
Essigsäure	4,0
Essigsäureanhydrid	4,0
Ethanol	3,1
1-Ethoxypropan-2-ol	1,3
Ethylacetat	2,0
Methanol	6,0
n-Hexan	1,0
n-Pentan	1,4
n-Propanol (Propanol-1-ol)	2,1
iso-Propanol (Propan-2-ol)	2,0
1,2 Propylenoxid	1,9
Toluol	1,1
o-Xylol	1,0
m-Xylol, p-Xylol	1,1

6. Was muss während und nach einem Einsatz mit Explosionswarngeräten beachtet werden?

Um ein einwandfreies und sicheres Funktionieren der Explosionswarngeräte zu gewährleisten sind folgende Punkte zu beachten:

- Gerät außerhalb des Gefahrenbereiches anschalten.
- Einsatzkurzprüfung durchführen (hierbei unbedingt die Gebrauchsanleitung des Herstellers beachten!)
- Im Einzelnen: Beim Einschalten Kontrolle der Batterieladung, der Funktionsfähigkeit des Displays und der Warneinrichtung (Warnsignale), die richtige Einstellung der Alarmschwellen und des Nullpunkts). Ggf. (nach Gebrauchsanleitung) Frischluftjustage und Prüfung der Alarmschwellen vornehmen.
- Das Warngerät darf nicht in mit Sauerstoff angereicherter Luft eingesetzt werden.
- Langsam in den Gefahrenbereich eindringen (je nach Lage Gerätepumpe mit Messgas- oder Schwimmersonde einsetzen).
- Mechanische Erschütterungen vermeiden (Stoß, Schlag).
- Anzeige beobachten und auf optischen oder akustischen Alarm achten.
- Nach der Messung Probenahmesystem und Messzelle mit Luft spülen, bis die Anzeige auf Null zurückgeht. Gerät erst außerhalb des Gefahrenbereiches ausschalten.
- Nach dem Einsatz eine Funktionsüberprüfung (Kalibrierung) des Gerätes durch den ausgebildeten Gerätewart, die Herstellerfirma bzw. einen Sachkundigen durchführen lassen.

Bild 5: Schwimmersonde (links; MSA Auer) und zusammensteckbare Probenahmesonde (rechts; Dräger)

7. Was ist zu beachten, wenn Gasgeruch im Freien festgestellt wird?

- Gefahrenbereich räumen und im Umkreis von 50 m absperren, dabei Windrichtung beachten.
- Nicht benötigtes Personal von der Einsatzstelle fernhalten.
- Zündquellen beseitigen, d. h. Fahrzeugmotoren abstellen, elektrische Schaltvorgänge unterbinden, Rauchverbot beachten und Funkenbildung vermeiden.
- Nur ex-geschützte Geräte verwenden.
- Angrenzende Gebäude, Schächte, Kanäle, Kabel- und Leitungsdurchführungen durch Ex-Messungen überprüfen.
- Gasversorgungsunternehmen verständigen und weitere Maßnahmen absprechen.

8. Was ist zu beachten, wenn Gasgeruch in Gebäuden festgestellt wird?

- Gefahrenbereich räumen und im Umkreis von 50 m absperren
- Gasabsperreinrichtungen im Gebäude schließen.
- Zündquellen beseitigen, d. h. keine elektrischen Schalteinrichtungen betätigen, nicht telefonieren, Rauchverbot beachten und die betroffenen Gebäude durch die Energieversorgungsunternehmen „stromlos“ schalten lassen.
- Nicht benötigtes Personal von der Einsatzstelle fernhalten.
- Türen und Fenster öffnen, Gebäude belüften.
- Funkenbildung vermeiden.
- Nur ex-geschützte Geräte verwenden.
- Gebäude räumen.
- Einsatzstelle sichern.
- Ex-Messungen durchführen.
- Nachbargebäude, Kanäle, Schächte usw. auf Gas überprüfen
- Gasversorgungsunternehmen verständigen

9. Was sind Vielfach-Sensormessgeräte?

Sensormessgeräte sind Handmessgeräte oder tragbare Messgeräte mit fest eingebauten oder wechselbaren Messzellen. Die Messzellen werden auch als Sensoren bezeichnet und arbeiten nach unterschiedlichen Prinzipien. So werden für die Messung brennbarer Gas-Dampf-Luft-Gemische Wärmetönungs-Sensoren verwendet, während zur Messung toxischer Gase oder von Sauerstoff Elektrochemische oder Infrarot-Sensoren eingesetzt werden. Häufig wird in den modernen Vielfach-Gaswarngeräten eine Kombination dieser Sensoren verwendet.

Bild 6: Ex-Wärmetönungssensor, links und elektrochemische Steck-Sensoren, rechts (beide Dräger)

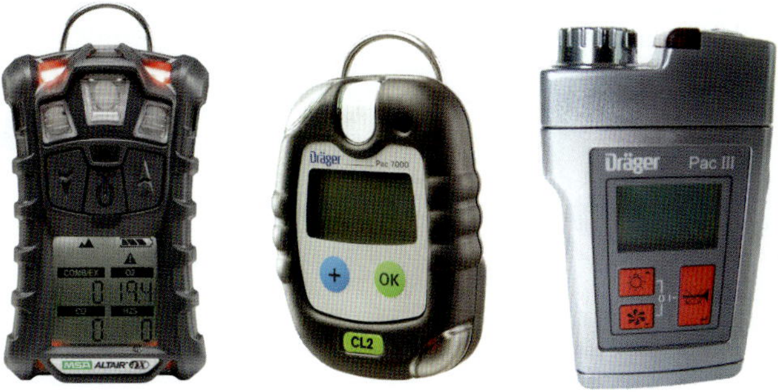

ALTAIR 4X (MSA-Auer) Pac 7000 (Dräger) Pac III (Dräger)

Bild 7: Verschiedene elektrochemische Sensormessgeräte

10. Wie kann Sauerstoffmangel nachgewiesen werden?

Sauerstoffmangel kann mittels Gaswarngeräten mit elektrochemischer Messzelle oder durch den Einsatz von Sauerstoff-Prüfröhrchen nachgewiesen werden.

11. Was ist beim Einsatz von Prüfröhrchen zu beachten?

Folgende Punkte sind beim Einsatz zu beachten:

- Prüfröhrchen und Prüfröhrchenpumpe müssen aufeinander abgestimmt sein.
- Es muss bekannt sein, um welchen zu messenden Stoff es sich handelt.
- Prüfröhrchen auswählen und Beipackzettel beachten (insbesondere Röhrchenaufbau, Messbereich und Hubzahl, Querempfindlichkeit und Haltbarkeitsdatum).
- Funktionsfähigkeit der Pumpe überprüfen (siehe Q 12).
- Zählwerk der Pumpe auf Null stellen.
- Glasspitzen abbrechen.
- Röhrchen in Pfeilrichtung zur Pumpe in Pumpe einsetzen.
- Messen, beginnend beim größten Messbereich (kleinste Hubzahl). Wenn keine Anzeige sichtbar, dann zu kleinerem Messbereich übergehen (größte Hubzahl).

ACCURO (Dräger) | AS TESTER II H (MSA-Auer) | Prüfröhrchen- Kolbenpumpe (RAE)

Bild 8: Prüfröhrchenpumpen

TOXIMETER II (MSA-Auer)

ACCURO 2000 (Dräger)

Bild 9: Automatische Prüfröhrchenpumpen

- Sofort Auswertung der Anzeige, evt. Farbvergleich mit unverbrauchtem Prüfröhrchen, vornehmen.
- Protokollierung und Weitergabe des Messwertes mit Angabe der Konzentration, Uhrzeit und Ort der Messung.

12. Wie wird eine Einsatzkurzprüfung von Prüfröhrchenpumpen durchgeführt?

- Prüfen auf Gasdurchfluss: Pumpvorgang ohne Röhrchen durchführen. Der Gummibalg muss sich innerhalb weniger Sekunden in seine Ausgangsstellung zurückbewegen.
- Prüfen auf Dichtigkeit: Pumpvorgang mit einem verschlossenem Röhrchen durchführen. Der entstehende Unterdruck muss über eine Minute gehalten werden.
- Abweichende Herstellerangaben beachten.

13. Was bedeutet der Begriff Querempfindlichkeit bei Prüfröhrchen?

Sind bei einer Messung mehrere Verunreinigungen gleichzeitig vorhanden, kann der Einfluss von Störkomponenten das Messergebnis beeinflussen, da die Anzeigeschicht oftmals auf unterschiedliche Gase und Dämpfe unter Farbänderung reagiert. Damit eine Messwertverfälschung ausgeschlossen bzw. mit berücksichtigt werden kann, sind die Angaben über Querempfindlichkeit auf dem Beipackzettel der Prüfröhrchenpackung zu beachten.

DE - Ammoniak 5/a (CH20501) Dräger-Röhrchen®

WARNUNG

Röhrcheninhalt hat toxische/ätzende Eigenschaften, nicht verschlucken, Haut- oder Augenkontakt ausschließen. Vorsicht beim Öffnen, es können Glassplitter abspringen.

1 Anwendungsbereich/Umgebungsbedingungen

Bestimmung von Ammoniak (NH_3) in Luft und technischen Gasen.

Messbereich	: 5 bis 70 ppm	50 bis 600 ppm
Hubzahl (n)	: 10	1
Dauer der Messung	: ca. 1 Min	ca. 10 s.
Standardabweichung	: ± 10 bis 15 %	
Farbumschlag	: gelb → blau	
Temperatur	: 10 °C bis 50 °C	

Feuchtigkeit: < 20 mg/L (entspr. 100 % r.F bei 23 °C)

Korrekturfaktor: F = 1013/tatsächlicher Luftdruck (hPa).

2 Reaktionsprinzip

NH_3 + pH-Indikator → blaues Reaktionsprodukt

3 Voraussetzungen

Die Funktionsweise der Röhrchen und der Dräger-Gasspürpumpen sind aufeinander abgestimmt. Die Verwendung anderer Pumpen kann die ordnungsgemäße Funktion der Röhrchen gefährden.

Gebrauchsanweisung der Pumpe (Dichtetest!) beachten.

Messwert gilt nur für Ort und Zeitpunkt der Messung.

4 Messung durchführen und auswerten

WARNUNG

Alle Spitzen des Röhrchens müssen abgebrochen sein, sonst ist eine Messung nicht möglich. Beim Einsetzen des Röhrchens muss der Pfeil zur Pumpe zeigen.

1. Beide Spitzen des Röhrchens im Dräger-Röhrchen-Öffner abbrechen.
2. Röhrchen dicht in die Pumpe einsetzen. Pfeil zeigt zur Pumpe.
3. Luft- oder Gasprobe durch das Röhrchen saugen.
4. Gesamte Länge der Verfärbung ablesen. Wert mit dem Faktor F für die Luftdruckkorrektur multiplizieren.
5. Pumpe nach Gebrauch mit Luft spülen.

1 ppm NH_3 = 0,71 mg NH_3 /m^3

1 mg NH_3 /m^3 = 1,41 ppm NH_3 (bei 20 °C, 1013 hPa)

5 Querempfindlichkeiten

Andere basische Stoffe wie z.B. organische Amine werden ebenfalls angezeigt, jedoch mit unterschiedlicher Empfindlichkeit.

Keine Störung der Anzeige durch 300 ppm Nitrose Gase, 2000 ppm SO_2 oder 2000 ppm H_2S.

6 Weitere Informationen

Auf der Verpackungsbanderole befinden sich Bestellnummer, Verbrauchsdatum, Lagertemperatur und Seriennummer. Bei Rückfragen die Seriennummer angeben.

HINWEIS

Nach Ablauf des Verbrauchsdatums Röhrchen nicht mehr verwenden. Röhrchen gemäß den örtlichen Richtlinien entsorgen oder in der Verpackung zurückgeben. Sicher vor Unbefugten lagern.

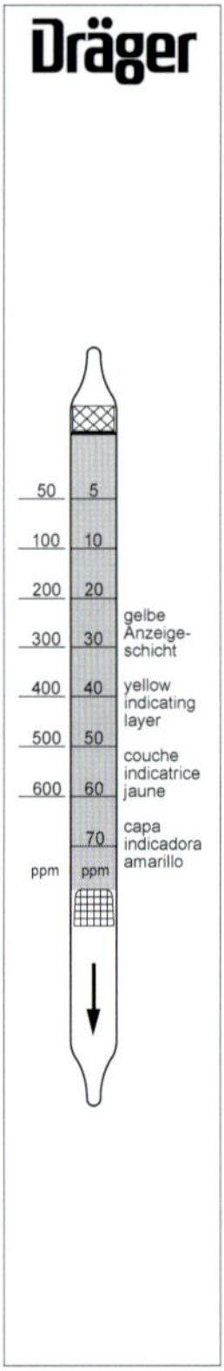

Bild 10: Beipackzettel für Prüfröhrchen (Dräger)

14. Welche Prüfröhrchen enthält der Prüfröhrchensatz nach DIN 14555

Prüfröhrchenliste
Gerätewagen Gefahrgut GW-G
DIN 14555-12 (April 2005)

Prüfröhrchenart	Anzeigebereich	AGW	ETW
Aceton	100 – 12000 ml/m³	500	500
Acrylnitril	0,5 – 20 ml/m³	(3) TRK	20
Ammoniak	25 – 250 ml/m³	50	110
Chlor	0,25 – 2,5 ml/m³	0,5	1
Chlorwasserstoff (Salzsäure)	2,5 – 25 ml/m³	5	5,4
Cyanwasserstoff (Blausäure)	5 – 50 ml/m³	1,9	3,5
Fluorwasserstoff	1,5 – 60 ml/m³	1	12
Formaldehyd	0,5 – 25 ml/m³	(0,5) TRK	1
Hydrogensulfid (Schwefelwasserstoff)	5 – 50 ml/m³	10	20
Kohlenstoffdioxid (Kohlendioxid)	2500 – 25000 ml/m³	5000	10000
Kohlenstoffmonoxid (Kohlenmonoxid)	15 – 150 ml/m³	30	33
Kohlenwasserstoff	500 – 5000 ml/m³	–	–
Kohlenstoffdisulfid (Schwefelkohlenstoff)	3 – 95 ml/m³	10	10
Methanol und Ethanol	500 – 5000 ml/m³	500 (Ethanol)	3000 (Ethanol)
Nitrose Gase	2,5 – 25 ml/m³	5 (MAK)	8,2
Phosgen (Carbonylchlorid)	0,05 – 0,5 ml/m³	0,02	0,08
Schwefeldioxid	1 – 10 ml/m³	0,5 (MAK)	1
Styrol	10 – 200 ml/m³	20	40
Toluoldiisocyanat (TDI)	0,02 – 0,2 ml/m³	(0,1) MAK	0,02
Trichlorethen	25 – 250 ml/m³	50	100
Vinylchlorid	1 – 50 ml/m³	2 (TRK)	100

Außerdem muss ein qualitativ anzeigendes Prüfröhrchen, vorwiegend für organische Verbindungen, vorhanden sein.
Halbquantitativ anzeigender Prüfröhrchensatz (z. B. Simultantest) nach VFDB Richtlinie 10/01.

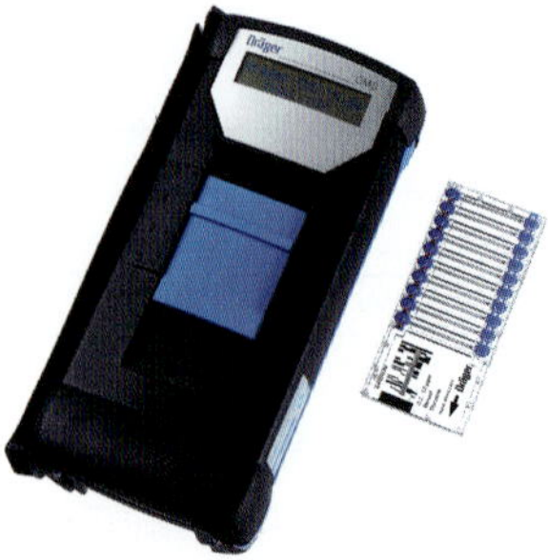

CMS (Dräger)

Bild 11: Chip-Mess-System

15. Was ist ein Chip-Mess-System (CMS)

Das Chip-Mess-System ist eine Weiterentwicklung der Prüfröhrchentechnik. Das System besteht aus einem Analyzer als Mess- und Auswerteeinheit und Chips mit jeweils 10 Mess-Kapillaren bzw. Messkanälen. Die Mess-Kapillaren sind wie bei den handelsüblichen Prüfröhrchen mit stoffspezifischen Reagenzsystemen gefüllt. Über einen Barcode auf dem Chip wird die Verbindung zum Auswertegerät hergestellt und Parameter wie Gasart oder Messbereich übertragen. Der Gasdurchfluss sowie die Auswertung und Anzeige der Messung erfolgt automatisch. Dadurch werden Bedienungs- und Ablesefehler verhindert.

16. Womit können orientierende Messungen auf Schadstoffe bei Bränden oder Zersetzung durchgeführt werden?

Bei Untersuchungen wurde festgestellt, dass neben einer Vielzahl pyrolytischer Zersetzungsprodukte überwiegend 11 einfache anorganische Brand- und Zersetzungsgase als Hauptkomponenten bei einem Brand entstehen können. Für diese Anwendungsfälle wurden sogenannte Simultantest-Sets entwickelt. Sie bestehen aus jeweils fünf parallel in einer Gummimanschette angeordneten Prüfröhrchen. Werden mit diesem Messverfahren für ein oder mehrere Gase bedenkliche Konzentrationen angezeigt, können diese Stoffe als sogenannte Leitkomponenten erfasst werden. In der Annahme, dass einer hohen Konzen-

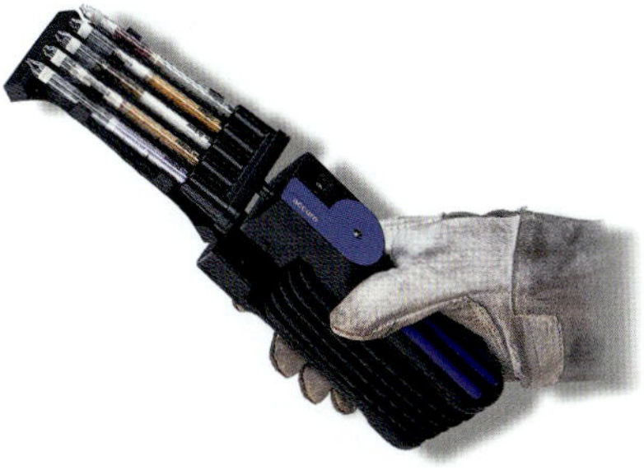

Bild 12: Dräger Simultantest

tration der Leitkomponente auch eine hohe Konzentration der restlichen Schadstoffe zugrunde liegt und umgekehrt, kann durch nachfolgende Messungen mit dem entsprechenden Einzelröhrchen eine Abschätzung der Gefahr vorgenommen werden.

Tabelle 3: Leitkomponenten in Verschwelungs- und Verbrennungsprodukten

Leitkomponente	Ausgangsstoff
Salzsäure	chlorierte Kohlenwasserstoffe, chlorhaltige Kunststoffe, PVC, Chloropren
Blausäure	Polyurethane, Celluloid, Polyacrylnitril, Nylon, Wolle, Seide
Kohlenstoffmonoxid	kohlenstoffhaltige Verbindungen, Kohlenwasserstoffe, Naturstoffe wie Holz und andere pflanzliche Produkte
Ammoniak	Polyamide, Epoxidharze, Melaminharze, Wolle, Seide
Nitrose Gase	Düngemittel, Ammoniumnitrate
Schwefeldioxid	schwefelhaltiges Heizöl, Kohle, Torf, schwefelhaltige Proteine, Wolle, Seide, Gummi
Chlor	chlorierte Kohlenwasserstoffe
Schwefelwasserstoff	organische Schwefelverbindungen
Phosgen	chlorierte Kohlenwasserstoffe, organische Säurechloride, chlorhaltige Kunststoffe

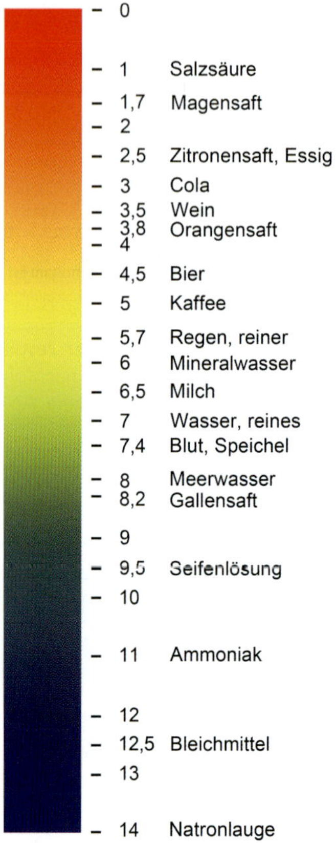

Bild 13: pH-Wert Skala

17. Was versteht man unter dem pH-Wert?

Der pH-Wert ist ein Maß für die saure oder alkalische Reaktion einer wässrigen Lösung.

Die pH-Wert-Skala erstreckt sich von 0 bis 14. Er ist der negative dekadische Logarithmus der Wasserstoffionen-Aktivität. Saure Lösungen haben einen pH-Wert von 0 bis 6, basische Lösungen einen pH-Wert von 8 bis 14 und neutrale Lösungen einen pH-Wert von 7.

18. Wie kann der pH-Wert von Flüssigkeiten und Feststoffen bestimmt werden?

Der pH-Wert kann mit pH-Papieren (z. B. Universalindikatorpapier), Indikatorlösungen oder mit pH-Wert-Messgeräten bestimmt werden.

Bei stark verschmutzten, verfärbten und hochkonzentrierten Flüssigkeiten sind pH-Testpapiere und Indikatorlösungen nur begrenzt einsetzbar, da der Farbumschlag optisch beeinträchtigt bzw. durch Zerstörung des Farbstoffes behindert wird.

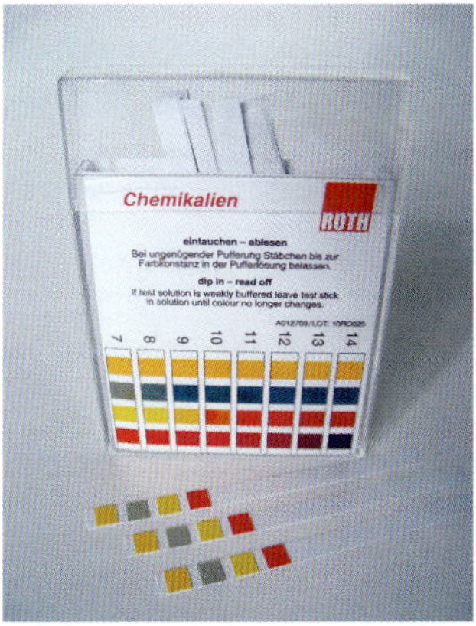

pH-Teststäbchen (Roth)

Universalindikatorpapier (Merck)

Bild 14: Indikatorpapiere

19. Womit können orientierende Messungen auf Wasserinhaltsstoffe durchgeführt werden?

Zur einfachen und schnellen Messung von Wasserinhaltsstoffen eignen sich diverse Wassertestpapiere. Für qualitative Messungen sind tragbare Photometer geeignet.

20. Wie wird bei der Messung giftiger oder ätzender Gase und Dämpfe mit Prüfröhrchen oder Sensorgeräten vorgegangen?

Probenahme und Messung im Inneren von Gebäuden:

- Zwangsbe- und -entlüftung, Klimaanlagen beachten, gegebenenfalls abstellen lassen, um Gefahrenbereich einzugrenzen.
- Messungen in Augenhöhe. An ausgewählter Stelle mindestens 2 Messungen durchführen und Mittelwert bilden. Dichteverhältnis der Gase/Dämpfe zu Luft beachten.
- Messstelle an der Stelle vermuteter höchster Konzentration wählen.

- Etwa ausgetretene oder gebildete Menge des Gases abschätzen.
- Messprotokoll (Karte) ausfüllen.
- Gegebenenfalls Referenzmessung im Freien in sauberer Luft durchführen.

Probenahme und Messung im Freien:

- Windverhältnisse beachten, Gelände und Bebauung beachten (Anström- und Abströmseite, Windwirbel)
- Messung in Ausbreitungsrichtung mit dem Wind, Wetterlage (stabil, instabil) beobachten,
- Auftreffpunkt von Brandgaswolken beobachten.
- Messungen zu unterschiedlichen Zeitpunkten, jeweils 2 Messungen und Mittelwert bilden,
- Messprotokoll (Karte) ausfüllen (vgl. Q 23).

21. Welche Faktoren beeinflussen die Ausbreitung gas- und dampfgetragener Luftschadstoffe?

Stoffliche Faktoren

- Masse des freigesetzten Stoffes
- Physikalische und chemische Eigenschaften (z. B. Siedetemperatur, Dampfdruck, Gas- und Dampfdichte)

Einflüsse der Schadenslage

- Art der Freisetzung (schlagartige Freisetzung, Lachenverdampfung, kontinuierliche Freisetzung)
- Besondere Faktoren (z. B. Brandeinwirkung)

Meteorologische Faktoren

- Nebelbildung (z. B. Bodennebel)
- Regen (z. B. kein-, wenig-, mittlerer- oder starker Regen)
- Luftdruck
- Lufttemperatur
- Bewölkung
- Windgeschwindigkeit
- Jahres- und Tageszeit (z. B. Sommer/Winter, Tag/Nacht)
- Geografische Daten (z. B. Stadt, Dorf, Land, Wald)

22. Was sollte bei der Planung und Durchführung eines Messeinsatzes beachtet werden?

Zur Planung und Durchführung eines Messeinsatzes muss eine bestimmte Reihenfolge im technischen und taktischen Ablauf eingehalten werden.

Tabelle 4: Technischer und taktischer Ablauf eines Messeinsatzes

	Technischer Ablauf	Taktischer Ablauf
1.		Entschluss der Einsatzleitung zur Durchführung von Messungen
2a	Bestimmung des zu messenden Stoffes	
2b	Bestimmung der Messmethode	
3.	Planung des Messnetzes	Berücksichtigung der Parameter der allgemeinen Lage
4.	Probenahme und evtl. Messgasaufbereitung	Befehl muss enthalten: Einheit, Auftrag, Mittel, Ziel und Weg
5.	Analyse (Qualitativ, quantitativ, Querempfindlichkeiten)	
6.	Interpretation der Messwerte (Auswertung)	
7.		Taktische Umsetzung der Messergebnisse in Einsatzmaßnahmen
8.	Information und Dokumentation	
9.	Nachbesprechung des Messeinsatzes	

- Entschluss der Einsatzleitung zur Durchführung von Messungen aus folgenden Gründen.
  1) Ist sichergestellt, dass ein Stoff in bestimmten Bereichen nicht vorhanden ist, und somit Sicherheit besteht.
  2) Welche Bereiche sind wie stark vom Stoff betroffen, damit Schutzmaßnahmen eingeleitet und vor Gefahren gewarnt werden kann.
  3) Ist eine Anscheinsgefahr bei der Bevölkerung vorhanden.

- Bestimmung des zu messenden Stoffes und der Messmethode.
- Planung eines Messnetzes, d.h. der Festlegung von Punkten, an denen die Messungen erfolgen sollen. Dabei müssen insbesondere Windrichtung, Bereiche besonderer Gefährdung (z.B. Wohngebiete) sowie die vorhandenen Mittel (z.B. Anzahl der Messfahrzeuge) berücksichtigt werden.
- Detaillierter Auftrag an die Messtrupps/Messfahrzeuge mit Angabe der Messmethode und den Messpunkten.
- Ablesen und schnelles Übermitteln der Messresultate an die Einsatzleitung.
- Interpretation der Messwerte unter Einbeziehung vorhandener Grenzwerte (z.B. AGW- oder Einsatztoleranzwerte) und/oder Beratung durch Fachberater (z.B. Toxikologe).
- Umsetzung der Gefährdungsanalyse in taktische Maßnahmen (z.B. Evakuierungen, Durchführung von Warnungen, Sperrung gefährdeter Bereiche u. a).
- Dokumentation der Messwerte in das Mess- bzw. Einsatzprotokoll.
- Nachbesprechung des Messeinsatzes und Optimierung vorbereitender Maßnahmen.

23. Was wird bei Messungen dokumentiert?

Die Schadstoffkonzentrationen bei einer Freisetzung gefährlicher Stoffe und Güter können sich örtlich und zeitlich schnell verändern. Daher ist es notwendig, die Messorte und die Zeit der Messungen sowie den Messwert exakt in einem Messprotokoll festzuhalten. Zusätzlich können auch Wetterdaten wie Lufttemperatur, Luftdruck, Windgeschwindigkeit- und Richtung zur Abschätzung der Ausbreitung aufgenommen werden.

LANDESFEUERWEHRSCHULE BADEN-WÜRTTEMBERG

MESSPROTOKOLL

Feuerwehr Datum:

GEFAHRSTOFF

MESSGERÄT

- Prüfröhrchen Typ:
- OX/TOX Typ:
- Ex-Messung Kalibrierung:
- pH-Messung
- Öl-Testpapier

MASSEINHEIT

- ppm
- Vol.%
- % UEG
- pH
- mg/l

Lfd. Nr.	Zeit	Meßwert	Windgeschwin-digkeit m/s	Windrichtung Grad °	Ort

weitergeleitet an — Uhrzeit — Protokollführer

Bild 15: Messprotokoll

R

Strahlenschutz

1. Welchen Gefahren sind die Einsatzkräfte bei Strahlenschutzeinsätzen ausgesetzt?

- Bestrahlung von außen, insbesondere durch γ (gamma)-Strahlung
- Verunreinigung der Körperoberfläche durch radioaktive Stoffe (Kontamination)
- Aufnahme von radioaktiven Stoffen in den Körper (Inkorporation).

2. Welche Gefahrengruppen sieht die Feuerwehr-Dienstvorschrift 500 – Einheiten im ABC-Einsatz vor?

Die Gefahrengruppen I, II, III und die Gefahrengruppe „Transporte".

3. Welche Bedingungen ergeben sich beim Einsatz der Feuerwehr bei den jeweiligen Gefahrengruppen?

Bei Gefahrengruppe I können die Einsatzkräfte ohne Sonderausrüstung tätig werden.

Bei Gefahrengruppe II dürfen die Einsatzkräfte nur mit Sonderausrüstung und unter Strahlenschutzüberwachung tätig werden.

Bei Gefahrengruppe III wie bei Gefahrengruppe II; zusätzlich muss eine im Strahlenschutz besonders ausgebildete Person zur Verfügung stehen.

Bei Gefahrengruppe „Transporte" ist mindestens wie bei Einsätzen in Gefahrengruppe II zu verfahren.

4. Wie hat ein Strahlenschutzeinsatz grundsätzlich zu erfolgen?

Der Einsatz hat so zu erfolgen, dass

- äußere Bestrahlung und Kontamination auf ein Mindestmaß beschränkt bleiben,
- Kontaminationsverschleppung unbedingt vermieden und
- Inkorporation ausgeschlossen werden.

5. Welche Maßeinheiten werden im Strahlenschutz im Feuerwehrbereich verwendet?

a) für die *Aktivität*, d. h. für die Menge der pro Zeiteinheit zerfallenden Atome, das „*Becquerel*" (Bq). Dabei entspricht 1 Bq einer Zerfallsrate von 1 Zerfall pro Sekunde. Früher wurde als Maßeinheit das „*Curie*" verwendet, wobei 1 Curie = $3{,}7 \cdot 10^{10}$ Bq.

b) für die *Dosis* bzw. *Dosisleistung* ist im Feuerwehrbereich die Äquivalentdosis bzw. Äquivalentdosisleistung von Bedeutung. Die Äquivalentdosis berücksichtigt die unterschiedliche biologische Wirkung der verschiedenen Strahlenarten.
Die Maßeinheit dafür ist das „Sievert" (Sv), bzw. bei der Dosisleistung das „Sievert pro Stunde" (Sv/h). Früher wurde als Maßeinheit das „rem" verwendet.

Die Umrechnung ergibt sich aus folgender Tabelle:

		rem	mrem	Sv	mSv	µSv
1 rem	=	1	10^{3}	10^{-2}	10	10^{4}
1 mrem	=	10^{-3}	1	10^{-5}	10^{-2}	10
1 Sv	=	10^{2}	10^{5}	1	10^{3}	10^{6}
1 mSv	=	10^{-1}	10^{2}	10^{-3}	1	10^{3}
1 µSv	=	10^{-4}	10^{-1}	10^{-6}	10^{-3}	1

6. Welche Dosisrichtwerte ergeben sich für die Einsatzkräfte nach FwDV 500?

	DOSIS	
	neue Maßeinheit	alte Maßeinheit
bei der Ausbildung	1 mSv/a	0,1 rem/a
bei Einsätzen zur Rettung von Sachgütern	15 mSv/a	1,5 rem/a
bei Einsätzen zur Beseitigung einer Gefährdung von Personen oder zur Verhinderung einer Schadensausweitung	100 mSv/a	10 rem/a
bei Einsätzen zur Rettung von Menschenleben	250 mSv	25 rem

Im Allgemeinen gilt darüber hinaus, dass in einem Jahr eine Ganzkörperdosis von 100 mSv (10 rem) und im Laufe des Lebens eine solche von 250 mSv (25 rem) nicht überschritten werden soll.

Über die Strahlenbelastung der einzelnen Feuerwehrangehörigen muss ein Nachweis geführt werden.

7. Wo wird bei einem Strahlenschutzeinsatz die Absperrgrenze festgelegt?

Bei einer gemessenen Dosisleistung von 25 µSv/h (2,5 mrem/h) oder spätestens 5 m vor dem Objekt.

8. Wie verhalten sich Ersteinsatzkräfte, die nicht über ABC-Ausbildung und -Ausrüstung verfügen?

Diese können bis zum Eintreffen der Spezialkräfte Erstmaßnahmen nach der sog. **GAMS-Regel** durchführen:

Gefahr erkennen

Absperren

Menschenrettung durchführen

Spezialkräfte alarmieren

9. Welche Kräfte halten sich im Absperrbereich auf?

Nur die unbedingt notwendigen Kräfte und nur mit Sonderausrüstung und auch nur so lange, wie der Einsatz dies unbedingt erfordert bzw. die Dosisrichtwerte erreicht sind.

10. Welche Sonderausrüstung sieht die FwDV 500 für Strahlenschutzeinsätze vor?

– *Persönliche Sonderausrüstung*, z. B.
  Atemschutzgerät (unabhängig)
  Kontaminationsschutzkleidung (siehe auch Kapitel E)
  Personendosimeter
  Dosiswarngerät

Bild 1: Feuerwehrmann mit persönlicher Sonderausrüstung (BF Heilbronn)

– *Sonstige Sonderausrüstung*, z. B.
  Dosisleistungsmessgerät
  Dosisleistungswarngerät
  Kontaminationsnachweisgerät
  Reservekleidung
  Absperr- und Bergungsgerät

11. Welche Geräte werden zur Feststellung bzw. Überwachung der Personendosis verwendet?

a) Personendosimeter
b) Dosiswarngerät (Alarmdosimeter)

Die Auswertung von Personendosimetern erfolgt durch amtliche Stellen und gilt – weil nicht löschbar – als Dokument.

12. Wozu dient das Dosisleistungsmessgerät?

Zum Feststellen der vor Ort vorhandenen Dosisleistung (Dosisleistung = Dosis pro Zeiteinheit).

Die Geräte sind tragbar, batteriegetrieben und haben mehrere Schalt- und Messbereiche; sie werden i. d. R. in einer Umhängetasche am Körper getragen. Jeder vorgehende Einsatztrupp soll mindestens ein Dosisleistungsmessgerät mitführen.

Bild 2: Dosisleistungsmessgerät (Automess)

13. Welche Dosisleistungsmessgeräte werden noch verwendet?

Dosisleistungsmesser mit Teleskopsonde. Mittels einer auf ca. 4 m ausziehbaren Teleskopsonde kann ein größerer Abstand zur Strahlenquelle eingehalten werden, was zwangsläufig zu erheblich geringerer Strahlenbelastung führt.

Beispiel:

Die in 40 cm Abstand von einem punktförmigen Strahler vorhandene Dosisleistung verringert sich in einem Abstand von 4 m auf ein Hundertstel (Abstandsregel: Dosisleistung verringert sich „quadratisch" zum Abstand, d. h. in diesem Fall 10facher Abstand entspricht 10 x 10 = 100fach geringere Dosisleistung).

Dosisleistungsmesser mit Teleskopsonde eignen sich besonders zum Aufspüren von Strahlern und erleichtern Messungen hinter Abschirmwänden und an schwer zugänglichen Stellen.

Bild 3: Dosisleistungsmesser mit Teleskopsonde, teilausgezogen (Automess)

14. Wozu dient das Dosisleistungswarngerät?

Zur Warnung der Einsatzkräfte vor zu hohen Dosen und Dosisleistungen. An den Geräten lassen sich mehrere Warnschwellen einstellen; wird dann im Einsatz eine solche Schwelle überschritten, erfolgt eine Warnung (optisch und/oder akustisch).

Durch Einstellen der für die Absperrgrenze nach FwDV 500 geltenden Dosisleistung kann sehr einfach der Absperrbereich festgelegt werden.

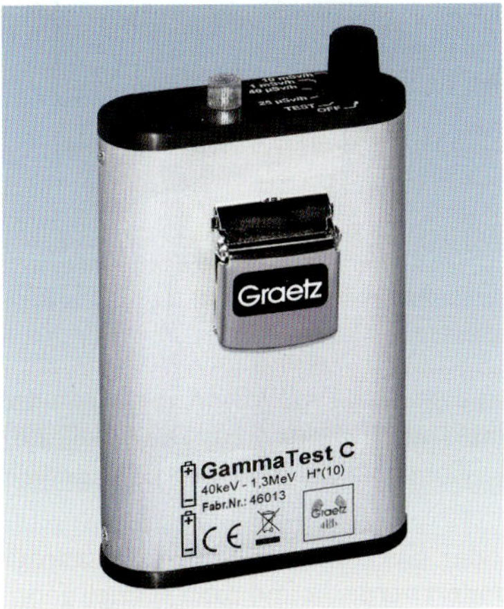

Bild 4: Dosisleistungswarngerät (Graetz)

15. Wie wird der Kontaminationsnachweis durchgeführt?

Vor Verlassen des Absperrbereiches werden die Einsatzkräfte und das eingesetzte Gerät am sog. Kontaminationsnachweisplatz auf evtl. Kontaminationen (Oberflächenbeaufschlagung mit radioaktiven Stoffen) überprüft. Durchgeführt wird die Überprüfung mit Kontaminationsnachweisgeräten. Dies sind tragbare, batteriebetriebene Messgeräte, die eine evtl. Kontamination optisch und z. T. akustisch anzeigen. Je nach Art der Geräte erfolgt die Anzeige in „Impulse/Sekunde“ oder

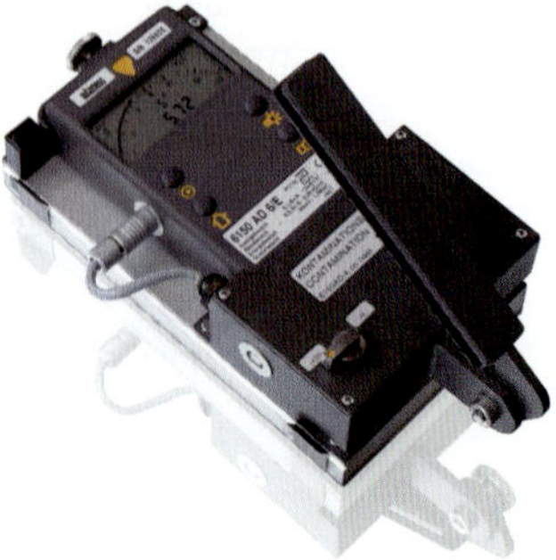

Bild 5: Kontaminationsnachweisgerät (Automess)

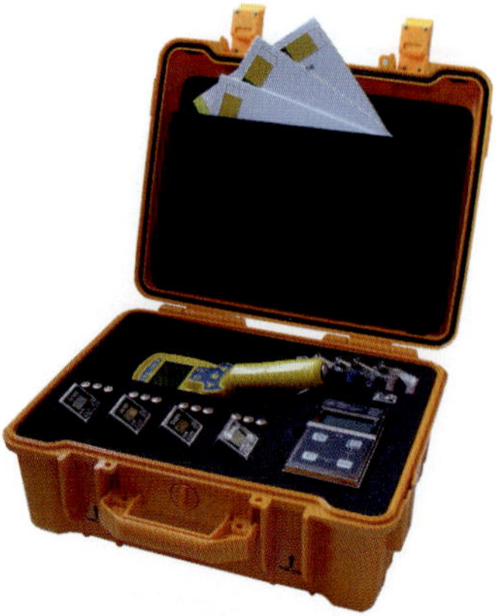

Bild 6: Messkoffer mit Kontaminationsnachweisgerät (Graetz)

„Becquerel". Eine Kontamination liegt nach FwDV dann vor, wenn der 2- bis 3fache Wert der „Nullrate" überschritten ist. Die „Nullrate" muss deshalb vor einem evtl. Kontaminationsnachweis festgestellt werden.

Kontaminierte Schutzkleidung oder Geräte müssen am Kontaminationsnachweisplatz abgelegt, gesondert verpackt und dann speziell gereinigt oder aber entsorgt werden.

16. Welche Strahlenmess- und Nachweisgeräte müssen im Feuerwehreinsatz verwendet werden?

Solche, die von einer anerkannten Prüfstelle geprüft und zugelassen wurden.

Als derzeit einzige Prüfstelle ist dies die Prüfstelle am Institut der Feuerwehr in Heyrothsberge (Sachsen-Anhalt).

S

Wasserförderung über lange Strecken

1. Warum Wasserförderung über lange Strecken?

Wasserförderung über lange Strecken ist notwendig, wenn die Wasserentnahmestelle so weit von der Brandstelle entfernt liegt, dass *eine* Feuerlösch-Kreiselpumpe (FP) nicht ausreicht, um die erforderliche Wassermenge bis an die Brandstelle zu fördern und den notwendigen Strahlrohrdruck zu erzeugen.

2. Was kann man dann tun?

Es müssen mehrere FP hintereinandergeschaltet werden. Eine FP fördert der nächsten das Wasser in einer sog. Schaltreihe (offen oder geschlossen) zu.

3. Was ist eine „offene" und was eine „geschlossene" Schaltreihe?

Bei der „offenen Schaltreihe" lässt man das geförderte Löschwasser am Ende einer Verstärkerstrecke mit freiem Auslauf in einen Wasserbehälter einlaufen. Durch die nachfolgende FP muss es über Saugschläuche jeweils neu entnommen werden.

Bei der „geschlossenen Schaltreihe“ wird das geförderte Löschwasser über den Pumpeneingang direkt der nachfolgenden FP zugeführt.

Der Aufbau der „offenen Schaltreihe“ ist demnach zeit-, geräte- und personalintensiv. Der Vorteil, dass am freien Auslauf kein Druck mehr vorhanden zu sein braucht (siehe S 5), was im Vergleich zur „geschlossenen Schaltreihe“ zu einem größeren Pumpenabstand führt, ist in der Einsatzpraxis aufgrund der ausreichenden Verfügbarkeit von Löschfahrzeugen und FP heute ohne Bedeutung. In der Regel wird daher die „geschlossene Schaltreihe“ aufgebaut.

4. Wie bezeichnen wir die Strecke
a) zwischen 2 FP?
b) zwischen der letzten FP in einer Förderstrecke und den Strahlrohren?

a) Die Strecke zwischen 2 FP innerhalb einer Förderstrecke bezeichnen wir als „Verstärkerstrecke“.

FP 1 —— Verstärkerstrecke → FP 2

b) Die Strecke von der letzten FP bis zu den Strahlrohren bezeichnen wir als Strahlrohrstrecke

FP —— Strahlrohrstrecke → Strahlrohr

5. Wie hoch sollen Ausgangsdruck (p_a) und Eingangsdruck (p_e) an der FP sein?

Die FP soll das Löschwasser immer mit dem Ausgangsdruck abgeben, bei dem sie den größten Förderstrom erbringt, nämlich mit 8 bar (p_a).

Der Eingangsdruck, das heißt der Druck, mit dem das Löschwasser in die nächste FP eintritt, soll 1,5 bar (p_e) nicht unterschreiten. Bei einer „offenen Schaltreihe“ braucht am freien Auslauf kein Druck mehr vorhanden zu sein.

6. Wie weit kann mit einer FP Wasser gefördert werden, d. h. wie lang ist die Verstärkerstrecke?

Das Wasser kann so weit gefördert werden, bis der verfügbare Druck in der Schlauchleitung aufgebraucht ist. Der verfügbare Druck (p_v) ist die Differenz zwischen Ausgangs- (p_a) und Eingangsdruck (p_e).

Der für die Verstärkerstrecke verfügbare Druck ergibt sich somit:

bei der „geschlossenen Schaltreihe“

$$p_v = p_a - p_e = 8{,}0 \text{ bar} - 1{,}5 \text{ bar} = 6{,}5 \text{ bar}$$

bei der „offenen Schaltreihe“

$$p_v = p_a - p_e = 8{,}0 \text{ bar} - 0{,}0 \text{ bar} = 8{,}0 \text{ bar}$$

Der für die Strahlrohrstrecke verfügbare Druck ergibt sich bei einem Strahlrohrdruck von 5 bar als

$$p_v = p_a - p_e = 8{,}0 \text{ bar} - 5{,}0 \text{ bar} = 3{,}0 \text{ bar}$$

7. Wodurch wird der verfügbare Druck aufgebraucht?

a) Durch Reibungsverluste innerhalb der Schlauchleitung
b) Durch Überwindung von Höhenunterschieden (Steigungen) zwischen den Standorten der FP in der Förderstrecke.

8. Wovon hängen die Reibungsverluste ab und wie hoch sind diese?

Die Reibungsverluste hängen von der zu fördernden Wassermenge, der Wandrauigkeit in den Schläuchen und dem Schlauchdurchmesser ab. Die Höhe des Reibungsverlustes (Druckverlust) ist aus Frage K 82 ersichtlich.

Für die Berechnung einer Förderstrecke sind unter einsatztaktischen Gesichtspunkten folgende Werte relevant:

Förderstrom Q l/min	Druckverlust bezogen auf 100 m B-Leitungslänge
600	0,8 bar
800	1,3 bar
1000	2,0 bar

9. Wie errechnet sich der Pumpenabstand in ebenem Gelände?

$$\text{Abstand (m)} = \frac{\text{verfügbarer Druck (bar)}}{\text{Reibungsverlust (bar)}} \times 100 \text{ (m)}$$

Beispiel 1:
Gegeben ist die Fördermenge von 800 l/min und der Auftrag „Aufbau einer geschlossenen Schaltreihe".

Daraus ergibt sich:

Fördermenge: 800 l/min	⇔	Reibungsverlust von *1,3 bar* je 100 m B-Schlauchlänge (siehe S 8 und K 82)
geschlossene Schaltreihe	⇔	verfügbarer Druck p_v = *6,5 bar* (siehe S 6)

Formel:

$$= \frac{6{,}5 \text{ bar}}{1{,}3 \text{ bar}} \times 100 \text{ m} = 500 \text{ m Pumpenabstand}$$

Beispiel 2:
Lautet der Auftrag „offene Schaltreihe", ändert sich gemäß S 6 der verfügbare Druck. Dieser beträgt nun 8,0 bar. Alle anderen Werte bleiben gleich. Die Berechnung ergibt somit folgenden Pumpenabstand:

Formel:

$$= \frac{8{,}0 \text{ bar}}{1{,}3 \text{ bar}} \times 100 = 615 \text{ m Pumpenabstand}$$

Für die Länge der Strahlrohrstrecke ergibt sich für beide Beispiele folgender Abstand:

Formel:

$$= \frac{3{,}0 \text{ bar}}{1{,}3 \text{ bar}} \times 100 \text{ m} = 230 \text{ m Strahlrohrstrecke}$$

10. Welchen Einfluss hat der Höhenunterschied auf die Länge der Förderstrecke?

Verläuft die Förderstrecke in unebenem Gelände, so muss der vorhandene Höhenunterschied berücksichtigt werden. Bei ansteigendem Gelände ist der der Höhendifferenz entsprechende Druck vom verfügbaren Druck pv abzuziehen. Bei fallendem Gelände ist er hinzuzuzählen. 1 m Höhendifferenz entspricht hierbei 0,1 bar (1 bar 10 m Höhendifferenz).

11. Wie ermittelt man die Pumpenstandorte bei Höhenunterschieden im Gelände?

Bei Höhenunterschieden in der Förderstrecke werden die Pumpenabstände mittels graphischem oder tabellarisch-rechnerischem Verfahren ermittelt. Die Förderstrecke wird hierzu von der Wasserentnahmestelle aus abgegangen. Mit Hilfe eines Entfernungsmessers und eines Höhenmessers werden die Entfernung und der Höhenunterschied ständig ermittelt und in ein Diagramm oder in eine Tabelle übertragen. Im Diagramm oder in der Tabelle werden dann graphisch bzw. rechnerisch die Pumpenstandorte ermittelt.

12. Wie können wir die erforderliche Anzahl von FP errechnen, wenn die Entfernung (Wasserentnahmestelle – Brandstelle) sowie der Höhenunterschied bekannt sind?

Beispiel 3:

Die Entfernung Wasserentnahmestelle
zur Brandstelle beträgt = 2800 m
der ansteigende Geländeunterschied beträgt = 10 m

An der Brandstelle sollen eingesetzt werden:
3 C-Rohre (12-mm-Mundstück)
erforderliche Wassermenge = 3 x 200 l/min = 600 l/min

Zur Verfügung stehen B-Schläuche.

Wieviel FP werden gebraucht?

Bei 600 l/min werden durch Reibungsverlust bei 2800 m Entfernung verbraucht:

28 x 0,8 bar je 100 m	=	22,4 bar
zuzüglich Druckverbrauch durch Steigung	=	1,0 bar
am Strahlrohr erforderlicher Druck	=	5,0 bar
ergibt einen Gesamtdruckverbrauch von	=	28,4 bar
hiervon ist der durch die letzte FP erzeugte Druck abzuziehen	=	8,0 bar
somit verbleiben	=	20,4 bar

Diese 20,4 bar werden nun durch die zur Verfügung stehende

(8,0 bar – 1,5 bar) = 6,5 bar geteilt.

Das ergibt: $\frac{20{,}4 \text{ bar}}{6{,}5 \text{ bar}} = 3{,}14$ FP rund = 3 Feuerlösch-Kreiselpumpen

zugezählt muss jetzt noch die FP werden,
die dem Strahlrohr das Wasser zuführt

= 1 Feuerlösch-Kreiselpumpe

Insgesamt werden für die Strecke benötigt:

= 4 Feuerlösch-Kreiselpumpen

Beachte:
Ergibt sich bei einer Berechnung der Anzahl der FP ein Wert bis zu 0,3 hinter dem Komma, so kann das durch erhöhten Ausgangsdruck der vorher geschalteten FP ausgeglichen werden. Bei höheren Werten als 0,3 ist eine weitere FP notwendig.

13. Welche Möglichkeiten gibt es noch, den Pumpenabstand zu errechnen?

Es werden Tabellen und Rechenschieber angeboten, mit denen man sich übungsmäßig vertraut machen muss. Alle Methoden ermöglichen aber keine Feststellung von Höhenunterschieden.

Für die vorbereitende Einsatzplanung bietet sich das graphische Berechnungsverfahren (siehe S 11) an, bei dem dann die Entfernung und die Höhendifferenz aus Karten abgegriffen werden.

14. Welche vorbereitenden Maßnahmen muss eine Führungskraft für Wasserförderung über lange Strecken treffen?

Jede Führungskraft muss sich mit der Wasserförderung über lange Strecken vertraut machen und seine Unterführer und Feuerwehrangehörige unterweisen, um vor unliebsamen Überraschungen im Einsatz gewappnet zu sein. Die Feuerwehren, die in ihrem Ausrückebereich weit von Wasserentnahmestellen liegende Objekte haben, zu denen Löschwasser über lange Strecken herangeführt werden muss, sollten an diesen Objekten besonders üben.

Hier ist wichtig zu wissen:

a) Wie viel Wasser ist zur Bekämpfung eines Großbrandes gegebenenfalls nötig?
b) Wie weit ist die Entfernung zwischen Wasserentnahmestelle und Brandstelle?
c) Welcher Höhenunterschied ist zu überwinden?
d) Wie viel FP sind zur Förderung des Wassers notwendig?
e) Reichen die in der eigenen Feuerwehr vorhandenen FP aus? Wenn nicht, wie viele und welche Feuerwehren müssen im Brandfalle zugezogen werden. Vorsorglich Verbindung aufnehmen; Alarm- und Einsatzpläne aufstellen!
f) Ist das zur Verfügung stehende Schlauchmaterial ausreichend? Muss Vorsorge getroffen werden, dass im Brandfalle Schlauchmaterial von anderen Feuerwehren bzw. der Kreisschlauchwerkstatt angefordert werden kann?

Anhand der Entfernung und der Geländeunterschiede sind die Aufstellplätze, d. h. der Abstand der einzelnen FP zu errechnen. Übungsmäßig, wenn erforderlich, unter Hinzuziehung weiterer Feuerwehren, die Leitungen über diese Strecke verlegen und Wasser fördern. Jetzt feststellen, ob die errechneten Abstände stimmen und ob sich der berechnete Standort auch für die praktische Aufstellung der FP eignet. Auf Aus- und Eingangsdrücke der FP achten. Erforderlichenfalls notwendig werdende Korrekturen vornehmen. Anfahrtswege und Aufstellplätze der FP festlegen bzw. markieren, so dass jeder, auch etwa zugezogene Feuerwehren, im Brandfalle ihren Abschnittsbereich genau kennen.

Übung in Abständen wiederholen. Auch bei Dunkelheit üben. Die Maschinisten genauestens unterweisen. Darauf achten, dass sie die Ventile an den Pumpenausgängen langsam öffnen und die Drucksteigerung langsam vornehmen, damit die Wassersäule nicht abreißt.

Sprechfunkgeräte einsetzen.

15. Wie errechnet man die erforderliche Wassermenge?

Zur Berechnung der erforderlichen Wassermenge legt man die Zahl der eingesetzten Rohre und ihre Mundstückweiten zu Grunde.

1 B-Rohr	22 mm ohne Mundstück	=	rd. 800 l/min
1 B-Rohr	16 mm mit Mundstück	=	rd. 400 l/min
1 C-Rohr	12 mm ohne Mundstück	=	rd. 200 l/min
1 C-Rohr	9 mm mit Mundstück	=	rd. 100 l/min

bei einem Strahlrohrdruck von 5 bar.

Es genügt also, die Zahl der eingesetzten Rohre und ihre Mundstückweiten zu wissen, um daraus die erforderliche Wassermenge in Litern pro Minute zu errechnen.

16. Wie stellt der Gruppenführer im Gelände die Anzahl benötigter Schläuche fest?

Bekannt ist die Länge eines B-Schlauches von 20 m. Beträgt die Entfernung beispielsweise 500 m, so sind bei diesen B-Schläuchen

$$\frac{500}{20} = 25 \text{ Schläuche}$$

erforderlich.

Für je 5 Schläuche ist ein „Reserveschlauch“ mitzunehmen. Somit für das Beispiel 25 + 5 = 30 Schläuche.

17. Wie stellt man Höhenunterschiede im Gelände fest?

Im eigenen Ausrückebereich sollten sie bekannt sein. Man kann sie auch aus Landkarten entnehmen. Man kann auch schätzen. Masten im Gelände bieten sich als Hilfsmittel an. Ist ein Höhenmesser vorhanden, so kann man nach Abschreiten der Entfernung den Höhenunterschied ablesen.

18. Wie geht der Aufbau der Förderstrecke vonstatten?

Man beginnt immer an der Wasserentnahmestelle (FP 1) mit dem Verlegen der Saugleitung oder mit dem Anschluss an den Hydranten. Es ist dazu eine ausreichend leistungsfähige Wasserentnahmestelle zu wählen, auch wenn dadurch größere Entfernungen in Kauf genommen werden müssen.

Danach werden B-Schläuche in Richtung der zweiten FP (FP 2) verlegt. Gleichzeitig werden von der FP 2 Schläuche in Richtung FP1 verlegt.

Die Schlauchleitungen sollen immer am Straßenrand verlegt werden.

19. Welche FP wird an der Wasserentnahmestelle in Stellung gebracht, wenn ihre Leistungen verschieden hoch sind?

Nach Möglichkeit immer die FP mit der größten Leistung. Damit ist gewährleistet, dass die Wasserentnahmepumpe alle Anforderungen der Brandstelle bzgl. der Wassermenge weitgehend erfüllen kann.

20. Wo wird ein Druckbegrenzungsventil eingebaut?

Ein Druckbegrenzungsventil wird eine Schlauchlänge von der nächsten Verstärkerpumpe eingebaut. Der Einstellwert beträgt 2 bar.

Das Druckbegrenzungsventil wird nur bei geschlossener Schaltreihe eingebaut.

21. Wofür soll man nach dem Aufbau der Strecke noch sorgen?

Dass B-Schläuche (nach 5 B-Längen ein Reserveschlauch) und wenigstens eine FP als Reserve zur Verfügung stehen, auf die bei Ausfällen sofort zurückgegriffen werden kann.

22. Was sollte man sich für die Wasserförderung über lange Strecken merken?

1. Die Abstände zwischen 2 FP
   a) bei 1 000 l/min b) bei 800 l/min c) bei 600 l/min
2. Als Faustregel
   – Für je 5 m Steigung zwischen zwei FP ziehe 10 Prozent von der Länge der Verstärker- oder Strahlrohrstrecke ab
   – Für je 5 m Gefälle zwischen zwei FP zähle 10 Prozent zu der Länge der Verstärker- oder Strahlrohrstrecke zu
   – Die Strahlrohrstrecke ist etwa halb so groß wie die Verstärkerstrecke.

T

Löschwasserversorgung

1. Welche zwei Arten von Löschwasserversorgungen unterscheiden wir?

1. Die abhängige Löschwasserversorgung (Sammelwasserleitung)
2. Die unabhängige Löschwasserversorgung.

2. Wer ist für die Löschwasserversorgung verantwortlich?

Die Brandschutzgesetze der Bundesländer verpflichten die Gemeinden, für eine ausreichende Löschwasserbereitstellung zu sorgen.

Abhängige Löschwasserversorgung (Sammelwasserleitung)

3. Welchem Zweck dient die Sammelwasserleitung?

Neben der Versorgung der Bevölkerung und der Industrie mit Trink- und Nutzwasser dient sie auch der Löschwasserversorgung.

4. Wie groß ist der Löschwasserbedarf?

Der Bedarf an Feuerlöschwasser ist relativ gering gegenüber dem Bedarf der Bevölkerung und der Industrie. Das Rohrnetz und die Wasserbehälter müssen für den Normalverbrauch **und** die Löschwasserentnahme ausgelegt werden.

5. Aus welchem Regelwerk ergibt sich der Löschwasserbedarf?

Das Arbeitsblatt W 405 – Bereitstellung von Löschwasser durch die öffentliche Trinkwasserversorgung – des DVGW beschreibt den Löschwasserbedarf in Abhängigkeit von der baulichen Nutzung und der Gefahr der Brandausbreitung.

6. Welche Löschwassermengen ergeben sich im Regelfall?

- In Wohngebieten 48 bis 96 cbm/h
- In Gewerbegebieten 96 bis 192 cbm/h.

Im Regelfall soll diese Löschwassermenge über eine Zeitdauer von zwei Stunden sichergestellt sein.

7. Wie groß ist ungefähr der Wasserbedarf in Städten?

Ort auf dem Lande	80 – 120 l tägl. pro Einwohner
mittlere Stadt	150 – 200 l tägl. pro Einwohner
Großstädte	200 – 300 l tägl. pro Einwohner
Industrie	über 400 l tägl. pro Einwohner

8. Wie wird der Leitungsdruck in den Rohrleitungen erzeugt?

1. Das Wasser kann durch Pumpwerke des Wasserwerks unmittelbar in die Rohrleitungen gedrückt werden
2. Es werden Wassertürme gebaut
3. Ein Wasserbehälter wird auf ein das Versorgungsgebiet überragendendes Gelände, Hügel oder Berghang, gesetzt (Hochbehälter).

9. Welche Druckhöhen gibt es in den Leitungen?

Die Druckhöhe schwankt meist zwischen 1,5 und 5 bar, in Ausnahmen darüber hinaus.

10. Welche zwei Möglichkeiten der Speicherung haben wir?

1. Wassertürme
2. hochgelegene Erdbehälter.

11. Welche Notwendigkeit ergibt sich bezüglich Löschwassermenge für Wassertürme und Erdbehälter?

Beim Fassungsvermögen der Behälter muss die erforderliche Löschwassermenge zusätzlich berücksichtigt werden. Diese Löschwassermenge darf beim normalen Tagesverbrauch nicht abgegeben werden, damit sie für den Brandfall immer zur Verfügung steht.

12. Welche Rohrnetzarten gibt es?

1. Das Ringleitungssystem
2. Das Verästelungssystem.

13. Was ist ein Ringleitungssystem?

Beim Ringleitungssystem sind alle Rohre der einzelnen Straßenzüge miteinander verbunden.

Das ganze Leitungssystem bildet einen geschlossenen Ring. Es hat den Vorteil, dass jedem Hydranten von zwei Seiten Wasser zugeführt wird. Bei einem Rohrbruch kann durch Absperren der Bruchstelle verhindert werden, dass die entsprechende Ringleitung für die Wasserversorgung

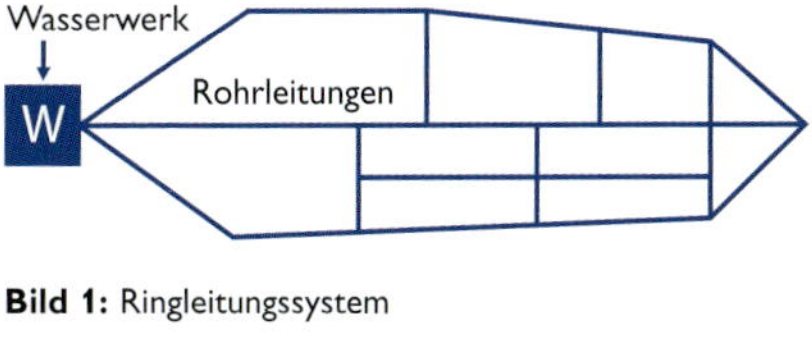

Bild 1: Ringleitungssystem

ausfällt. Da das Wasser ständig in Bewegung ist, ist die Gefahr des Einfrierens der im Erdreich liegenden Leitung gering. Auch das Stagnieren der Leitung, d.h. ein Verkrusten, das eine Verengung der Leitung zur Folge hat, ist beim Ringleitungssystem nicht in dem Maße möglich, wie bei dem Verästelungssystem.

14. Was ist ein Verästelungssystem?

Beim Verästelungssystem zweigen alle Rohre von einem Hauptstrang ab, wie die Äste von einem Baum.

Nachteile gegenüber dem Ringleitungssystem:

Dem Hydranten wird nur von einer Seite Wasser zugeführt. Beim Rohrbruch ist alles, was hinter der Bruchstelle liegt, ohne Wasserzuführung.

Die Leitung kann leichter einfrieren, da das Wasser nicht ständig in Bewegung ist.

Außerdem stagniert das Wasser bei diesem System leicht, d.h. es setzt Verkrustungen ab, die den Rohrdurchmesser langsam verengen.

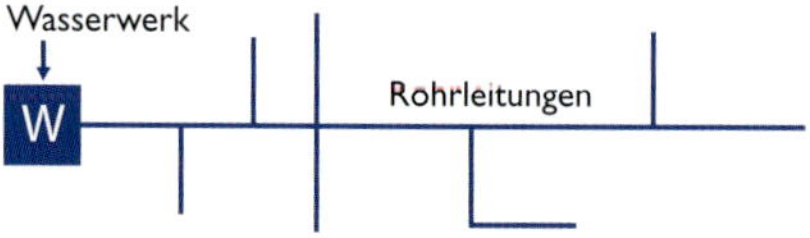

Bild 2: Verästelungssystem

15. Wie groß soll der Mindestdurchmesser einer Rohrleitung im Ortsnetz sein?

Nicht unter 100 mm Nennweite.

16. Was wird in Rohrleitungen eingebaut, um das Netz in Abschnitte zu unterteilen?

Schieber. Bei Bauarbeiten oder Wasserrohrbrüchen kann das Wasser somit gezielt abgeschiebert oder umgeleitet werden.

Bild 3: Straßenkappe zum Unterflurhydranten

17. Womit wird das Wasser aus dem Rohrleitungsnetz für Feuerlöschzwecke entnommen?

Mittels Hydranten.

18. Wer sorgt für den Einbau der Hydranten?

Das Wasserwerk bzw. die Gemeinde.

19. Was für Arten von Hydranten gibt es?

1. Unterflurhydranten DIN 3221 Blatt 1 Hinweis: neue Unterflurhydranten siehe DIN EN 14339

- Form A mit selbsttätiger Entleerung mit Druckwasserschutz (zur Verhinderung von Druckwasserverlust)
- Form AD mit selbsttätiger Entleerung wie Form A, jedoch mit zusätzlicher Absperrung
- Form B ohne selbsttätige Entleerung (Entleerungsöffnung nicht gebohrt)
- Form BD ohne selbsttätige Entleerung, jedoch mit zusätzlicher Absperrung

Schachthydranten, z. B. in Berlin und in Württemberg.

2. Überflurhydranten DIN 3222 Blatt 1 Hinweis: neue Überflurhydranten siehe DIN EN 14384

- Form A mit 2 freiliegenden oberen Abgängen mit selbsttätiger Entleerung mit Druckwasserschutz (zur Verhinderung von Druckwasserverlust)

Bild 4: Unterflurhydrant mit geöffneter Straßenkappe

Bild 5: Überflurhydrant mit freien Abgängen

Bild 6: Überflurhydrant mit Fallmantel

- Form AU wie Form A, jedoch mit Sollbruchstelle
- Form AF mit 2 unter Fallmantel liegenden oberen Abgängen mit selbsttätiger Entleerung mit Druckwasserschutz
- Form AFU wie Form AF, jedoch mit Sollbruchstelle
- Form B mit 2 freiliegenden oberen Abgängen ohne selbsttätige Entleerung (Entleeröffnung nicht gebohrt)
- Form BU wie Form B, jedoch mit Sollbruchstelle
- Form BF mit 2 unter Fallmantel liegenden oberen Abgängen ohne selbsttätige Entleerung
- Form BFU wie Form BF, jedoch mit Sollbruchstelle

Bezeichnung eines Unterflurhydranten mit selbsttätiger Entleerung mit Druckwasserschutz (A) der Nennweite 100 für Nenndruck 10 für Rohrdeckung RD – 1500 (1,5):

Hydrant A 100 – 10 – 1,5 DIN 3221

Bezeichnung eines Überflurhydranten mit 2 unter Fallmantel liegenden oberen Abgängen mit selbsttätiger Entleerung mit Druckwasserschutz (AF) der Nennweite 100 für Nenndruck 10 für Rohrdeckung RD – 1500 (1,5):

Hydrant AF 100 – 10 – 1,5 DIN 3222

20. Welche Wassermenge liefert ein Hydrant?

Das ist abhängig

1. vom Durchmesser der Versorgungsleitung,
2. von der Art des Hydranten (Überflur- oder Unterflurhydrant),
3. von der Anschlussweite (Ventilgröße),
4. vom Druck im Rohrnetz.

Beispiel:

Lichte Weite der Rohrleitung mm	Wasserlieferung bei Druck = 4 bar (40 m/WS) l/min
100	700 – 1000
150	900 – 1700
200	1500 – 3000

21. Wie groß soll der Abstand der Hydranten untereinander sein?

In Städten nicht größer als 80–100 m; in ländlichen Bereichen bis zu 150 m.

22. Welche Teile hat ein Unterflurhydrant?

Straßenkappe (oval)
Hydrantenklaue
Ventilspindel
Standrohrsitz
Hydrantensäule
Fußflansch

23. Was brauchen wir, um das Wasser aus dem Unterflurhydranten entnehmen zu können?

Ein Standrohr und einen Schlüssel für Unterflurhydrant.

24. Welche Vor- und Nachteile hat der Unterflurhydrant?

Vorteile:

1. Wirkt im Straßenbild nicht störend
2. Billiger als ein Überflurhydrant
3. Kann direkt auf der Rohrleitung aufgesetzt werden.

Nachteile:

1. Bei Nacht und bei Schnee schwer auffindbar
2. Bei Überschwemmung Betrieb erschwert bzw. unmöglich
3. Erfordert mehr Pflege und Wartung als der Überflurhydrant
4. Wird zugeparkt
5. Liegt meist im Straßenbereich, deshalb Gefahr durch Straßenverkehr und/oder Verkehrsbeeinträchtigung
6. Muss durch Hinweisschilder besonders gekennzeichnet werden
7. Geringere Wasserlieferung als Überflurhydrant.

25. Welche Vor- und Nachteile hat der Überflurhydrant? (DIN 3222)

Vorteile:

1. Mehrere Typen möglich, z. B.
   a) NW 100 mit 2 B Abgängen und 1 A Abgang
   b) NW 150 mit 2 B und 1 A Abgang
2. Schnell einsatzbereit, da ein Standrohr nicht in Stellung gebracht werden muss
3. Die Wasserlieferung ist bei NW 100 größer als die eines Unterflurhydranten.
4. Leicht auffindbar

Nachteile:

1. Kann im Straßenbild störend wirken
2. Kann durch äußere Einflüsse leicht beschädigt werden, z. B. durch Verkehrsunfälle, Sprengungen, Explosionen usw.
3. Muss vom Rohrnetz abgesetzt (verschleppt) werden. Deshalb teurer als der Unterflurhydrant.

26. Wie hoch ist der Überflurhydrant?

Etwa 1 m über der Straßenoberkante.

27. Welcher Hydrant ist vorzuziehen?

Wo irgend möglich, ist der Überflurhydrant einzubauen, z. B. im Umfeld von Gebäuden besonderer Art und Nutzung (Krankenhäuser, Versammlungsstätten, Fabrikanlagen).

28. Worauf ist bei Frost zu achten?

Dass nach Benutzung eines Hydranten sich dieser bei selbsttätiger Entwässerung auch tatsächlich entwässert, da sonst bei Überflurhydranten die Säule durch den Frost gesprengt würde und der Hydrant ausfällt. Entwässerungskanal kann verstopft sein. Seitlichen Stopfen am Hydranten herausschrauben und evtl. mit Handpumpe auspumpen. Andernfalls Wasserwerk benachrichtigen.

29. Was ist für die Feuerwehr noch zu beachten?

Sie soll in regelmäßigen Abständen eine Begehung der Hydranten durchführen.

30. Worauf ist bei der Hydrantenkontrolle zu achten?

1. Auf Betriebssicherheit und Zustand der Hydranten
2. Auf die Hinweisschilder nach DIN 4066.

31. Wozu werden Hinweisschilder benötigt?

Zur schnelleren Auffindung der Unterflurhydranten.

32. Wie sieht ein Hinweisschild aus?

Ein weißes Rechteck mit 20 mm breitem, rotem Rand.

Maße 250 x 200 mm.

Verzeichnet sind darauf der Durchmesser der Rohrleitungen, ferner die Entfernungen der Hydranten vom Hinweisschild in Metern nach vorwärts, rechts oder links, manchmal auch die Hydrantennummer (Bild 7).

33. Was muss beim Eintritt der Frostperiode mit dem Unterflurhydranten geschehen?

Die Straßenkappen der Unterflurhydranten bzw. die Schachtdeckel müssen an den Seiten mit frostsicherem Fett eingefettet werden, damit sie auch bei Frost leicht abgehoben werden können. Ferner sind alle Straßenkappen öfters mit Streusalz zu bestreuen, damit der darauffallende Schnee schmilzt und die Straßenkappen des Unterflurhydranten immer sichtbar bleiben.

34. Wie werden die Hydranten geöffnet?

Mit Hydrantenschlüsseln:

a) Unterflurhydrantenschlüssel C DIN 3223
b) Überflurhydrantenschlüssel A DIN 3223
c) Überflurhydrantenschlüssel B DIN 3223

Hinweisschild für Unterflurhydrant

Hinweisschild für Löschwasserbehälter. Die Zahl über dem Querstrich gibt den Inhalt an.

Hinweisschild für Löschwasserbrunnen für unmittelbaren Kraftspritzenanschluss

Hinweisschild für Saugstelle zur Entnahme von Löschwasser

Hinweisschild für Löschwasserbrunnen für mittelbaren Kraftspritzenanschluss

Bild 7: Hinweisschilder für Löschwasser-Entnahmestellen nach DIN 4066

35. Wie taut man eingefrorene Hydranten auf?

Mit speziellen Auftaugeräten, Gasbrennern, Lötlampen oder auch offenem Feuer.

36. Welche Nachweise sind über die Hydranten zu führen?

Städte und Ortschaften mit nicht mehr als 200 Häusern kommen mit einem Übersichtsplan aus. Städte mit mehr als 200 Häusern sollen Hydrantenbücher bzw. Hydrantenverzeichnisse führen. In diesen sind die Hydranten straßenweise alphabetisch geordnet.

Neuerdings auch mittels Navigationssystemen.

Unabhängige Löschwasserversorgung

37. Welche Bedeutung hat die unabhängige Löschwasserversorgung?

Die unabhängige Wasserversorgung stützt sich auf Wasservorräte, die unabhängig von einem Rohrnetz zum Löschen benutzt werden können. Sie ist daher besonders dort wichtig, wo durch die abhängige Wasserversorgung nicht immer ausreichend Löschwasser sichergestellt ist.

38. Was für Wasserentnahmestellen gibt es hierbei?

1. Natürliche Wasserstellen
2. Künstliche Wasserstellen
   a) Löschwasserteiche nach DIN 14210
   b) Löschwasserbrunnen nach DIN 14220
   c) Unterirdische Löschwasserbehälter nach DIN 14230.

39. Was sind natürliche Wasserentnahmestellen?

Flüsse, Bäche, Seen usw.

40. Worauf muss man bei natürlichen Wasserentnahmestellen achten?

Es muss ein fester Standplatz und während des ganzen Jahres genügend Wasser vorhanden sein. Die Wasserentnahme muss mittels Tragkraftspritzen oder Fahrzeugpumpen möglich sein.

41. Was muss man von einem Löschwasserteich nach DIN 14210 wissen?

Der Löschwasserteich ist künstlich angelegt und mit einer befestigten Löschwasserentnahmestelle versehen, deren Zufahrt DIN 14090 entsprechen muss.

Mindestfassungsvermögen 1000 m^3
Mindestwassertiefe 2 m

Der obere Teichrand soll mindestens 0,25 m über Gelände liegen. Die Wasserentnahme erfolgt

a) durch Saugschacht mit einer lichten Weite von 1 m, dessen Zulaufrohr durch ein Sieb (Sieböffnung 10 – 20 mm) geschützt sein muss, oder
b) durch Saugrohr, Innendurchmesser 125 mm, Länge höchstens 10 m, Einlauföffnung durch Sieb (Sieböffnung 6 mm) geschützt.

Die Einfriedung des Löschwasserteiches muss mindestens 1,25 m hoch sein. Zwischen ihr und dem Löschwasserteich muss ein 1 m breiter begehbarer Streifen sein.

Der Löschwasserteich muss ständig gewartet und gepflegt werden.

42. Was ist für das Füllen des Löschwasserteiches zu beachten?

In den Löschwasserteich darf kein ungeklärtes Schmutzwasser eingeleitet werden. Wird Niederschlagswasser zum Nachfüllen benutzt, so ist es über einen Sandfang zu leiten.

Fließende Gewässer dürfen nicht durch den Löschwasserteich hindurchgeführt werden. Gewässer dürfen mit dem Vorratsraum nur durch eine flache, offene Rinne verbunden sein. In die Rinne ist ein Sandfang einzubauen. Das Rinnenbett muss zum Schutz gegen Erosion und Bewuchs befestigt sein. An der Einmündung in den Vorratsraum ist zum Schutz gegen große Schwimmstoffe ein Gitter, Rechen oder Sieb anzubringen.

Beim Befüllen des Löschwasserteiches aus einer Sammelwasserleitung muss das Wasser zwischen dem Austritt aus der Füllleitung und dem Eintritt in den Vorratsraum mit der freien Atmosphäre in Berührung kommen. Der Vorratsraum muss gegen Überfüllen geschützt sein.

43. Wie erfolgt die Beschilderung?

Löschwasserteiche sind mit Schildern nach DIN 4066 – B 3 dauerhaft und gut sichtbar zu kennzeichnen (siehe auch Bild 7).

44. Was ist ein Löschwasserbrunnen nach DIN 14220?

Eine künstlich angelegte Entnahmestelle für Löschwasser aus dem Grundwasser.

Das Löschwasser kann durch Saugbetrieb (S) oder mittels einer Tiefpumpe (T) entnommen werden.

45. Wie werden die Löschwasserbrunnen unterteilt?

Das Normblatt DIN 14220 sieht folgende Unterteilung vor:

Löschbrunnen	Kennzahl	Ergiebigkeit* l/min
Klein	400	400 bis 800
Mittel	800	über 800 bis 1600
Groß	1600	über 1600

* Mindestens während 3 Stunden

46. Was muss man über einen Löschwasserbrunnen wissen?

1. Ein Brunnen erfüllt die Voraussetzungen als Löschwasserbrunnen, wenn die Ergiebigkeit der Löschwassermenge über mindestens 3 Stunden gegeben ist.
2. Der Löschwasserbrunnen muss jederzeit zugänglich sein. Die Entnahmestelle muss außerhalb des Trümmerschattens von Gebäuden liegen.
3. Für Frostsicherheit ist zu sorgen.
4. Für die Löschwasserentnahme ist ein Löschwasser-Anschluss (Unterflur oder Überflur) nach DIN 14244 zu verwenden. Sollte der Löschwasser-Sauganschluss unterhalb des höchstmöglichen Wasserspiegels liegen, so muss eine Absperrvorrichtung vorhanden sein (artesischer Brunnen).
5. Innerhalb von höchstens 60 Sekunden muss der Löschwasserbrunnen entlüftet und Löschwasser entnommen werden können.
6. Die Löschwasserentnahmestelle muss über eine Zufahrt nach DIN 14090 erreichbar sein.
7. Der Löschwasserbrunnen ist durch ein Hinweisschild nach DIN 4066 – B3 dauerhaft und gut sichtbar kenntlich zu machen.
8. Jeder neu angelegte Löschwasserbrunnen ist durch einen Beauftragten der zuständigen Behörde abzunehmen. Der Hersteller hat bei der Abnahme nachzuweisen, dass der Brunnen der Norm entspricht.

47. Was sind unterirdische Löschwasserbehälter nach DIN 14230?

Künstlich angelegte, überdeckte Löschwasserbehälter mit Löschwasserentnahmestelle.

48. Wo werden vielfach unterirdische Löschwasserbehälter angelegt?

Bei abgelegenen Bauernhöfen und bei Gewerbebetrieben.

49. Welches Fassungsvermögen sollen die Löschwasserbehälter haben?

Nutzbares Fassungsvermögen:

Kleine Löschwasserbehälter:	75 bis 150 m^3
Mittlere Löschwasserbehälter:	über 150 bis 300 m^3
Große Löschwasserbehälter:	über 300 m^3

50. Welche Wassertiefe ist vorgesehen?

Mindestens 2 m.

51. Was sollte man noch über Löschwasserbehälter wissen?

1. Die Behälterabdeckung muss so stark gewählt sein, dass sie imstande ist, die evtl. aufzuschüttende Erdlast und das Gesamtgewicht eines Feuerwehrfahrzeuges von 16 000 kg aufzunehmen.
2. Der Löschwasservorrat muss jederzeit eisfrei sein.
3. Ein Lüftungsrohr mit einem Durchmesser von mindestens 100 mm ist in der Schachtabdeckung oder in unmittelbarer Nähe des Saugrohres anzubringen. Vor Verstopfung und Verschmutzung muss es geschützt sein.
4. Für die Löschwasserentnahme sind ein Saugschacht und Saugrohre vorzusehen.

75 bis 150 m^3:	mindestens 1 Saugrohr
über 150 bis 300 m^3:	mindestens 2 Saugrohre
über 300 m^3:	mindestens 3 Saugrohre

   Der Saugschacht, zugleich Einstiegschacht, muss eine lichte Weite von mindestens 0,8 m haben.
   Saugschacht und Saugrohr, Zufahrt, Befüllung, Beschilderung und Abnahme wie bei Löschwasserteichen (T 41) und Löschwasserbrunnen (T 46).

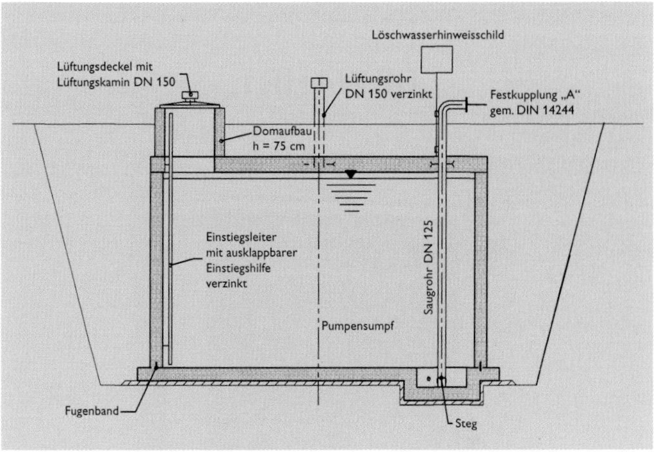

Bild 8: Skizze eines Löschwasserbehälters (Querschnitt)

52. Wie kann die Feuerwehr bei unzureichender örtlicher Löschwasserversorgung die Löschwassermenge sicherstellen?

a) Aufbau von Schlauchleitungen über lange Strecken
b) Einsatz von Tanklöschfahrzeugen im Pendelverkehr
c) Einsatz von Behälterfahrzeugen aus der Privatwirtschaft oder der Landwirtschaft, z. B. Tankwagen, Saugwagen usw.
d) Einsatz von mobilen Löschwasserbehältern.

U

Löschmittel

1. Welche Löschmittel gibt es?

1. Wasser
2. Schaum
3. Pulver
4. Kohlendioxid
5. Halon*
6. Inerte Gase, z. B. Stickstoff, Inergen
7. Sonst. Lösch- bzw. löschende Behelfsmittel, z. B. Salze, Sand, Zement, Graugussspäne.

* darf nicht mehr verwendet werden

2. Wonach richtet sich die Anwendung der verschiedenen Löschmittel?

Nach der Art des brennenden Stoffes.

3. Was sind Brandklassen und wie ist ihre Einteilung?

Die Brandklasse kennzeichnet eine Gruppe brennbarer Stoffe mit gleichartigen Branderscheinungen, der bestimmte Löschmittel als geeignet zugeordnet sind.

Brandklassen nach EN 2

Brandklasse	Beispiel der Stoffe	Löschmittel
Klasse A Brände fester Stoffe, hauptsächlich organischer Natur, die normalerweise unter Glutbildung verbrennen	Holz, Kohle, Papier, Stroh, Faserstoffe, Textilien	Wasser (W), Schaum (S), Pulver für Glutbrände (PG)
Klasse B Brände von flüssigen oder flüssig werdenden Stoffen	Benzin, Benzol, Heizöl, Äther, Alkohol, Stearin, Harze, Teer	Schaum (S), Pulver (P + PG), Kohlendioxid (K)
Klasse C Brände von Gasen	Acetylen, Wasserstoff, Methan, Propan, Stadtgas, Erdgas	Pulver (P + PG), Kohlendioxid (K)
Klasse D Brände von Metallen	Aluminium, Magnesium, Natrium, Kalium	Pulver für Metallbrände (PM), Steinsalz, trockener Sand, Graugussspäne
Klasse F Brände von Speiseölen/-fetten in Frittier- und Fettbackgeräten und anderen Kücheneinrichtungen und -geräten	Speiseöle, Speisefette	spezielle Fettbrand-Löscher oder Abdecken mit Löschdecke oder Topfdeckel (Sauerstoffzufuhr unterbinden)

4. Worauf beruht die Löschwirkung des Wassers?

Es ist, da meist reichlich vorhanden, das gebräuchlichste und am weitesten verbreitete Löschmittel. Seine Wirkung beruht hauptsächlich in der Abkühlung des brennenden Gegenstandes, es bindet also Wärme; zusätzlich hat Wasserdampf eine gewisse erstickende Wirkung.

Wasser besitzt eine sehr große spezifische Wärmekapazität. Die spezifische Wärmekapazität des Wassers ist die Wärmemenge, die 1 l (= 1 kg) Wasser zur Erwärmung um 1 °C aufnehmen muss. Sie beträgt 1 kcal oder nach dem neuen internationalen Maßsystem 4,1868 ≈ 4,2 kJ (Kilojoule).

Nimmt man eine Löschwassertemperatur von 10 °C an, so verbraucht jeder Liter Wasser 90 kcal oder ≈ 377 kJ, um bis zum Siedepunkte (100 °C) erhitzt zu werden.

Will man Wasser von 100 °C in Dampf von 100 °C verwandeln, so sind weitere 539 kcal oder ≈ 2263 kJ erforderlich. Ein Liter Wasser ergibt beim völligen Verdampfen etwa 1700 Liter Wasserdampf.

An der Brandoberfläche erhitzt sich der Wasserdampf weiter und entzieht somit weitere Wärme.

Der Wasserdampf verdrängt zusätzlich den Sauerstoff der Luft. Seine sauerstoffverdrängende Wirkung ist jedoch nur gering, da Wasserdampf leichter als Luft ist und somit schnell fortgetrieben wird.

Zu der abkühlenden Wirkung des Wassers kommt noch eine mechanische Wirkung.

Durch den Druck des aus dem Strahlrohr verspritzten Löschwassers wird eine größere Eindringtiefe in den brennenden Gegenstand erreicht. Die Eindringtiefe kann noch verbessert werden, wenn dem Löschwasser Netzmittel zugesetzt werden.

5. Welche Stoffe dürfen nicht mit Wasser in Berührung kommen?

Kalium und Natrium

Sobald diese beiden Stoffe mit Wasser in Berührung kommen, verbinden sie sich mit dem Sauerstoff des Wassers und verbrennen mit heller Flamme.

Der freigewordene Wasserstoff verbindet sich mit dem Sauerstoff der Luft und bildet Knallgas, was zu Verpuffungen führen kann.

Kalziumkarbid

(Verbindung von Kohlenstoff und Metallen.) Wenn Karbide mit Wasser in Berührung kommen, ergibt sich eine chemische Reaktion. Karbide an sich brennen nicht, entwickeln aber brennbare, explosive Gase (Acetylen).

Gebrannter Kalk verbindet sich ebenfalls mit Wasser, entwickelt hierbei zwar keine brennbaren Gase, aber die entstehende Wärme wird so groß, dass dadurch brennbare Stoffe entzündet werden können.

Glühende Metalle

Bespritzt man glühendes Metall mit Wasser, so können auftretende Spannungen zu Formveränderungen führen. Einstürze können die Folge sein, z. B. bei gusseisernen Stützen.

Äußerst gefährlich ist es, brennendes Metall wie Aluminium, Elektron, Magnesium usw. mit Wasser zu bespritzen. Bei diesen Metallen herrschen Verbrennungstemperaturen von 2000 bis 3000 °C. Wasser wird aber bei 1300 °C in seine Bestandteile Wasserstoff und Sauerstoff zerlegt. Diese Gase vereinigen sich wieder zu Knallgas, das sich am brennenden Metall entzündet. Die Folge sind Verpuffungen. Es können sich auch Stichflammen bilden. Ferner kann brennendes Metall, welches durch die Verpuffung in die Umgebung geschleudert wird, neue Brandherde hervorrufen. Metall in Pulverform kann durch den Löschstrahl aufgewirbelt werden. Die Folge können Staubzerknalle sein.

Glühende Kohlen

Wenn glühende Kohlen mit Wasser bespritzt werden, können sich Kohlenoxid und Wasserstoff bilden, die dann zu Zerknallen führen können.

Brennende flüssige und halbstarre Stoffe

Mit dem Wasserstrahl kann hier eine Löschwirkung nicht erzielt werden. Wasser vermischt sich nicht mit unpolaren Flüssigkeiten. Je nach Dichte sinkt es ab und kann daher die vergasende Oberfläche nicht unter die Entzündungstemperatur abkühlen. Verdampft dort das Wasser, so wird es schlagartig aus der brennenden Flüssigkeit mit dieser zusammen herausgeschleudert. Bei Friteusenbränden kommt es dann zu Fettexplosionen, wobei bei Wasser die Volumenzunahme das ca. 1500-fache erreicht.

Ausströmendes brennendes Gas kann man zwar ohne weiteres mit Wasser löschen, da die brennenden Gasteilchen vom Wasser fortgeschleudert werden. Es besteht hierbei aber eine gewisse Gefahr. Das ausströmende Gas vermischt sich mit dem Sauerstoff der Luft und kann an einem brennenden oder glühenden Gegenstand erneut entzündet werden. Richtig ist hier immer „Gaszufuhr abstellen“.

Brände an Starkstromanlagen

Starkstromanlagen sind, wenn irgend möglich, vor der Brandbekämpfung von Fachpersonal abzuschalten. Ist dies nicht möglich, so sind die Mindestabstände nach VDE 0132 einzuhalten. Das sind:

	Niederspannung (bis 1000 Volt)	Hochspannung (bis 380 000 Volt)
Sprühstrahl	1 m	5 m
Vollstrahl	5 m	10 m

(Die Abstände gelten für C-Rohre mit 5 bar Druck und Mundstück).

6. Wie wirken Salzlösungen als Löschmittel?

Die Löschwirkung des Wassers kann durch Zusatz von Salzen erhöht werden.

Zusatzmittel sind: doppelkohlensaures Natron, Kochsalz, Natriumphosphat, Borsäure, Soda, Alaun, Salmiak, Glaubersalz, Bittersalz u. a.

Wasser mit Zusätzen hat eine höhere Verdampfungstemperatur. Der brennende Gegenstand wird mehr abgekühlt. Ist das Wasser verdunstet, überziehen die Salze den brennenden Gegenstand mit einer Kruste, die den Sauerstoff fernhält. In Gegenwart elektrischer Spannung nicht anwenden.

7. Was sind flammenerstickende Gase und wie wirken sie?

Inerte Gase sind nichtbrennende Gase, die in ausreichender Konzentration eine Verbrennungsreaktion verhindern. Brauchbar dafür sind insbesondere Kohlendioxid und Stickstoff. Die Verwendung anderer Gase scheitert daran, dass sie gesundheitsschädlich sind. Sollen Gase zur Brandbekämpfung angewendet werden, so kann man nur mit einem Erfolg rechnen, wenn

1. der Brandraum annähernd abgedichtet werden kann
2. der Brandraum nicht zu groß ist.

Das ausströmende Gas verdrängt den Sauerstoff, wobei die vollständige Verdrängung des Sauerstoffes nicht erforderlich ist. So erlischt z. B.

eine brennende Kerze, sobald die Luft in dem betreffenden Raum weniger als 15% Sauerstoff enthält. Auf gleiche Art wirkt sich die Anreicherung mit nichtbrennbaren Gasen aus. Ist im Raum die Luft in einem gewissen Verhältnis mit unbrennbaren Gasen gemischt, so ist sie nicht mehr sauerstoffreich genug, um die Verbrennung zu unterhalten. Bei Kohlendioxid ist das bei 25% der Fall. Damit das notwendige Mischungsverhältnis schnell erreicht wird, muss das Gas unter starkem Druck in den Brandraum eingeführt werden.

Im Freien wird man mit den Gasen so gut wie keine Wirkung erreichen, da sie von den Brandgasen schnell nach oben gerissen werden.

Kohlendioxid und Stickstoff sind elektrische Nichtleiter, können also bei Hochspannungsanlagen ohne Gefahr benutzt werden.

Vorsicht beim Betreten von Räumen, in denen mit nichtbrennbaren Gasen (Kohlendioxid, Stickstoff) ein Feuer bekämpft worden ist. Der Sauerstoffgehalt im Raume kann so weit herabgesetzt sein, dass Lebensgefahr besteht.

8. Was ist Trockenlöschpulver und wie wird es angewandt?

Trockenlöschpulver besteht für die Brandklassen B und C im Wesentlichen aus Natriumbicarbonat (doppelkohlensaures Natrium) mit Zusätzen, für die Brandklassen A, B und C aus Ammoniumphosphat und Ammoniumsulfat mit Zusätzen. Die Zusätze sind erforderlich, um die Pulver feuchtigkeitsunempfindlich und rieselfähig zu machen.

Würde Trockenlöschpulver nur von Hand auf den Brandherd gestreut, so wäre die Löschwirkung gleich, als wenn trockener Sand verwendet würde. Die Trockenlöschpulver entfalten ihre volle Wirksamkeit, wenn sie in dichter, nicht zu stark mit Treibgas durchsetzter Wolke in die Flammenzone eingebracht werden. Die Löschwirkung des Pulvers beruht einerseits auf einer gewissen kühlenden Wirkung (Schmelzenergie ≙ Energieentzug), andererseits auf der sog. Antikatalyse, d. h. einer Störung bzw. eines Eingriffs in die Verbrennungsreaktion. Nach neueren Erkenntnissen läuft die Verbrennung über „Radikalzwischenstufen" ab. Wird in diese Kette eingegriffen, z. B. durch Löschmittel, erlischt das Feuer, da ihm die Nahrungsquelle entzogen wird.

9. Welche Arten von Schaum gibt es?

Wir unterscheiden zwei Arten:

1. Chemischer Schaum
Der chemische Schaum hat heute keine praktische Bedeutung mehr.

2. Luftschaum
Er wird gebildet durch innige Durchmischung von Wasser, Schaummittel und Luft.

Schaum wird nach folgenden Verschäumungszahlen klassifiziert:

bis 20fache Verschäumungen:	Schwerschaum
21–200fache Verschäumung:	Mittelschaum
201–1000fache Verschäumung:	Leichtschaum

Bestandteile: (bei 3,5 % Zumischung)

Schwerschaum 6fach		
Vol.-% : rd.	16,1	Wasser
	0,56	Schaummittel
	83,34	Luft
Mittelschaum 75fach		
Vol.-% : rd.	1,3	Wasser
	0,04	Schaummittel
	98,66	Luft
Leichtschaum 1000fach		
Vol.-% : rd.	0,096	Wasser
	0,004	Schaummittel
	99,9	Luft

10. Welche Schaummittel gibt es?

a) Schaummittel zur Erzeugung von Schwerschaum
   - Proteinschaummittel aus wasserlöslichen Eiweiß-Abbauprodukten
   - Fluor-Proteinschaummittel aus wasserlöslichen Eiweiß-Abbauprodukten und zusätzlichen fluorierten Wirkstoffen

b) Schaummittel zur Erzeugung von Schwer-, Mittel- und Leichtschaum *(Mehrbereichsschaummittel)*

c) Wasserfilmbildende Schaummittel AFFF
d Class A-Foam-Schaummittel als Netzmittel und Schaummittel für die Brandklasse A.

11. Worauf beruht die Löschwirkung?

Bei Schwer- und Mittelschaum auf dem Stickeffekt (die Schaumdecke auf der Oberfläche des Brandgutes unterbindet die Zufuhr von Luftsauerstoff) und dem Kühleffekt (Wasserabgabe aus dem Schaum).

Bei Leichtschaum vor allem auf dem Stickeffekt.

Brände in elektrischen Anlagen dürfen mit Schaum nicht bekämpft werden, da der Schaum den Strom leitet.

12. Wo liegen die Anwendungsbereiche?

Schwerschaum
Bekämpfung von Bränden der Klasse A (feste Stoffe wie Holz, Stroh, Faserstoffe, Kohle) und B (flüssige Stoffe wie Benzin, Benzol, Öle, Fette, Lacke, Teere). Wichtigstes Einsatzgebiet ist die Mineralölindustrie.

Mittelschaum
Mittelschaum kann zur erfolgreichen Bekämpfung von Flächenbränden im Freien eingesetzt werden, in Sonderfällen auch für das Füllen und Fluten von Räumen.

Leichtschaum
Vorwiegend für das Füllen und Fluten von Räumen (z. B. Keller, Lagerräume u. ä.) bei Bränden der Brandklassen A und B. Verqualmte, schwer zugängliche Brandherde lassen sich mit Leichtschaum eindämmen und beherrschen. Hierbei ist die spezifische Schaumrate pro Zeiteinheit im Verhältnis zur Raumgrundfläche bzw. Raumvolumen) von maßgebender Bedeutung.

13. Wie viel Schaummittel ist dem Wasser zuzumischen?

Normalerweise zwischen 1 und 6 Prozent.

Beispiele:
1 % bei gewissen AFFF-Konzentraten
3 % bei Mehrbereichsschaummitteln
4 % bei gewissen Proteinschaummitteln
6 % bei höheren viskosen Mehrbereichsschaummitteln
Unter 1 % als Netzmittel.

14. Was versteht man unter der Verschäumungszahl?

Die Verschäumungszahl gibt das Schaumvolumen in Liter geteilt durch das Schaumgewicht in kg an. Sie gibt näherungsweise an, um wie viel sich das Volumen des Wasser-Schaummittel-Gemisches vergrößert hat.

15. Was versteht man unter der Wasserhalbwertszeit?

Das ist die Zeit, in der die Hälfte der im Schaum enthaltenen Flüssigkeit ausgeschieden wird. Sie soll nicht unter 15 Minuten liegen.

16. Was ist über das Schaummittel AFFF zu sagen?

AFFF ist ein filmbildendes Schaummittel. Die Bezeichnung AFFF entstammt der englischen Benennung des Schaummittels „**A**queous **F**ilm **F**orming **F**oam". Es ist geeignet für die Brandklassen A und B sowie zum vorbeugenden Abdecken von Flächen. Als Schaum aufgetragen bildet es, infolge seiner großen Oberflächenaktivität, einen gasdichten Film. Es ist rückzündungssicher, da sich der Film auch dann wieder schließt, wenn er aufgerissen wird. Durch hohe Kühlwirkung wird zudem die Brandtemperatur schnell gesenkt. AFFF kann dem Löschwasser zur Verminderung der Oberflächenspannung auch ohne Verschäumung zugemischt werden. Damit kann eine bessere Eindringtiefe des Löschwassers, z. B. bei Schwelbränden, Deponiebränden usw. erzielt werden.

17. Was versteht man unter Druckluft-Schaum?

Beim Druckluft-Schaum wird das Wasser-/Schaummittelgemisch bereits an der Pumpe mit komprimierter Luft verschäumt. Es entsteht ein sehr feinblasiger Schaum. Die Zumischrate beträgt 0,1 bis 6 %. Auch „CAFS“ genannt (Compressed Air Foam System).

18. Was bewirkt die Zugabe von Netzmitteln?

Die Netzmittelzugabe bewirkt ein Herabsetzen der Oberflächenspannung im Löschwasser, so dass das Löschmittel besser und tiefer in das Brandgut eindringen kann.

19. Worauf beruht die Löschwirkung von Kohlendioxid?

Die Löschwirkung von Kohlendioxid (CO_2) beruht auf seiner erstickenden Wirkung durch Verdrängung des Luftsauerstoffes. Anwendung deshalb vor allem in geschlossenen Räumen. Die kühlende Wirkung von CO_2 kann vernachlässigt werden. Kohlendioxid soll als Gas und nicht als „Schnee“ in die Flamme gebracht werden; Schnee entsteht zwar an der Düse, ist aber praktisch löschunwirksam.

Wegen der erstickenden Wirkung ist Vorsicht in geschlossenen engen, schlecht belüfteten Räumen geboten. Kohlendioxid ist ein elektrischer Nichtleiter und deshalb für Brände in Hoch- und Niederspannungsanlagen besonders geeignet. Schädliche Veränderungen werden durch Kohlendioxid nicht hervorgerufen.

20. Was sind Halonlöschmittel?

Halone sind Kohlen-Wasserstoff-Verbindungen, bei denen Wasserstoffatome durch Halone (Fluor, Chlor, Brom oder Jod) ersetzt sind. Es sind dies die Halone 1211 (Bromchloridfluormethan), Halon 1301 (Bromtrifluormethan).

Die Ziffern bedeuten:

1. Ziffer: Zahl d. Kohlenstoffatome
2. Ziffer: Zahl d. Fluoratome

3. Ziffer: Zahl d. Chloratome
4. Ziffer: Zahl d. Bromatome

Die Löschwirkung beruht auf Antikatalyse, d.h. Unterbrechung des chemischen Verbrennungsvorganges.

Hinweis:

Aufgrund einer Verordnung der Bundesregierung vom Mai 1991 ist die Verwendung von Halonen als Löschmittel grundsätzlich untersagt.

21. Was versteht man unter dem Löschmittel Inergen?

Bei Inergen handelt es sich um ein inertes Löschgas, das aus Anteilen Stickstoff, dem Edelgas Argon und Kohlendioxid besteht. Das Löschmittel ist umweltverträglich und in den üblichen Löschkonzentrationen für Menschen ungefährlich. Häufig verwendet wird Inergen in der Zusammensetzung von 52% Stickstoff, 40% Argon und 8% Kohlendioxid. Die Löschwirkung beruht vor allem im Verdrängen des Luftsauerstoffes. Es ergeben sich keine Löschrückstände.

22. Welche sonstigen Löschmittel werden in Sonderfällen eingesetzt?

1. Graugussspäne, trockener Sand, Salze, Zement, Kalk, z.B. bei Metallbränden.
2. Chemische Zusätze (Kunstdünger) zum Löschwasser für die Waldbrandbekämpfung aus der Luft (in Deutschland bisher ohne Bedeutung).

V

Ortsfeste Löschanlagen

1. Welche ortsfesten Löschanlagen werden üblicherweise verwendet?

a) Sprühwasserlöschanlagen
b) Sprinkleranlagen
c) Pulverlöschanlagen
d) CO_2-Löschanlagen
e) Inergen-Löschanlagen
f) Halon-Löschanlagen*
g) Schaum-Löschanlagen
h) sonstige Löschanlagen.

* nicht mehr zugelassen

2. Was ist allgemein über ortsfeste Löschanlagen zu sagen?

Sie sind Bestandteile des vorbeugenden baulichen Brandschutzes, die für besonders gefährdete Objekte wie z. B. Tankanlagen, Produktionsanlagen, Kaufhäuser, Theater usw. gefordert werden können. Sie sind nach Größe, Art und Auslegung auf die einzelnen Objekte abzustimmen.

3. Welche Auslösearten gibt es bei den ortsfesten Löschanlagen?

a) Handauslösung
b) Selbsttätige (automatische) Auslösung.

4. Was sind Sprühwasseranlagen?

Es sind ortsfeste Feuerlöschanlagen mit fest verlegten Rohrleitungen und offenen Löschdüsen. Im Brandfall wird die Anlage ganz oder in einzelnen Gruppen selbsttätig und/oder von Hand ausgelöst. (Anwendung, wo Wasser verwendbar und schnelle Brandausbreitung zu erwarten sind, z. B. Bühnen, Regenvorhänge, Müllbunker, Kabelkanäle usw.).

Anforderungen an die Ausführung siehe DIN 14494.

5. Was sind Sprinkleranlagen?

Selbsttätige Löschanlagen mit fest verlegten Leitungen und geschlossenen Düsen, die Entstehungsbrände erkennen, melden und bekämpfen.

Durch Öffnung der Sprinkler, die durch thermische Auslöseelemente (Schmelzlot, flüssigkeitsgefüllte Glasfässer) im Bereitschaftszustand verschlossen sind, entsteht bei sich entwickelnder Brandtemperatur ein Druckabfall in der Leitung, der die Alarmierung auslöst und automatisch die Brandbekämpfung einleitet. Durch das sofort austretende Löschwasser ist eine schnelle Brandbekämpfung gegeben. Die Wasserversorgung erfolgt durch zwei getrennte, voneinander unabhängige und stets einsatzbereite Wasserzufuhren.

Einzelheiten siehe auch DIN 14489 und Richtlinien des Verbandes der Sachversicherer (VdS).

6. Wo werden Sprinkleranlagen eingebaut?

In Waren-, Geschäfts- und besonderen Hochhäusern, Ausstellungs- und Messehallen, Fabrik-, Industrie- und Lagerhallen, Theatern und Festsälen, Spinnereien und sonstigen Textilbetrieben, Holzverarbeitungsbetrieben, großen Tiefgaragen, Getreide- und Ölmühlen, Papier-, Gummi- und Kunststoff-Fabriken, Hotels usw.

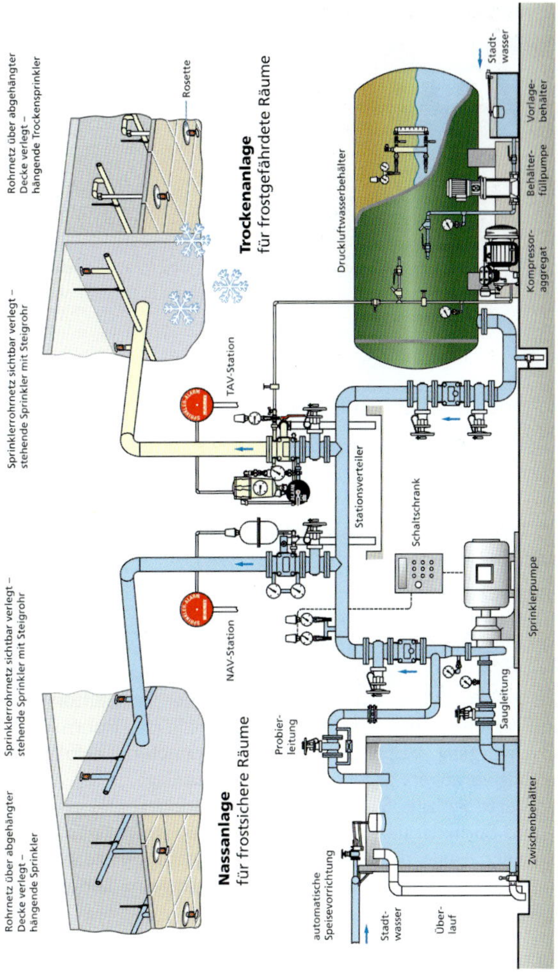

Bild 1: Systembild einer Sprinkleranlage (Minimax)

Bild 2: Sprinklerdüse

7. Welche Arten von Sprinkleranlagen werden in der Praxis verwendet?

a) Nassanlage: Das gesamt Rohrnetz ist bis zum Sprinkler mit Wasser gefüllt und steht unter Druck. Beim Öffnen des Sprinklers beginnt sofort der Löschvorgang. Verwendung in frostfreien Bereichen.
b) Trockenanlage: In frostgefährdeten Bereichen ist das Rohrnetz mit Pressluft gefüllt. Öffnet ein Sprinkler, wird der Pressluftdruck im Rohrnetz abgebaut, das Löschwasser strömt in das Rohrnetz und der Löschvorgang beginnt. Die Brandbekämpfung erfolgt hier zwangsläufig verzögert gegenüber einer Nassanlage.
c) Vorgesteuerte Anlage: Sie ist eine Kombination aus einer Brandmelde- und Sprinkleranlage. Das Löschwasser strömt nur dann in das Rohrnetz, wenn die Brandmeldeanlage einen Brand gemeldet hat. Somit kann Wasserschaden bei beschädigtem Sprinklerkopf vermieden werden.

8. Wo sind stationäre Pulverlösch-Anlagen eingesetzt?

Stationäre Pulverlösch-Anlagen können sowohl für den Raum- als auch für den Objektschutz eingesetzt werden. Das Löschpulver wird in Behältern gelagert und im Brandfall durch Druckgas (z. B. Stickstoff) über spezielle Pulverdüsen zerstäubt. Anforderungen siehe DIN 14492. Verwendung insbesondere bei: Flugzeughallen, chemischen Anlagen, Prüfständen, Abfüllstationen, Tankschiffen, in Maschinen.

In Sonderfällen werden stationäre Pulverlöschanlagen auch bei Explosionsunterdrückungsanlagen verwendet.

Bild 3: Pulver-Löschanlage in Betrieb (Minimax)

9. Wann werden Kohlendioxid-Anlagen angewandt?

Kohlendioxid-Löschanlagen werden eingesetzt, wenn andere Löschmittel große Nebenschäden verursachen oder das Feuer nicht schlagkräftig genug ablöschen können. Beim Brand von schnell brennenden Flüssigkeiten oder Gasen ist eine CO_2-Anlage meist der einzig wirksame Brandschutz. Weitere Einsatzgebiete sind u. a.: elektrische Anlagen, Schalt- und Steuerzentren, Webereien, Spinnereien, Druckmaschinen, Prüfstände, Rechenzentren, Labors usw.

Das Löschmittel CO_2, Kohlendioxid – auch als „Kohlensäure" bekannt –, ist ein farb- und geruchloses Gas. Es ist 1,5mal schwerer als Luft, nicht giftig, chemisch neutral und ein elektrischer Nichtleiter.

Das Prinzip dieses Löschverfahrens ist einfach: Feuer kann sich nur ausweiten, wenn es genügend Sauerstoff findet. Dies wird durch das ausströmende CO_2 verhindert. Es verdrängt in Sekundenschnelle den Sauerstoff und erstickt das Feuer. CO_2-Anlagen können manuell oder vollautomatisch ausgelöst werden. Zur Evakuierung des Personals beginnt jede CO_2-Flutung erst nach einem akustischen Signal. Die Vorwarnzeit richtet sich nach den örtlichen Gegebenheiten.

Bild 4: Löschanlage

CO_2-Raumschutzanlagen
fluten im Brandfall den ganzen Raum.

CO_2-Objektschutzanlagen
schützen gezielt nur besonders gefährdete Objekte.

Bei kleineren CO_2-Anlagen wird das flüssige CO_2 in Stahlflaschen gelagert. Für größeren CO_2-Bedarf sind CO_2-Tiefkühlbehälter wirtschaftlicher.

10. Was sind Halonlöschanlagen?

Es sind Feuerlöschanlagen mit Löschmittel Halon mit Löschmittelbehälter, Leitungssystem, Düsen und Auslöseeinrichtung mit Alarmsignal und Vorwarnzeit (bei automatischen Anlagen mit Branderkennungseinrichtung und Warneinrichtung). Sie können nur in Räumen mit selbsttätig verschließbaren Öffnungen eingerichtet werden. Geschützte Räume sind durch Warnschild zu kennzeichnen.

Hinweis:

Aufgrund einer Verordnung der Bundesregierung vom Mai 1991 ist die Verwendung von Halon als Löschmittel grundsätzlich verboten.

Soweit Halon-Löschanlagen weiter betrieben werden, bedarf es dafür einer Ausnahmegenehmigung.

11. Was sind Schaum-Löschanlagen?

Es sind Löschanlagen mit Schaum als Löschmittel. Sie können als Schwer-, Mittel- oder Leichtschaumanlagen ausgebildet sein. Sie bestehen aus Schaummittelbehälter, Löschwasserversorgung, Zumischregler, Rohrnetz, Abgabeorgan (z. B. Schaumrohr, Schaumdüse usw.). Sie werden zur Abdeckung von Sonderrisiken verwendet, z. B. zur Tankbeschäumung oder bei Flugzeugwartungshallen.

Bild 5: Schaum-Löschanlage Tanklager (Minimax)

12. Was sind Inergen-Löschanlagen?

Es sind automatische oder handbetätigte Löschanlagen mit dem Löschmittel Inergen (siehe U). Die Bevorratung des Löschmittels erfolgt in Druckgasflaschenbatterien mit einem Fülldruck von 150 – 200 bar. Das Löschmittel wird über Rohrleitungssysteme und Löschdüsen in den Löschbereich eingeblasen. Die Funktionsweise ist insgesamt mit der von CO_2-Löschanlagen vergleichbar.

13. Welche ortsfesten Löschanlagen finden noch Verwendung?

a) Stationäre Berieselungsanlagen, z. B. für Tanklager, Raffinerien (siehe DIN 14495).
b) Stationäre Wasser- und Schaum/Wasserwerfer mit fest verlegten Leitungen und eigenen Pumpen bzw. Wasserbehältern, z. B. in Raffinerien, bei Tanklagern, in der chemischen Industrie. Die stationären Werfer können vielfach ferngesteuert von einer Zentrale aus bedient werden; sie werden mittels Kameras überwacht.

c) Explosionsunterdrückungsanlagen.
d) „Halbautomatische“ Sprinkleranlagen; dabei handelt es sich vom Prinzip her um Sprinklersysteme, jedoch *ohne* Wasserbefüllung und *ohne* Wasserbevorratung. Die Anlage wird nur im Brandfall von der Feuerwehr eingespeist. Vorzugsweise Verwendung in Betrieben mit Werkfeuerwehr *und nur* in Verbindung mit automatischen Brandmeldeanlagen.
e) Hochdrucklöschanlagen, z. B. in Kabeltunneln, Industrieanlagen, Hochregallagern und als Objektschutzanlagen. Dabei wird das Löschwasser unter hohem Druck fein verstäubt über besondere Düsen abgegeben. Hohe Löschwirkung bei geringem Wasserbedarf. Auslösung der Anlagen automatisch oder manuell.

W

Vorbeugender Brandschutz

1. Was versteht man unter vorbeugendem Brandschutz?

Alle Maßnahmen, die der Entstehung und Ausbreitung von Schadenfeuern vorbeugen und bei einem Brand eine wirksame Brandbekämpfung und die Rettung von Menschen und Tieren ermöglichen.

2. Wie kann der vorbeugende Brandschutz weiter unterteilt werden?

a) Vorbeugender baulicher Brandschutz, z. B. Anforderungen an Gebäudeabstände, Bauteile, Brandabschnitte, Baustoffe, Rettungswege, Sicherheitseinrichtungen.
b) Vorbeugender betrieblicher Brandschutz, z. B. Anforderungen hinsichtlich organisatorischer Maßnahmen, z. B. Brandschutzbeauftragte, Brandschutzordnungen, Rauchverbot usw.

3. Was kann die Feuerwehr zum vorbeugenden Brandschutz beitragen?

a) *Aufklärung der Bevölkerung.*
Die große Zahl von Bränden, deren Ursache Unkenntnis oder Fahrlässigkeit ist, zeigen die Notwendigkeit laufender Aufklärung.

Die Feuerwehr kann z.B. durch Durchführung der Brandschutzwoche, eines Tags der offenen Tür usw. das Interesse für den Brandschutz wecken. Vor allem sollte die Feuerwehr durch guten Kontakt zur Presse Sorge tragen, dass über ihre Arbeit und über die Brände regelmäßig und sachbezogen berichtet wird.

b) *Regelmäßige Kontrolle der Löschwasserversorgung und der Zufahrtsverhältnisse im Zuständigkeitsgebiet.*
c) *Aufstellung von Einsatz- und Alarmplänen für größere oder besonders gefährdete Objekte. Überprüfung dieser Pläne durch Übungen und Vertiefung der Kenntnis über Lage und Beschaffenheit.*
d) *Mithilfe bei der Ermittlung von Brandursachen* und deren Auswertung durch sachgerechte Brandberichte.
   Nur durch die Kenntnis der Ursachen können Maßnahmen zur Verhütung weiterer Brände getroffen werden.
e) Mitarbeit bei der Begutachtung von Bauvorlagen. Dabei ist nicht nur auf die Einhaltung der Brandschutzanforderungen der baurechtlichen Vorschriften, sondern u.a. auf die Erreichbarkeit, die Brandmeldemöglichkeiten, die Löschwasserversorgung und die allgemeinen Voraussetzungen zu wirksamer Brandbekämpfung zu achten.
f) Mitarbeit bei der Bauabnahme.
g) Mitarbeit bei der Brandverhütungsschau. Die Brandverhütungsschau erstreckt sich auf Überprüfung der Gebäude in feuersicherheitlicher Hinsicht, und zwar auf die Gesamtanlage, die bauliche Ausführung und den Inhalt. Wertvoll ist hierbei noch, dass die Feuerwehr eingehende Ortskenntnisse erhält.

4. Welche Anforderungen an Gebäude können insbesondere im Bereich des vorbeugenden baulichen Brandschutzes gestellt werden?

Anforderungen bezüglich

a) Anordnung und Abstände der Gebäude auf den Grundstücken
b) Zugänglichkeit zu den Gebäuden, Flächen für Feuerwehr (s. auch DIN 14090)
c) Löschwasserversorgung
d) Größe der Brandabschnitte

e) Ausführung der Konstruktion (feuerbeständig, feuerhemmend, nicht brennbar)
f) Ausbildung der Flucht- und Rettungswege
g) Alarmierungsanlagen, Brandmeldeanlagen
h) Löschanlagen, Löschgeräte
i) Rauch- und Wärmeabzugseinrichtungen
j) Betriebliche Maßnahmen, z. B. Rauchverbot, Verbot des Umgangs mit offenem Feuer, Beschränkung der Zugangsberechtigung zu gefährlichen Anlagen, zusätzliche Überwachungseinrichtungen usw.

5. Wer ist für die Durchsetzung der vorbeugenden Brandschutzmaßnahmen zuständig?

Die Baurechtsbehörden in Zusammenarbeit mit den Brandschutzdienststellen entsprechend den baurechtlichen Vorschriften der Bundesländer.

6. Wo sind insbesondere Vorschriften über vorbeugenden Brandschutz enthalten?

a) in den Bauordnungen der Länder
b) in Sonderbauverordnungen, z. B. Versammlungsstättenverordnung, Garagenverordnung, Verkaufsstättenverordnung, Krankenhausbau-Verordnung
c) in der Betriebssicherheitsverordnung
d) in VDE-Vorschriften
e) in DIN- und EN-Normen
f) in Verwaltungsvorschriften der Länder.

Hinweis:

Die Regelungen der Bundesländer können in Einzelpunkten abweichen.

7. Welche Maßnahme dient bei bestehenden Gebäuden insbesondere dem Brandschutz?

Die Brandverhütungsschau, auch Brandschau oder Feuerbeschau genannt. Sie wird – entsprechend den landesrechtlichen Vorschriften – bei bestimmten Gebäuden in regelmäßigen Zeitabständen (z. B. alle 5 Jahre) durchgeführt; dabei sollen feuergefährliche Zustände oder sonstige brandschutztechnische Mängel festgestellt werden. Diese Mängel müssen innerhalb festzulegender Fristen beseitigt werden.

8. Durch welche Maßnahmen kann bei Gebäuden ein notwendiger Feuerwiderstand erreicht werden?

Durch Anforderungen an Baustoffe und Bauteile hinsichtlich ihres Verhaltens im Feuer.

9. Welche Norm behandelt das Brandverhalten von Baustoffen und Bauteilen?

Die Norm DIN 4102

10. Was ist zu DIN 4102 zu sagen?

In der Form DIN 4102 werden Begriffe, Anforderungen und Prüfung behandelt, und zwar in

Teil 1	Baustoffe
Teil 2	Bauteile
Teil 3	Brandwände und nichttragende Außenwände
Teil 4	Zusammenstellung und Anwendung klassifizierter Baustoffe, Bauteile und Sonderbauteile
Teil 5	Feuerschutzabschlüsse, Abschlüsse in Fahrschachtwänden
Teil 6	Lüftungsleitungen
Teil 7	Bedachungen
Teil 9	Kabelabschottungen
Teil 11	Rohrleitungen, Installationskanäle
Teil 13	Brandschutzverglasungen.

Teil 4 enthält eine Auflistung derjenigen Baustoffe, Bauteile und Sonderbauteile, über deren Brandverhalten eine eindeutige Aussage gemacht werden kann, weil ihre Eigenschaften auf der Grundlage von Normen und Prüfungen beurteilt werden können.

Die Angaben der Norm können unmittelbar als Nachweis der entsprechenden Baustoffklasse oder Feuerwiderstandsklasse verwendet werden, ohne dass es eines weiteren Nachweises oder weiterer Prüfungen bedarf, jedoch müssen die in der Norm angegebenen Randbedingungen für die Klassifizierung eingehalten sein.

Für alle anderen Baustoffe, Bauteile und Sonderbauteile ist das Brandverhalten durch Prüfungen nach DIN 4102 nachzuweisen.

Nach den Bauordnungen der Länder dürfen Baustoffe, Bauteile und Bauarten, die noch nicht allgemein gebräuchlich oder bewährt sind, nur verwendet oder angewendet werden, wenn ihre Brauchbarkeit nachgewiesen ist.

Der Nachweis der Brauchbarkeit kann geführt werden durch:

- Prüfzeugnis einer anerkannten Prüfstelle
- Prüfzeichen des Instituts für Bautechnik, Berlin
- Bauaufsichtliche Zulassung des Instituts für Bautechnik, Berlin
- Bauaufsichtliche Zulassung im Einzelfall durch die oberste Baurechtsbehörde.

11. Wie werden Baustoffe unterteilt?

Baustoffklasse	Bauaufsichtliche Benennung
A	nichtbrennbare Baustoffe
A 1	
A 2	
B	brennbare Baustoffe
B 1	schwerentflammbare Baustoffe
B 2	normalentflammbare Baustoffe
B 3	leichtentflammbare Baustoffe

12. Was sind nichtbrennbare Baustoffe

In der Norm DIN 4102 Teil 4 sind klassifizierte Baustoffe der Baustoffklasse A 1 im Abschnitt 2.2.1 aufgeführt, für die kein weiterer Nachweis erforderlich ist, z. B. Beton, Stahl, Ziegel.

Baustoffe der Klasse A 2 bedürfen in jedem Fall eines besonderen Nachweises (Prüfzeichen).

13. Wann gelten Baustoffe nach DIN 4102 Teil 4 als schwer entflammbar? (Klasse B 1)

Ohne Nachweis gelten als schwer entflammbar (Baustoffklasse B 1) die in DIN 4102 Teil 4, Abschnitt 2.3.1 aufgeführten Baustoffe, z. B. Holzwolle-Leichtbauplatten, Eichen-Parkett.

14. Wann gelten Baustoffe als normal entflammbar? (Klasse B 2)

Ohne Nachweis gelten als normal entflammbar (Baustoffklasse B 2) die in DIN 4102 Teil 4, Abschnitt 2.3.2 aufgeführten Baustoffe, z. B. Holz mit einer Rohdichte $\geq$ 400 kg/m^3 und einer Dicke > 2 mm.

15. Wann gelten Baustoffe als leicht entflammbar?

DIN 4102 Teil 1, Abschnitt 6.3 sagt: Brennbare Baustoffe, die weder in die Klasse B 1 noch in die Klasse B 2 einzuordnen sind, gelten als Baustoffe der Klasse B 3, z. B. Papier, Stroh.

Hinweis:

Leicht entflammbare Baustoffe dürfen nach Baurecht nicht verwendet werden, es sei denn, dass die Baustoffe im Einbauzustand nicht mehr leicht entflammbar sind, z. B. die an die Wand geklebte Tapete.

16. Was sind Bauteile?

Als Bauteile im Sinne der Norm DIN 4102 gelten Wände, Decken, Stützen, Unterzüge, Treppen usw.

Weitere Unterteilung in tragende und nicht tragende Bauteile, in raumabschließende Bauteile und nicht raumabschließende Bauteile.

17. Wodurch wird das Brandverhalten von Bauteilen gegen Feuer gekennzeichnet?

Durch die Feuerwiderstandsdauer bzw. die Feuerwiderstandsklasse.

18. Was versteht man unter Feuerwiderstandsdauer?

Die Feuerwiderstandsdauer ist die Mindestdauer in Minuten, während der ein Bauteil bei Prüfung die nach der Norm gestellten Anforderungen erfüllt.

Entsprechend der Feuerwiderstandsdauer wird das Bauteil in die Feuerwiderstandsklasse eingeteilt, z. B. F30, F90.

19. Welche Feuerwiderstandsklassen kennen wir nach DIN 4102 Teil 2?

Es werden folgende Feuerwiderstandsklassen unterschieden:

Feuerwiderstandsklasse	Feuerwiderstandsdauer Minuten
F 30	≥ 30
F 60	≥ 60
F 90	≥ 90
F 120	≥ 120
F 180	≥ 180

Da die einzelnen Bauteile aus verschiedenen Baustoffen bestehen können, von denen im Wesentlichen ihr Brandverhalten abhängt, werden sie gemäß DIN 4102 Teil 2 in Benennungen nach folgender Tabelle benannt. Die Baustoffangaben gelten in erster Linie für den Querschnitt der Konstruktion, der für die Erreichung der Feuerwiderstandsklasse erforderlich ist.

	1	2	3	4	5
Zeile	Feuerwiderstandsklasse	Baustoffklasse nach DIN 4102 Teil 1 der in den geprüften Bauteilen verwendeten Baustoffe für		Benennung[2]	Kurzbezeichnung
		wesentliche Teile[1]	übrige Bestandteile, die nicht unter den Begriff der Spalte 2 fallen	Bauteile der	
1	F 30	B	B	Feuerwiderstandsklasse F 30	F 30 – B
2		A	B	Feuerwiderstandsklasse F 30 und in den wesentlichen Teilen aus nichtbrennbaren Baustoffen[1]	F 30 – AB
3		A	A	Feuerwiderstandklasse F 30 und aus nichtbrennbaren Baustoffen	F 30 – A
4	F 60	B	B	Feuerwiderstandsklasse F 60	F 60 – B
5		A	B	Feuerwiderstandsklasse F 60 und in den wesentlichen Teilen aus nichtbrennbaren Baustoffen[1]	F 60 – AB
6		A	A	Feuerwiderstandsklasse F 60 und aus nichtbrennbaren Baustoffen	F 60 – A
7	F 90	B	B	Feuerwiderstandsklasse F 90	F 90 – B
8		A	B	Feuerwiderstandsklasse F 90 und in den wesentlichen Teilen aus nichtbrennbaren Baustoffen[1]	F 90 – AB
9		A	A	Feuerwiderstandsklasse F 90 und aus nichtbrennbaren Baustoffen	F 90 – A
10	F 120	B	B	Feuerwiderstandsklasse F 120	F 120 – B
11		A	B	Feuerwiderstandsklasse F 120 und in den wesentlichen Teilen aus nichtbrennbaren Baustoffen[1]	F 120 – AB
12		A	A	Feuerwiderstandsklasse F 120 und aus nichtbrennbaren Baustoffen	F 120 – A
13	F 180	B	B	Feuerwiderstandsklasse F 180	F 180 – B
14		A	B	Feuerwiderstandsklasse F 180 und in den wesentlichen Teilen aus nichtbrennbaren Baustoffen[1]	F 180 – AB
15		A	A	Feuerwiderstandsklasse F 180 und aus nichtbrennbaren Baustoffen	F 180 – A

1) Zu den wesentlichen Teilen gehören:
   a) alle tragenden oder aussteifenden Teile, bei nichttragenden Bauteilen auch die Bauteile, die deren Standsicherheit bewirken (z. B. Rahmenkonstruktionen von nichttragenden Wänden).
   b) bei raumabschließenden Bauteilen eine in Bauteilebene durchgehende Schicht, die bei der Prüfung nach dieser Norm nicht zerstört werden darf.
   Bei Decken muss diese Schicht eine Gesamtdicke von mindestens 50 mm besitzen; Hohlräume im Innern dieser Schicht sind zulässig.
   Bei der Beurteilung des Brandverhaltens der Baustoffe können Oberflächen-Deckschichten oder andere Oberflächenbehandlungen außer Betracht bleiben.
2) Diese Benennung betrifft nur die Feuerwiderstandsfähigkeit des Bauteils; die bauaufsichtlichen Anforderungen an Baustoffe für den Ausbau, die in Verbindung mit dem Bauteil stehen, werden hiervon nicht berührt.

20. Welche baurechtliche Benennung ergibt sich aus den Bauordnungen für Bauteile?

a) feuerhemmend (fh)	für Konstruktionen der Feuerwiderstandsklasse F 30
b) hochfeuerhemmend (hfh)	für Konstruktionen der Feuerwiderstandsklasse F 60
c) feuerbeständig (fb)	für Konstruktionen der Feuerwiderstandsklasse F 90
d) hochfeuerbeständig (hfb)	für Konstruktionen über der Feuerwiderstandklasse F 90, z. B. F 120 oder F 180

21. In welche weiteren Feuerwiderstandsklassen wird noch unterschieden?

Feuerwiderstandsklasse	z. B.	Bauteile
W nach DIN 4102 Teil 3	W 30, W 90	nichttragende Wände, Brüstungen, Schürzen
T nach DIN 4102 Teil 5	T 30, T 90	Feuerschutzabschlüsse, z. B. Türen, Tore, Klappen
G nach DIN 4102 Teil 13	G 30, F 30, G 60, F 60, G 90, F 90	Brandschutzverglasungen
L nach DIN 4102 Teil 6	L 30, L 90	Lüftungsleitungen
K nach DIN 4102 Teil 6	K 30, K 90	Absperrvorrichtungen gegen Brandübertragungen in Lüftungsleitungen

Für Abschlüsse in Fahrschachtwänden der Feuerwiderstandsklasse F 90 nach DIN 4102 Teil 5 und für Bedachungen nach DIN 4102 Teil 7 wurden ebenfalls keine besonderen Bezeichnungen gewählt. Die Abschlüsse und Bedachungen müssen jeweils einem Prüfverfahren nach Norm entsprechen, um den in den Bauordnungsvorschriften enthaltenen Forderungen zu genügen.

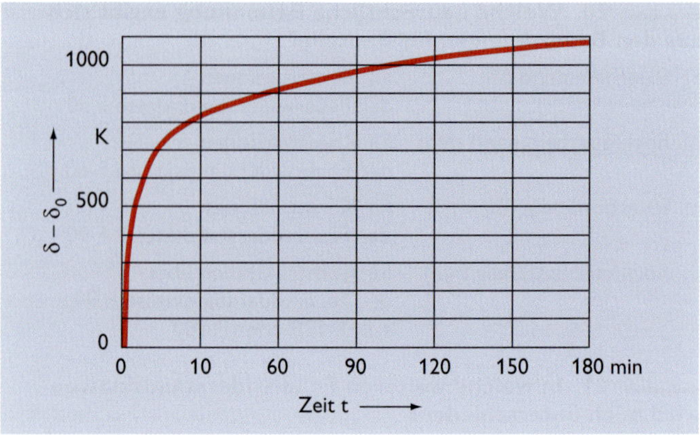

Bild 1: Einheits-Temperaturzeitkurve (ETK)

22. Nach welchen Zeit- und Temperaturanforderungen werden Baustoffe und Bauteile beim Brandversuch geprüft?

Entsprechend der Einheits-Temperaturzeitkurve (ETK) nach DIN 4102 (Bild 1).

23. Wann sind i. d. R. Brandwände zu errichten?

- Bei zu geringen Abständen von Gebäuden untereinander oder zu Grundstücksgrenzen
- Zwischen aneinandergereihten Gebäuden
- Innerhalb ausgedehnter Gebäude
- Bei großen baulichen Anlagen mit erhöhter Brandgefahr.

24. Welche wesentlichen Anforderungen müssen Brandwände erfüllen?

Brandwände müssen feuerbeständig sein und aus nichtbrennbaren Baustoffen bestehen; sie müssen so beschaffen und angeordnet sein, dass sie bei einem Brand ihre Standsicherheit nicht verlieren und der Verbreitung von Feuer entgegenwirken. Sie dürfen keine ungeschützten Öffnungen haben.

25. Durch welche Maßnahmen werden Brandabschnitte gebildet?

- Abstände der Gebäude untereinander
- Anordnung von Brandwänden, bei mehrgeschossigen Gebäuden in Verbindung mit feuerbeständigen Decken.

26. Was versteht man unter notwendigen Rettungswegen?

Notwendige Rettungswege sind gesicherte Wege in Bauwerken, an die besondere Anforderungen hinsichtlich der Begehbarkeit im Brandfall gestellt werden, z. B. notwendige Flure und Treppenräume mit Ausgang ins Freie. Rettungswege dienen der Flucht im Gefahrenfall und gleichzeitig als Angriffsweg für die Feuerwehr.

27. Was versteht man unter dem „Prinzip zweier Rettungswege"?

Darunter ist zu verstehen, dass jede Nutzungseinheit in jedem Geschoss mit Aufenthaltsräumen über mindestens zwei voneinander unabhängige Rettungswege erreichbar sein muss. Dabei muss der erste Rettungsweg über eine notwendige Treppe führen; der zweite Rettungsweg kann eine mit Rettungsgeräten der Feuerwehr erreichbare Stelle oder eine weitere Treppe sein. Auf den zweiten Rettungsweg kann bei solchen Gebäuden verzichtet werden, die einen Sicherheitstreppenraum haben. Zu beachten ist dabei aber, dass dann in den jeweiligen Geschossen zumindest zwei Wege zu dem Sicherheitstreppenraum führen müssen.

28. Was versteht man unter Feuerwehraufzügen?

Hierbei handelt es sich um besonders gestaltete Aufzugsanlagen in eigenen feuerbeständigen Aufzugsschächten mit gesicherter Stromversorgung und besonderer Steuerungsmöglichkeit (Vorrangschaltung) mittels Schlüsselschalter für die Feuerwehr. Feuerwehraufzüge werden vor allem in Hochhäusern verlangt, um im Einsatzfall die Hilfsfrist für die Feuerwehr zu verkürzen. Im Normalbetrieb werden die Feuerwehraufzüge wie andere Aufzüge genutzt. Feuerwehraufzüge müssen besonders gekennzeichnet sein.

29. Was versteht man unter Rauch- und Wärmeabzugsanlagen?

Es sind bauliche Einrichtungen, die im Brandfall die Abführung von Rauch und Wärme ermöglichen. Die Auslösung der Anlagen kann manuell (Handauslösung) oder automatisch erfolgen.

Rauch- und Wärmeabzugsanlagen ermöglichen der Feuerwehr bessere Möglichkeiten der Brandbekämpfung und erhöhen den Feuerwiderstand von Bauteilen.

30. Wann und wo werden bei Neubauten Forderungen des vorbeugenden Brandschutzes gestellt?

Im Zuge des Baugenehmigungsverfahrens im Baubescheid (Baugenehmigungsbescheid).

31. Was versteht man unter dem Begriff „Flächen für die Feuerwehr"?

Flächen zu oder auf Grundstücken, die zur Durchführung eines Lösch- und Rettungseinsatzes für die Feuerwehr notwendig sind.

32. Welche „Flächen für die Feuerwehr" werden in DIN 14090 genannt?

- Zugänge (Durchgänge); sie dienen zum Erreichen rückwärtig liegender Grundstücksteile mit Rettungs- und Löschgeräten, z. B. mit tragbaren Leitern
- Feuerwehrzufahrten (Durchfahrten); sie dienen zum Erreichen von Aufstell- und Bewegungsflächen mit Feuerwehrfahrzeugen
- Aufstellflächen; sie dienen dem Einsatz von Hubrettungsfahrzeugen, z. B. DLK 23/12
- Bewegungsflächen; sie dienen dem Aufstellen von Feuerwehrfahrzeugen, der Entnahme und Bereitstellung von Geräten und der Entwicklung von Rettungs- und Löscheinsätzen.

33. Welche Anforderungen sind in DIN 14090 „Flächen für die Feuerwehr" beschrieben?

In DIN 14090 sind Anforderungen hinsichtlich

- Abmessungen (Breite, Höhe)
- Bauliche Gestaltung, z. B. Steigungen
- Kurvenradien
- Befestigungsart, Tragkraft
- Kennzeichnung beschrieben.

34. Was versteht man unter dem Begriff „Sicherheitswachdienst" (Feuersicherheitswache)?

Das Stellen von Posten der Feuerwehr bei besonderen Veranstaltungen, z. B. in Theatern, Versammlungsstätten, in Zirkussen, in Messehallen, bei Großveranstaltungen usw. Die Stärke und Ausrüstung des Sicherheitswachdienstes der Feuerwehr richtet sind nach Art und Größe der Veranstaltung, bzw. nach baulichen Gegebenheiten.

Sicherheitswachdienst ist i. d. R. eine kostenpflichtige Tätigkeit der Feuerwehr, d. h. der Veranstalter hat die Kosten zu tragen.

35. Welche Haupttätigkeiten ergeben sich für den Sicherheitswachdienst?

Die Besetzung von festgelegten Posten und/oder die Durchführung von regelmäßigen Rundgängen. Dabei muss insbesondere darauf geachtet werden, dass die Sicherheitsbelange erfüllt sind, z. B. Freihalten der Flächen für die Feuerwehr, die Nutzbarkeit der Rettungswege, die Einsatzfähigkeit der Lösch- und Rettungseinrichtungen usw. Darüber hinaus muss darauf geachtet werden, dass die Veranstaltungen entsprechend des genehmigten Ablaufs abgewickelt werden. Für jeden Sicherheitswachdienst ist ein Bericht zu fertigen, in dem z. B. bestimmte Vorkommnisse festgehalten werden.

Im Gefahrenfall soll der Sicherheitswachdienst einen Entstehungsbrand bekämpfen, die Feuerwehr alarmieren, das Publikum beruhigen und anleiten, ggf. die Räumung des Gebäudes veranlassen, Sicherheitseinrichtungen betätigen (z. B. eiserner Vorhang, Rauchabzug, Berieselungsanlagen) und die anrückende Feuerwehr einweisen.

X

Verschiedene Brände, ihre Ursachen und Bekämpfung

1. Zimmerbrand

Zimmerbrände werden mit möglichst geringem Wassereinsatz bekämpft, z. B. mit Kübelspritze, C- oder D-Sprühstrahl. Bei stark ausgedehnten Bränden, bei denen der Einsatz eines Rohres erforderlich wird, Sprühstrahl verwenden, um Wasserschäden zu vermeiden. Bei starker Rauchentwicklung für Rauchabzug sorgen. Nur mit Atemschutzgerät vorgehen.

Nicht in den Rauch hineinspritzen. Nur Wasser geben, wenn der Brandherd erkannt ist. Löschwasser zur Vermeidung von Wasserschaden ggf. aufnehmen, z. B. mittels Wassersauger. Stark schwelende Gegenstände wie Betten, Sessel, Sofas usw. aus dem Raum entfernen.

Vorsicht bei Öffnen der Tür. Es kann evtl. zur Stichflammenbildung (Backdraft oder Flash-over, vgl. X 6, 7) kommen, deshalb geschützt Aufstellung nehmen.

2. Deckenbrand (Holzbalkendecke)

Brandherd aufsuchen durch Abtasten des Fußbodens oder der darunterliegenden Decke oder neuerdings auch mit Wärmebildkamera. Der Fußboden ist an der Brandstelle warm. Die darunterliegende Decke färbt sich evtl. dunkel. Ist der Brandherd ermittelt, diesen freilegen. Genügend Wasser bereithalten. Beim Öffnen des Fußbodens vorsichtig zu Werke gehen. Fußboden zwischen den Balken anbohren und mittels Stichsäge oder Motorkettensäge ausschneiden.

In dem darunter befindlichen Raum Posten aufstellen und brennbare Gegenstände von der gefährdeten Stelle wegschaffen bzw. den Raum ausräumen. Wasser bereithalten. Befindet sich der Brandherd unter einer Feuerstätte (Kachelofen oder Herd), dann diese Feuerungsanlage abtragen, um an den Brandherd zu kommen. Kacheln von oben anfangend behutsam abnehmen. Nach Abnahme einer Schicht die nächste Schicht zuerst mit Wasser besprengen, um den Staub zu binden. Vorsichtig abtragen, da die Balkenlage geschwächt und die Feuerungsanlage in das untere Stockwerk stürzen kann. Evtl. kann Abstützung notwendig werden.

Vor dem Abrücken muss noch die ganze Decke untersucht werden, damit kein Brandnest zurückbleibt. Zum Löschen möglichst Kübelspritze oder D-Strahlrohr verwenden (Wasserschaden vermeiden).

Evtl. Brandwache zurücklassen oder mehrfach kontrollieren.

3. Gasausströmung

Sofort für Absperrung der Gaszufuhr durch Schließen des Hauptgashahns sorgen. Explosionsgefahr, absolutes Rauchverbot, auch für Zuschauer, für schnelle Durchlüftung sorgen (evtl. auch Drucklüfter einsetzen). Funkenbildung vermeiden. Keine Klingel, Beleuchtung oder Funkgerät betätigen.

Personen, die sich in dem vergasten Raum befinden, sofort wegschaffen.

Bei größeren Räumen oder wenn der Aufenthalt in einem vergasten Raum längere Zeit in Anspruch nimmt, Atemschutz (umluftunabhängig) anlegen.

Wenn eine Hauptgasleitung zu Bruch gegangen ist und sich entzündet hat, so soll man sie, wenn für die Umgebung keine unmittelbare Gefahr besteht, brennen lassen und das Gaswerk benachrichtigen, damit die Hauptleitung abgesperrt wird. Umgebung schützen. Die Absperrung von Hauptleitungen dauert meist längere Zeit, da Gasleitungen nicht wie Wasserleitungen einfach abgeschiebert werden können.

Bei Ausströmungen ohne Zündung gefährdete Bereiche ausmessen (Explosionsmessgerät, Gasspürgerät), absperren, Bevölkerung evakuieren und Löschgerät bereitstellen.

4. Kellerbrände

Bei Bränden in Kellern liegt in aller Regel unvollständige Verbrennung und damit starke Rauchentwicklung und Kohlenmonoxidbildung vor. Daher immer Atemschutz notwendig. Besonders bei größeren Kellern von Bewohnern Grundriss, Lage elektrischer Anschlussstellen, Hauptgashahn, Heizöllagerstellen, bei Lagern auch Lagergut (wegen Löschmittel) erfragen.

Lage des Brandherdes erkunden, durch Beobachtung von Fenstern, Schächten, Aufzügen, Abtasten des darüberliegenden Fußbodens auf besonders erwärmte Stellen, evtl. Abhören, ob knackendes oder knisterndes Feuergeräusch Hinweise bringt.

Beim Eindringen in den Keller größte Vorsicht! Gefahr vor Stichflammen. Deckung suchen, Kellertreppe rückwärts gebückt oder vorwärts gehockt begehen. Genügend Schlauchreserve und Rückzugsweg sichern (Hände am Schlauch, Sicherungsleine). Wärmebildkameras einsetzen.

Auf Durchbrüche wie Schächte, Aufzüge, Installationsöffnungen usw. achten wegen Durchbruchsgefahr des Feuers. Sie wirken wie Schornsteine. Besteht Verbindung zum Treppenhaus, dieses von Personen räumen, für Rauchabzug sorgen (evtl. Drucklüfter einsetzen). Bei Kellerbränden ist vielfach die Räumung aller darüberliegenden Wohnungen notwendig.

5. Treppenhausbrände (Holztreppen)

Besondere Gefahr für die Bewohner, da der Fluchtweg versperrt ist. Türen zum Treppenhaus in allen Wohnungen geschlossen halten. Falls erforderlich, die abgeschnittenen Personen über 2. Rettungsweg in Sicherheit bringen. Übertragung des Brandes auf den Dachstuhl ist möglich, da das Treppenhaus wie ein Schornstein wirkt. Wird die angebrannte Treppe betreten, dann vorsichtig sein, da mit einem Einsturz gerechnet werden muss. Evtl. Steckleiterteile zur Lastverteilung auf Treppe auflegen, Treppenteile abstützen.

6. Backdraft (Raumexplosion)

Bei eingeschränkter Belüftung eines Brandraumes (Schwelbrand) können große Mengen an Verbrennungsprodukten und unverbrannten Pyrolyseprodukten entstehen. Bei Luftzutritt (Sauerstoff) kann es zu einer plötzlichen Durchzündung durch den Brandraum bis zu einer Öffnung des Raumes (z. B. Tür) kommen. Dies wird als Backdraft bezeichnet. Ein Backdraft ist praktisch eine Sonderform eines Flashover (siehe auch X 7).

7. Flash-over (Feuerübersprung)

Begriff aus dem englischsprachigen Bereich, der ein schlagartiges Durchzünden aller brennbaren Stoffe in einem Raum oder Bereich beschreibt. Der Ablauf kann vereinfacht wie folgt beschrieben werden: In der Anfangsphase eines Brandes erfolgt durch die Wärmeentwicklung eine thermische Aufbereitung der brennbaren Stoffe. Wenn die dabei freiwerdenden Brandgase ein explosibles Gemisch bilden und die Zündtemperatur erreicht ist, kommt es zum „Flash-over". Durch plötzlichen Luftzutritt, z. B. Öffnen einer Tür oder Bersten von Fensterscheiben, wird ein solcher Vorgang begünstigt. Ein solcher „Flash-over" wird nicht bei jedem Brandfall erreicht, die vorgehenden Trupps der Feuerwehr müssen aber z. B. beim Öffnen von Türen im Zuge der Brandbekämpfung damit rechnen und entsprechend „taktisch geschützt" vorgehen.

8. Schornsteinbrand

Gesamten Schornstein in allen Stockwerken abgehen und laufend auf defekte Stellen in den Schornsteinwangen beobachten. Brennbares Material am Schornstein entfernen, besondere Sorgfalt im Dachstock. Zwischendecken beobachten (Gefahr eines Deckenbrandes als Folge defekter Schornsteinwangen).

Gegebenenfalls Funkenflug beobachten und Nachbargebäude überprüfen. Nicht löschen, kontrolliert ausbrennen lassen. Löschgeräte und Löschmittel in allen Geschossen bereithalten. Schornstein evtl. durchstoßen (Kugelkette im Schornsteinfegerhandwerkzeug), damit freier Zug im Schornstein bleibt.

Bei Schornsteinbränden können sehr hohe Temperaturen auftreten, daher nie mit Wasser löschen (schlagartige Ausdehnung; 1 l Wasser ergibt 1700 l Wasserdampf, Gefahr des Zerreißens des Schornsteins). Müsste im Ausnahmefall doch einmal gelöscht werden, Pulverlöscher verwenden.

Schornsteinfeger benachrichtigen.

9. Brände in Geschäftshäusern

Als vorbeugende Maßnahme ist es wichtig, dass sich die Feuerwehr rechtzeitig durch die Besichtigung der in ihrem Bereich liegenden Geschäftshäuser Ortskenntnisse aneignet und sich über die bauliche Beschaffenheit des Grundstücks, über die Beschaffenheit der Lagervorräte, der Angriffs- und Fluchtwege und über die Wasserverhältnisse unterrichtet. Einsatzpläne sind auszuarbeiten, durchzusprechen und Übungen abzuhalten. Reichen die eigenen Kräfte für ein evtl. Großfeuer nicht aus, sind schon übungsmäßig Nachbarwehren heranzuziehen, damit auch diese Ortskenntnisse erwerben und für den Ernstfall eingespielt sind.

Während der Verkaufszeit ist in aller Regel mit Rettungsmaßnahmen zu rechnen (Kontrolle ob Gebäude geräumt ist). Große Geschäftshäuser haben fast immer Sprinkleranlagen eingebaut. Sprinkleranlage erst absperren, wenn ausreichend Rohre durch Feuerwehr vorgenommen sind!

10. Brände in Industrieanlagen

Auch hier wie bei Geschäftshäusern Einsatzpläne vorbereiten und sich durch Abhalten von Übungen mit der Örtlichkeit, der Anfahrt, der Wasserversorgung, den Angriffswegen usw. vertraut machen.

Auf Durchbrechungen in Brandwänden achten. Augenmerk auf ungeschützte Stahlkonstruktionen (Einsturzgefahr) richten.

Feststellen, ob Stahlflaschen mit Pressluft oder mit verdichteten Gasen, oder ob Acetylengasanlagen, Spritzkabinen oder -anlagen, Chemikalien usw. vorhanden sind. Hierbei evtl. Personal zu Rate ziehen. Auch feststellen, ob mit Wasser gearbeitet werden kann oder nicht. Gasflaschen herausschaffen; wenn nicht mehr möglich, Rohre zum Kühlen einsetzen. Die vorgehenden Trupps gehen am Boden vor, geschützt durch Mauern, Pfeiler usw., damit sie einer evtl. explodierenden Flasche kein großes Ziel bieten. Rückzugsweg stets offenhalten.

Massive Mauern oder Giebel, die sich nach außen neigen, von der dem Feuer zugekehrten Seite kühlen. Sie gehen dann meist in alte Lage zurück. Ist dies nicht der Fall, absteifen soweit möglich, ansonsten absperren und Einsatzkräfte aus Gefahrenbereich zurückziehen.

Großbrände in Industrieanlagen können praktisch nur mit Rohren großer Wurfweite (B-Rohre, Monitore, Wasserwerfer, Wenderohre an Drehleitern, Monitore an Hubrettungsgeräten) und hoher Wasserleistung bekämpft werden. Deshalb unbedingt ausreichende Wasserversorgung aufbauen.

Je nach Brandgut evtl. Löschwasserrückhaltung notwendig.

11. Chemische Betriebe

Stets erkunden, welche Materialien vom Brand betroffen sind und ob mit Wasser gearbeitet werden kann oder nicht.

Besondere Vorsicht, wenn Säuren oder Laugen ausgelaufen oder Glasballons geplatzt sind.

Auf giftige Gase und Dämpfe achten. Luftmessungen durchführen. Ggf. Bevölkerung warnen.

Chemische Betriebe verfügen meist über ein eigenes leistungsstarkes Feuerlöschnetz (Betriebswasserversorgung) mit höheren Betriebsdrucken und eigene Werk- oder Betriebsfeuerwehren.

Evtl. Löschwasserrückhaltung erforderlich.

12. Mineralöl-, Fass- und Tanklager

Gefährlichkeit der Flüssigkeiten nach ihrer Gefahrklasse beachten.

Feststehende Tanks müssen nach den einschlägigen Vorschriften mit einer Berieselungs- und Schaumlöschanlage versehen sein. Vom Feuer noch nicht erfasste Tanks gleichmäßig kühlen. Explosionsgefahr durch überhitzte Tanks, Ventile zwischen den einzelnen Tanks geschlossen halten. Reichlich Mannschaft zur Ablösung bereithalten.

Genügend Schaummittel und Schaumrohre bereitstellen, dann schlagartig alles einsetzen. Geschlossene Schaumdecke auftragen. Gefahr von Rückzündungen, deshalb stark kühlen.

Achtung: Vielfach müssen Auffangräume noch während der Brandbekämpfung ausgepumpt werden, damit brennbare Flüssigkeiten nicht in benachbarte Bereiche gelangen.

13. Sägewerk, Holzlager, Holzbearbeitungsbetriebe

Brände in Sägewerken entstehen meist im Spänebunker und können durch Späneabsaugvorrichtungen auf den eigentlichen Betrieb übertragen werden. Absaugvorrichtung sofort stilllegen. Schieber der Absaugrohre schließen. Durchbrüche unter den Gattern beobachten.

Wegen des starken Funkenflugs Nachbarschaft gefährdet. Eine besondere Gefahr sind Blechschornsteine mit Stahldrahtanker. Löst sich ein solcher Stahldrahtanker, kann der Einsturz des Schornsteins die Folge sein. Wenn der Schornstein glühend wird, verliert er seine Standfestigkeit. Bei Holzlagern besteht besondere Gefahr, da schnelle Brandausbreitung erfolgt. Gewaltige Hitzeentwicklung. Großer Wasserverbrauch. B-Rohre und Wasserwerfer einsetzen. Holzstapel unter größter Vorsicht einreißen. Vorgehende Trupps gegen strahlende Hitze sichern.

14. Ausströmungen von Ammoniak

Ammoniak wird vielfach in Kühlanlagen verwandt.

Undichtigkeiten an der Kühlmaschine, defekte Rohrleitungen oder beschädigte Packungen zwischen den Flanschen führen zu Ausströmungen von Ammoniak. Ein Gemisch von 17–27% Ammoniak mit Luft ist explosionsfähig. Atemschutz. Ist Ammoniaklösung ausgeflossen, so wird Sägemehl oder Bindemittel zum Aufsaugen auf den Boden gestreut und Essigwasser darüber gegossen.

Ausströmendes Ammoniak mit viel Wasser niederschlagen. Umgebung absperren und evtl. evakuieren.

15. Theater, Versammlungsstätten

Bei Aufführungen müssen je nach Gebäude- und Veranstaltungsart Sicherheitswachen gestellt werden.

Löschvorrichtungen auf der Bühne, die von der Theaterwache oder dem Bühnenpersonal sofort in Tätigkeit gesetzt werden können, sind Regenanlagen, Wandhydranten und tragbare Löschgeräte.

Bei größeren Bühnen ist der vorhandene eiserne Vorhang sofort zu schließen.

Große Panikgefahr! Daher beruhigend auf das Publikum einwirken. Feststellen, ob alle Personen das Theater verlassen haben.

Bei einem im Bühnenhaus ausgebrochenen Brand den eisernen Vorhang kühlen. Übergreifen des Feuers verhindern und alle angrenzenden und darüberliegenden Räume überwachen.

Verbindungstüren, soweit sie nicht gebraucht werden, geschlossen halten. Augenmerk auch auf Magazine, insbesondere Kleidermagazine, richten. Die zuständige Feuerwehr muss durch Besichtigungen und Übungen mit den Räumlichkeiten und den Einrichtungen vertraut sein. Unbedingt Einsatzpläne erarbeiten.

Bei Versammlungsstätten vielfach eine höhere Ausrückestufe der Feuerwehr.

16. Heuselbstentzündung

Bei Heustöcken kann aus verschiedenen Ursachen während der Gärungszeit eine so starke Erhitzung eintreten, dass es zur Selbstentzündung des Heus kommt. Der jeweilige Betreiber ist daher verpflichtet, den Heustock während der Gärungszeit zu überwachen.

Er könnte sonst wegen fahrlässiger Brandstiftung belangt werden.

1. *Wie wirkt sich die Überhitzung aus?*
   Durch Verkohlen des Heus entstehen Kanäle, die beim Betreten des Heustocks zusammenbrechen können. Deshalb Vorsicht beim Betreten, Weg sichern durch Bretter, Steckleiterteile oder Ähnliches. Mulden und Vertiefungen an der Oberfläche deuten auf vorhandene Kanäle hin.

2. *Was hat die Feuerwehr zu tun?*
   Mit Heusonden an möglichst vielen Stellen aus verschiedenen Richtungen messen.
   Heusonden gibt es in verschiedenen Ausführungen.
   a) Die Thermomechanische
   Sie besteht aus mehreren zusammensteckbaren Rohren. Im ersten, mit Lanzenspitze versehenen Rohr ist das Thermometer eingebaut oder wird eingeschoben. Zum Ablesen der Temperatur wird die Sonde nach etwa 15 Minuten herausgezogen.
   b) Die Thermoelektrische, die sogenannte Aurichsonde (Bild 1 und 2)
   Sie besteht aus einer zweischneidigen Messerspitze mit eingebauter temperaturempfindlicher Diode, Messlanze aus glasfaserverstärktem Kunststoff und einem elektronischen Messgerät, an dem die Heustocktemperatur abgelesen werden kann. Sie misst die Temperatur auf elektrischem Wege und hat u. a. den Vorteil, dass der Messvorgang wesentlich weniger Zeit beansprucht.

3. *Wann besteht Gefahr?*
   Bei 50 °C noch normal verlaufende Gärung; bei 50 – 60 °C bedenklich. Häufig Messungen durchführen.
   Bei 70 °C und darüber besteht Brandgefahr. Die Temperatur kann sich in kürzester Zeit erheblich steigern. Heu muss abgetragen werden. Keine Zeit verlieren. Feuerwehr hinzuziehen.

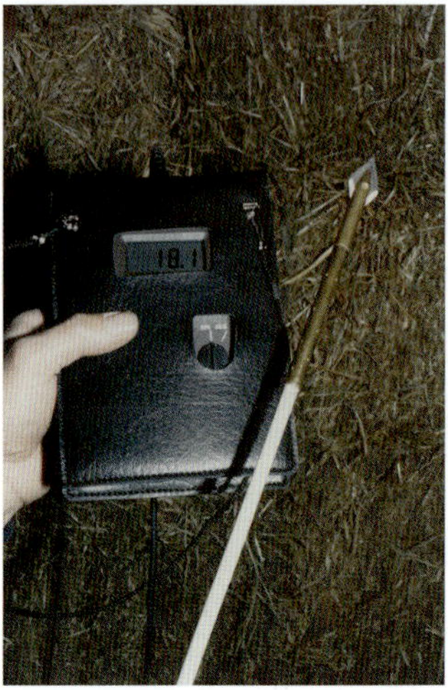

Bild 1: Heumesssonde (Aurich)

Bild 2: Aurichsonde im Einsatz (Heim)

4. *Wie verhält man sich, wenn man mehrmals Messungen durchführen muss?*
   Am besten, man zeichnet sich auf ein Stück Papier die Umrisse des Heustocks auf, trägt die Messstellen und das Messergebnis ein.
   Bei weiteren Messungen wird das Ergebnis daneben geschrieben, so dass man stets verfolgen kann, ob die Temperatur konstant ist, fällt oder steigt.
5. *Was macht die Feuerwehr, wenn das Heu abgetragen werden muss?*
   Sie wird entsprechend der Größe des Objekts ein oder mehrere Rohre in Stellung bringen. Wasser am Strahlrohr!
   Vorsicht beim Abtragen und Ausfahren. Möglichst wenig Luftbewegung. Wenn Einsatz von Wasser erforderlich, dann Sprühstrahl. Eine schlagartige Entzündung kann eintreten, wenn beim Abtragen die Außenluft an den Wärmeherd herankommt. Deshalb vorsichtig zu Werke gehen.

Auch im Freien kann sich das schon ausgefahrene Heu noch entzünden, folglich so abladen, dass bei nachträglicher Entzündung die Umgebung nicht gefährdet ist.

6. *Das Heuwehr-Gebläseabkühlgerät*
   Das Verfahren besteht im Wesentlichen aus dem Absaugen der heißen Gase und Dämpfe aus dem Stapel und dem späteren Einblasen von Frischluft mit Hilfe eines elektrisch betriebenen tragbaren Gebläses.
   Zunächst wird mit einer Heumesssonde die Lage des Erhitzungsherdes festgestellt. Dann werden sechs Rohrsonden, deren Spitzen mit Löchern versehen sind, in den Heustock eingerammt.
   Wird eine besonders starke Erhitzung festgestellt, kann in den Stock aus kleinen Behältern Wasser in geringen Mengen eingeführt werden. Das Gebläse saugt die Gase und den durch das Wasser im Erhitzungsherd entstandenen Dampf nach außen ab.
   Diese Entlüftung dauert mehrere Stunden. Sobald die Temperatur im Innern des Heustocks auf 50 °C gesunken ist, wird das Gerät auf „Belüften“ umgestellt und die von außen angesaugte Frischluft so lange in den Stock geblasen, bis Temperaturen von etwa 25 °C erreicht sind. Auch nach dem Sinken der Temperatur muss der Heustock noch längere Zeit überwacht werden.

17. Waldbrände

Wir unterscheiden zwischen:

a) Boden- und Lauffeuer
b) Wipfelfeuer
c) Totalbrand.

Boden- und Lauffeuer

Unter einem Bodenfeuer verstehen wir ein am Waldboden laufendes, sich immer weiter ausbreitendes Feuer, das seine Nahrung ausschließlich in Baumstümpfen, Bodenbewuchs, abgefallenen Ästen, Laub und Nadeln findet.

Feuer keilförmig zusammentreiben. Ausschlagen mit Schaufeln, Waldbrandpatschen und grünen Büschen. Schutzgräben in der Laufrichtung des Feuers ausheben. Ausgehobenen Boden nach innen werfen.

Brandnester durch Aufwerfen von Sand löschen. Wenn vorhanden, Wasser verwenden.

Eine Ausdehnung des Feuers zum Wipfelfeuer verhindern. Nach Ablöschen des Brandes Brandstelle gründlich untersuchen, evtl. Brandwache zurücklassen.

Wipfelfeuer

Ein Wipfelfeuer entsteht, wenn der Bodenbrand auf den Behang des Nadelholzes übergreift und in den Wipfeln weiterläuft.

Feuer dehnt sich schnell aus. Es entsteht starker Funkenflug. Feuer kann auch springen.

Breite Schutzgräben und Schneisen anlegen. Wenn Wasser vorhanden, dieses einsetzen, Rückzugsweg freihalten. Starke Rauchbehinderung möglich.

Totalbrand (Flächenbrand)

Von einem Totalbrand sprechen wir, wenn Boden, Behang und Stammholz in Flammen steht. Starke Hitze und starker Funkenflug. Reichlich Löschkräfte und ausreichendes Gerät anfordern. Schutzstreifen und Schneisen breit genug anlegen. Wasserversorgung notfalls mittels Pendelverkehr oder Wasserförderung über lange Strecken sichern.

Lotsen an den Anmarschwegen aufstellen, um Löschkräfte schnellstens an die Brandstelle zu bringen. Einsatzleitung einrichten. Ablösungen bereithalten, ebenso Erfrischungen und Verpflegung. Melderdienst zwischen den einzelnen Brandbekämpfungsabschnitten einrichten. Hubschrauber oder Kleinflugzeuge können wertvolle Dienste bei der Erkundung, Einweisung der Einsatzkräfte und Einsatzleitung leisten. Ggf. Unterstützung der Brandbekämpfung aus der Luft mittels Löschflugzeugen und Hubschraubern mit Löschbehältern. Brandstelle nach Ablöschen gründlich auf Brandnester untersuchen. Brandwache zurücklassen.

Y

Verbrennungsvorgang

1. Wie bezeichnet man allgemein die chemische Vereinigung eines Stoffes mit Sauerstoff?

Als Oxidation (abgeleitet von Oxigenium = Sauerstoff).

2. Was geht bei der Oxidation unter anderem vor sich?

Ein Teil der in dem oxidierenden Stoff enthaltenen chemischen Energie wird in Wärmeenergie umgewandelt.

3. Was für Arten von Oxidationen gibt es?

1. Die langsam verlaufende Oxidation.
   Es handelt sich hier um eine Oxidation ohne Feuererscheinung. Hierunter verstehen wir: oxidieren, rosten, verwesen.
2. Die schnell verlaufende Oxidation.
   Hierbei handelt es sich um eine Oxidation mit Feuererscheinung. Wir bezeichnen sie als eine Verbrennung.

4. Was ist eine Verbrennung?

Die Verbrennung ist ein chemischer Vorgang, bei dem sich ein brennbarer Stoff unter Wärme- und Lichterscheinung (Feuererscheinung) mit Sauerstoff verbindet. Oxidation ist also nicht immer gleichbedeutend mit Verbrennung. Umgekehrt ist aber jede Verbrennung eine Oxidation.

5. In welchen Erscheinungsformen tritt die Verbrennung auf?

In den Erscheinungsformen der Flamme oder der Glut.

6. Wonach richtet sich das?

Nach der Art des brennbaren Stoffes. Die Erscheinungsformen der Flamme oder der Glut können einzeln oder gleichzeitig vorkommen.

7. Wie verbrennen die einzelnen Stoffe?

1. *Gasförmige Stoffe* (Gase und Dämpfe) *nur mit Flammen.*
2. *Flüssige Stoffe* nach Übergang in Dampfform *nur mit Flammen.*
3. *Feste Stoffe* entweder
   a) *mit Flammen und Glut,*
   dies ist der Fall bei Stoffen, die sich infolge der Wärme in gasförmige Bestandteile und festen Kohlenstoff zersetzen. Die gasförmigen Stoffe bilden die Flammen. Der feste Kohlenstoff bildet die Glut (Papier, Holz, Kohle usw.)
   b) *nur mit Flammen*
   bei Stoffen, die in der Wärme flüssig werden oder sich zersetzen und brennbare Dämpfe bilden (Paraffin, Harz, Wachs usw.)
   c) *nur mit Glut*
   bei allen Metallen und künstlich entgasten Stoffen (Koks, Holzkohle).

8. Was kann also nur mit Flammen und was nur mit Glut verbrennen?

Mit Flammen

können nur gasförmige Stoffe,

mit Glut

nur feste Stoffe verbrennen.

9. Welche Glutstufen gibt es?

Rot-, Gelb- und Weißglut mit Unterteilungen.

10. Was schließen wir daraus, wenn Flammen an festen oder flüssigen Stoffen auftreten?

Dass sich brennbare Gase oder Dämpfe aus ihnen entwickeln.

11. Was ist eine Flamme und wo findet bei normaler Flamme die Verbrennung statt?

DIN 14011 T1 gibt als Begriffsbestimmung:

Flamme ist der Bereich brennender oder anderweitig exotherm reagierender Gase oder Dämpfe, von dem sichtbare Strahlung ausgeht. Das heißt also:

Die Flamme ist ein leuchtender oder glühender Gasstrom.

Die Verbrennung findet bei normalen Flammen nur an der Außenfläche statt, wo der Sauerstoff der Luft zutreten kann.

Beispiel:

An der Flamme einer Kerze lassen sich verschiedene Zonen unterscheiden (siehe Bild 1).

1. Um den Docht herum ist eine dunkle Gaszone, in der sich die aus dem flüssig gewordenen Brennstoff entwickelten Dämpfe befinden,
2. dann folgt die helle, gelb strahlende Glühzone.
   Hier werden unter dem Einfluss der Verbrennungstemperatur die Brennstoffdämpfe in Wasserstoff und Kohlenstoff zersetzt. Das Glühen kommt von dem abgespalteten festen Kohlenstoff (Ruß).

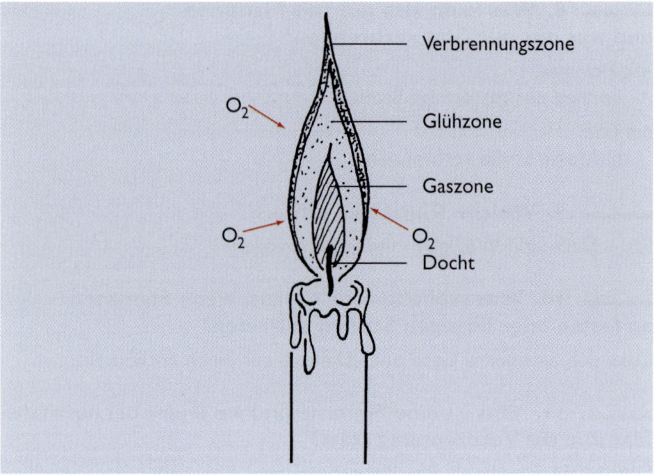

Bild 1: Verbrennungszonen

3. Außen haben wir dann noch als dünnen blauen Streifen die Verbrennungszone.
   In dieser Zone findet die Verbrennung und Wärmeentwicklung statt.

12. Was ist Voraussetzung jeder Verbrennung?

1. Ein brennbarer Stoff
2. Sauerstoff
3. Eine Zündenergie
4. Ein zündfähiges Mischungsverhältnis zwischen brennbarem Stoff und Sauerstoff.

Brennbare Stoffe

13. Wie werden die brennbaren Stoffe unterteilt?

1. *Nach ihrer Brennbarkeit:*
   a) *brennbare Stoffe*
   brennen, einmal entzündet, auch nach Entfernen der Zündquelle weiter
   b) *schwer entflammbare Stoffe*
   Flammen und Glut erlöschen nach Entfernen der Zündquelle
2. *Nach ihrer Entzündlichkeit:*
   a) *selbstentzündliche Stoffe,*
   z. B. Phosphor (weiß)
   b) *leichtentzündliche Stoffe,*
   z. B. Schwefelkohlenstoff, Zellhorn, Acetylen
   c) *normalentzündliche Stoffe,*
   z. B. Mehrzahl der brennbaren Stoffe
   d) *schwerentzündliche Stoffe,*
   z. B. massives Elektron, Thermit, Koks
3. *Nach ihrem Heizwert.*

14. Wovon hängt die Entzündlichkeit eines Stoffes ab?

Von seiner Zündtemperatur (Zündpunkt).

15. Was ist der Zündpunkt?

Der Zündpunkt eines Stoffes ist die Temperatur, auf die der Stoff mindestens erwärmt werden muss, um sich bei Berührung mit Sauerstoff (Luft) von selbst zu entzünden.

Beispiel für Zündpunkte
(Zündtemperatur in Luft)

A. **Gase**

Acetylen	+ 300 °C
Butan	+ 400 °C

Propan	+ 460 °C
Methan	+ 545 °C
Leuchtgas	+ 560 °C
Wasserstoff	+ 590 °C
Kohlenoxid	+ 640 °C

B. **Dämpfe**

Schwefelkohlenstoff	+ 120 °C
Äther	+ 210 °C
Dieselöl	+ 350 °C
Benzin	+ 470 °C – + 530 °C
Schmieröl	+ 500 °C
Alkohol	+ 550 °C
Benzol	+ 560 °C

C. **Feste Stoffe**

Kohlen

Steinkohlenstaub	+ 145–190 °C
Braunkohlenstaub	+ 150–170 °C
Holzkohlenstaub	+ 165 °C
Braunkohle	+ 260 °C
Holzkohle	+ 300 °C
Steinkohle	+ 350 °C
Anthrazit	+ 400 °C
Gaskoks	+ 500–650 °C
Graphit	+ 750 °C
Hüttenkoks	+ 750 °C

Papier

Zeitungspapier	+ 185 °C
Seidenpapier	+ 260 °C
Krepp-Papier	+ 280 °C
Schreibpapier	+ 360 °C

Holz

Fichte	+ 280 °C
Buche	+ 295 °C
Eiche	+ 340 °C

D. **Sonstiges**

Phosphor	+ 60 °C
Tabak	+ 175 °C
Schwefel	+ 250 °C
Watte	+ 320 °C
Baumwolle	+ 450 °C

16. Was unterscheiden wir bei flüssigen Stoffen noch außer dem Zündpunkt?

Den *Flammpunkt* und den *Brennpunkt.*

17. Wie erklärt sich das?

Während alle *gasförmigen* und auch eine Reihe fester Stoffe unmittelbar als solche verbrennen, müssen *Flüssigkeiten* erst in gas- oder dampfförmigen Zustand übergehen. Flüssigkeiten brennen nicht selbst, sondern immer nur ihre Dämpfe.

Die Entzündung einer Flüssigkeit ist also erst dann möglich, wenn sie brennbare Dämpfe entwickelt hat. Dies ist erst von einer bestimmten Temperatur an der Fall.

Diese Temperatur bezeichnet man als den *Flammpunkt.*

18. Was ist also der Flammpunkt?

Der Flammpunkt einer brennbaren Flüssigkeit ist die niedrigste Flüssigkeitstemperatur, bei der sich Dämpfe in solcher Menge entwickeln, dass über dem Flüssigkeitsspiegel ein durch Fremdentzündung entzündbares Dampf-Luft-Gemisch entsteht.

Beispiele für Flammpunkte

Äther	– 40 °C
Benzin	
– Leichtbenzin	– 30 °C
– Normalbenzin	– 58 + 10 °C
Schwefelkohlenstoff	– 20 °C
Benzol (rein)	– 18 °C
Alkohol	+ 16 °C

19. Welche Rolle spielt hierbei die Zündquelle?

Die Zündquelle muss die Dämpfe wenigstens an einer Stelle auf die Temperatur des Zündpunktes erhitzen, damit sie sich entzünden.

Da eine Flüssigkeit bei Temperaturen, die *unterhalb* ihres Flammpunktes liegen, nicht entzündet werden kann, ist der *Flammpunkt von besonderer Bedeutung für die Beurteilung der Feuergefährlichkeit von Flüssigkeiten.*

Wenn eine Flüssigkeit bis zum Flammpunkt erwärmt ist, verbrennt mit einem kurzen Aufleuchten nur die über der betreffenden Flüssigkeit vorhandene geringe Dampfmenge.

Die Flamme erlischt aber wieder, da bei dieser Temperatur die Dämpfe noch nicht so schnell entwickelt werden, dass ein dauerndes Fortbrennen möglich wäre.

Der Stoff muss hierzu noch etwas höher bis zum *Brennpunkt* erwärmt sein.

20. Was ist der Brennpunkt?

Nach DIN 14011 ist der Brennpunkt die Temperatur einer brennbaren Flüssigkeit, bei der die Konzentration des gesättigten Dampf-Luft-Gemisches die untere bzw. obere Explosionsgrenze erreicht.

Der Brennpunkt ist praktisch nur von geringer Bedeutung, er liegt nur wenig über dem Flammpunkt.

21. Wann erfolgt die Zündung?

Die Zündung eines brennbaren Stoffes erfolgt, wenn die chemische Vereinigung mit Sauerstoff (Oxidation) so beschleunigt wird, dass sie unter Feuererscheinung weiter verläuft.

Kurz gesagt, bei Erwärmung auf die Zündtemperatur.

22. Wodurch kann die Zündung herbeigeführt werden?

a) Durch *äußere* Ursachen,
   man spricht dann von Fremdentzündung;
b) durch *innere* Ursachen,
   man spricht dann von Selbstentzündung.

23. Wodurch unterscheidet sich eine Fremd- und eine Selbstentzündung?

Bei der *Fremdentzündung* wird die zum Erwärmen des Stoffes auf die Zündtemperatur nötige Wärme von *außen* zugeführt.

Bei der *Selbstentzündung* wird sie durch die vorhergehende langsame Oxidation des brennbaren Stoffes *selbst entwickelt*, z. B. Heuselbstentzündung.

24. Wie ist der Verlauf einer Selbstentzündung?

Die Oxidationsvorgänge gehen bei gewöhnlicher Temperatur sehr langsam vor sich.

Temperatursteigerungen treten hierbei nicht auf, da die entwickelte Wärme sofort von der Umgebung aufgenommen und weitergeleitet wird.

Wird jedoch die Wärmeabgabe an die Umgebung verhindert, so erwärmt sich der oxidierende Stoff, es tritt also ein Wärmestau ein, der eine Temperaturerhöhung bewirkt. Eine Wärmestauung ist die Vorbedingung für eine Selbstentzündung. Die Oxidationsgeschwindigkeit wird hierbei immer mehr gesteigert. Sie steigt bei einer Temperaturerhöhung von 10 °C jeweils um das Doppelte bis Dreifache.

Ist der Zündpunkt erreicht, erfolgt die Zündung. Die Oxidation geht jetzt also in die Form der Verbrennung über. Alle Einflüsse, die die Oxidationsgeschwindigkeit erhöhen, begünstigen die Selbstentzündung (erhöhter Druck, Wärme, erhöhte Sauerstoffkonzentration).

25. Welche Stoffe neigen zur Selbstentzündung?

Phosphor, Braunkohle (Briketts), feuchtes Heu, ölgetränkte Faserstoffe (Leinöl, Firnis) usw.

26. Was ist der Heizwert oder die Verbrennungswärme?

Die Verbrennungswärme ist die Wärme, die bei vollständiger Verbrennung eines Stoffes frei wird. Sie wird in Joule (Kalorien) gemessen. Man spricht auch vom Heizwert eines Stoffes.

Der *Heizwert* oder die *Verbrennungswärme* eines Stoffes gibt an, wieviel Joule (Kalorien) beim vollständigen Verbrennen einer bestimmten Menge (1 kg oder 1 m^3) frei werden.

Beispiele für Heizwerte (Verbrennungswärme)

a) feste Stoffe

(kcal/kg = Kilokalorien pro Kilogramm, nach SI Einheiten
kJ/kg = Kilojoule pro kg)

Braunkohle, jüngere	1800–2200 kcal/kg / 7500–9200 kJ/kg
Holz, durchschnittl.	4400–4500 kcal/kg / 18400–18850 kJ/kg
Braunkohle, ältere	4200–5200 kcal/kg / 17600–21750 kJ/kg
Braunkohlenbriketts	4700–5200 kcal/kg / 19700–21750 kJ/kg
Magnesium	6000 kcal/kg / 25100 kJ/kg
Phosphor	6000 kcal/kg / 25100 kJ/kg
Steinkohlen	6200–8000 kcal/kg / 28000–30500 kJ/kg
Koks	6700–7300 kcal/kg / 25950–33580 kJ/kg
Aluminium	7000 kcal/kg / 29300 kJ/kg

b) flüssige Stoffe

Spiritus	6030– 6730 kcal/kg / 25250–28200 kJ/kg
Heiz- o. Teeröle	8900–10200 kcal/kg / 37300–42700 kJ/kg
Benzol	9580–10070 kcal/kg / 40100–42150 kJ/kg
Benzin	10200–10600 kcal/kg / 42700–44400 kJ/kg

c) gasförmige Stoffe

(kcal/m^3 = Kilokalorien pro Kubikmeter, 0 °C und
760 mm QS [kJ/m^3 bei 0 ° und 1 bar])

Wasserstoff	2573–3050 kcal/m^3 / 10750–12750 kJ/m^3
Leuchtgas	4150–4600 kcal/m^3 / 17350–19250 kJ/m^3
Erdgas	~ 7600 kcal/m^3 / ~32000 kJ/m^3
Acetylen	13600–14090 kcal/m^3 / 56950–59000 kJ/m^3
Propan	22350–24360 kcal/m^3 / 93600–102000 kJ/m^3
Butan	29510–32010 kcal/m^3 / 123600–134100 kJ/m^3

27. Wie entsteht die Verbrennungstemperatur?

Je stärker bei einer Verbrennung die Umsetzung des brennbaren Stoffes vor sich geht (Oxidation), umso größer ist die Verbrennungstemperatur.

28. Wovon hängt die Verbrennungstemperatur ab?

a) Vom Heizwert
b) Von der Verbrennungsgeschwindigkeit.

(Wegen der Wärmeverluste an die Umgebung erreicht die Verbrennungstemperatur selten ihren theoretisch möglichen Wert.)

Beispiel:
Phosphor und Magnesium haben den gleichen Heizwert = 6000 kcal/kg (25100 kJ/m^3). Magnesium aber verbrennt erheblich schneller als Phosphor, folglich ist seine Verbrennungstemperatur auch höher als die des Phosphors.

Beispiele für Verbrennungstemperaturen:

Phosphor	800 °C
Holz, Kohlen	etwa 1100–1300 °C
Koks	etwa 1400–1600 °C
Magnesium; Elektron	2000–3000 °C
Thermit	etwa 2000 °C
Leuchtgas	
Bunsenflamme	1600–1800 °C
Wasserstoff-Sauerstoff-Gebläse	2100 °C
Acetylen-Sauerstoff-Gebläse	3000–3500 °C

29. Wie hoch sind im allgemeinen die bei Schadensfeuern auftretenden Temperaturen?

Zwischen 800° und 1200 °C bei Bränden in Wohngebäuden. Bei bestimmten Bränden können sie bis auf 1500 °C und mehr ansteigen, z. B. bei Bränden von Metallen.

Sauerstoff

30. Was ist über Vorkommen und Eigenschaften des Sauerstoffs bekannt?

Sauerstoff ist das verbreitetste Element der Erde.

21 Vol.-% (= 23 Gew.-%) in Luft,
88 Gew.-% Sauerstoff in Wasser.

Die Erdkruste besteht zu 50 Gew.-% aus chemisch gebundenem Sauerstoff.

Sauerstoff ist eines der aktivsten und angriffslustigsten Elemente.

Er ist bei fast allen chemischen Vorgängen des täglichen Lebens beteiligt.

31. Ist Sauerstoff brennbar?

Sauerstoff selbst ist nicht brennbar, aber ohne ihn ist keine Verbrennung möglich.

32. Welchen Einfluss hat der Sauerstoff auf die Verbrennung?

Die Verbrennung ist je nach Sauerstoffzufuhr schneller oder langsamer.

Die Verbrennung hört auf, wenn zu wenig Sauerstoff da ist.

33. Wovon ist die Verbrennungsgeschwindigkeit immer abhängig?

a) Von der *Luftzufuhr*
Bei mangelhafter Luftzufuhr brennt ein Feuer schlecht oder erlischt. Je besser die Luftzufuhr, um so lebhafter die Verbrennung (Anfachen durch Wind).
Die Verbrennung kann aber auch durch übermäßig starke Luftzufuhr gehemmt oder unterbrochen werden (Ausblasen des Feuers = Entziehung der Wärme.)

b) Von der *Sauerstoffkonzentration*
In der Luft sind rund 21 % Sauerstoff enthalten.
Wird der Sauerstoffgehalt erhöht, so wird die Verbrennung beschleunigt und verstärkt, in reinem Sauerstoff wird die Verbrennungsgeschwindigkeit aufs Äußerste gesteigert.
Sinkt der Sauerstoffgehalt der Luft, so wirkt sich das hemmend auf die Verbrennung aus. Eine Fackel erlischt zum Beispiel bereits, wenn weniger als 15 % Sauerstoff in der Luft enthalten sind.

c) Von der *Oberflächenbeschaffenheit des brennbaren Stoffes*
Je größer die Fläche ist, die mit Sauerstoff in Berührung kommt, um so schneller verbrennt der betreffende Stoff. Stoffe mit großer Oberfläche (im Verhältnis zu ihrer Masse), wie Stroh, Holzwolle und Papier, brennen leichter als solche mit einer kleinen Oberfläche (Holzbalken, Baumstämme usw.).

d) *Vom Mischungsverhältnis von Brennstoff und Sauerstoff*
Ist ein Brennstoff mit Sauerstoff vermischt, so ist er überall mit dem zur Verbrennung nötigen Sauerstoff in Berührung. Die Verbrennung wird daher außerordentlich rasch sein. Gas- oder staubförmige Stoffe können, wenn sie mit Luft oder mit Sauerstoff vermischt sind, explosionsartig verbrennen. Bei einer Steigerung der Verbrennungsgeschwindigkeit kann es zu Verpuffungen, Explosionen und Detonationen kommen.

e) *Von der Temperatur*
Der Einfluss der Temperatur auf die Verbrennungsgeschwindigkeit ist sehr groß. Bei normaler Temperatur erfolgt die Oxidation langsam, bei steigender Temperatur erhöht sich die Oxidationsgeschwindigkeit immer mehr, bei 10 °C Temperatursteigerung jeweils um das Doppelte bis Dreifache.

34. Was ist eine Verpuffung?

Die Verpuffung kann man als eine schwache Explosion bezeichnen. Sie verläuft aber langsamer und mit mäßiger Druckwirkung.

Die Gas- und Luftgemische liegen hierbei in der Nähe ihrer Explosionsgrenzen.

Die Verbrennungsgeschwindigkeit wird in cm/s gemessen.

35. Was ist eine Explosion?

Nach DIN 14011 ist die Explosion eine Wärme erzeugende Reaktion in explosionsfähigen Gemischen. Die sehr schnell verlaufende Umsetzung im Stoffgemisch erzeugt große Gas- und Wärmemengen. Die Gase werden durch die Wärme in ihrem Volumen noch sehr stark vergrößert, wodurch hohe Drücke entstehen (einige bar). Diese wirken auf Menschen und Sachen im Nahbereich zerstörend. Die Flammenausbreitungsgeschwindigkeit muss für eine Explosion einige 100 m/s betragen.

36. Was ist eine Detonation?

Detonation ist eine durch eine Stoßwelle ausgelöste Flammenreaktion, die sich mit Geschwindigkeiten bis zu einigen km/s fortpflanzt.

Höchstdruck bei Gas- oder Dampf-Sauerstoff-Gemischen etwa 50 bar.

Verbrennungsgeschwindigkeit wird in km/s gemessen.

37. Wann besteht Explosionsgefahr?

Wenn bei brennbaren Gasen oder Dämpfen das Mischungsverhältnis *innerhalb der Zünd- oder Explosionsgrenzen* liegt.

Die untere Ex-Grenze ist die niedrigste, die obere Ex-Grenze die höchste Konzentration von brennbaren Gasen, Dämpfen, Nebeln und/oder Stäuben in der Luft, in dem sich nach dem Zünden ein Brennen gerade nicht mehr fortpflanzt. Der Explosionsbereich ist also der Konzentrationsbereich zwischen der unteren und oberen Explosionsgrenze.

Beispiele für Explosionsgrenzen	Mischungsverhältnis mit Luft oder Sauerstoff
Enge Explosionsgrenzen haben:	
Benzin	2,3– 5,0 %
Benzol	2,6– 6,7 %
Äther	2,6– 7,9 %
Mittlere Explosionsgrenzen haben:	
Alkohol (Spiritus)	4,0–13,6 %
Leuchtgas	8,0–19,0 %
Weite Explosionsgrenzen haben:	
Schwefelkohlenstoff	2,0–50,0 %
Acetylen	3,5–52,2 %
Wasserstoff	9,5–66,3 %
Kohlenmonoxid	16,6–74,8 %

38. Was bezeichnet man als Zündgrenze bei Mischung von brennbaren Gasen oder Dämpfen mit Luft?

Der niedrigste oder höchste Anteil des brennbaren Stoffes, bei dem ein Zündfunke *noch* eine Durchzündung bewirkt.

Beispiele für Zündgrenzen (nach Jones):	Zündgrenze in Vol.-%	
	untere	obere
Benzol	0,8	8,0
Schwefelkohlenstoff	1,0	60,0
Acetylen	1,5	80,0
Propan	2,1	9,35
Wasserstoff	4,0	75,2
Leuchtgas	4,5	30,0
Methan	~ 5,0	~ 15,0
Butan	1,5	8,4
Ammoniak	15,0	27,0

39. Wie verläuft die Verbrennung solcher Gemische?

Die Verbrennung verläuft immer sehr rasch.

Wärme

40. Was ist Wärme?

Die Wärme ist eine Form der Energie. Die Verbrennungswärme eines Stoffes ist sein Gehalt an Wärmeenergie.

41. Was bezeichnet man dagegen als Temperatur?

Den Wärmezustand eines Stoffes.

42. Was ist eine Maßeinheit für die Wärme?

Die Maßeinheit für Wärme ist die Kalorie (cal) bzw. die Kilokalorie (kcal). Nach dem neuen internationalen Maßsystem Joule (J) bzw. Kilojoule (kJ).

1 cal = 4186,8 J; 1 kcal ≈ 4,2 kJ

43. Was ist eine kcal?

Eine kcal ist eine Wärmemenge, die erforderlich ist, um die Temperatur von 1 kg chemisch reinen Wassers von 14,5 ° auf 15,5 °C zu erhöhen.

44. Was für eine Bedeutung hat die Wärme für den Verbrennungsvorgang?

Ohne Wärme kann kein Verbrennungsvorgang stattfinden. Ein bestimmter Wärmezustand ist für die Einleitung und Fortdauer der Verbrennung Grundbedingung.

Der brennbare Stoff muss zunächst auf seine Zündtemperatur (Zündpunkt) erwärmt werden, um die Verbrennung einzuleiten, und erwärmt bleiben, um die Verbrennung zu unterhalten.

45. Was geschieht, wenn der brennbare Stoff unter seinen Zündpunkt abgekühlt wird?

Die Verbrennung wird unterbrochen.

46. Wie wirkt sich die Wärme physikalisch aus?

1. Bei *Erwärmung dehnen sich feste, flüssige und gasförmige Körper aus.*
   Beispiele: Ein eiserner Träger von 10 m Länge würde sich bei einer Erwärmung von 700 °C um rund 10 cm ausdehnen. Bei 4 °C hat Wasser seine größte Dichte. Bei Erwärmung auf 100 °C dehnt sich ein Liter Wasser um 43 cm^3 = 4,3 % aus.
   Gas hingegen dehnt sich bei einer Erhöhung seiner Temperatur von 0 ° auf 273 °C auf das Doppelte, bei Erhöhung auf 546 °C auf das Dreifache aus usw.
   Wird ein fester Körper ungleichmäßig erwärmt, so dehnen sich die erhitzten Stellen stärker aus als die kälter gebliebenen. Folglich treten innere Spannungen auf, die Verbiegungen bewirken.
   Glas, Natursteine usw. zerspringen daher leicht bei ungleichmäßiger Erwärmung oder aber bei plötzlicher Abkühlung.
2. *Es tritt eine Änderung des Aggregatzustandes ein.* Die meisten festen Stoffe gehen bei Erwärmung erst in den flüssigen und dann in den gasförmigen Zustand über. Dazu wird eine bestimmte Wärmemenge verbraucht, die beim Schmelzen als Schmelzwärme, beim Sieden als Verdampfungswärme bezeichnet wird.
   Um 1 kg Wasser von 100 °C in Dampf von 100 °C zu verwandeln, werden 539 kcal ≤ 2263 kJ verbraucht.
   Nimmt man eine ursprüngliche Löschwasserwärme von 10 °C an, so verbraucht jedes kg oder jeder Liter Wasser um bis zum Sieden (100 °C) erhitzt zu werden, 90 kcal ≤ 377 kJ.
3. *Die Festigkeitswerte ändern sich.*
   Die Festigkeit ändert sich bei Erwärmung der festen Körper. Bei 500 °C hat Baustahl (St 37) z. B. nur noch die Hälfte und bei 700 °C ein Drittel seiner Tragfähigkeit. Gerade diese Veränderungen sind für das Verhalten der Baustoffe im Feuer von großer Bedeutung.

47. Wie kann Wärme übertragen werden?

1. Durch Leitung innerhalb eines festen Stoffes oder bei unmittelbarer Berührung von einem Stoff auf einen anderen
2. Durch Wärmeströmung, d. h. Wärme wird von einem Medium mitgeführt (z. B. Warmluftheizung)
3. Durch Wärmestrahlung.

48. Was ist ein Wärmestau?

Wärmestau tritt ein, wenn mehr Wärme erzeugt als abgeführt wird, d. h. die Wärmeentwicklung muss größer sein als der Wärmeverlust an die Umgebung.

Ohne Wärmestau kann keine Verbrennung zustande kommen oder unterhalten werden (Gesetz von van t'Hoof).

Der Wärmestau ist bei Selbstentzündungen von ausschlaggebender Bedeutung.

Für die Ermittlung von Brandursachen ist das Wissen über den Wärmestau wichtig.

Bekämpfung

49. Wie bekämpfen wir ein Feuer?

Indem wir ihm eine seiner Voraussetzungen entziehen oder das Mengenverhältnis ändern, z. B.

1. *Durch Entfernung des brennbaren Materials.*
   Wir entziehen dem Feuer auf diese Art die Nahrung.
2. *Durch Entfernung des Sauerstoffs.*
   Wir verhindern den Zutritt von Sauerstoff durch Abdecken mit Sand, Erde usw. oder mit Schaum.
3. *Durch Reduzierung des Sauerstoffgehaltes,*
   z. B. durch Inertgase (Kohlendioxid, Stickstoff, Inergen) in geschlossenen Räumen.
4. *Durch Entziehung der Wärme.*
   Durch Abkühlung unter die Entzündungstemperatur.
5. *Durch Antikatalyse*, d. h. durch Störung der chemischen Reaktion zwischen brennbarem Stoff und Sauerstoff.

Z

Umweltschutz bei der Feuerwehr

1. Was verstehen wir unter „Umweltschutz bei der Feuerwehr"?

Für uns ist es mittlerweile selbstverständlich geworden, dass die Feuerwehr im Rahmen ihres gesetzlichen Auftrages Gefahren für die Umwelt beseitigt, sofern diese Gefahren durch unkontrolliertes Freiwerden von gefährlichen Stoffen entstehen (abwehrender Umweltschutz). Die Feuerwehr ist somit eine aktive „Umweltschutzorganisation".

Nicht vergessen dürfen wir jedoch, dass wir oft auch Gefahr laufen, im Rahmen unserer Feuerwehrtätigkeit selbst zum „Umweltsünder" zu werden. Dies zu vermeiden, soll Ziel des Kapitels „Umweltschutz bei der Feuerwehr" sein. Das Kapitel soll Hilfe geben, ökologisches Wissen zu vermitteln und die Feuerwehrangehörigen für die Aufgaben und Probleme des Umwelt- und Naturschutzes zu sensibilisieren. Wir müssen bei unserer Tätigkeit bestrebt sein, jeden Schaden von der Umwelt fernzuhalten und eine im Einsatz ggf. nicht vermeidbare Schädigung auf ein Minimum zu begrenzen (vorbeugender Umweltschutz).

2. Welche Löschmittel können beim falschen Umgang zu einer Schädigung der Umwelt führen?

1. Schaum
2. Löschpulver

3. Was soll beim Umgang mit diesen Löschmitteln grundsätzlich beachtet werden?

Die Verwendung von Halonen als Löschmittel ist seit dem 1. 1. 1994 bei Übung und im Einsatz verboten.

Schaummittel, die Perfluoroctansulfonate (PFOS) und Zubereitungen mit einem Massenanteil von 0,005 Prozent und mehr enthalten (dies sind in der Regel AFFF-Schaummittel), dürfen seit dem 27. 6. 2008 nicht mehr verwendet werden. Ausgenommen hiervon waren PFOS-haltige Schaummittel, die vor dem 27. 12. 2006 in Verkehr gebracht wurden; diese durften noch bis zum 27. 6. 2011 verwendet werden.

Jedes Löschmittel hat seinen besonderen Anwendungsbereich und seine Vorteile.

Dennoch muss die Feuerwehr darauf achten, keine vermeidbaren Umweltschäden bei der Anwendung dieser Löschmittel zu verursachen.

Übungen müssen stattfinden, um den Ausbildungsstand der Wehren zu gewährleisten. Die Übungshäufigkeit und die Menge der verwendeten Löschmittel ist jedoch auf ein Mindestmaß zu reduzieren. Jede unnötige Anwendung muss vermieden werden.

Die Empfehlungen, die von den Löschmittelherstellern zusammen mit Fachleuten aus Instituten und Fachbehörden erstellt wurden, sind zu beachten.

4. Worauf beruht die schädigende Wirkung von Schaum?

Schaum besteht aus Wasser und Schaummittel. Verantwortlich für die schädigende Wirkung ist das Schaummittel. Dieses zerstört bei bestimmten Konzentrationen das Leben im Wasser. So werden zum einen die für die Selbstreinigungskraft des Wassers verantwortlichen

Mikroorganismen durch Störung ihres Wasserhaushaltes abgetötet. Zum anderen sterben die Fische, weil ihre Kiemenatmung gestört wird.

Eine Besonderheit stellen die PFOS-haltigen Schaummittel dar. Diese sind in Wasserfilm bildenden Schaummitteln enthalten (AFFF). PFOS reichern sich über die Nahrungskette an und sind persistent (werden im menschlichen Körper nicht abgebaut). Sie sind zumindest teilweise bioakkumilierend (sammeln sich in der Nahrungskette und im Körper an) und wirken dort langfristig toxisch.

5. Wie können wir eine Schädigung durch Löschschaum während der Ausbildung vermeiden?

- Die verwendete Schaummenge ist möglichst gering zu halten.
- Der Einsatz von Schaummitteln bei Löschvorführungen, die nicht der Ausbildung dienen, ist verboten.
- Übungen dürfen nur auf befestigten Flächen mit Abfluss und direktem Anschluss an das öffentliche Abwassernetz bzw. an das Klärwerk durchgeführt werden. Die Zustimmung des Kläranlagenbetreibers ist vor der Übung einzuholen.
- In Wasserschutzgebieten und im Grundwassereinzugsbereich von Trinkwasseranlagen sind Übungen und Erprobungen mit Schaum verboten.
- Bei der Verwendung von Mehrbereichschaummitteln kann durch Verringerung der Zumischung während der Ausbildung auf 1 bis 2 % ein zusätzlicher Beitrag zum Umweltschutz geleistet werden.
- PFOS-haltige Schaummittel (AFFF) (gleich welcher Konzentration) sollen in der Ausbildung grundsätzlich nicht verwendet werden.

6. Wie können wir im Einsatz eine Schädigung durch Löschschaum vermeiden?

- Nur soviel Löschschaum erzeugen, wie unbedingt notwendig ist.
- Möglichst vermeiden, dass der Löschschaum in Flüsse, Bäche, Teiche oder ins Grundwasser gelangt.
- Sollte dies nicht auszuschließen sein, sofort die untere Wasserbehörde verständigen.
- Gelangt Löschschaum ins Abwassernetz, sofort Klärwerk verständigen. Mit viel Wasser verdünnen (mind. 250fach).

- Mit Löschschaum oder Schaummitteln verunreinigte Schläuche und Armaturen nur auf befestigten Flächen mit Anschluss ans Klärwerk reinigen.
- PFOS-haltige Schaummittel (AFFF) nur dort verwenden, wo dies einsatztaktisch notwendig ist. Dies ist nur dort der Fall, wo brennbare Flüssigkeiten mit freier Oberfläche brennen und ein Abdecken dieser Flüssigkeitsoberfläche mit einer Schaumdecke notwendig ist. Dies ist in der Regel nur innerhalb bestimmter Betriebe notwendig. Auf den Löschfahrzeugen sollte daher nur Mehrbereichsschaummittel mitgeführt werden.
- Bei PFOS-haltigen Schaummitteln sind geeignete Maßnahmen zum Personenschutz zu treffen. Jeder Kontakt oder gar Inkorporation mit diesem Schaummittel ist zu vermeiden. Geeignete Schutzkleidung ist zu tragen.

7. Was ist beim Umgang mit Löschpulver zu beachten?

Trockenlöschpulver besteht je nach Verwendungszweck und Zulassung für die verschiedenen Brandklassen aus unterschiedlichen Hauptkomponenten. So bestehen ABC–Löschpulver aus Monoammoniumphosphat und Ammoniumphosphat. BC–Löschpulver bestehen aus Kaliumsulfat, Kaliumchlorid, Kalium- oder Natriumhydrogencarbonat, Calciumcarbonatmischungen und Kalium-Ammoniumcarbamat. Diese Stoffe sind weitestgehend unproblematisch.

Aufgrund eines, wenn auch nur sehr geringen Schwermetallgehalts zählt Löschpulver jedoch zu den umweltbelastenden Stoffen.

Ausgetauschtes oder „verübtes“ Löschpulver muss daher fachgerecht entsorgt werden. Sogenanntes „Altpulver“ hat im Bundesabfallkatalog die Sonderabfallnummer 39 905. Dies bedeutet, dass es auf einer Sondermülldeponie entsorgt werden muss.

Übungen mit Löschpulver dürfen nur auf befestigten Flächen durchgeführt werden. Das Pulver ist bei Abschluss der Übung zusammenzufegen und fachgerecht zu entsorgen. Wegspülen oder „Einblasen“ in die Kanalisation ist verboten.

In Wasserschutzgebieten und in Grundwassereinzugsgebieten müssen Löschübungen unterbleiben. Ebenso sind Löschvorführungen verboten, wenn sie nicht der Ausbildung dienen.

Daraus ergibt sich auch, dass in Feuerlöschern verbliebene Restmengen an Löschpulver nicht abgeblasen werden dürfen. Sollen die Löscher nach einer Übung oder einem Einsatz drucklos gemacht werden, muss hierbei der Löschmittelbehälter auf den „Kopf" gestellt werden und ein Abblasen des Löschpulvers vermieden werden.

8. Was müssen wir über Halon wissen?

Halon ist ein halogenierter Kohlenwasserstoff und wurde in Deutschland bis zum 31.12.1993 als Löschmittel verwendet. Halogenierte Kohlenwasserstoffe sind für die Schädigung der Ozonschicht verantwortlich.

In der Bundesrepublik ist die Produktion von Halon durch die Halonverbotsverordnung seit dem 1.1.1992 verboten. Demnach durften Feuerlöscher mit dem Löschmittel Halon nur noch bis zum 31.12.1991 produziert und verkauft werden.

Geräte und Anlagen, die vor dem 1.1.1992 in Betrieb genommen wurden, durften nur noch bis zum 31.12.1993 eingesetzt werden. Seit diesem Termin ist der Umgang mit Halon verboten.

9. Was geschieht mit nicht mehr benötigten Halonlöschern?

Die Herstellerfirmen sind gesetzlich zur Rücknahme und Entsorgung des Halons verpflichtet. Wenden Sie sich bei Entsorgungsfragen an die Herstellerfirma Ihres Feuerlöschers.

10. Was ist bei Löschmittelübungen besonders zu beachten?

Bei Löschmittelübungen entsteht die Umweltbelastung nicht nur durch das Löschmittel, sondern insbesondere durch das verwendete Brandgut. Die Feuerwehr sollte daher möglichst auf das Abbrennen von Benzin, Diesel, Autoreifen, Kunststoffen usw. verzichten. Für Flüssig-

Steuerpult

Brandfläche

Bild 1: Tragbares Feuerlöscher-Übungsgerät, das mit Propan-/Butan-Gemisch betrieben wird (Kidde Fire Trainers GmbH)

keitsbrände kann als Brandgut n-Heptan (technische Qualität) verwendet werden. Für die Brandklasse A kann Holz und Kartonage genommen werden.

Zwischenzeitlich werden für Feuerlöschübungen gasbefeuerte tragbare Übungsgeräte angeboten, die eine umweltgerechte Ausbildung ermöglichen (Bild 1).

11. Was ist bei Löscheinsätzen im Winter zu beachten?

Bei Löscheinsätzen läuft immer wieder Löschwasser aus Feuerlösch-Kreiselpumpen, Druckbegrenzungsventilen, Schläuchen oder überlaufenden Löschmittelbehältern von Löschfahrzeugen auf Straßen und Gehwege.

Während dies im Sommer nicht stört, kann sich im Winter Glatteis bilden. Das Glatteis wird dann von der Feuerwehr oft mit Streusalz beseitigt. Diesen Streusalzeinsatz bzw. die Glatteisbildung sollten wir möglichst vermeiden, indem wir bereits die Ursache beheben.

Hierzu gilt es Folgendes zu beachten:

- Bei den Aufräumarbeiten Schläuche immer so leeren, dass das auslaufende Wasser nicht auf die Straße oder den Gehweg, sondern in Gärten bzw. direkt in die Kanalisation läuft.
- An freie Pumpenabgänge, am freien Zugang des Sammelstücks oder an den Abgang des Druckbegrenzungsventils zusätzlichen Druckschlauch ankuppeln, mit dem das Wasser außerhalb der Verkehrsfläche abgeleitet werden kann.

12. Was muss die Feuerwehr bei der Wasserentnahme aus Teichen beachten?

Teiche – auch Löschwasserteiche – sind oft idealer Lebensraum für Insekten und Amphibien (Frösche, Molche, Feuersalamander u.a.). Insbesondere in der warmen Jahreszeit ist der Teich Lebensraum für Insekten- und Amphibienlarven. In dieser Zeit sollte daher bei Übungen kein Wasser aus diesen Teichen entnommen werden. Nehmen Sie zuvor Kontakt mit der unteren Naturschutzbehörde auf.

13. Was muss die Feuerwehr zum Schutz des Trinkwassers beachten?

Trinkwasser ist unser wertvollstes Lebensmittel. Vom Wasserwerk aus wird es hygienisch sauber in Rohrleitungen (zentrale Wasserversorgung) zum Verbraucher (Haushalte, Betriebe) transportiert.

Bei Einsätzen und Übungen darf die Feuerwehr aus diesem Rohrnetz über Hydranten Wasser entnehmen. Dabei besteht immer eine große Gefahr, dass das Trinkwasser verschmutzt wird. Dies muss verhindert werden! Die Grundregel hierbei ist, dass Trinkwasser nie mit Schmutzwasser in direkte Berührung kommen darf. Im Einzelnen bedeutet dies:

- Unterflurhydranten dürfen nur geöffnet werden, wenn ein Standrohr eingesetzt ist.
- Zwischen Hydrant und Wasserabgabe muss immer eine Feuerlösch-Kreiselpumpe zwischengeschaltet werden. Dies gilt besonders beim Einsatz von Wasserstrahlpumpen.
- Werden Behälter mit Wasser aus einem Hydranten befüllt, so muss zwischen Wasserspiegel des zu befüllenden Behälters und der Armatur zur Wasserabgabe (Austrittsquerschnitt) eine freie Fließstrecke von mindestens 30 cm sein.
- Löschwasserbehälter von Löschfahrzeugen, die mit Schmutzwasser gefüllt waren, müssen hygienisch einwandfrei gereinigt werden, bevor sie wieder vom öffentlichen Trinkwassernetz aus gefüllt werden dürfen.
- Bei der Zuführung von Löschwasser mit zwei Schlauchleitungen über ein Sammelstück zu einer Feuerlösch-Kreiselpumpe dürfen niemals eine Schmutzwasserleitung und eine Trinkwasserleitung gemeinsam angeschlossen werden.

14. Was soll bei Übungen in der Nähe von Hecken und Waldgebieten beachtet werden?

Hecken sind oft Brutgebiete von Vögeln. Übungen insbesondere mit laufenden Motoren der Fahrzeuge und der Aggregate sind während der Brutzeit dort zu unterlassen.

Wald- und Wiesengebiete sind ggf. als Naturschutzgebiete ausgewiesen. Auch dort sollen keine Übungen durchgeführt werden. Gleiches gilt für das Befahren von Seen mit Mehrzweckbooten.

Informieren sie sich bei ihrem Bürgermeisteramt, Forstamt oder ihrer örtlichen Naturschutzorganisation.

15. Was soll die Feuerwehr beim Umgang mit Motorkettensägen beachten?

Beim Arbeiten mit Motorkettensägen wird Kettenöl in relativ großen Mengen verspritzt. Dieses Öl belastet den Boden und das Grundwasser. Die Feuerwehr sollte zum Schutz der Natur nur ökologisch abbaubares Kettenöl benutzen. Die Kettensägenhersteller geben entsprechende Informationen.

16. Wie verhält sich die Feuerwehr, wenn Stechinsekten (z. B. Bienen, Wespen, Hornissen) als Schwarm auftreten und sich Personen bedroht fühlen?

Die Tiere sollten grundsätzlich nicht getötet werden. Es sollte sofort ein Imker hinzugerufen werden, der die Tiere in aller Regel problemlos entfernen kann.

Eine ggf. bestehende Gefahr für Menschen ist sofort zu beseitigen, indem Fenster oder andere Öffnungen zu Aufenthaltsräumen geschlossen werden.

Werden unter Naturschutz stehende Insekten, z. B. Hornissen, getötet, macht sich der Ausführende bzw. Anordnende strafbar. Selbst eine Umsetzung muss hier zuvor behördlich (i. d. R. durch die höhere Naturschutzbehörde – Regierungspräsidium) genehmigt sein.

Jede Feuerwehr sollte vorbereitete Absprachen mit ortsansässigen Imkern treffen.

17. Woran soll die Feuerwehr bzgl. laufender Motoren im Einsatz- und Übungsdienst denken?

Laufende Motoren belasten die Umwelt. Im Einsatz- und Übungsdienst ist immer noch zu beobachten, dass Motoren von Feuerwehrfahrzeugen und Aggregaten unnötig lange laufen. Künftig sollten alle Motoren abgestellt werden, sobald sie nicht mehr benötigt werden.

Hierzu gehört auch, dass der Einsatzleiter beim Einsatz nicht mehr benötigte Fahrzeuge sofort einrücken lässt oder die Anweisung erteilt, die Fahrzeuge verkehrsgerecht zu parken, um Blaulicht und Motor abstellen zu können.

18. Was muss die Feuerwehr beim Einsatz von Ölbindemitteln auf Verkehrsflächen (Ölspurbeseitigung) beachten?

Das ölgetränkte Ölbindemittel darf nicht auf der Verkehrsfläche zurückgelassen werden. Es ist sachgerecht zusammenzufegen und zu entsorgen. Dies ist Aufgabe der Feuerwehr, auch wenn sie in Amtshilfe tätig wird. Die Entsorgungskosten sind dem Straßenbaulastträger in Rechnung zu stellen.

19. Wie kann sich die Feuerwehr darüber hinaus aktiv am Naturschutz beteiligen?

Die Feuerwehr verfügt über zahlreiche technische Möglichkeiten, um Umwelt- und Naturschutzaktionen einfach und schnell durchführen zu können. Oft kann mit solchen Aktionen auch ein Übungszweck erreicht werden. In Absprache mit dem Bürgermeister und als Übungsdienst tituliert sollte sich die Feuerwehr an Umwelt- und Naturschutzaktionen beteiligen. Beispiele hierfür sind:

- Übernahme von Bach-, Biotop- und Teichpatenschaften
- Reinigungsaktionen von Bächen und Wäldern
- Beseitigen von Windbruch
- Anbringen von Krötenzäunen
- Erhöhen des Sauerstoffgehalts von sauerstoffarmen Gewässern in der heißen Jahreszeit durch Pumpen und Strahlrohrfontänen
- Bau und Aufstellung von Nistkästen und Bienenanflugstationen
- Anfertigen und Aufstellen von Rauchverbotsschildern in Wäldern.

Sachregister

Die Buchstaben verweisen auf die Kapitel, die Zahlen auf die jeweiligen Fragen

B

C

D

E

G

M

N

O

P

Q

R

S

Inserentenverzeichnis

Albert Ziegler GmbH & Co. KG, Giengen (2. Umschlagseite)

Dr. STHAMER GmbH & Co. KG, Hamburg (Seite 545)

ecomed SICHERHEIT, Verlagsgruppe Hüthig Jehle Rehm GmbH, Heidelberg (Seite 4)

GRAETZ Strahlungsmesstechnik GmbH, Altena (Seite 507)

Hafenrichter GmbH, Auetal-Rehren (Seite 356)

HUSS-MEDIEN GmbH, Berlin (3. Umschlagseite)

Lukas Hydraulik GmbH, Nürnberg (Seite 424)

Mast Pumpen GmbH, Aichwald (Seite 204)

MSA AUER GmbH, Berlin (Vorsatz Seite 3)

Wilhelm Barth GmbH & Co. KG Feuerwehrtechnik, Fellbach (Seite 241)

Bildnachweis

Alco, Frankfurt
Automess, Ladenburg
AWG-Fittings, Giengen/Brenz
Bachert-Kirchgässner, Binau
Barth, Fellbach
BF Heilbronn
BF Reutlingen
BMW, München
Bosch, Stuttgart
Bundesamt für Bevölkerungsschutz und Katastrophenhilfe – BBK, Bonn
Bundesamt für Strahlenschutz – BfS, Salzgitter
CEAG, Soest
Dentz, Udo
Depa/Elro (Total), Ladenburg
Drägerwerk, Lübeck
EADS-Telecom, Ulm
Endress, Bempflingen
Feuerwehr Reutlingen
Fiat, Heilbronn
FireDos, Wölfersheim
Fleck, Adolf
Flex, Steinheim
F-Plan, Wiehl
Gloria, Wadersloh
Graetz, Altena
Greifzug (Tractel-Gruppe), Bergisch Gladbach
Heim, Wildberg
Hensel, Waldbrunn
Honeywell, Offenbach
Hypertherm, Hanau
Isotemp, Heinrich Vorndamme, Horn Bad Meinberg
Iveco Magirus, Ulm
Karl, Michael, Rastatt
Kidde Fire Trainers, Aachen
Landesfeuerwehrschule, Bruchsal
Lehmar, Solothurn
Lukas, Erlangen
MAN, München
Mast, Aichwald
Melioumis, Michael
Mercedes-Benz, Berlin
Merck, Darmstadt
Metz, Karlsruhe
Minimax, Bad Oldesloe
Motorola, Taunusstein
MSA Auer, Berlin

Neckar Verlag GmbH „Ausbildung zum Atemschutzgeräteträger“, Lehrstoffblätter zur Ausbildung der Freiwilligen Feuerwehren ISBN 978-3-7883-2968-6, Stand: Juli 2010, Villingen-Schwenningen
RAE-Systems, Kastrup
Richard Boorberg Verlag, Stuttgart
Rosenbauer, Linz-Leonding
Roth, Karlsruhe
Rotzler, Steinen
Schlingmann, Dissen
Schmid, Rolf
Schmitz, Wilnsdorf
Schröder, Hermann
Sepura, Garching
SMA, Niestetal
Spechtenhauser, Waal
Stihl, Waiblingen
Swissphone, Gundelfingen
Tesimax, Neuhausen-Steinegg
Total, Ladenburg
Toyota, Köln
Vetter, Zülpich
Weber, Güglingen
Wellpappenfabrik, Sausenheim
Würth, Künzelsau-Gaisbach
Ziegler, Giengen/Brenz
ZR-Armaturen, Maintal

Notizen

Notizen

Notizen

Notizen

Notizen

Notizen

Notizen

Notizen